Kohlhammer

Dr. Markus Pulm

# Einsatztaktik für Führungskräfte

## Praxiswissen für Gruppenführer

Verlag W. Kohlhammer

**Wichtiger Hinweis**

Der Verfasser hat größte Mühe darauf verwendet, dass die Angaben und Anweisungen dem jeweiligen Wissensstand bei Fertigstellung des Werkes entsprechen. Weil sich jedoch die technische Entwicklung sowie Normen und Vorschriften ständig im Fluss befinden, sind Fehler nicht vollständig auszuschließen. Daher übernehmen der Autor und der Verlag für die im Buch enthaltenen Angaben und Anweisungen keine Gewähr.

Die Abbildungen stammen – soweit nicht anders angegeben – vom Autor sowie der Branddirektion Karlsruhe.

3. Auflage 2023



Umschlagbild: Dr. Markus Pulm
Gesamtherstellung: W. Kohlhammer GmbH, Stuttgart

Print:
ISBN 978-3-17-042946-8

E-Book-Formate:
pdf: ISBN 978-3-17-042948-2
epub: ISBN 978-3-17-042949-9

# Vorwort

Taktik ist die Kunst der Anordnung und Aufstellung. Es ist die Kunst, Probleme zu erkennen, sie richtig zu bewerten, um dann mit den verfügbaren Kräften den Einsatz so zu organisieren, dass ein möglichst gutes Ergebnis erzielt werden kann. Eine gute Einsatztaktik ist entscheidend für den Einsatzerfolg.

Taktik kann man erlernen. Führungskräfte der Feuerwehren bekommen ihr taktisches Grundwissen an den Landesfeuerwehrschulen vermittelt. Dieses Grundwissen kann dann bei Übungen und Einsätzen weiter vertieft werden. Tatsächlich gibt es dabei jedoch aus unterschiedlichen Gründen eine Reihe von Problemen. Vielen Feuerwehrleuten fehlt schlicht und einfach die Einsatzpraxis, sodass ein »learning by doing« schon an den Fallzahlen scheitert. Bei einigen Feuerwehrleuten ist das Bewusstsein, dass Taktik trainiert werden muss, nicht sonderlich ausgeprägt. Wieder andere scheuen die Herausforderung, sich an einer zunächst unbekannten Lage zu messen, aus Angst Fehler zu machen.

Das vorliegende Buch versucht, Lust auf Taktik zu vermitteln. Es soll die Hemmschwelle nehmen, über taktische Varianten zu diskutieren und den Leser anregen, in kniffligen Lagen wie in einem Rätsel nach möglichen Lösungen zu suchen und diese mit Kameradinnen und Kameraden zu diskutieren. Durch Tüfteln – allein oder in der Gruppe – soll der taktische Denkprozess geschult und immer weiter vertieft werden. Dadurch sollen die Strukturen des Denkprozesses präsenter werden und im Einsatzfall zu schnellen und doch guten, weil zielorientierten, Entscheidungen verhelfen.

Jeder Führungskraft muss allerdings bewusst sein, dass es nicht die »eine« richtige Taktik, nicht die »eine« Lösung für ein Problem geben kann. Insofern kann dieses Buch kein »Kochbuch« für eine Lage am Tag »X« sein. Es kann aber verschiedene Hinweise geben, um Lösungen zu finden, die rechtskonform und tragfähig sind und zu akzeptablen Ergebnissen führen.

Der Inhalt des Buches orientiert sich selbstverständlich an den geltenden Gesetzen und den Vorgaben der Feuerwehr-Dienst- sowie Unfallverhütungsvorschriften – und damit an den Lehrmeinungen der Landesfeuerwehrschulen. Es sollte den Leser dennoch nicht überraschen, in diesem Buch auch Gedankenansätze zu finden, die nicht immer exakt der klassischen Lehre entsprechen und trotzdem zur Diskussion gestellt werden sollen.

Dr. Markus Pulm
Karlsruhe, im März 2017

# Inhaltsverzeichnis

# 1 Führung

Gemäß Feuerwehr-Dienstvorschrift (FwDV) 100 ist Führung *»die Einflussnahme auf die Entscheidungen und das Verhalten anderer Menschen mit dem Zweck, mittels steuerndem und richtungsweisendem Einwirken vorgegebene und aufgabenbezogene Ziele zu verwirklichen.«* Durch die Führung sollen andere veranlasst werden, *»das zu tun, was zur Erreichung des gesetzten Zieles erforderlich ist.«* Führung ist damit die Einflussnahme auf die Willensbildung von Einzelnen und Gruppen. Eine gute Führung dient der Gruppe als Orientierung. Sie ist die Grundlage für eine koordinierte Bearbeitung einer Aufgabe in einer Gruppe. Führung beinhaltet zudem die Kontrolle sowie die Übernahme der Verantwortung und etwaiger Repräsentationsaufgaben. Führung wird als eine Kunst beschrieben, *»andere Menschen für die gesetzten Ziele zu begeistern und mit auf den Weg der Erfüllung der Ziele zu nehmen.«* Das erfordert eine *»ständige Begleitung«* derer, die geführt werden.

## 1.1 Bedeutung der Führung im Feuerwehreinsatz

Im Feuerwehreinsatz arbeiten wir in einer Gruppe, wobei dieser Begriff zunächst ganz allgemein gesehen werden soll. Diese Gruppe wird vor Ort mit einer oftmals komplexen Lage konfrontiert, die es möglichst optimal zu bewältigen gilt. Die Gruppe setzt sich aus Individuen zusammen, die über teilweise unterschiedliche Qualifikationen und Fähigkeiten verfügen und mitunter voneinander abweichende Interessen verfolgen. Angeführt wird die Gruppe von einer Führungskraft, die versuchen muss, die Fähigkeiten der Gruppe zu bündeln und entsprechend der aus der Lage gestellten Anforderungen zielgerichtet einzusetzen. Eine erfolgreiche Einsatzbewältigung bedingt eine starke Führung und eine Mannschaft, die der Führungskraft vertraut und bereit ist, dieser zu folgen. Letzteres erfordert eine Führungspersönlichkeit, die aufgrund ihres Könnens, ihrer geistigen Fähigkeit und ihres persönlichen Auftretens anerkannt und in einer Vorbildfunktion gesehen wird.

Um die komplexe Aufgabenstellung sicher und zur Zufriedenheit des »Kunden« abwickeln zu können, bedarf es einer abgestimmten Vorgehensweise. Jedes Mitglied der Einsatzmannschaft greift mit seinen Tätigkeiten mehr oder minder in das System ein und beeinflusst damit den weiteren Prozessablauf. Nicht aufeinander abgestimmte Maßnahmen können zu vermeidbaren Schäden und auch zu erheblichen Risiken für die Einsatzkräfte führen, wie immer wieder konkrete Fälle belegen. Dies gilt es durch eine gute Führungsarbeit in Verbindung mit einer disziplinierten Arbeitsweise der Mannschaft zu verhindern.

Führung kann nur funktionieren, wenn den Anweisungen der Führungskraft Folge geleistet wird. Je nach Führungsstil können mehr oder weniger große Freiräume eingeräumt werden, innerhalb derer sich die »Befehlsempfänger« bewegen können. Eine Überschreitung der durch die Befehlsgabe gesteckten Grenzen ist in der Regel vorab mit der Führungskraft abzusprechen und von ihr genehmigen zu lassen. Ausnahmen hiervon kann es nur bei Gefahr im Verzug geben. Warum dies so wichtig ist, sei anhand eines Vorfalls bei einer Übung dargestellt:

**Beispiel:**

Ein Trupp erhält den Befehl, zur Brandbekämpfung unter PA mit einem C-Rohr in das Erdgeschoss vorzugehen. Nach wenigen Minuten erkennt der Trupp, dass es im Erdgeschoss nicht brennt und begibt sich in das 1. OG, ohne diese »Grenzüberschreitung« zu melden bzw. abzustimmen. Die Übungsleitung, die diese Abweichung vom Befehl beobachtet hat, interviewt nacheinander den Maschinisten des Löschfahrzeuges, dem die Atemschutzüberwachung übertragen worden ist, sowie den verantwortlichen Gruppenführer. Beide geben als Aufenthaltsort des Angriffstrupps das EG an, wie es auch auf der Atemschutzüberwachungstafel vermerkt ist.

Im Ernstfall resultieren hieraus folgende Probleme:

1. Bei einem Unfall ist der Aufenthaltsort des Trupps nicht bekannt. Der Sicherheitstrupp wird ihn im Erdgeschoss und keinesfalls im 1. OG vermuten.
2. Entgegen der Annahme des Gruppenführers erfolgen keine Maßnahmen im Erdgeschoss. Die dortige Entwicklung ist nicht unter Beobachtung und schon gar nicht unter Kontrolle.
3. Im 1. OG werden Maßnahmen ergriffen, mit denen der Gruppenführer nicht rechnen kann, die aber erhebliche Auswirkungen auf den Einsatzverlauf haben können.

Eine zielorientierte und sichere Beherrschung eines dynamischen Prozesses ist auf diese Weise nicht möglich.

Es ist sicherlich unabdingbar, dass jede Einsatzkraft an der Einsatzstelle aufmerksam ist und auch ihren Verstand einsetzt, um konstruktiv zu einem Gelingen des Einsatzes beizutragen. Mitdenken ist dabei jedoch nicht mit ewigen Diskussionen und schon gar nicht mit Eigendynamik zu verwechseln. Vielmehr muss durch einen ständigen Dialog die Möglichkeit geschaffen werden, Empfindungen, Beobachtungen und Erkenntnisse zu bündeln und damit in den Entscheidungsprozess der verantwortlichen Führungskraft einfließen zu lassen.

Völlig abzulehnen ist auch eine Einsatzabwicklung nach dem Zufallsprinzip (»Wir machen es so, wie wir es immer gemacht haben.«). Eine solche Vorgehensweise kann niemals fallbezogen sein und birgt eine Reihe von Risiken, sowohl für die Betroffenen (unsere »Kunden«) als auch für unsere Einsatzkräfte.

## 1.2 Führungsstile

Es gibt zwei idealtypische, gegensätzliche Führungsstile. Diese unterscheiden sich grundsätzlich in Bezug auf die Gestaltungsspielräume, die der Führende der/den geführten Person/en zugesteht. Beim autoritären Führungsstil ist im idealtypischen Fall kein Ermessensspielraum vorhanden. Die Weisungen sind äußerst präzise formuliert und beschreiben die angeordneten Handlungen sehr detailliert. Der kooperative Führungsstil zeichnet sich durch einen großen Ermessensspielraum aus. Der Auftrag ist relativ unpräzise formuliert. Er gibt zwar in jedem Fall ein Ziel, eine Richtung vor (sonst wäre es keine Führung), erlaubt aber diverse Ausführungsvarianten.

Auch im Feuerwehreinsatz kommen diese beiden Führungsstile in Form der »Befehlstaktik« und der »Auftragstaktik« zur Anwendung. Die Befehlstaktik entspricht eher dem autoritären Führungsstil, die Auftragstaktik dem kooperativen Führungsstil.

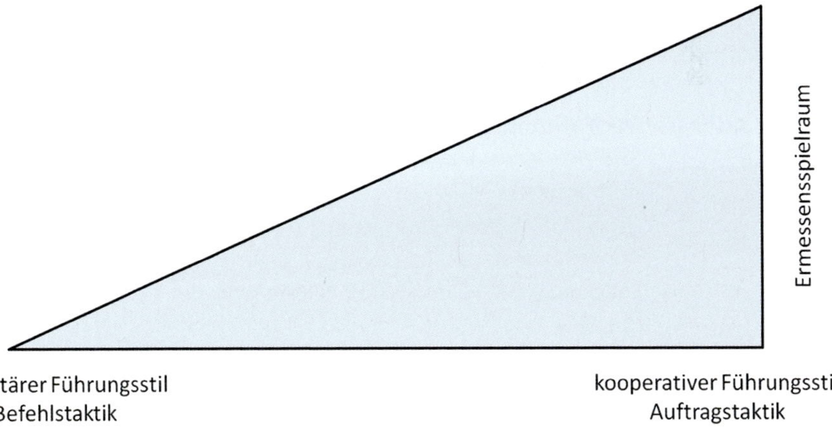


**Bild 1** ***Ermessensspielräume bei unterschiedlichen Führungsstilen***

In der Realität wird in der Regel ein Führungsstil angewendet, der sowohl Elemente des autoritären wie des kooperativen Führungsstils beinhaltet und damit irgendwo zwischen den idealtypischen Führungsstilen einzuordnen ist. In Abhängigkeit von der jeweiligen Situation wird sich die Führungskraft für einen Führungsstil entscheiden, der tendenziell eher dem autoritären oder dem kooperativen Führungsstil zuzuordnen ist.

**Anmerkung:**

**In der Praxis ist es nicht von Bedeutung, die Begriffe zu beherrschen. Es ist auch nicht erforderlich, zu überlegen, ob ein Befehl eher Elemente der Auftrags- oder der Befehlstaktik beinhaltet. Vielmehr ist es von Bedeutung, in Abhängigkeit der jeweiligen Situation den Ermessensspielraum optimal zu gestalten. Um eine sprachliche Vereinfachung zu erreichen, werden in den folgenden Abschnitten die idealtypischen Führungsstile genannt, obwohl eigentlich Tendenzen hin zu diesem Stil gemeint sind.**

Für den jeweiligen Führungsstil spricht:

**Autoritärer Führungsstil (Befehlstaktik):**

- Schnelligkeit in der Durchführung (sofortige Durchführung der Anweisung möglich),
- Präzision (geringer Interpretationsspielraum),
- geringe Anforderungen (an Kenntnisse und Fähigkeiten der Ausführenden).

**Kooperativer Führungsstil (Auftragstaktik):**

- Schnelligkeit in der Auftragsvergabe (weniger Detailplanung durch den Auftraggeber),
- Flexibilität (bessere Ausnutzung der Kenntnisse und Fähigkeiten der Ausführenden),
- Entlastung der Führungskraft (Delegation der Verantwortung bei der Detailplanung).

Grundsätzlich ist es besser, den kooperativen Führungsstil, die Auftragstaktik zu verwenden. Der entscheidende Vorteil dieser Variante besteht darin, dass die Mitglieder der Gruppe sich mit ihren Fähigkeiten einbringen können. Hierdurch werden Potenziale erschlossen, die nur durch die aktive Einbindung der Gruppe in den Denk-, Entscheidungs- und Handlungsprozess nutzbar gemacht werden können. Die Gestaltungsmöglichkeit bei der Ausführung einer Anweisung unterstützt zudem das Grundbedürfnis des Menschen zur Selbstverwirklichung und steigert somit die Motivation der Mannschaft. Allerdings setzt die Anwendung des kooperativen Führungsstils voraus, dass

- die Zeit vorhanden ist, um der Gruppe die Detailplanung zu überlassen.
- die Lage Toleranzen innerhalb des gesteckten Rahmens erlaubt.
- das angestrebte Ziel den Gruppenmitgliedern bekannt ist (Lageeinweisung).
- die Rahmenbedingungen definiert und den Gruppenmitgliedern bekannt sind.
- der Handlungsrahmen abgesteckt ist.
- die Bemessung der Handlungsspielräume erfolgversprechend, angemessen und sicher erscheint.
- die Gruppe über die Fähigkeit verfügt, die Lage richtig einzuschätzen und sich zielorientiert einzubringen.
- die Führungskraft darauf vertrauen kann, dass die Gruppenmitglieder ihre Fähigkeiten zielorientiert einbringen werden.
- die Führungskraft bereit ist, auch Lösungen zu akzeptieren, die nicht exakt den eigenen Vorstellungen entsprechen.

In Abhängigkeit der jeweiligen Lage ist kritisch zu hinterfragen, welcher Gestaltungspielraum der Gruppe zugestanden werden kann. Geht es um die schnelle und präzise Umsetzung konkreter Vorstellungen der Führungskraft, so müssen diese im Auftrag konkret beschrieben werden. Einfach gesagt: Wer Äpfel haben will, sollte kein Obst bestellen.

Bei vielen Feuerwehreinsätzen spielt der Zeitfaktor eine entscheidende Rolle, weswegen an Einsatzstellen häufig die Befehlstaktik zur Anwendung kommt. Der Einsatzleiter macht sich den Vorteil klarer und detaillierter Anweisungen zu Nutze. Es ist aber völlig falsch zu behaupten, man könne im Einsatz nur die Befehlstaktik anwenden. Vielmehr ist auch im Einsatz grundsätzlich die Auftragstaktik zu bevorzugen, zumal der Zeitdruck in vielen Fällen gar nicht so groß ist, wie zunächst angenommen wird. Es ist zudem falsch zu sagen, dass die Befehlstaktik immer einen Zeitvorteil bringt und deswegen bei zeitkritischen Lagen automatisch die bessere ist. Dies sei an folgenden Beispielen gezeigt:

**Fall 1: Zeitgewinn durch Anwendung der Befehlstaktik**

Der Löschzug trifft an der Einsatzstelle ein. Aus einem Fenster im 2. OG dringt dichter Rauch. Ein Vater hält sein Kind aus dem Fenster und macht Anstalten, es fallen zu lassen. Der Zugführer schätzt die Lage so ein, dass für eine Rettung des Kindes nur der Einsatz des Sprungretters in Betracht kommt und befiehlt: »LF 1 zur Menschenrettung mit Sprungretter vor!« Er wählt die Befehlstaktik, da er bereits eine detaillierte Entscheidung getroffen hat und legt neben der ausführenden Einheit (LF 1) auch bereits das zu verwendende Rettungsgerät (Sprungretter) fest. Der Ermessensspielraum des Gruppenführers wird damit auf die Zuweisung der Aufgabe auf einen Trupp innerhalb seiner Gruppe beschränkt, was angesichts des massiven Zeitdrucks angemessen ist. Die Zeit für einen detaillierten Planungsprozess beim Fahrzeugführer des LF 1 wird eingespart.

**Fall 2: Zeitgewinn durch Anwendung der Auftragstaktik**

Der Löschzug trifft an der Einsatzstelle ein. An einem Fenster der Brandwohnung machen sich Personen bemerkbar. Anwohner informieren den Zugführer, dass auch auf der Gebäuderückseite Menschen um Hilfe rufen. Der Zugführer befiehlt: »LF 1 zur Rettung der Personen an der Straßenseite vor, DLK unterstützt!« und entscheidet sich für die Auftragstaktik. Er steckt nur einen groben Handlungsrahmen ab, definiert das Einsatzziel und benennt die ausführende Einheit. Er gewährt dem Gruppenführer des LF 1 in Bezug auf die Art der durchzuführenden Menschenrettung an der Straßenseite einen großen Ermessensspielraum und überlässt ihm ganz bewusst die Detailplanung, um keine Zeit zu verlieren. Durch die Ausnutzung der Fähigkeit seines Gruppenführers verschafft sich der Zugführer die Möglichkeit, umgehend mit der Erkundung der Rückseite des Gebäudes beginnen zu können.

Die Auftragstaktik setzt die Fähigkeit der Gruppenmitglieder voraus, Handlungsspielräume im Sinne der Zielerreichung sinnvoll zu nutzen. Diese Fähigkeit ist mit zunehmendem Qualifizierungsgrad der direkt untergeordneten Gruppenmitglieder vermehrt gegeben. Gleichzeitig steigt mit der Komplexität der Lage der Bedarf des Gesamtverantwortlichen, die Detailplanung zu delegieren und sich die Vorteile der Auftragstaktik zu Nutze zu machen.

Durch die Ausnutzung der Fähigkeiten der Unterführer beim Ausfüllen der ihnen zugewiesenen Freiräume verschafft sich die übergeordnete Führungsebene die Freiheit, um auch komplexe Lagen zu beherrschen und den eigenen Zuständigkeitsbereich (= Freiraum) gestalten zu können. Ein Einsatzleiter, der das Bedürfnis hat, jede Maßnahme bis ins Detail selbst zu entscheiden, wird bei komplexen Lagen seine eigentlichen Aufgaben nicht wahrnehmen können und früher oder später zwangsläufig scheitern.

Mit aufsteigender Stellung innerhalb der Führungsstruktur einer Einsatzleitung nimmt die Tendenz zur Auftragstaktik zu. Aber auch Führer kleiner taktischer Einheiten sind gut beraten, sich im Einsatz die Vorzüge der Auftragstaktik bei jeder sich bietenden Gelegenheit zu Nutze zu machen. So macht es sicherlich Sinn, im Sturmeinsatz einem der Gruppe angehörenden Forstwirt Freiräume beim Fällen eines Baumes zu lassen, anstatt alle Arbeitsschritte detailliert vorzugeben.

Ab der Ebene des Zugführers kommt man gar nicht mehr umhin, Pakete zu schnüren und diese den unterstellten Gruppenführern zur weitgehend eigenständigen Erledigung zu übertragen. Nur so können diese sich mit ihren Führungsqualitäten einbringen und optimal zur Abwicklung des Einsatzes beitragen.

## 1.3 Arbeiten mit Standards

In einer Gesellschaft, in der das Qualitätsmanagement immer mehr an Bedeutung gewinnt, wird der Ruf nach Standards automatisch lauter. Eine garantierte Qualität lässt sich eben nur erreichen, wenn gleiche Prozesse standardmäßig und ohne große Abweichungen immer wieder ablaufen. Auch bei der Feuerwehr sind Standards zwingend erforderlich, um ein zügiges und sicheres Arbeiten zu gewährleisten und die Erfolgsquote durch Ausnutzung von Erfahrungswerten, aktuellen Erkenntnissen usw. zu erhöhen. Standards zu haben, bedeutet auch, das Rad nicht immer wieder neu erfinden zu müssen und erleichtert den Führungskräften die Bewältigung ihrer Führungsaufgabe. Mit wenigen Worten lassen sich mithilfe von Standards Handlungsabläufe beschreiben.

Standards schaffen zudem die Möglichkeit, Einheiten unterschiedlicher Feuerwehren miteinander arbeiten zu lassen und Angehörige aus anderen Feuerwehren, beispielsweise nach einem Wohnortwechsel, besser zu integrieren.

Ein Standard kann beispielsweise das In-Stellung-bringen einer Steckleiter sein. Dieser Standard ist in der FwDV 10 »Die tragbaren Leitern« beschrieben und wird bundesweit einheitlich gelehrt und trainiert. Andere Standards können der Einsatz mit Bereitstellung, das Absuchen eines verrauchten Raumes, die Absicherung einer Unfallstelle usw. sein.

**Anmerkung:**

**Auch bei dem Beispiel im vorangehenden Kapitel wurde mit dem Befehl zum Einsatz des Sprungretters ein standardisierter Prozessablauf ausgelöst, der keine nennenswerten Toleranzen bei der Ausführung erlaubt.**

Allerdings darf man bei Feuerwehreinsätzen nicht übersehen, dass die Lagen vor Ort sehr unterschiedlich sind und demzufolge Prozessabläufe erfordern, die in dieser Form vielleicht nur dieses eine Mal sinnvoll zur Anwendung kommen können.

*»Je mehr der Mensch plant, desto härter trifft ihn der Zufall.«*
Friedrich Dürrenmatt

Insofern kann die Vorgehensweise an der Einsatzstelle insgesamt nicht standardisiert sein, da unterschiedliche Lagebilder auch unterschiedliche Maßnahmen erfordern. So kann ein Küchenbrand nicht einfach nach »Schema F« abgearbeitet werden, weil eine Reihe von Faktoren Einfluss auf den Einsatzerfolg haben und in der Planung Berücksichtigung finden müssen. Sind beispielsweise noch Menschenleben in Gefahr? Ist der Treppenraum verraucht? Um welchen Gebäudetyp handelt es sich? Sind Fenster geöffnet?

Die Führungskräfte sind gefordert, durch die Auswahl der anzuwendenden Standards in einer zu definierenden Reihenfolge innerhalb des ihnen zugewiesenen Zuständigkeitsbereichs den angestrebten Einsatzerfolg herbeizuführen. Vor Ort ist zu entscheiden, ob beispielsweise der Standard »Menschenrettung über Steckleiter« oder »Menschenrettung über den Treppenraum« zur Anwendung kommen soll.

Bild 2 ***Standards sind wie Werkzeuge in dieser Kiste. Sie sind gut und brauchbar und kommen dennoch nicht an jeder Baustelle (Einsatzstelle) zum Einsatz. Die Fähigkeit des Handwerkers (Führungskraft), im richtigen Moment das richtige Werkzeug (Standard) zum Einsatz zu bringen, macht den Unterschied. Eine gute Führungskraft löst auf der Grundlage immer gleicher Standards – durch Planung und zielorientierte Kombinationen – völlig unterschiedliche Aufgaben.***

## 1.4 Definition der Führungsstrukturen und Kompetenzen

Eine strukturierte Vorgehensweise einer Gruppe von Personen bedarf einer Führung. Bei kleinen Gruppen kann diese Führung von einer Person wahrgenommen werden.

Bei größeren Gruppen empfiehlt sich die Bildung einer Führungsstruktur, um kleine, überschaubare Einheiten zu erhalten. Was zunächst trivial klingt, ist in der Praxis keinesfalls immer gegeben. So muss die komplexe Aufgabenstellung sinnvoll aufgesplittet und einzelnen Einheiten zugewiesen werden. Die Führungsrollen müssen eindeutig verteilt und bekannt sein. Jedes Mitglied der Gruppe muss wissen, wem es in direkter Linie untersteht. Umgekehrt muss jede Führungskraft wissen, welche Mitglieder der Gruppe ihr direkt unterstellt sind. Diese Eindeutigkeit ist bezeichnend für das Einliniensystem, welches bei Feuerwehreinsätzen zur Anwendung kommt.

Um die Zuordnung zu veranschaulichen und für Außenstehende sichtbar zu machen, sind die Feuerwehren dazu übergegangen, Führungskräfte zu kennzeichnen. Diese Kennzeichnung hat bei konsequenter Anwendung auch den Vorteil, dass eine doppelte Besetzung der gleichen Funktion unwahrscheinlicher wird oder zumindest auffällt. Die Übergabe der Kennzeichnungsweste bedingt zudem den direkten Kontakt. Damit eröffnet sich automatisch die Möglichkeit für einen Dialog, der für eine ordnungsgemäße Übergabe einer Funktion unabdingbar ist.

**Anmerkung:**

**Die Funktionskennzeichnung ist nicht mit Dienstrangabzeichen und Helmkennzeichnungen zu verwechseln. Dienstrangabzeichen und Helmkennzeichnungen machen nur Aussagen in Bezug auf die Qualifikation des Trägers (Qualifikation, eine Gruppe führen zu können o. Ä.) beziehungsweise auf seine Stellung innerhalb der Feuerwehr. Sie erlauben keinerlei verlässliche Aussagen bezüglich der Führungsfunktion im konkreten Fall. Es ist durchaus möglich, dass auf einem Fahrzeug mehrere Einsatzkräfte sitzen, die über die Qualifikation des Gruppenführers verfügen. Die Funktion des Führers der Gruppe kann aber nur eine dieser Personen ausüben.**

Ein Wechsel von Führungsfunktionen muss abgesprochen, bekannt gemacht und dokumentiert werden. Hierzu meldet sich die Person, die die Führungsaufgabe übernehmen wird, bei der Person, die diese bisher innehatte. Dies kann grundsätzlich auch über Funk geschehen. Es empfiehlt sich jedoch der direkte, persönliche Kontakt. Bei der Übergabe der Funktion – hier des Einsatzleiters – sind folgende Informationen zu übermitteln.

Bisheriger Einsatzleiter:

- aktuelle Lage,
- eingesetzte Kräfte,
- getroffene und eingeleitete Maßnahmen,
- Probleme, noch zu treffende Maßnahmen,
- Hinweise zur weiteren Vorgehensweise.

Übernehmender Einsatzleiter:

- Übernahme der Einsatzleitung,
- Zuweisung des bisherigen »Amtsinhabers« in eine neue Funktion.

Eine Übergabe könnte beispielsweise mit folgendem Wortlaut eingeleitet werden:

*»Wir haben einen Wohnungsbrand im 2. OG – es wird noch eine Person in der Wohnung vermisst. Wir sind mit 1+6 vor Ort und haben vier PA-Träger. Ich habe zwei Trupps unter PA zur Kontrolle des Treppenraumes und zur Menschenrettung in der Brandwohnung mit einem C-Rohr eingesetzt. Ich habe eine erste Rückmeldung abgesetzt, einen weiteren Löschzug sowie einen RTW und ein NEF nachgefordert. Wegen der Menschenrettung habe ich auf die Stellung eines Sicherheitstrupps verzichtet. Ebenso haben wir noch keine Wasserversorgung aufgebaut. Ich schlage vor, dass zunächst die Wasserversorgung aufgebaut und ein Sicherheitstrupp gestellt wird. Auch die Wohnungen im 3. und 4. OG müssen noch kontrolliert werden.«*

*»Ich übernehme die Einsatzleitung. Sie behalten Ihre Gruppe und übernehmen den Abschnitt Gefahrenabwehr im Innenangriff. Sobald die Verstärkung eingetroffen ist, weise ich Ihnen weitere Kräfte zur Stellung des Sicherheitstrupps und zur Kontrolle der übrigen Wohnungen zu. Ich kümmere mich um die Wasserversorgung, den Außenbereich, den Rettungsdienst und die Polizei.«*

Der Wechsel wichtiger Funktionen ist mit Uhrzeit zu protokollieren. Dies kann durch den Führungsgehilfen im ELW erfolgen oder im Rahmen einer Lagemeldung über Funk an die Leitstelle.

Bei der Zuweisung neuer Funktionen sollten die Umgruppierungen innerhalb der Einsatzstelle auf ein notwendiges Maß beschränkt bleiben. Es gilt, die Struktur bereits bestehender Abschnitte möglichst zu erhalten. Dies wird erreicht, indem man die Einsatzstelle aufwachsen lässt und unter Einbindung zusätzlicher Führungskräfte neue Führungsebenen einfügt.

Eine Durchmischung von Einheiten sollte auf das notwendige Maß beschränkt werden. Grundsätzlich besteht jedoch die Möglichkeit, Personal zwischen Einheiten und Abschnitten zu verschieben. Dabei müssen aber klare Zuordnungen erhalten bleiben, damit Einheiten nicht plötzlich vermisst werden oder führungslos an der Einsatzstelle agieren. Um dies zu vermeiden, muss sich die wechselnde Einheit bei ihrer bisher unmittelbar übergeordneten Führungskraft ab- und bei der künftig zuständigen Führungskraft wieder anmelden.

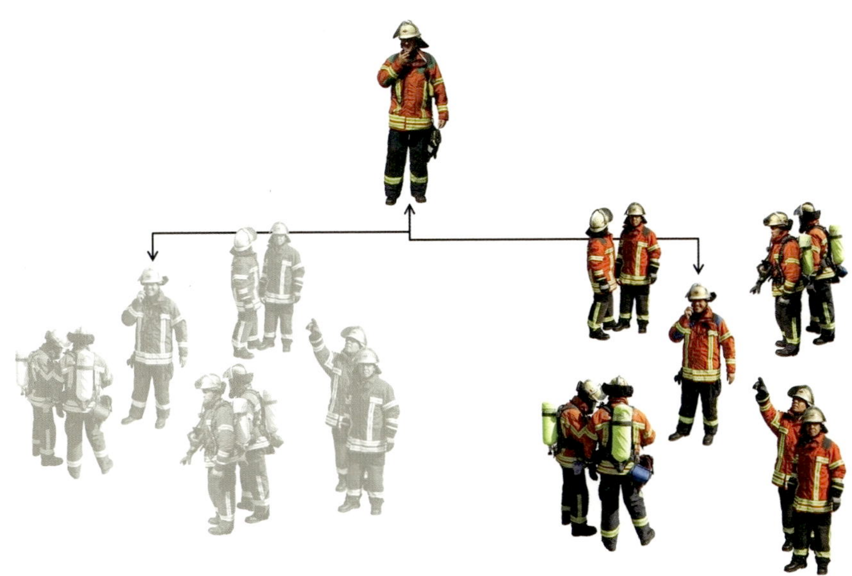

Bild 3 ***Die blass markierte Gruppe war zuerst an der Einsatzstelle. Deren Gruppenführer hatte die Einsatzleitung inne. Inzwischen sind ein Zugführer und eine zweite Gruppe eingetroffen. Der Zugführer hat die Einsatzleitung übernommen. Abgesehen vom Gruppenführer spüren die Angehörigen der ersten Gruppe diese Veränderungen nicht. Sie arbeiten in ihrer bisherigen Struktur weiter, während die Einsatzstelle um sie herum aufwächst.***

## 2-5er-Regel

Bei der Gliederung einer Einsatzstelle sind verschiedene Aspekte zu berücksichtigen, die sich mit der so genannten »2-5er-Regel« gut und einprägsam vermitteln lassen. Diese Regel besagt, wie viele Ansprechpartner (Einheiten) einer Führungskraft unterstellt werden sollten. Aus der Ziffer »2« geht hervor, dass es unsinnig ist, eine Führungsebene einzurichten, in der sich nur eine Einheit befindet. Umgekehrt besagt die Ziffer »5«, dass eine Führungskraft in der Regel überfordert ist, wenn ihr mehr als fünf Ansprechpartner (direkt unterstellte Einheiten) zugeordnet sind.

Sind mehr als sechs Trupps zu führen, so müssen diese auf mindestens zwei Einheiten aufgeteilt werden, die jeweils einer Führungskraft (Gruppenführer) unterstellt sind. Um die gebildeten Einheiten wiederum einer einheitlichen Führung zu unterstellen, ist die Einführung einer zusätzlichen Führungsebene (Zugführer) zwingend.

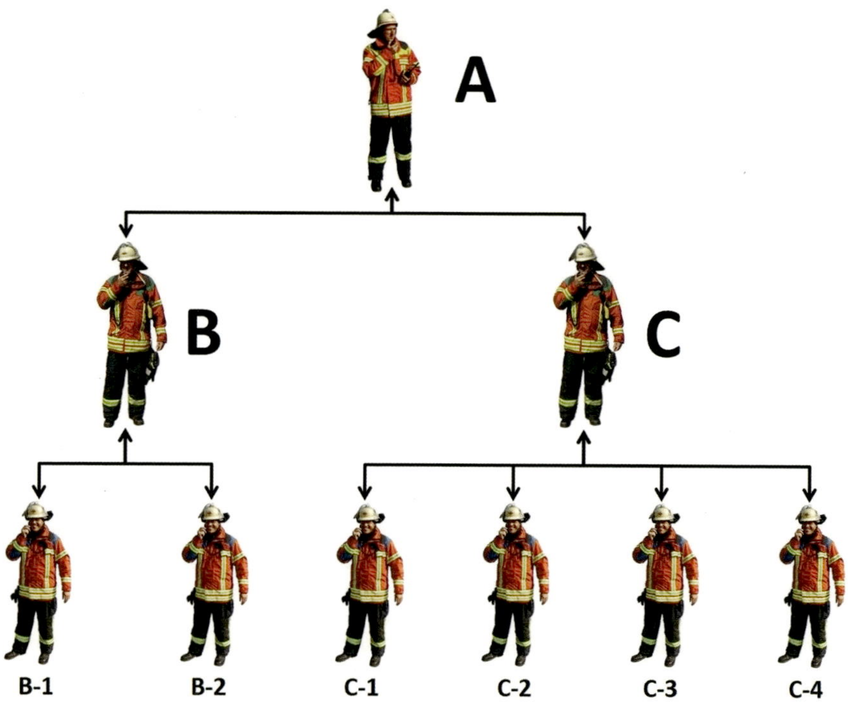


Bild 4 ***Umsetzung der 2-5er-Regel. Die sechs Gruppen sind in zwei Einheiten zusammengefasst, die jeweils von einem Zugführer geführt werden. Die beiden Einheiten bilden zusammen einen Verband, der von dem Einsatzleiter geführt wird.***

## 1.5 Befehls- und Meldewege

Über den Befehlsweg werden Anweisungen oder Meldungen von oben nach unten weitergegeben. Über den Meldeweg gelangen Informationen von tieferen zu höheren Hierarchieebenen. An Einsatzstellen, insbesondere wenn mehrere Führungsebenen (Gruppenführer – Zugführer – Einsatzleiter) gebildet wurden, sind die Befehls- und Meldewege grundsätzlich einzuhalten.

Unter Einhaltung der Befehls- und Meldewege ist zu verstehen, dass eine Führungskraft über den Befehlsweg nur Personen anweist, die ihr tatsächlich unmittelbar unterstellt sind und Einsatz- und Führungskräfte umgekehrt Meldungen nur an die ihnen direkt übergeordnete Führungskraft machen beziehungsweise weiterleiten. Ein Überspringen von Hierarchieebenen ist dabei in der Regel untersagt, weil es ein verantwortliches Führen faktisch unmöglich macht. Ein Gruppenführer kommuniziert in diesem System ausschließlich mit den Angehörigen seiner Gruppe und dem ihm gegebenenfalls übergeordneten Zugführer.

Befehle und Meldungen werden von Ebene zu Ebene weitergegeben, bis sie den richtigen Adressaten erreicht haben. Bei Meldungen findet im Normalfall auf jeder Ebene eine Überprüfung statt, ob die Notwendigkeit besteht, diese Meldung an die nächsthöhere Ebene weiterzugeben. Durch diese Filterfunktion soll vermieden werden, dass höhere Ebenen mit unnötigen Detailinformationen überflutet werden. Ähnlich verhält es sich mit Befehlen. Eine Führungskraft, die einen Befehl von der ihr unmittelbar übergeordneten Ebene erhalten hat, muss entscheiden, an welche der ihr unterstellten Führungskräfte/Trupps sie den Befehl in konkretisierter Form zur Ausführung gibt.

Durch diese disziplinierte Vorgehensweise werden verschiedene Vorteile erzielt:

- Der Befehlsempfänger wird nicht durch verschiedene, sich unter Umständen sogar widersprechende Anweisungen verunsichert.
- Die Führungskraft kann sich darauf verlassen, dass die ihr unterstellten Kräfte ausschließlich Weisungen von ihr selbst erhalten. Sie kann daher die Aktivitäten innerhalb der eigenen Einheit besser abschätzen, bewerten und überwachen. Doppelarbeit wird vermieden.
- Befehle werden ausschließlich von der zuständigen Führungskraft an die Einheit gegeben. Die Führungskraft behält den Überblick über laufende Tätigkeiten, die aktuelle Leistungsfähigkeit und die Auslastung der Einheit und ist damit in der Lage, die Einheit optimal einzusetzen.
- Befehle werden unter Beachtung der aktuellen Situation gegeben und für den jeweiligen Befehlsempfänger verständlich formuliert.
- Die Informationsflut wird reduziert, da nur Befehle und Meldungen aufgenommen und verarbeitet werden müssen, die auch tatsächlich für den Empfänger relevant sind.

Umgekehrt ist die strikte Einhaltung der Befehls- und Meldewege mit folgenden Nachteilen behaftet:

- Das Risiko eines Übermittlungsfehlers (»stille Post«) oder einer Fehlinterpretation steigt.
- Eine Meldung benötigt mit zunehmender Anzahl der zu überwindenden Hierarchiestufen mehr Zeit.

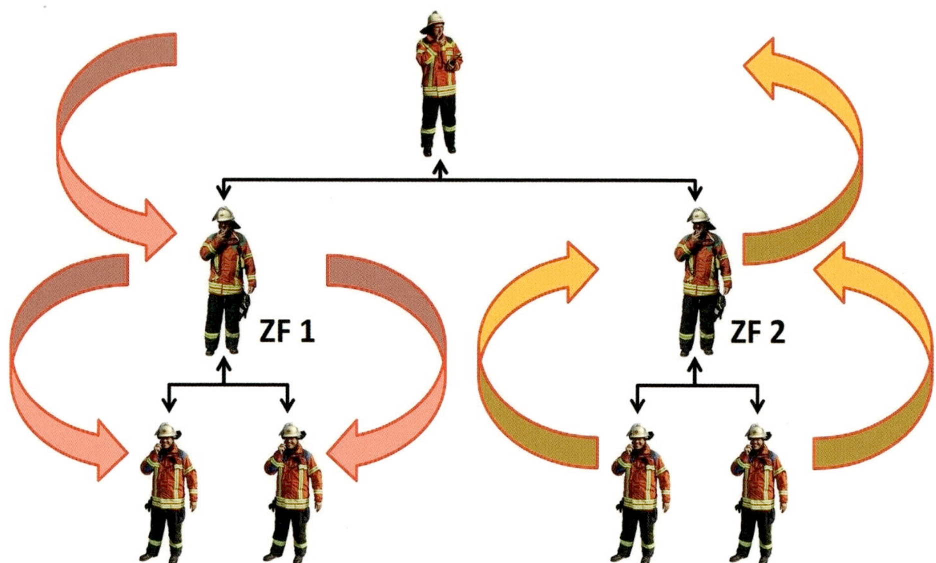


Bild 5 ***Befehle durchlaufen in Stufen von oben nach unten die Hierarchieebenen. Meldungen gelangen über Stufen nach oben. Nur durch die strikte Einhaltung dieser Wege behalten alle Führungsebenen den Überblick für ihren Zuständigkeitsbereich und können ihrem Führungsanspruch gerecht werden.***

Um das Risiko eines Übermittlungsfehlers zu mindern, sind Befehle und Meldungen grundsätzlich zu wiederholen. Je nach Lage und Bedeutung der Meldung macht es Sinn, die Meldung in schriftlicher Form zu verfassen.

Der zunehmende Zeitbedarf mit jeder zu nehmenden Stufe ist im Regelfall nicht zu vermeiden. Die Konsequenz muss demzufolge sein, dass die Führungsstruktur so aufgebaut ist, dass zeitkritische Entscheidungen in Ebenen getroffen werden, die so nah am Geschehen sind, dass eine rechtzeitige Reaktion ermöglicht wird.

**Beispiel:**

In einer Einheit kommt es zu einem Unfall unter Atemschutz. Der Einheitsführer empfängt einen Notruf (Mayday) und setzt sofort den ihm ebenfalls unterstellten Sicherheitstrupp zur Rettung des vermissten Trupps ein. Danach informiert er unverzüglich die nächste Führungsebene über den Unfall und die von ihm bereits eingeleitete Maßnahme.

Für den Ausnahmefall gibt es zudem die grundsätzliche Möglichkeit, über alle Ebenen hinweg zu agieren, wenn dies aufgrund der Lage – beispielsweise zur Abwendung einer erheblichen Gefahr – erforderlich erscheint. Über diesen spontanen und nicht der Regel entsprechenden Eingriff in das System sind rückwirkend unbedingt alle übersprungenen Ebenen in Kenntnis zu setzen.

## 1.6 Führungsvorgang nach FwDV 100

Der Führungsvorgang nach FwDV 100 ist ein sehr gutes Hilfsmittel, um in einem systematischen Denkprozess das Problem zu analysieren, unterschiedliche Lösungsmöglichkeiten erkennen und zielsicher bewerten zu können und, basierend auf den so gewonnenen Erkenntnissen, zu einem Entschluss zu kommen, der in Form eines Befehls an die unterstellte Einheit übermittelt wird. Ziel des Denkprozesses ist es,

- die richtigen Mittel,
- zur richtigen Zeit,
- am richtigen Ort

zum Einsatz zu bringen, um die aus der Gefahrenlage drohenden Schäden so gering wie möglich zu halten.

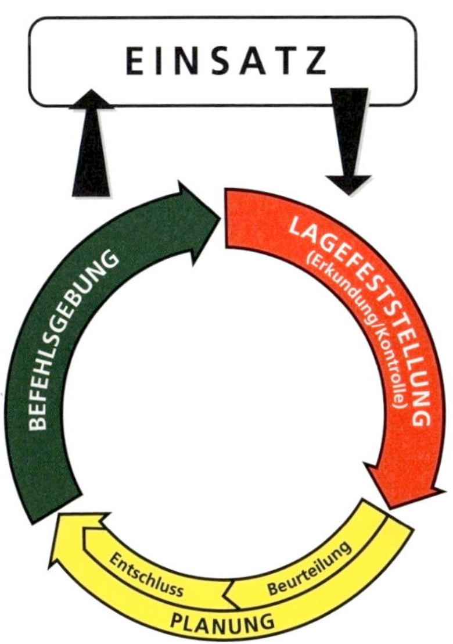


Bild 6 ***Führungsvorgang nach FwDV 100 – nicht ohne Grund als Regelkreis dargestellt (Grafik: Verlag W. Kohlhammer)***

Ganz entscheidend und anhand der Abbildung sofort auffallend ist, dass es sich beim Führungsvorgang um einen sich immer wiederholenden Ablauf in Form eines Regelkreises handelt. Offenkundig endet der Führungsvorgang nicht mit der Befehlsgebung. Vielmehr schließt sich unmittelbar daran der nächste Durchlauf des Regelkreises an. Dieser beginnt mit einer erweiterten Erkundung, die auch die Kontrolle der bereits angeordneten Maßnahmen einschließt. Die Prozedur wiederholt sich immer wieder, bis der Einsatz vollständig abgeschlossen ist.

Der Denkprozess beginnt grundsätzlich mit der Lagefeststellung, der Erkundung der Lage. Im Rahmen der Erkundung werden auf unterschiedlichste Weise Informationen eingeholt. Hierzu gehören beispielsweise eigene Wahrnehmungen, die Befragung von Zeugen und das Studium von Einsatzunterlagen. Aber auch das Nachschlagen in der Literatur oder einer Datenbank können Teil der Erkundung sein. Erkundet wird die Gefahrenlage, die sich aus dem Schadenereignis ergibt. Ebenso gilt es die eigene Lage zu erkunden, um im weiteren Verlauf des Führungsvorgangs das für die Gefahrenabwehr zur Verfügung stehende Potenzial bewerten zu können.

Die durch die Erkundung gewonnenen Erkenntnisse bilden die Grundlage der Einsatzplanung. Die Lage wird beurteilt. Unter Berücksichtigung der Schadenslage und der eigenen Lage wird ein Entschluss gefasst. Darin wird festgelegt, welche Maßnahmen eingeleitet werden sollen und wer mit der Durchführung beauftragt wird. Der Entschluss wird anschließend in Form eines Befehls an die unterstellten Einheiten übermittelt.

Der nächste Umlauf des Führungsvorgangs läuft in der gleichen Weise ab. Allerdings kommt nun in jedem Umlauf die Kontrolle in Bezug auf die bereits angeordneten Maßnahmen hinzu. Diese Kontrolle ist unbedingt notwendig, um zu erkennen, ob die zuvor angeordneten Maßnahmen weisungsgemäß durchgeführt werden und ob sie die vorgesehene Wirkung erzielen.

Um die Leitstelle über den Stand der Dinge zu informieren, wichtige Entwicklungen und Entscheidungen zu dokumentieren, sind zudem Rückmeldungen abzusetzen. Rückmeldungen sind immer dann sinnvoll, wenn wesentliche Lageänderungen eingetreten sind oder Informationen gewonnen wurden, die für die Leitstelle von Bedeutung sein können. Im Rahmen der Rückmeldung können auch Kräfte nachgefordert werden. Eine Rückmeldung ist wie der Befehl als Ergebnis eines Durchlaufs des Regelkreises zu sehen.

## 1.7 Die vergebliche Suche nach dem einzig richtigen Weg

An der Einsatzstelle erwartet uns oftmals eine äußerst komplexe Lage. Umgekehrt steht uns mit unserem Personal und Gerät eine Fülle von Möglichkeiten offen. Es ist daher müßig, den einzig richtigen Lösungsweg zu suchen. Vielmehr gibt es fast immer mehrere Varianten, die jede für sich Vor- und Nachteile aufzuweisen haben. Wichtig ist es, die unterschiedlichen Möglichkeiten überhaupt zu erkennen und unter fachlichen Gesichtspunkten zu bewerten, um dann zu einer machbaren und erfolgversprechenden Lösung des Problems zu kommen.

Diese Tatsache muss man sich insbesondere auch dann bewusst machen, wenn man in einer Gruppe Taktik trainiert, indem man Fallbeispiele bespricht oder Planübungen macht. Es ist völlig normal, wenn verschiedene Personen bei der gleichen Lage zu unterschiedlichen Lösungsansätzen kommen.

Abzulehnen sind allerdings Lösungsansätze und -wege, bei denen fachliche Gesichtspunkte nicht oder nicht hinreichend in die Bewertung eingeflossen sind. Zu den fachlichen Gesichtspunkten gehören

- Vorschriften (Gesetze, Verordnungen, Unfallverhütungsvorschriften, Feuerwehr-Dienstvorschriften usw.),
- naturwissenschaftliche Gesetzmäßigkeiten,
- die verfügbare Mannschaftsstärke und deren Leistungsfähigkeit,
- die verfügbaren Gerätschaften, Löschmittel,
- die tatsächlichen Gegebenheiten vor Ort usw.

So ist eine Lösung falsch, wenn die Planung beispielsweise vorsieht, dass

- ein Trupp im Innenangriff unter PA zur Brandbekämpfung eingesetzt werden soll, ohne dass ein Sicherheitstrupp gestellt werden kann (Fehler: Missachtung der Vorgaben der FwDV 7),
- eine Steckleiter mit zwei Feuerwehrangehörigen in Stellung gebracht werden soll (Fehler: gemäß FwDV 10 sind hierzu drei bis vier Personen vorzusehen),
- mit einem LF 10 nach Norm eine Menschenrettung über Leitern aus zehn Metern Höhe vorgenommen werden soll (Fehler: Rettungshöhe der mitgeführten Leiter überschritten),
- ein Lkw mit 40 t Gesamtgewicht mit blockierenden Achsen auf trockenem Asphalt mit einer 50 kN-Winde ohne Umlenkrollen weggezogen werden soll (Fehler: erforderlicher Kraftaufwand zu hoch).

## 1.8 Für den Ernstfall zu gebrauchen?

Die meisten Feuerwehrleute erlangen ihr Wissen über den Führungsvorgang und die Einsatztaktik im Allgemeinen zunächst an einer der Landesfeuerwehrschulen. Dort wird die Prozedur in Führungslehrgängen in Theorie und Praxis vermittelt. Sowohl in Plan- als auch in praktischen Einsatzübungen bildet der Führungsvorgang die Grundlage des Handelns.

Kehren die neuen Führungskräfte dann zu ihrem Standort zurück, kommt es häufig zu Diskussionen, inwieweit die an der Landesfeuerwehrschule vermittelten Inhalte praxisrelevant und an Einsatzstellen anwendbar sind. Nicht selten werden dabei die an den Schulen vermittelten Vorgehensweisen als praxisfremd abgetan.

Tatsächlich sind die an der Landesfeuerwehrschule vermittelten Inhalte und Methoden selbstverständlich für die Praxis anwendbar. Warum sonst werden sie dort seit Jahren vermittelt? Zu der gelehrten Methode, dem Führungsvorgang, gibt es keine vernünftige Alternative. Es ist zweifelsfrei zielführend, die jeweils vorgefundene Lage systematisch zu erkunden, zu bewerten und darauf basierend eine Strategie zur Lösung des Problems aufzubauen. Mit »Wir machen es so, wie wir es immer gemacht haben!« lassen sich jedenfalls einzelfallspezifische Lösungen, wie wir sie anstreben müssen, nicht erreichen. Mit »Wir machen es so, wie wir es immer gemacht haben!« wird sich die Feuerwehr auch nicht in einer sich immer schneller wandelnden Gesellschaft behaupten können. Selbst das Antreten hinter dem Fahrzeug, abfällig gerne als »Hofballett« bezeichnet, macht in vielen Lagen durchaus Sinn.

## 1.9 Eine Denkweise nur für den Feuerwehrdienst?

Der Führungsvorgang ist vielen Feuerwehrleuten vermeintlich fremd. Oftmals werden sie erst im Rahmen ihrer ersten Führungsausbildung mit dieser systematischen Denkweise konfrontiert und schließen daraus, nun etwas völlig neues, atypisches und feuerwehrspezifisches gelernt zu haben. Möglicherweise lässt sich die Scheu vor dem Führungsvorgang nehmen, wenn man sich bewusst macht, dass es viele Lebenslagen gibt, bei denen das Schema des Führungsvorgangs angewendet wird – unbewusst und ohne jede Scheu.

Nehmen wir als Beispiel den Kauf eines Fahrzeuges, eine Handlung, die wohl jeder von uns schon vollzogen hat. Wie sind wir vorgegangen?

Wir haben festgestellt, dass wir ein neues Auto benötigen beziehungsweise haben wollen. Wir haben uns überlegt, wofür wir das Auto nutzen werden:

- Anzahl der mitreisenden Personen,
- Transport von Gepäck, Waren usw.,
- übliche Beschaffenheit der Straßen,
- ungefähre Jahreskilometerleistung.

Wir bewerten die Ergebnisse unserer Erkundung und fassen den Entschluss, einen Kombi mit Straßenantrieb und Dieselaggregat zu kaufen. Damit ist der erste Durchlauf des Regelkreises beendet.

Wir setzen die Erkundung fort, studieren die Prospekte verschiedener Hersteller, lesen Testberichte, sichten Preislisten und Angebote und führen eine Reihe von Gesprächen. Gleichzeitig erkunden wir die eigene Lage, indem wir beispielsweise die finanzielle Situation prüfen.

Wir bewerten die Angebote unter Berücksichtigung der eigenen Lage (Bedarf, Wünsche, finanzielle Möglichkeiten). Dabei kann es vorkommen, dass sich aufgrund der finanziellen Vorgaben nicht alle Wünsche erfüllen lassen, sodass Prioritäten zu setzen sind. Dies geschieht unter Betrachtung der Vor- und Nachteile einzelner Ausstattungsvarianten.

Letztlich kommen wir zu dem Entschluss, das Fahrzeug vom Typ A mit einer bestimmten Ausstattung und Farbe beim Händler Mustermann kaufen zu wollen. Um das Auto zu bezahlen, nehmen wir einen Teilbetrag vom Sparbuch und finanzieren den Rest über einen Kredit.

Da wir selbst auf einer Dienstreise und somit zeitlich nicht in der Lage sind, den Kauf zu tätigen, bitten wir unseren Ehepartner, den Kauf in der beschlossenen Weise zu tätigen. Da der Befehlston im privaten Leben wohl eher unpassend ist, formulieren wir eine Bitte, einen Auftrag, der alle wesentlichen Punkte beinhaltet und wirken damit steuernd auf einen anderen Menschen ein, um unser Ziel zu verwirklichen. Damit ist der zweite Durchlauf des Regelkreises beendet.

Und, was tun wir, wenn wir von der Geschäftsreise zurückgekehrt sind? »Schatz, hast du wie besprochen das Auto gekauft? Ist es das richtige Auto? Hat es die richtige Ausstattung, die richtige Farbe? …«. Kurzum, wir führen eine Kontrolle durch – genau wie es auch der Führungsvorgang für den Feuerwehreinsatz vorsieht.

Wie dieses Beispiel deutlich macht, beschreibt der Führungsvorgang einen ganz normalen Denkprozess, wie er im Alltag immer wieder angewendet wird. Es gibt also keinen Grund, sich vor der Anwendung des Führungsvorgangs zu scheuen oder ihn gar in seiner Sinnhaftigkeit zu hinterfragen. Wenn systematisches Denken im Tagesgeschäft angewandt wird, um Probleme und Aufgaben zu lösen, warum dann nicht auch im Einsatz?

## 1.10 Die Lage in Phasen abarbeiten – dabei die Prioritäten richtig setzen

Wie schon mehrfach erwähnt, besteht der Führungsvorgang aus einem immer wiederkehrenden Denkprozess. Dies bedeutet einerseits, dass die Führungskraft nach der Befehlsgabe sofort wieder gefordert ist, die Lage weiter zu erkunden, zu bewerten und bei Bedarf immer wieder steuernd einzugreifen. Umgekehrt bedeutet dies aber auch, dass die Lage keinesfalls mit einem allumfassenden Befehl gewissermaßen »auf einen Schlag« abgearbeitet werden muss. Vielmehr ergibt sich aus dem ständigen »in der Lage leben« die Möglichkeit, anstehende Probleme auch Schritt für Schritt zu lösen, die Lage in Phasen abzuarbeiten. Die Führungskraft kann sich frei machen von dem Gedanken, schon im ersten Durchlauf des Regelkreises alle Gefahren und Probleme erkennen und beseitigen zu müssen. Vielmehr gilt es, Prioritäten zu setzen und sich zunächst auf die Dinge zu konzentrieren, die zeitnah zu

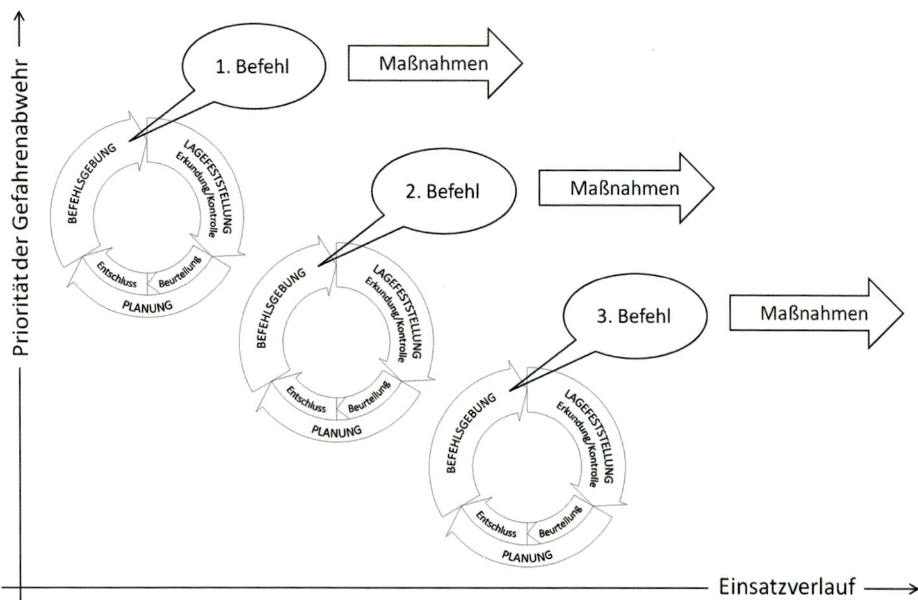


**Bild 7** ***Durch die Abarbeitung der Lage in Phasen kann Zeit gewonnen werden. Während erste Maßnahmen zur Abwehr der Gefahr mit der höchsten Priorität bereits anlaufen, beginnt die Planung für die Abwehr der Gefahr mit der nächsthöheren Priorität.***

erledigen sind. Für Gefahren, die einer untergeordneten Priorität zugeordnet werden, können die Erkundung, Planung und Bewältigung zu einem späteren Zeitpunkt erfolgen. Durch diese Fokussierung auf das Wesentliche und die Verteilung der zu lösenden Probleme auf verschiedene Phasen entlastet die Führungskraft sich selbst und die Mannschaft und gewinnt zudem Zeit. Die Fehlerquote wird geringer, weil Maßnahmen zeitlich versetzt ablaufen und somit besser überwacht werden können.

Bei der Abarbeitung der Lage bleibt es dem Einsatzleiter grundsätzlich überlassen, ob er

- alle verfügbaren Kräfte sofort einsetzt, um die Hauptgefahr so schnell wie möglich zu beseitigen,
- alle verfügbaren Kräfte sofort einsetzt, um verschiedene Gefahren parallel zu bekämpfen,
- nur einen Teil seiner Kräfte sofort einsetzt, um eine Gefahr zu bekämpfen und erst nach einem weiteren Durchlauf des Regelkreises entscheidet, wie er die übrigen Kräfte zum Einsatz bringt,
- den Einsatz mit Bereitstellung befiehlt und damit die Voraussetzungen für ein schnelles Eingreifen schafft, ohne sich frühzeitig festlegen zu müssen.

## 1.11 Trainingsmöglichkeiten

Um die richtige taktische Vorgehensweise an der Einsatzstelle zu trainieren, bieten sich verschiedene Möglichkeiten an. Die vermutlich einfachste und gebräuchlichste ist die Planübung, mit der jede angehende Führungskraft im Rahmen der Ausbildung und Prüfung konfrontiert wird. Planübungen können mit wenig Aufwand durchgeführt werden und erlauben es den Führungskräften, ihre Aufgabenbewältigung im Rahmen einer Stationsausbildung zu trainieren, während die Mannschaft zeitgleich auf dem Hof den handwerklichen Umgang mit den Geräten übt.

Einige Landesfeuerwehrschulen verfügen über sehr aufwändige Planübungsplatten, die mit Kameras und digitalen Effekten zusätzlich aufgewertet werden. Derartige Trainings lassen sich jedoch auch mit wesentlich geringerem Aufwand durchführen. Viele Lagen lassen sich mit einfachsten Mitteln in jedem Feuerwehrhaus darstellen. So können ein einzelnes Modellhaus und -feuerwehrfahrzeug genügen, um mit ein bisschen Fantasie verschiedene Szenarien darzustellen und zu spielen. Mitunter reicht sogar ein Stück Papier, auf dem die Lage grob umrissen wird, um die Grundprinzipien des Führungsvorgangs zu besprechen, verschiedene Lösungen anzudenken und zu bewerten und dann zu einer Entscheidung zu kommen.

Wichtig ist bei dieser Art von Training, die schon mehrfach erwähnte Toleranz gegenüber verschiedenen Lösungsansätzen zu zeigen, ohne jedoch unrealistische oder fehlerhafte Lösungen zu akzeptieren. Es erleichtert die Sache, wenn die dargestellte Lage in einer offenen Runde diskutiert wird und sich kein Spieler alleine an der Planspielplatte produzieren muss. Auf diese Weise wird vermieden, dass eine Art Prüfungssituation entsteht und sich ein einzelner Feuerwehrangehöriger vor seinen Kameraden beweisen muss. Das dargestellte Problem in der Gruppe zu besprechen, gemeinsam nach Lösungsansätzen zu suchen und diese dann auf Praktikabilität zu prüfen und gegeneinander abzuwiegen, stärkt zudem den Teamgeist. Wenn sich dann noch die »Spieler« beim Ausdenken der Lagen und Moderieren der Diskussion abwechseln, ergibt sich mit wenig Mühe eine abwechslungsreiche Situation ohne Gewinner und Verlierer. Durch den Spaß an der gemeinsamen Diskussion wird die Scheu genommen, den Führungsvorgang bewusst anzuwenden und auch für Führungskräfte eine Grundlage geschaffen, im kleinen Kreis ohne Hilfe von außen zu trainieren.

Planspiele sind ein gutes und wichtiges Trainingsmittel. Dabei darf aber nicht verkannt werden, dass einige Dinge im Vergleich zur Realität deutlich vereinfacht sind. So wird beispielsweise die Zeit angehalten, um den Übenden Zeit für das Ausformulieren ihrer Gedanken zu geben. Üblich ist beim Planspiel zudem, dass der Einsatzleiter die Lage von Beginn an aus der Vogelperspektive betrachten kann und so einen Überblick gewinnt, von dem er in der Realität oft nur träumen kann. Auch Kommunikationsprobleme, Eigendynamik usw. treten an der Planspielplatte üblicherweise nicht auf. Vielmehr werden alle Befehle verstanden und sofort umgesetzt. Die Befragung der Mutter im 3. OG erfolgt trotz Straßenlärm ebenso problemlos wie das Wechseln zwischen Straßenseite und Hinterhof im Sekundentakt.

Von daher bedarf es neben dem Training an der Planspielplatte der schon erwähnten Einsatzübungen in unterschiedlichen Schwierigkeitsgraden, um den Führungskräften ein Üben unter realistischen Bedingungen zu ermöglichen. Dabei ist zu unterscheiden zwischen Übungen, bei denen ausschließlich handwerkliche Abläufe trainiert und optimiert werden sollen und Übungen, bei denen die taktischen Fähigkeiten der Führungskräfte ebenfalls geschult werden. Um auch taktische Fähigkeiten trainieren zu können, ist es zwingend, dass der übende Einsatzleiter die Übung nicht selbst ausgearbeitet hat. Jede Führungskraft muss sich vielmehr einer für sie unbekannten Herausforderung stellen, um einen echten Trainingseffekt zu erzielen. Ebenso ist es wichtig, dass die Übung unter dem Motto »Lage wie gegeben« abgearbeitet wird. Damit dies möglich ist, muss die Lage möglichst realitätsnah dargestellt und weitgehend selbsterklärend sein. Übungskünstlichkeiten, die sich nicht immer ganz vermeiden lassen, sind auf ein notwendiges Minimum zu reduzieren. Sie führen zu Missverständnissen, Fehleinschätzungen, Irritationen und oftmals zu Frust. Zudem

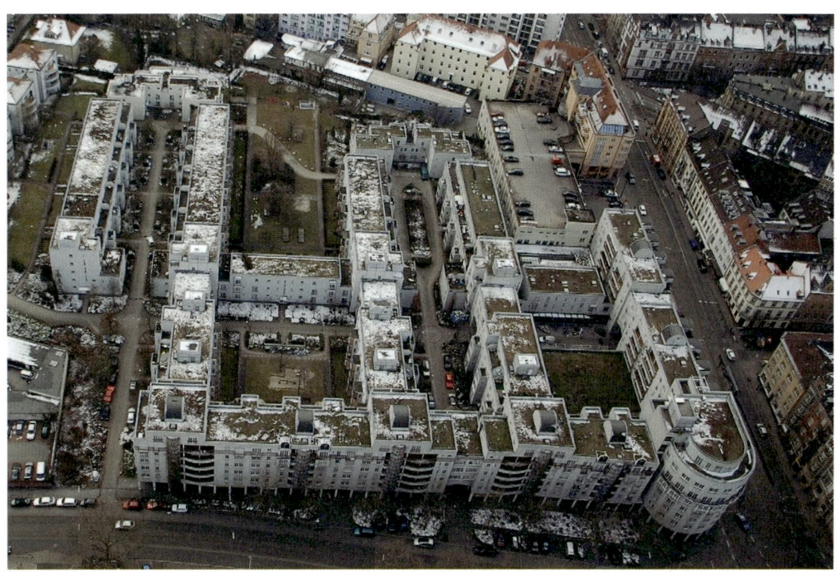

Bild 8 *So einfach ist es nur im Planspiel. Aus der Vogelperspektive erhalten wir sofort einen Überblick über die gesamte bauliche Anlage, die angrenzenden Straßen, Zufahrten und so weiter. Im Sekundentakt wechseln wir von der Vorderseite zur Rückseite der Gebäude und ermitteln die Gebäudehöhe mit einem Meterstab.*

dienen sie den Übenden in Nachbesprechungen häufig auch als Erklärung für gemachte Fehler (»Im Einsatz hätten wir das ganz anders gemacht«).

Um von einer solchen Übung optimal profitieren zu können, sind Beobachter erforderlich, die die gezeigte Leistung reflektieren können, ohne dabei verletzend zu sein. Besonders effektiv sind zudem Übungseffekte, die den Übenden ein ständiges Feedback geben und ihnen Erfolgserlebnisse und Rückschläge in Echtzeit vermitteln. Ein solcher Effekt kann beispielsweise mit einer Nebelmaschine vermittelt werden, die beim Öffnen von Türen und Fenstern die Rauchausbreitung veranschaulicht.

Eine weitere Möglichkeit zur Schulung des taktischen Verständnisses ist in der Einsatznachbesprechung und in Einsatzberichten zu sehen. Dabei können Erfahrungen weitergegeben, Entscheidungen erläutert und positive wie negative Eindrücke besprochen werden. Erfolgreiche Problemlösungen und positive Erfahrungen können gegebenenfalls bei künftigen Einsätzen als Hilfestellung genutzt werden. Durch eine offene und ehrliche Darstellung gemachter Fehler kann die Wahrscheinlichkeit der Wiederholung solcher Fehler gesenkt werden.

# 2 Lagefeststellung/Erkundung

Die Feuerwehr ist eine Einrichtung zur Abwehr von Gefahren. Sie wird bei Lagen zu Hilfe gerufen, von denen Gefahren ausgehen. Die Anzahl möglicher Lagen, mit denen eine Feuerwehr konfrontiert werden kann, ist dabei quasi unendlich. Um im Einsatz gezielt Hilfe leisten zu können, bedarf es zunächst einer Feststellung der Lage. Die hierzu notwendige Erkundung bildet die Grundlage des gesamten Einsatzverlaufs und muss daher gewissenhaft und präzise durchgeführt werden. Die Lagefeststellung umfasst die in Tabelle 1 genannten Punkte.

Tabelle 1 ***Die Lagefeststellung***

| Ort | Zeit | Wetter |
|---|---|---|
| **Schadenereignis/Gefahrenlage** | | |
| *Schaden*<br>▪ Schadenart<br>▪ Schadenursache | *Führung*<br>▪ Führungsorganisation<br>▪ Führungsmittel | |
| *Schadenobjekt*<br>▪ Art<br>▪ Größe<br>▪ Material<br>▪ Konstruktion<br>▪ Umgebung | *Einsatzkräfte*<br>▪ Stärke<br>▪ Gliederung<br>▪ Verfügbarkeit<br>▪ Ausbildung<br>▪ Leistungsvermögen | |
| *Schadenumfang*<br>▪ Menschen<br>▪ Tiere<br>▪ Umwelt<br>▪ Sachwerte | *Einsatzmittel*<br>▪ Fahrzeuge<br>▪ Geräte<br>▪ Löschmittel<br>▪ Verbrauchsmaterial | |

Die Erkundung ist der Einstieg in den Führungsvorgang. Erst wenn sie komplett durchlaufen ist, kommt es bei vorschriftsmäßiger Vorgehensweise zu ersten Handlungen, zu ersten Maßnahmen zur Gefahrenabwehr. Bis dahin kann die Gefahr ohne Gegenmaßnahmen der Feuerwehr auf die bedrohten Objekte einwirken. Hieraus ergibt sich, dass die Erkundung in zeitkritischen Fällen auf den notwendigen Umfang beschränkt und schnellstmöglich durchgeführt werden muss. Ein völliger Verzicht auf

Bild 9 *Bei einer derartigen Lage kann die Lagefeststellung sehr kurz gefasst werden. Die akute Bedrohung der an der Dachrinne hängenden Person ist offensichtlich und kaum noch zu überbieten. Die Person wird sich möglicherweise nur noch kurzzeitig halten können. Auch bei den möglichen Gegenmaßnahmen gibt es nicht viel zu überlegen. Die Rettung wird über die Außenseite erfolgen, der Sprungretter sofort gestellt werden müssen. Der erste Durchlauf des Führungsvorgangs erfolgt in Sekundenschnelle und führt zu einem ersten Befehl (Phase 1). Auf diese Weise verschafft sich der Einsatzleiter die erforderliche Zeit für die weitere Erkundung, die als Grundlage weiterer Maßnahmen dient.*

die Erkundung ist jedoch auch unter größtem Zeitdruck nicht zu rechtfertigen. Das Ergebnis wäre ansonsten ein völlig ungeplantes Vorgehen, dessen Erfolg allein von Zufällen abhängig wäre. Gerade zeitkritische Lagen erfordern jedoch ein geplantes Vorgehen, bei dem sich die Einsatzkräfte gezielt auf die Abwehr der wesentlichen Gefahren konzentrieren und geordnet vorgehen. Eine gute Erkundung führt insgesamt immer zu besseren Ergebnissen und in der Summe auch zu einem Zeitgewinn.

Um innerhalb möglichst kurzer Zeit zu den notwendigen Erkenntnissen zu gelangen oder Zeit für die Erkundung zu gewinnen, kann sich der Einsatzleiter folgender Verfahrensweisen und Hilfsmittel bedienen:

### Erkundung auf der Anfahrt

Die Zeit auf der Anfahrt kann genutzt werden, um mit der Auswertung bereits vorliegender Informationen zu beginnen oder um sich weitere Informationen zu beschaffen.

### Arbeiten in Phasen

Wie bereits im Kapitel »Die Lage in Phasen abarbeiten – dabei die Prioritäten richtig setzen« erläutert, kann eine Lage oftmals in Phasen abgearbeitet werden. Es bedarf somit nicht immer einer allumfassenden Erkundung in der Anfangsphase. Vielmehr kann es ausreichend sein, die Erkundung zunächst auf die wesentlichen Punkte zu beschränken, die notwendig sind, um die offenkundig zur Abwehr der größten Gefahr notwendigen Maßnahmen anordnen zu können.

### Einsatz mit Bereitstellung

Eine erste Phase kann auch der Einsatz mit Bereitstellung sein. Auch er stellt eine Maßnahme dar, die befohlen werden muss und – bei richtiger Anwendung – die Folge eines Durchlaufs des Führungsvorgangs darstellt. Es kann also auch Sinn machen, bei Eintreffen die Erkundung zunächst darauf zu beschränken, ob die Voraussetzungen für einen Einsatz mit Bereitstellung gegeben sind, dann die Erkundung abzubrechen und den Angriffsbefehl zu geben. Da erste Maßnahmen bereits laufen, kann der Einsatzleiter auf diese Weise die Erkundung und Planung der zweiten Phase parallel durchführen, ohne dass Zeit verloren wird.

**Anmerkung:**

**Was ein Einsatz mit Bereitstellung ist und welche Voraussetzung hierzu gegeben sein muss, wird im Kapitel »Einsatz mit oder ohne Bereitstellung?« erläutert.**

### Einbindung von Helfern

Zur Erkundung unübersichtlicher Lagen kann sich der Einsatzleiter auch unterstützen lassen, indem er Helfer anweist, beispielsweise die Rückseite des Gebäudes zu erkunden. Auch diese Entscheidung ist bei genauer Betrachtung schon ein Ergebnis eines ersten Durchlaufs des Führungsvorgangs. Ein Vorteil der Erkundung mit Helfern ist der zu erwartende Zeitgewinn. Ein Nachteil ist allerdings, dass sich die Führungskraft selbst kein Bild von der Lage machen kann und sich auf die Aussagen eines Dritten verlassen muss. Der Helfer sollte deswegen über eine für den jeweiligen Auftrag hinreichende Qualifikation und Zuverlässigkeit verfügen.

Bild 10 ***Aktives Feuer im 3. Obergeschoss. Der Angriff wird über den Treppenraum vorgetragen werden. Sobald die Erkundung ergeben hat, dass keine Menschenrettung über die Außenfassade durchzuführen ist, kann bei dieser Lage der Befehl zum Einsatz mit Bereitstellung gegeben werden.***

## 2.1 Mit der Erkundung bereits auf der Anfahrt beginnen

Mit dem Denkprozess, der im Führungsvorgang beschrieben ist, kann schon vor Eintreffen an der Einsatzstelle begonnen werden. Bereits vorliegende Informationen können ausgewertet, zusätzliche Informationen über die Leitstelle eingeholt werden. Zu den Informationen, die fast in jedem Fall vorliegen, gehören:

- der Ort,

- die Zeit,
- das Wetter.

Auch die eigene Lage (Schaden-/Gefahrenabwehr) ist oftmals schon auf der Anfahrt bekannt oder kann über die Leitstelle erfragt werden. Anhand vorhandener Ortskenntnisse und der eingegangenen Meldung/en können erste Erkenntnisse über die zu erwartende Lage und das betroffene Objekt gewonnen werden. Sofern vorhanden, können auch Einsatzpläne gesichtet und die potenziellen Wasserentnahmestellen anhand mitgeführter Hydrantenpläne erkundet werden. Letzteres kann auch durch den für den Aufbau der Wasserversorgung standardmäßig zuständigen Wassertruppführer erfolgen (Einbindung von Helfern).

## 2.2 Die Bedeutung des Ortes

Der Einsatzort wirkt sich in vielfacher Hinsicht auf die Einsatzabwicklung aus. Der Begriff »Ort« kann auf die Gemeinde, den Ortsteil und damit auf die Leistungsfähigkeit der örtlichen Feuerwehr, des Rettungsdienstes und der Polizei bezogen werden. Vom Ort ist abhängig, welches Potenzial von Feuerwehr, Rettungsdienst, Polizei und Fachdiensten zur Verfügung steht, welche Kräfte nachgezogen werden können und welche Anfahrtszeiten für nachrückende Kräfte zu kalkulieren sind.

Zu unterscheiden ist in vielen Fällen auch, ob sich die Einsatzstelle in bewohntem Gebiet, innerhalb oder außerhalb der Ortschaft befindet. Außerhalb geschlossener Ortschaften kann sich beispielsweise die Wasserversorgung schwierig gestalten. Bei Einsätzen im offenen Gelände muss möglicherweise verstärkt auf Fahrzeuge mit Allradantrieb zurückgegriffen werden. Innerorts ist mit einer höheren Bevölkerungsdichte zu rechnen, weswegen bei Bränden und Gefahrstofffreisetzungen in diesem Bereich in der Regel mehr Menschen betroffen sind. Zudem ist im innerstädtischen Bereich mit einer anderen Bebauung und mit Problemen mit engen Zufahrten und fehlenden Stellflächen zu rechnen. Art, Ort und Lage der Einsatzstelle können sich zudem auf das öffentliche und politische Interesse auswirken. So lassen beispielsweise ein Brand im Reichstagsgebäude oder auf der unter dem Namen »Stuttgart 21« bundesweit bekannten Baustelle des neuen Stuttgarter Bahnhofs ein hohes Medieninteresse erwarten.

Schlussendlich haben natürlich auch das betroffene Objekt selbst und dessen Nutzung oft entscheidenden Einfluss auf die Bewertung der zu erwartenden Lage. So wird ein Brand in einem Krankenhaus völlig anders zu bewerten sein, als ein Brand in einem landwirtschaftlichen Anwesen.

Auch besondere Anforderungen und Gefahren sind in Abhängigkeit des Ortes zu erwarten. So ist ein Brand in einem Tunnel anders zu bewerten als ein Brand auf freier Strecke. Bei Einsätzen in der Industrie sind oftmals Gefahren zu berücksichtigen, die bei vergleichbaren Einsätzen in Wohngebieten normalerweise keine Rolle spielen.

Tabelle 2 ***Übersicht möglicher Abhängigkeiten des Einsatzgeschehens vom Ort***

| Ort im Sinne von | mögliche Auswirkungen auf den Einsatz |
|---|---|
| Stadt/Stadtteil, Ort/Ortsteil | Leistungsfähigkeit von Feuerwehr, Rettungsdienst und Polizei |
| Innerorts/Außerorts | Bebauung, Bevölkerungsdichte, Verkehrsdichte, Wasserversorgung, Zufahrtswege |
| Objekt | Personenzahl, Mobilität der Personen, besondere Anforderungen und Gefahren, Einrichtungen des Vorbeugenden Brandschutzes |

## 2.3 Die Bedeutung der Zeit

Auch die Zeit kann sich in vielfältiger Weise auf das Einsatzgeschehen auswirken. Der Begriff »Zeit« ist dabei in Bezug auf die Tageszeit und den Wochentag zu sehen.

Eine von der Zeit abhängige Größe, die Auswirkung auf das Einsatzgeschehen hat, ist beispielsweise die in einem Objekt zu erwartende Anzahl von Menschen. So können einerseits mehr Menschen potenziell in Gefahr geraten, je mehr sich bei Brandausbruch im Gebäude aufhalten. Andererseits steigt mit der Anzahl der Menschen im Gebäude die Wahrscheinlichkeit, dass ein Brand frühzeitig entdeckt und gemeldet wird. In Schulen, Kindergärten, Bürohäusern, Betrieben und Kaufhäusern ist werktags tagsüber mit vielen Menschen zu rechnen. Bei Wohngebäuden ist dies eher nachts der Fall.

In der Nacht schlafen die meisten Menschen. Sie sind damit oftmals nicht in der Lage, eine drohende Gefahrensituation zu erkennen und sich rechtzeitig in Sicherheit zu bringen oder zumindest um Hilfe zu rufen. Bei Nacht ist damit die Wahrscheinlichkeit deutlich größer, in einer Wohnung auf Menschen zu treffen, die in großer Gefahr sind und nicht auf sich aufmerksam machen können. Brände bei Nacht bleiben häufig länger unbemerkt und können sich somit besser entwickeln.

Bedingt durch die schlechteren Sichtverhältnisse bei Nacht entstehen zusätzliche Gefahren. Stolperstellen werden zu spät erkannt, Hinweise auf eine drohende Gefahr nicht wahrgenommen. Die fehlende Übersichtlichkeit an der Einsatzstelle erschwert die Zusammenarbeit und die Kommunikation.

Die Leistungsfähigkeit der Einsatzkräfte ist bei Nacht oft geringer. Sie wurden aus dem Schlaf gerissen und durch den Alarm in Stress versetzt. Eine massive Hormonausschüttung hilft ihnen, die erforderliche Leistung zu bringen. Mit einem schnelleren Ermüden ist jedoch zu rechnen. Müde sind auch andere Personen, die sich bei Nachteinsätzen im Umfeld der Einsatzstelle bewegen. Müde sind beispielsweise die Fahrer der Pkw und Lkw, die sich mit hoher Geschwindigkeit der Unfallstelle nähern, an der die Feuerwehr gerade tätig ist.

Viele Berufsfeuerwehren reduzieren bei Nacht und an Wochenenden die Besetzung ihrer Löschzüge und rücken mit weniger Personal aus. Auch Rettungsdienst und Polizei reduzieren ihr im Dienst befindliches Personal. Umgekehrt ist die Verfügbarkeit der Freiwilligen Feuerwehren bei Nacht und an Wochenenden in der Regel deutlich besser. Diese kann bei Nacht wesentlich mehr Einsatzkräfte als tagsüber an Werktagen zum Einsatz bringen.

Weil die Verkehrswege bei Nacht nicht so stark frequentiert sind, ist in der Regel ein schnelleres Vorankommen gerade in Innenstädten und auf Autobahnen möglich. Mit einem umgekehrten Effekt ist jedoch in Wohngebieten zu rechnen. Irgendwo müssen schließlich die ganzen Autos, die tagsüber die Straßen verstopft haben, in der Nacht stehen.

Nachts halten sich die meisten Menschen in ihren Wohnungen auf, wo sie besser gegen Schadstofffreisetzungen geschützt sind. Darüber hinaus ist das öffentliche Interesse bei Einsätzen in der Nacht in der Regel wesentlich geringer, was die Zahl der Schaulustigen reduziert und die Arbeit an vielen Einsatzstellen deutlich erleichtert.

Tabelle 3 ***Übersicht möglicher Abhängigkeiten des Einsatzgeschehens von der Zeit***

| Tag | Nacht |
|---|---|
| hohe Personenzahl in Geschäften, Arbeitsstätten, Seminarräumen, Kindergärten und Schulen | hohe Personenzahl in Wohnungen, Hotelzimmern |
| viele Personen unter freiem Himmel | Personen überwiegend im Gebäude |
| Personen sind überwiegend wach | viele Personen im Schlaf, verminderte und verzögerte Wahrnehmungsfähigkeit |
| schnelle Brandentdeckung/-meldung | verzögerte Brandentdeckung/-meldung |
| hohe Verkehrsdichte | geringe Verkehrsdichte, kürzere Anmarschzeiten |

Tabelle 3 ***Übersicht möglicher Abhängigkeiten des Einsatzgeschehens von der Zeit – Fortsetzung***

| Tag | Nacht |
|---|---|
| gute Sichtverhältnisse | schlechte Lichtverhältnisse |
| geringe Verfügbarkeit bei ehrenamtlichen Helfern | hohe Verfügbarkeit bei ehrenamtlichen Helfern |
| hohe Leistungsfähigkeit | geringere Leistungs- und Konzentrationsfähigkeit, schnelleres Ermüden |
| gute Erreichbarkeit von Fachämtern, Objektverantwortlichen, Ansprechpartnern | schlechte Erreichbarkeit von Fachämtern, Objektverantwortlichen, Ansprechpartnern |

# 2.4 Die Bedeutung des Wetters

Das Wetter nimmt mit den Parametern Temperatur, Niederschlag/Nebel und Windstärke/-richtung Einfluss auf den Einsatzverlauf.

## 2.4.1 Temperatur

Die Umgebungstemperatur hat erheblichen Einfluss auf die körperliche Leistungsfähigkeit. Extreme Temperaturen (Sommerhitze ebenso wie strenger Frost) führen zu einer schnelleren Ermüdung und verkürzten Einsatzzeiten. Die Intervalle für die Ablösung der Einsatzkräfte sind entsprechend anzupassen. Bei hohen Temperaturen sind rechtzeitig Maßnahmen für den Ausgleich des Flüssigkeitsverlustes und gegen einen kritischen Anstieg der Körperkerntemperatur zu ergreifen. Bei tiefen Temperaturen müssen umgekehrt Maßnahmen ergriffen werden, um eine Unterkühlung zu vermeiden. Neben dem Aspekt des Gesundheitsschutzes ist in diesem Zusammenhang auch der Aspekt der Motivation der Einsatzkräfte zu nennen.

Was für die Einsatzkräfte gilt, gilt natürlich auch für andere Personen, die von dem Ereignis betroffen sind. Bei der Räumung eines Gebäudes im Winter wird man sich schneller um eine Notunterkunft bemühen müssen, als in einer lauen Sommernacht.

Bei Frost ist die Rutschgefahr auf vereistem Untergrund als Unfallgefahr für Einsatzkräfte und andere Personen/Verkehrsteilnehmer zu sehen. Diese Gefahr besteht auf der An- und Abfahrt sowie an der Einsatzstelle selbst. An der Einsatzstelle ist insbesondere darauf zu achten, dass eine Gefährdung durch gefrierendes Löschwasser vermieden wird. Für die Maschinisten ist es wichtig, ein Einfrieren von Aggregaten und wasserführenden Armaturen durch geeignete Maßnahmen zu verhindern.

Die Temperatur hat auch Auswirkungen auf das Verhalten von Gefahrstoffen. So ist beispielsweise die Verdampfungsrate vieler Stoffe sehr stark temperaturabhängig. Damit gelangen bei der Freisetzung einer Substanz bei hohen Außentemperaturen in kürzerer Zeit mehr Gefahrstoffe in die Atmosphäre.

**Anmerkung:**

**Grundsätzlich hat die Temperatur auch Einfluss auf die Zündfähigkeit von brennbaren Flüssigkeiten. Allerdings sind bei den brennbaren Flüssigkeiten, mit denen die Feuerwehr üblicherweise zu tun hat, keine dramatischen Unterschiede zu erwarten. Benzin zündet auch in eisigen Winternächten hervorragend, während bei Dieselkraftstoff oder Heizöl selbst an heißen Sommertagen mit einer Erwärmung auf eine Temperatur oberhalb des Flammpunktes normalerweise nicht zu rechnen ist.**

### 2.4.2 Niederschlag/Nebel

Niederschlag kann sich auf das Wohlbefinden und die Motivation der Einsatzkräfte auswirken und zu einem schnelleren Ermüden (Durchnässen, Auskühlen) führen. Aufgrund der meist schlechteren Wetterschutzkleidung sind diese Auswirkungen insbesondere auch in Bezug auf die Personen, die beispielsweise im Rahmen einer Rettungsaktion ins Freie gebracht wurden oder nach einem Verkehrsunfall im Freien stehen, zu berücksichtigen.

Generell ist zu beachten, dass Regen, Schnee und Nebel zu einer erheblichen Verschlechterung der Sichtverhältnisse führen, was insbesondere auf Verkehrswegen zu höheren Unfallgefahren führt. Durch die Reflexionen der Blau-, Blink- und Blitzlichter ist es für Verkehrsteilnehmer insbesondere bei Nacht und nassem Fahrbahnbelag oft sehr schwierig, Details an der Einsatzstelle überhaupt wahrzunehmen. Selbst mit Warnkleidung sind Personen, die sich auf der Fahrbahn bewegen, nur schlecht zu erkennen, wenn um sie herum eine Vielfalt greller Lichtpunkte und Blitzlichter die Autofahrer irritieren.

Bei gefrierendem Regen und Schneefall führt die Verschlechterung der Straßenverhältnisse zu einem erhöhten Unfallrisiko auf der Anfahrt sowie an der Einsatzstelle. Es kommt zudem zu einer Verlängerung der Anmarschzeiten und einem verzögerten Ausrücken bei Freiwilligen Feuerwehren. Brände können sich länger entwickeln und etwaige Verstärkung lässt länger auf sich warten. Selbst wenn die Einsatzfahrzeuge entsprechend ausgerüstet sind, kann sich dieses Problem aufgrund verstopfter Straßen erheblich auf den Einsatzablauf auswirken.

### 2.4.3 Windstärke/-richtung

Wind hat Auswirkungen auf den Wärmetransport in Form der Wärmeströmung (Konvektion) bei Brandeinsätzen und auf den Stofftransport bei Bränden (Zufuhr von Frischluft und Abtransport der Rauchgase) und sonstigen Schadstofffreisetzungen.

Ein Teil der bei einem Brand freigesetzten Wärmeenergie wird mit dem Luftstrom abtransportiert, sodass in Windrichtung gelegene Objekte stärker mit Energie beaufschlagt werden und eine Brandausbreitung in Windrichtung deutlich wahrscheinlicher ist. Starke Winde können Brände durch Luftzufuhr anfachen und durch den Transport brennender Teile (Flugfeuer) auf angrenzende Objekte Sekundärbrände entfachen.

Der Wind hat bei Gefahrstofffreisetzungen in Bezug auf den Stofftransport je nach Lage und Betrachtungsweise positive und negative Auswirkungen. Mit zunehmender Windgeschwindigkeit werden bei Schadstofffreisetzungen die gasförmigen Stoffe schneller in Windrichtung transportiert. Dies bedingt einerseits eine größere Ausdehnung der Schadstoffwolke, führt umgekehrt aber auch zu einer schnelleren Verdünnung derselben. Bei Windstille werden unmittelbar am Ort der Freisetzung sehr hohe Konzentrationen erreicht, die sich ohne gezielte Einwirkung auch lange halten können. Dieses Phänomen lässt sich bei so genannten Smog-Wetterlagen in Großstädten beobachten.

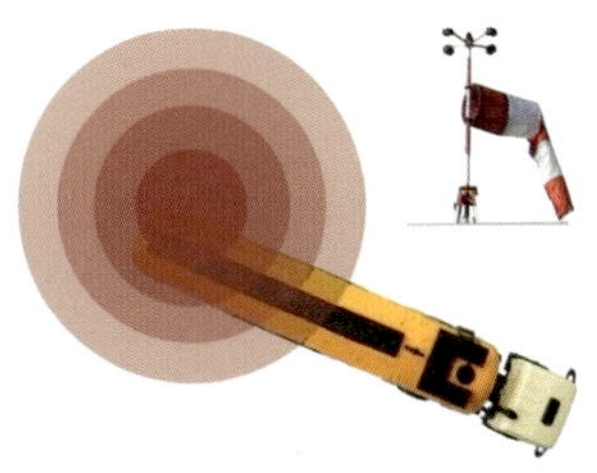

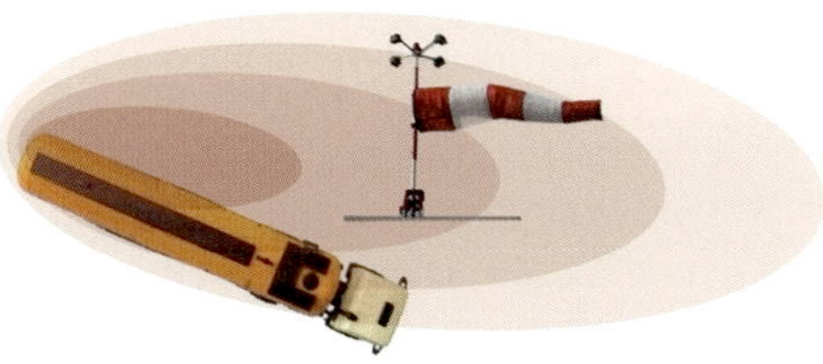

Bilder 11 a und b ***Schadstofffreisetzung nach einer Leckage an einem Tanklastzug bei unterschiedlichen Windgeschwindigkeiten. Bei Windstille (linkes Bild) werden hohe Konzentrationen in einer näherungsweise kreisförmigen Wolke um die Austrittstelle herum erreicht. Bei Wind (rechtes Bild) breitet sich die Wolke stärker aus. Die Verdünnung durch die permanente Frischluftzufuhr sorgt für geringere Konzentrationen, verteilt auf eine größere Fläche.***

Neben diesen Effekten, die den aktuellen Wetterbedingungen geschuldet sind, gibt es natürlich auch noch jahreszeitlich bedingte Effekte. Hier ist besonders die erhöhte Brandgefahr für Wald und Wiesen in längeren Trockenperioden im Frühjahr und Hochsommer zu nennen.

## 2.5 Informationen der Leitstelle

Die Leitstelle ist ein Führungsmittel des Einsatzleiters und steht ihm als Informationsquelle bereits während der Anfahrt zur Verfügung. Sie verfügt über Kenntnisse, die möglicherweise schon auf der Anfahrt vom Einsatzleiter ausgewertet werden können. Der Einsatzleiter kann sich so einen ersten Eindruck über das zu erwartende Schadenereignis verschaffen. Die Leitstelle hat in der Regel erste Informationen über den Schaden, das Schadenobjekt und den Schadenumfang. Einige dieser Erkenntnisse stammen aus den eingehenden Meldungen, andere wurden möglicherweise dem Einsatzleitrechner entnommen. Hierzu können neben Informationen über aktuelle Straßensperrungen auch objektbezogene Hinweise gehören, die permanent oder temporär im Einsatzleitrechner unter der Alarmadresse hinterlegt sind.

**Anmerkung:**

**Auch wenn sich in vielen Fällen der Inhalt der Notrufe mit der tatsächlichen Lage nur bedingt in Einklang bringen lässt, so muss man sich bei der Lageeinschätzung auf der Anfahrt mangels anderer Informationen zunächst auf die Aussagen der/des Anrufer/s beziehen. Der Einsatzleiter sollte sich davor hüten, aufgrund von »Erfahrungswerten« zu vorschnellen Entschlüssen zu kommen. Insbesondere von einer Abwertung ist zu warnen. Der Notruf ist in der Leitstelle aufgezeichnet. Keine Statistik der Welt kann dem Einsatzleiter helfen, wenn er aus einem Gefühl heraus einen Notruf unterbewertet hat. Diese Aussage gilt in gleichem Maße auch für Alarme, die über automatische Brandmeldeanlagen ausgelöst worden sind. Auch hier ist ungeachtet jeder Statistik Vorsicht geboten, wenn ohne konkrete, zuverlässige und belastbare Erkenntnisse von geplanten und in der Alarm- und Ausrückeordnung festgelegten Abläufen abgewichen wird. Derartige Abweichungen sind nur vertretbar, wenn konkrete Anlässe gegeben sind, die berechtigte Zweifel an der Meldung zulassen oder andere Zwänge vorliegen (Beispiel: Paralleleinsatz), die ein Abwägen erforderlich machen.**

Die Leitstelle kann auch wertvolle Aussagen zur aktuellen Situation in Bezug auf die Gefahrenabwehr machen. So hat die Leitstelle Kenntnis über andere Einheiten, die parallel alarmiert, auf der Anfahrt oder bereits vor Ort sind. Hierzu gehören neben

Einheiten der Feuerwehr natürlich auch Einheiten von Polizei und Rettungsdienst. Nachrückende Einheitsführer können sich über die Leitstelle oder direkt von den vor Ort bereits tätigen Kräften weitere Informationen einholen, die auch bereits getroffene Maßnahmen einschließen können.

## 2.6 Studium von Einsatzplänen

Wenn auf dem Einsatzfahrzeug Feuerwehrpläne des betroffenen Objektes vorhanden sind, kann sich der Einsatzleiter anhand des Feuerwehrplans schon während der Anfahrt mit dem Objekt vertraut machen (sofern er nicht selbst am Steuer sitzt). Feuerwehrpläne nach DIN 14095 geben unter anderem Auskunft über

- die Nutzung des Objektes,
- Ausdehnung des Objektes, Anzahl der Geschosse,
- Anfahrtswege, Umfahrungsmöglichkeiten und Stellflächen,
- Löschwasserversorgung,
- Zugänge,
- Lage der Brandmelderzentrale und des Feuerwehr-Schlüsseldepots.

## 2.7 Orts- und Objektkenntnisse

Durch Übungen, vorangegangene Einsätze und auf sonstige Art erworbene Kenntnisse (allgemeines Wissen, privates und berufliches Umfeld) stehen mitunter weitere Informationen zur Verfügung, die schon während der Anfahrt bedacht werden können.

# 3 Schaden-/Gefahrenabwehr – Die eigene Lage

Die Feuerwehr wird als Organisation zur Gefahrenabwehr vor Ort mit einem Schadenereignis, einer Gefahrenlage konfrontiert. Um dieses Schadenereignis beherrschen zu können, ist es notwendig, einen Ausgleich zwischen dem Schadenereignis und der Schadenabwehr, der eigenen Lage, zu erreichen. Um das Schadenereignis sicher beherrschen zu können, sollte sogar ein leichtes Übergewicht zu Gunsten der Schadenabwehr vorhanden sein. Der Einsatzleiter ist somit gehalten, das Potenzial zur Schadenabwehr nicht zu knapp zu kalkulieren, sondern vielmehr Reserven zu bilden, auf die im Notfall zeitnah zugegriffen werden kann.

Das Potenzial zur Schadenabwehr, die eigene Lage, lässt sich oftmals schon auf der Anfahrt recht gut erkunden und beurteilen. Aus diesem Grund werden an dieser Stelle zunächst mögliche Überlegungen zur eigenen Lage vorangestellt, bevor im weiteren Verlauf auf das Schadenereignis eingegangen wird.

Die eigene Lage umfasst alle Eigenschaften, die unsere Handlungsfähigkeit, unser Einsatzpotenzial ausmachen (Tabelle 4).

Tabelle 4 ***Die eigene Lage***

| Schaden-/Gefahrenabwehr (eigene Lage) | | |
|---|---|---|
| **Führung** | **Einsatzkräfte** | **Einsatzmittel** |
| ▪ Führungsorganisation | ▪ Stärke | ▪ Fahrzeuge |
| ▪ Führungsmittel | ▪ Gliederung | ▪ Geräte |
| | ▪ Verfügbarkeit | ▪ Löschmittel |
| | ▪ Ausbildung | ▪ Verbrauchsmaterial |
| | ▪ Leistungsvermögen | |

Die Bewertung der Lage ist in Abhängigkeit von der Einsatzart zu sehen. So ist die Leistungsfähigkeit einer Einheit bei einem Wohnungsbrand sehr stark von der Verfügbarkeit der Atemschutzgeräteträger abhängig, während bei Verkehrsunfällen diese Eigenschaft in der Regel nur von untergeordneter Bedeutung ist. Gleiches gilt in Bezug auf die vorhandenen Geräte. Während bei einem Brandeinsatz die Verfügbarkeit von tragbaren Leitern sehr bedeutsam sein kann, hängt bei Verkehrsunfällen die Leistungsfähigkeit der Einheit oftmals von der Verfügbarkeit hydraulischer Rettungsgeräte ab. Trotz dieser Abhängigkeit von der konkreten Lage macht es Sinn, anhand des Einsatzstichwortes und unter Berücksichtigung der bereits vorhandenen Kenntnisse über das Objekt, die Witterungsbedingungen und so weiter schon während der Anfahrt mit der (groben) Beurteilung der eigenen Lage zu beginnen und gegebenenfalls bei einem absehbaren Missverhältnis von vorhandenem Angebot und dem sich hieraus abzeichnenden Bedarf zu reagieren. Durch die rechtzeitige Nachforderung von Kräften schon auf der Anfahrt kann wertvolle Zeit gewonnen werden.



## 3.1 Führung

Mit Blick auf die Beschränkung auf die Funktion unterhalb der Zugführerebene reduzieren sich die Gedanken in Bezug auf die Führungsorganisation und -mittel erheblich. Die Frage nach der eigenen Rolle innerhalb des Einsatzes ist jedoch auch in dieser Ebene zu stellen. Grundsätzlich kann die Führungskraft in drei unterschiedlichen Szenarien zum Einsatz kommen:

1. Die Führungskraft ist mit der ersten Einheit auf dem Weg zur Einsatzstelle und wird vor Ort automatisch die Einsatzleitung übernehmen.
2. Die Führungskraft ist mit einer Einheit auf dem Weg zu einer Einsatzstelle, an der schon Einsatzkräfte tätig sind und wird einer vor Ort befindlichen Führungskraft unterstellt.
3. Die Führungskraft ist mit einer Einheit auf dem Weg zu einer Einsatzstelle, an der schon Einsatzkräfte tätig sind und wird die Gesamteinsatzleitung übernehmen.

Im ersten Fall trägt die Führungskraft die Gesamtverantwortung und wickelt eine Lage in der Erstphase eigenständig ab. Ihre Gesprächspartner sind neben den ihr unterstellten Kräften nur die Betroffenen, Betriebsangehörige, Polizisten usw. Im zweiten Fall meldet sich die Führungskraft beim Einsatzleiter, wird von diesem in die Lage eingewiesen und mit einem Auftrag versehen. Die Führungskraft handelt auf Weisung und wickelt in der Folge nur den ihr zugewiesenen Teilbereich eigenverantwortlich ab. Im dritten Fall trifft die Führungskraft ebenfalls auf einen Einsatzleiter vor Ort, von dem sie in die Lage eingewiesen wird. Im Gegensatz zum zweiten Fall übernimmt die nachrückende Führungskraft in diesem Fall die Einsatzleitung, weist dem bisherigen Einsatzleiter einen Abschnitt zu und wickelt den weiteren Einsatz eigenverantwortlich ab.

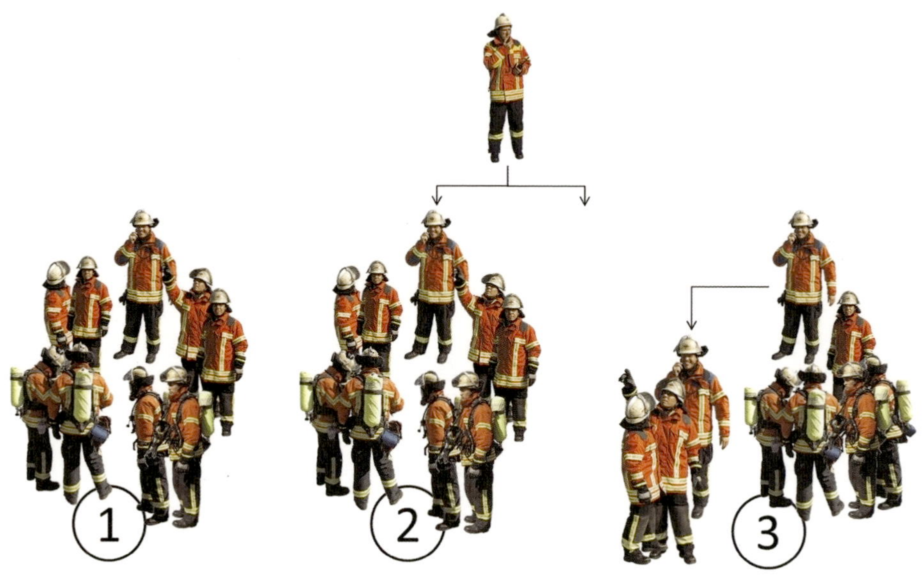


Bild 12 ***Der Gruppenführer kann an der Einsatzstelle verschiedene Rollen übernehmen.***

An Führungsmitteln stehen dem Einsatzleiter in jedem Fall die Leitstelle und Kommunikationsmittel für den Fahrzeug- und Einsatzstellenfunk zur Verfügung. Je nach Lage können auch schon ein Einsatzleitwagen und ein Führungsgehilfe zum Einsatz kommen.

## 3.2 Leistungsfähigkeit der Einsatzkräfte

Die Leistungsfähigkeit der Einsatzkräfte ist von verschiedenen Faktoren abhängig. Einige dieser Faktoren wie der Ausbildungsstand der jeweiligen Einsatzkraft sind zeit- und lageunabhängig, andere können jedoch von der Tagesform abhängig sein und sich sogar im Laufe eines Einsatzes verändern.

Bei einer Berufsfeuerwehr ist eine durchgängig hohe Qualifikation gegeben. Unterschiedliche Qualifikationen können bei der Gestaltung des Dienstplans berücksichtigt werden, sodass eine Einheit der Berufsfeuerwehr zumindest formal über eine relativ konstante Leistungsfähigkeit verfügt.

Im Gegensatz dazu gibt es im Bereich der Freiwilligen Feuerwehr erhebliche Unterschiede in Bezug auf Qualifikation und Leistungsfähigkeit der Einsatzkräfte. Die Zusammensetzung einer Einheit ist von Zufälligkeiten abhängig und unterliegt mitunter erheblichen Schwankungen, die beispielsweise sehr stark von der Tageszeit abhängig sein können. Die Führungskraft der Freiwilligen Feuerwehr muss sich demnach viel intensiver mit der tatsächlichen, aktuellen Leistungsfähigkeit der Einheit auseinandersetzen, als dies bei der Berufsfeuerwehr der Fall ist.

Neben der fachlichen Qualifikation wirkt sich natürlich auch die momentane körperliche Verfassung in erheblichem Maße auf die Leistungsfähigkeit der Einsatzkraft aus. Mangelnde körperliche oder geistige Fitness, Müdigkeit, Überanstrengung, Stress, persönliche Betroffenheit, Witterungseinflüsse, Hunger und Durst bis hin zu Krankheit und Alkoholeinfluss können die Leistungsfähigkeit negativ beeinflussen und sind bei der Einsatzplanung zu berücksichtigen. Es gehört zu den Aufgaben der Führungskraft, etwaige Schwächen rechtzeitig zu erkennen und dafür Sorge zu tragen, dass weder die Sicherheit noch der Einsatzerfolg hierdurch gefährdet werden. Einige Faktoren lassen sich im Einsatz positiv beeinflussen, um die Leistungsfähigkeit zu steigern. Als Beispiel hierzu sei auf den Spruch »Ohne Mampf kein Kampf« verwiesen (siehe auch Bedürfnispyramide).

Die Leistungsfähigkeit einer Einheit kann erheblich gesteigert werden, wenn es der Führungskraft gelingt, die Mannschaft entsprechend ihrer Fähigkeiten optimal einzusetzen. Von dieser Möglichkeit sollte insbesondere bei der Bewältigung von Spezialaufgaben Gebrauch gemacht werden.

Abschließend sei darauf hingewiesen, dass auch eine nicht vollständig und ordnungsgemäß angelegte Schutzkleidung als Einschränkung der Leistungsfähigkeit einer Einsatzkraft zu berücksichtigen ist.

**Anmerkung:**

**Unabhängig von der Einsatzart ist der Gesamteinsatzleiter für die Sicherheit aller an der Einsatzstelle Tätigen verantwortlich. Es liegt in seiner Zuständigkeit, dass Angehörige des Rettungsdienstes, der Polizei, Arbeitskollegen, Unfallbeteiligte und -zeugen bei ihren Tätigkeiten an der Einsatzstelle keinen Gefahren ausgesetzt sind. Es ist davon auszugehen, dass sich den Laienhelfern und auch den Kräften des Rettungsdienstes und der Polizei die an Einsatzstellen der Feuerwehr bestehenden Gefahren nicht immer in vollem Umfang erschließen.**

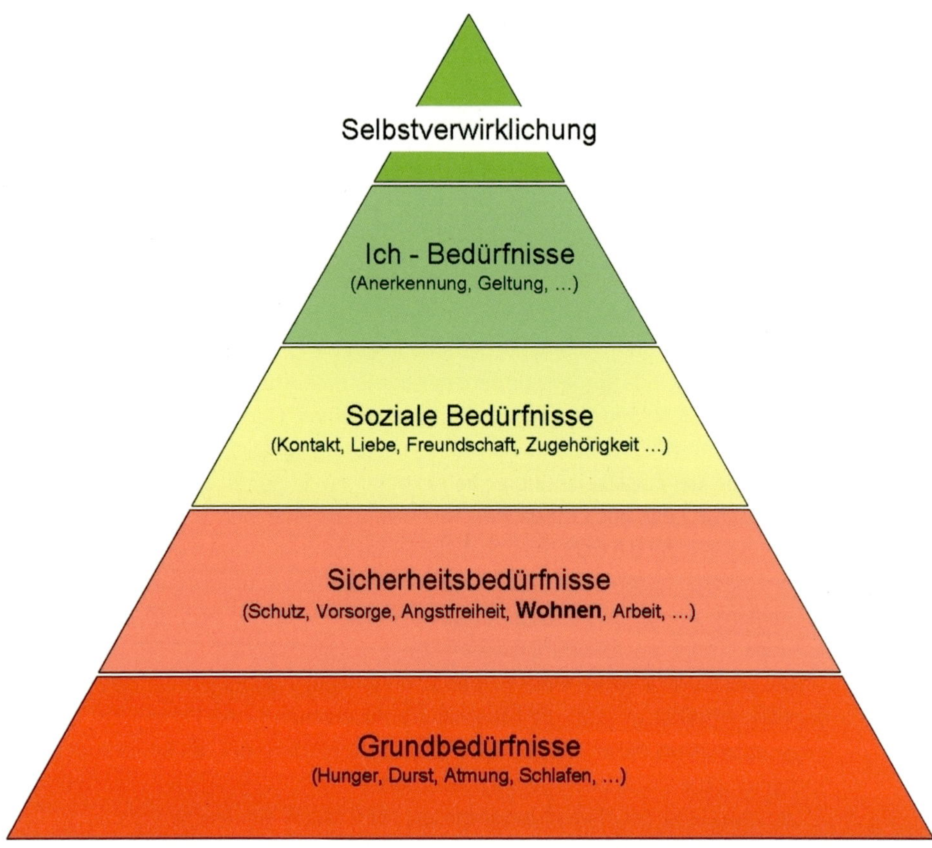


Bild 13 ***Die Grundaussagen von Maslow (Bedürfnispyramide) gelten selbstverständlich auch für den Einsatzfall. Allerdings werden einige Grundbedürfnisse durch die massive Hormonausschüttung bei der Alarmierung und den dabei erzeugten Stress zumindest vorübergehend »ausgeblendet«. Spätestens wenn die Wirkung der Hormonausschüttung abgeklungen ist, hängt die Leistungsfähigkeit der Einsatzkräfte von deren Selbstzufriedenheit und der Befriedigung ihrer Grundbedürfnisse ab. Nicht nur unter dem Aspekt der Fürsorgepflicht macht es daher Sinn, sich um das Wohlbefinden der Einsatzkräfte zu kümmern.***

Bild 14 *Die Angehörigen des Rettungsdienstes und der Polizei sind häufig deutlich schlechter gegen potenzielle Gefahren geschützt, als dies bei den Einsatzkräften der Feuerwehr gegeben ist. Dies beginnt schon bei der normalen Schutzkleidung (Helm, Sicherheitsschuhwerk, Handschuhe, Schutz gegen Stichflammen) und setzt sich bei der Sonderausrüstung (Atemschutz) fort.*

INFO

**Anmerkung:**

Während es bei Angehörigen, Arbeitskollegen und so weiter keine Ausnahmen gibt, kann es im Zusammenspiel mit Polizei und Rettungsdienst zu Interessenskonflikten kommen. Wichtig ist in solchen Fällen die sofortige Information aller Beteiligten über die erkannte Bedrohungslage. Sofern möglich, sind die Einsatzkräfte so gut wie möglich zu schützen oder gegen andere, besser geschützte Kräfte auszutauschen, die die notwendigen Maßnahmen im Gefahrenbereich durchführen können. Wenn dies nicht möglich ist, gilt es unter Berücksichtigung aller Umstände abzuwägen. Die Verantwortung liegt letztlich beim Einsatzleiter.

## 3.3 Leistungsfähigkeit taktischer Einheiten

Im Folgenden wird die Leistungsfähigkeit taktischer Einheiten bei Bränden in Gebäuden, Technischen Hilfeleistungen (Verkehrsunfall [VU] mit eingeklemmter Person) und Einsätzen mit Gefahrstofffreisetzung betrachtet. Die Darstellungen sollen helfen, das Potenzial der verfügbaren Einheiten im Ernstfall schneller erfassen beziehungsweise eingrenzen zu können. Dabei wird auf die Vorgaben der Feuerwehr-Dienstvorschriften Bezug genommen. Um es in dieser theoretischen Abhandlung nicht komplizierter zu machen als unbedingt nötig, wird unterstellt, dass die vorhandenen Kräfte grundsätzlich in der Lage sind, allen Anforderungen entsprechend ihrer Position innerhalb der Einheit zu genügen. So sind in diesen Überlegungen alle Einsatzkräfte uneingeschränkt einsatzfähig. Alle Angehörigen der Trupps sind zudem Atemschutzgeräteträger, können tragbare Leitern ebenso wie hydraulische Rettungsgeräte zum Einsatz bringen, qualifiziert Erste Hilfe leisten und so weiter. Ebenso wird davon ausgegangen, dass die Maschinisten die Fahrzeuge und alle darauf verlasteten Aggregate bedienen können und die Führungskräfte entsprechend ihrer aktuellen Position in der Einheit ausgebildet sind. Damit kann in den folgenden Überlegungen davon ausgegangen werden, dass sich das Potenzial der Einheit ausschließlich in Abhängigkeit von der Kopfzahl und dem zur Verfügung stehenden Gerät bewerten lässt.

Die Personalstärke einer taktischen Einheit wird mit einer Zahlenfolge in Klammern beschrieben. Dabei steht die letzte Zahl für die Gesamtstärke der Einheit. Diese Zahl ist unterstrichen. Die davor stehenden Zahlen nennen die Personalstärke in den jeweiligen hierarchischen Ebenen der Einheit, wobei die Stärke der höchsten Ebene zuerst benannt wird (Tabelle 5).

Tabelle 5 ***Gliederung der taktischen Einheiten »Löschgruppe« und »Löschzug« nach FwDV 3***

| Einheit | Beschreibung | Zugführer | Fahrzeugführer | Mannschaft | Gesamt |
|---|---|---|---|---|---|
| Löschgruppe | (1/8/9) | - | 1 | 8 | 9 |
| Löschzug | (1/3/18/22) | 1 | 3 | 18 | 22 |

Im Folgenden werden die taktischen Möglichkeiten der Einheiten dargestellt. In einigen Darstellungen zeigen Warndreiecke an, dass bei dieser Vorgehensweise zwar die Vorschriften eingehalten sind (sonst wäre die Möglichkeit an dieser Stelle nicht aufgeführt), im Zuge der Menschenrettung jedoch von den Standardvorgaben abgewichen und somit ein erhöhtes Risiko eingegangen wird.

## 3.3.1 Taktische Einheiten im Brandeinsatz

Die Feuerwehr-Dienstvorschrift (FwDV) 7 verlangt bei Einsätzen unter Atemschutz im Innenangriff die Stellung eines Sicherheitstrupps. Sie nennt hierzu auch keine Ausnahme! Lediglich in der UVV Feuerwehren findet sich der Satz, dass im Einzelfall bei Einsätzen zur Rettung von Menschenleben von den Bestimmungen der Unfallverhütungsvorschriften abgewichen werden kann. Obwohl es sich bei der FwDV 7 um keine UVV handelt, wird die Anwendung dieser Formulierung in Bezug auf die Stellung des Sicherheitstrupps an den Feuerwehrschulen gelehrt und bei Einsätzen überall praktiziert. Allerdings ist an dieser Stelle die Einschränkung auf den Einzelfall hervorzuheben! Diese Einschränkung bedeutet unter anderem, dass es nicht zulässig ist, planmäßig in einen Einsatz zu gehen und darauf zu spekulieren, bei Bedarf auf den Sicherheitstrupp verzichten zu können.

Die im Folgenden dargestellte Leistungsfähigkeit taktischer Einheiten berücksichtigt den Einzelfall und stellt auch die Einsatzmöglichkeiten dar, die bei Verzicht auf den Sicherheitstrupp gegeben sind. Das Warndreieck in der Grafik weist auf diesen gravierenden Sicherheitsmangel hin und veranschaulicht die Ausnahmesituation, die unter normalen Umständen nicht eintreten sollte und planerisch möglichst ausgeschlossen werden muss. Dies kann beispielsweise erreicht werden, indem sofort genügend Einsatzkräfte – gegebenenfalls durch die parallele Alarmierung mehrerer Feuerwehren – alarmiert und an die Einsatzstelle entsandt werden.

### 3.3.1.1 Der Selbstständige Trupp (1/2/3)

Gemäß FwDV 7 kann der Selbstständige Trupp keinen Innenangriff vortragen, da kein Sicherheitstrupp gestellt werden kann. Lediglich für den Fall einer Menschenrettung ist eine Ausnahme zulässig. Dabei ist jedoch zu beachten, dass dabei die einzige draußen bleibende Person sowohl die Funktion des Maschinisten als auch die Funktion einer Führungskraft übernehmen muss. Hierdurch sinkt das Sicherheitsniveau der Einheit weiter. Die Vornahme einer tragbaren Leiter scheidet aufgrund der Vorgaben der FwDV 10 ebenfalls aus, da selbst für die Vornahme der Steckleiter drei Einsatzkräfte plus Maschinist erforderlich sind und eine Führungskraft die Führungsaufgabe wahrnehmen sollte. Der Selbstständige Trupp für sich kann somit im klassischen Brandeinsatz nur im Außenangriff tätig werden.

**Bild 15** ***Die Möglichkeiten des Selbstständigen Trupps sind sehr stark eingeschränkt. Bei einem normalen Brand im Gebäude beschränken sie sich unter Beachtung aller Vorschriften auf den Außenangriff.***

Bild 16 *Einzig zur Menschenrettung kann auch der Selbstständige Trupp einen Innenangriff vortragen. Auf die Stellung des Sicherheitstrupps muss verzichtet werden. Besondere Problematik dabei: Der Fahrzeugführer geht mit in das Gebäude. Der draußen verbleibende Feuerwehrangehörige muss die Leitungsfunktion übernehmen, gleichzeitig die Pumpe bedienen und die Atemschutzüberwachung durchführen.*

### 3.3.1.2 Die Staffel (1/5/6)

Mit einer Staffel kann ein Innenangriff mit einem Trupp unter Atemschutz (PA) gemäß FwDV 7 vorgetragen werden. Der zweite Trupp übernimmt die Funktion des Sicherheitstrupps. Zur Menschenrettung können auch zwei Trupps unter Atemschutz im Innenangriff zum Einsatz kommen.

Alternativ kann mit dem vorhandenen Personal eine tragbare Leiter in Stellung gebracht werden. Dies gilt sowohl für die Vornahme einer Steckleiter als auch einer Schiebleiter (sofern diese auf dem Fahrzeug mitgeführt wird). Ein paralleles Vorgehen über den Treppenraum bei gleichzeitiger Stellung eines zweiten Rettungsweges über eine tragbare Leiter ist mit dieser Einheit nicht möglich.

Bild 17 ***Die Staffel im klassischen Brandeinsatz. Ein Trupp geht unter PA vor, ein Trupp steht als Sicherheitstrupp bereit. Der Maschinist bedient die Fahrzeugpumpe. Der Fahrzeugführer leitet den Einsatz.***

Bild 18 *Die Staffel im Einsatz zur Menschenrettung im Innenangriff. Der Fahrzeugführer hat sich entschieden, auf den Sicherheitstrupp zu verzichten und zwei Trupps mit zwei Rohren zur Menschenrettung einzusetzen. Der Maschinist bedient die Pumpe.*

Bild 19 *Die Staffel bei einer Menschenrettung über tragbare Leitern. Die Maßnahme bindet drei bis vier Personen. Der Maschinist unterstützt bei der Entnahme der Leiter, der Fahrzeugführer leitet den Einsatz.*

### 3.3.1.3 Die Gruppe (1/8/9)

Die Gruppe ist die kleinste taktische Einheit, die das Vortragen eines Innenangriffs unter Atemschutz bei Stellung eines Sicherheitstrupps leisten kann und zudem gleichzeitig in der Lage ist, parallel den zweiten Rettungsweg über eine tragbare Leiter stellen zu können.

Löschgruppenfahrzeuge führen in der Regel nur vier Atemschutzgeräte mit, sodass auch zur Menschenrettung nur das Vorgehen von zwei Trupps im Innenangriff möglich ist. Ein Sicherheitstrupp kann in diesem Fall nicht gestellt werden.

**Bild 20** ***Die Gruppe ist in der Lage, zeitgleich einen Trupp im Innenangriff einzusetzen, einen Sicherheitstrupp zu stellen und eine Menschenrettung über eine tragbare Leiter (Steckleiter) durchzuführen.***

Bild 21 ***Alternativ kann die Gruppe zur Rettung von Menschenleben unter Verzicht auf den Sicherheitstrupp zwei Trupps unter Atemschutz einsetzen und parallel über eine Steckleiter einen zweiten Rettungsweg stellen.***

Die Gruppe bietet auch den Vorteil, den oder die vorgehenden Trupps beim Aufbau der Leitungen durch einen dritten Trupp unterstützen zu können und damit das Vorgehen zu beschleunigen.

Eine Gruppe ist in der Lage, bei einem kritischen Wohnungsbrand die Menschenrettung auf verschiedenen Wegen durchführen zu können. Eine parallele Brandbekämpfung zum Schutz von Sachwerten ist dabei nicht möglich. Zudem wird man bei nur einer Gruppe im Zuge der Menschenrettung eher genötigt sein, auf einen Sicherheitstrupp verzichten zu müssen und damit den Sicherheitsstandard zu reduzieren. Aus diesem Grund wird die Gruppe für die umfassende und sichere Bewältigung eines kritischen Wohnungsbrandes im Allgemeinen als nicht ausreichend erachtet.

### 3.3.1.4 Gruppengleichwert – gebildet aus Selbstständigem Trupp und Staffel (1/2/3 und 1/5/6)

Bei vielen Feuerwehren wird das verfügbare Personal auf mehrere Fahrzeuge verteilt, um die notwendigen Gerätschaften vor Ort zu bringen. Man spricht vom so genannten »Gruppengleichwert«, wenn eine Staffel durch einen Selbstständigen Trupp ergänzt wird. Der Selbstständige Trupp kann dabei beispielsweise eine Drehleiter vor Ort bringen. Das Personal beider Fahrzeuge kann vor Ort zu einer Gruppe (1/8/9) zusammengefasst werden, die den Angriff vom Löschfahrzeug aus vorträgt. Mögliche Varianten wurden bereits beschrieben. Alternativ kann die Drehleiter an Stelle der tragbaren Leiter als zweiter Rettungsweg zum Einsatz kommen.

Die Einheit kann nur geschlossen agieren und wird vom Staffelführer des Löschfahrzeugs geführt. Ein Arbeiten der beiden taktischen Einheiten nebeneinander ist formal nicht möglich, da hierzu eine zusätzliche Führungsebene besetzt werden müsste, die die Maßnahmen der beiden dann autark operierenden Einheiten zu koordinieren hätte.

Bild 22 ***Während die Staffel den Innenangriff vorträgt und einen Sicherheitstrupp stellt, bringt der Selbstständige Trupp die Drehleiter in Stellung.***

### 3.3.1.5 Ersteinheit entsprechend der Qualitätskriterien der AGBF (1/2/7/10)

Viele Berufsfeuerwehren orientieren sich an den Qualitätskriterien, die von der Arbeitsgemeinschaft der Leiter der Berufsfeuerwehren (AGBF) erstellt wurden. Dabei rückt ein Löschfahrzeug mit einer Staffel besetzt aus. Die Drehleiter ist mit zwei Einsatzkräften besetzt. Ergänzt wird die Einheit durch einen Einsatzleitwagen mit Zugführer. Durch den Verzicht der dritten Einsatzkraft auf der Drehleiter kann dem Zugführer ein Führungsgehilfe an die Seite gestellt werden. Auf diese Weise können die Schlagkraft und Flexibilität der Einheit gesteigert werden, da durch die Besetzung einer weiteren Führungsebene der parallele Einsatz von zwei Einheiten ermöglicht wird. (Anmerkung: Die Besatzung der Drehleiter (1/1/2) stellt dabei allerdings keine selbstständige Einheit im Sinne der FwDV dar.)

Bild 23 *Die Ersteinheit nach AGBF ist in der Lage, eine Menschenrettung bei einem kritischen Wohnungsbrand über zwei voneinander unabhängige Rettungswege (Treppenraum und Leiter) durchzuführen. Darüber hinausgehende Maßnahmen zur Brandbekämpfung sind mit diesem Personalansatz nicht zu leisten. Hierzu fährt nach AGBF-Konzept eine weitere Staffel an, die den »AGBF-Löschzug« vervollständigt.*

### 3.3.2 Taktische Einheiten im Hilfeleistungseinsatz

Auch beim Hilfeleistungseinsatz gibt es eine Reihe von Tätigkeiten, die durchzuführen sind, um in sicherer und geordneter Weise die Rettung einer Person, beispielsweise nach einem Verkehrsunfall, durchführen zu können. Je nach verfügbarer Personalstärke können die erforderlichen Tätigkeiten parallel, nacheinander, nur bedingt oder gar nicht durchgeführt werden. Die grundsätzliche Abfolge gemäß der Rettungskette ist zu beachten.

#### 3.3.2.1 Der Selbstständige Trupp (1/2/3)

Bei Verkehrsunfällen hat die Absicherung der Unfallstelle gegen den fließenden Verkehr und bei im Fahrzeug eingeklemmten Personen die Abwehr der potenziell vorhandenen Brandgefahr oberste Priorität. Mit der Übernahme dieser Aufgaben ist der Selbstständige Trupp in der Regel bereits ausgelastet.

Bild 24 ***Der Selbstständige Trupp kann die Unfallstelle absichern und die Lage damit zumindest in Hinblick auf Folgeunfälle und die Brandgefahr stabilisieren.***

### 3.3.2.2 Die Staffel (1/5/6)

Mit einer Staffel kann neben der Absicherung auch mit der Versorgung und Betreuung der verunglückten Personen begonnen werden. Sofern diese Aufgabe bereits vom Rettungsdienst wahrgenommen wird, kann ein Trupp mit den Vorbereitungen für die Technische Rettung beginnen.

Bild 25 ***Die Staffel kann neben der Absicherung auch mit der Erstversorgung der verletzten Personen beginnen. Sofern der Rettungsdienst die Versorgung der verletzten Personen übernommen hat, können die Vorbereitungen für die Technische Rettung eingeleitet werden.***

### 3.3.2.3 Die Gruppe (1/8/9)

Die Gruppe ist in der Lage, die Unfallstelle abzusichern, eine verletzte Person zu versorgen oder zu betreuen und parallel mit den Vorbereitungen für die Technische Rettung zu beginnen. Sofern die Versorgung durch den Rettungsdienst erfolgt, steht ein Trupp für die Technische Rettung und ein Trupp für das Nachführen von Gerätschaften und zum Abtransport demontierter Teile zur Verfügung.

Bild 26 ***Die Gruppe kann die Unfallstelle absichern, Verletzte versorgen und die Technische Rettung einleiten.***

## 3.3.3 Taktische Einheiten im Gefahrstoffeinsatz

Im Gefahrstoffeinsatz ist der benötigte Kräfteansatz oftmals sehr viel höher, da umfangreiche Maßnahmen zur Absicherung der Einsatzstelle und zur Abwehr der Gefahr zu treffen sind. Daneben werden Kräfte benötigt, um einen Dekontaminationsplatz einzurichten und zu betreiben. In vielen Fällen müssen zudem im Umfeld Messungen durchgeführt werden.

Einheiten unter Zugstärke müssen sich beim Einsatz mit Gefahrstofffreisetzung in der Regel auf Maßnahmen gemäß der GAMS-Regel beschränken, bis Spezialkräfte in ausreichender Anzahl vor Ort verfügbar sind.

Die Maßnahmen entsprechend der GAMS-Regel umfassen:
**G** – Gefahr erkennen,
**A** – Absicherungsmaßnahmen durchführen,
**M** – Menschenrettung durchführen,
**S** – Spezialkräfte anfordern.



Die Menschenrettung steht natürlich unter dem Vorbehalt, dass sie durchgeführt werden kann, wenn dabei kein hohes oder unkalkulierbares Risiko für die Einsatzkräfte in Kauf genommen werden muss. Auch zur Menschenrettung ist gemäß FwDV 500 grundsätzlich Atemschutz zu tragen.

## 3.4 Leistungsfähigkeit von Fahrzeugen, Geräten und Materialien

Analog zu den Ausführungen bezüglich des Personals, kann sich der Einsatzleiter während der Anfahrt auch schon Gedanken über die verfügbaren Fahrzeuge und Geräte und deren Einsatzmöglichkeiten machen. Dabei kann er sich an den Funkrufnamen orientieren oder sich von der Leitstelle im Klartext die Bezeichnungen der auf der Anfahrt befindlichen Fahrzeuge nennen lassen. Im Zweifelsfall ist die Leitstelle zu fragen, ob bestimmte Gerätschaften, die man zur Abwicklung der zu erwartenden Lage vor Ort haben möchte, bereits auf der Anfahrt sind.

### 3.4.1 Fahrzeuge, Geräte und Materialien zur Brandbekämpfung

Die benötigten Geräte und Materialien sind von verschiedenen Faktoren, in erster Linie jedoch von der Einsatzart abhängig. Bei Brandeinsätzen macht es Sinn, sich insbesondere über folgende Materialien und Gerätschaften Gedanken zu machen:

- Löschmittel,
- Atemschutzgeräte,
- Leitern.

Handelt es sich um größere Ereignisse oder Brände in abgelegenen Objekten, so gewinnen natürlich auch die mitgeführten Schlauchlängen, Pumpenleistungen und so weiter an Bedeutung.

#### 3.4.1.1 Löschmittel

**Löschmittel Wasser**

Die Löschmittelmenge in Form von Wasser, die auf einem Fahrzeug mitgeführt wird, lässt sich bei den meisten Fahrzeugen aus der Typbezeichnung ablesen. In der ersten Phase ist der Wasservorrat vor allem entscheidend, wenn es darum geht, ob eine Wasserversorgung aufgebaut werden muss oder ob für den Erstangriff der Inhalt des Löschwasserbehälters ausreichend ist. Ausgehend von der Überlegung, dass für die Bekämpfung eines aktiven Zimmerbrandes etwa 500 bis 1000 Liter Wasser benötigt werden, sollte theoretisch selbst der Löschwasserbehälter eines TSF-W oder eines KLF mit 500 Litern Fassungsvermögen ausreichen, um mit dem Angriff zu beginnen. In der Praxis ist jedoch zu berücksichtigen, dass ein Teil des mitgeführten Wassers benötigt wird, um die Schlauchleitungen zu füllen. Für die üblichen Schläuche sind die in Tabelle 6 enthaltenen Werte zu veranschlagen.

Tabelle 6 ***Volumen von Druckschläuchen***

| Schlauchtyp | Durchmesser [mm] | Länge [m] | gerundetes Volumen [l] |
|---|---|---|---|
| B | 75 | 20 | 90 |
| C | 52 | 15 | 30 |

Selbst wenn vom günstigsten Fall ausgegangen wird, bei dem der Verteiler nach einer B-Länge gesetzt und vom Angriffstrupp zwei C-Längen als Angriffsleitung vorgetragen werden, reduziert sich die zum Löschen verfügbare Wassermenge bereits um 150 Liter. Bei Verwendung eines C-Rohres kann der Trupp somit nicht einmal vier Minuten permanent Wasser abgeben. Bei Hohlstrahlrohren verkürzt sich diese Zeit – je nach eingestelltem Volumenstrom – noch weiter. Geht man zudem davon aus, dass der Trupp die gesamte Wassermenge benötigen wird, um die Brandbekämpfung bei einem normalen Brandverlauf durchführen zu können, so bleibt ihm keine Reserve für unvorhersehbare Ereignisse und zur Sicherung des Rückzuges.

Da das Löschwasser jedoch nicht nur für die Brandbekämpfung im Sinne der Erhaltung von Sachwerten, sondern vielmehr auch zum Eigenschutz von Bedeutung ist, ist bei aktiven Bränden und unklaren Lagen in Gebäuden in der Regel der Aufbau einer Wasserversorgung vor bzw. parallel zum Beginn des Innenangriffs bei derart kleinen Volumina des Löschwasserbehälters zwingend. Ausnahmen sind im Einzelfall zu prüfen, wenn beispielsweise eine Menschenrettung durchzuführen und zu erwarten ist, dass das mitgeführte Rohr vielleicht gar nicht oder nur kurz zum Einsatz kommen wird.

**Merke:**

Ein Vorgehen vom Löschwasserbehälter des Fahrzeugs empfiehlt sich bei einem Innenangriff in der Regel erst ab einem Volumen von 1200 Litern.

**Anmerkung:**

Die meisten deutschen Feuerwehren setzen bei Bränden in Gebäuden einen Verteiler und tragen den Angriff mit Rollschläuchen vor. Die Verwendung der Schnellangriffseinrichtung im Innenangriff wird bei den meisten Feuerwehren aus nachvollziehbaren Gründen nicht praktiziert. Aus diesem Grund wird an dieser Stelle auf die Betrachtung eines Vorgehens im Innenangriff mit Schnellangriffseinrichtung gänzlich verzichtet.

Insbesondere Fahrzeugführer von Fahrzeugen mit kleinen Löschwasserbehältern sollten daher von der bereits erwähnten Möglichkeit der Erkundung möglicher Wasserentnahmestellen während der Anfahrt anhand mitgeführter Hydrantenpläne oder Eintragungen in Einsatzplänen Gebrauch machen.

### Löschmittel Schaum

Schaum ist ein Löschmittel, bei dessen Verwendung immer mit einer Umweltgefährdung zu rechnen ist. Grundsätzlich ist beim Einsatz von Schaum die Verhältnismäßigkeit auch in Bezug auf mögliche Umweltschäden zu prüfen. Ein unverhältnismäßiger Schaumeinsatz kann zu Regressforderungen und Strafverfolgung führen. Die Umweltverträglichkeit ist je nach verwendetem Schaummittel sehr unterschiedlich zu bewerten.

**Anmerkung:**

Schaum ist ein Gemisch aus Wasser, Schaummittel und Luft. Um ihn zu erzeugen, werden demnach Wasser und Schaummittel benötigt. Dies sei an dieser Stelle erwähnt, da bei der Berechnung der theoretisch zu erzeugenden Schaummenge oft nur die Schaummittelmenge betrachtet wird. Tatsächlich führen Löschfahrzeuge jedoch so viel Schaummittel mit, dass dieses nur komplett zum Einsatz gebracht werden kann, wenn eine Wasserversorgung aufgebaut worden ist. Ohne Wasserversorgung ist das Volumen des Löschwasserbehälters bei der Berechnung des maximal zu erzeugenden Schaumvolumens vorrangig zu betrachten. Umgekehrt ist bei einer hinreichenden Wasserversorgung die Schaummittelmenge entscheidend für das Schaumvolumen, das erzeugt werden kann. In den folgenden Überlegungen wird von einer hinreichenden Löschwasserversorgung ausgegangen.

Üblicherweise werden Zumischer und Schaumrohre mit 400 Litern Durchflussmenge pro Minute eingesetzt (Z4 bzw. S4 oder M4). Normalerweise werden an den Zumischern Zumischraten von drei bis fünf Prozent eingestellt. Daraus folgt, dass pro Minute zwischen 12 l (bei 3 % Zumischrate) und 20 l (bei 5 % Zumischrate) Schaummittel zugemischt werden. Ein Schaummittelkanister mit einem Fassungsvermögen von 20 l wird somit innerhalb von 100 Sekunden (bei 3 % Zumischrate) bzw. 60 Sekunden (bei 5 % Zumischrate) entleert!

**Anmerkung:**

**Bei modernen Schaummitteln reichen wesentlich geringere Zumischraten aus. Damit reduziert sich der Schaummittelbedarf erheblich. Bei ausreichender Wasserversorgung lassen sich mit gleichen Schaummittelmengen deutlich größere Schaummengen erzeugen.**

Je nach Zumischrate und eingesetztem Schaumrohr lassen sich mit 1 Liter Schaummittel die in Tabelle 7 enthaltenen Schaummengen erzeugen.

Tabelle 7 ***Erzeugbare Schaummengen bei 3 bzw. 5 Prozent Zumischrate***

| Zumischrate | Schaumart | Verschäumungszahl | Schaummenge [m³] |
|---|---|---|---|
| 3 % | Schwerschaum | 15 | 0,5 |
| 3 % | Mittelschaum | 75 | 2,5 |
| 5 % | Schwerschaum | 15 | 0,3 |
| 5 % | Mittelschaum | 75 | 1,5 |

Schaum reagiert sehr empfindlich auf starke Wärmeeinwirkung und wird schnell vom Feuer zerstört. Je länger der Schaum dem Brand ausgesetzt ist, umso mehr wird zerstört. Das Löschen mit Schaum ist demzufolge ein Wettlauf gegen die Zeit, der in einem Zug gewonnen werden muss. Deswegen muss für einen erfolgreichen Schaumangriff

1. ein für die brennende Flüssigkeit geeigneter Löschschaum vorhanden sein.
2. der Schaum schnell genug aufgebracht werden.
3. die verfügbare Menge ausreichen, um den Brand vollständig zu löschen.

zu 1.)

Das Schaummittel, welches die Feuerwehren standardmäßig auf ihren Löschfahrzeugen mitführen, wird nicht nur vom Feuer, sondern auch von polaren Flüssigkeiten rasch zerstört. Zu den polaren Flüssigkeiten gehören Alkohole und viele Lösungsmittel. Für die Bekämpfung solcher Brände benötigt man alkoholbeständige Schaummittel.

**Anmerkung:**

**Polare Flüssigkeiten sind umgekehrt oft gut mischbar mit Wasser, sodass unter Umständen ein Löschen durch Verdünnen mit Wasser möglich ist.**

zu 2.)
Sehr entscheidend für den Löscherfolg ist die Aufbringrate. Die Aufbringrate ist die Menge an Wasser-/Schaummittelgemisch in Litern, die pro Minute und Quadratmeter Brandfläche aufgebracht werden muss. Bei üblichen Flüssigkeitsbränden (Öl, Benzin) ist von einer Aufbringrate von mindestens 3 l/min je $m^2$ Brandfläche bei Schwerschaum und 2 l/min je $m^2$ Brandfläche bei Mittelschaum auszugehen.

**Anmerkung:**

**Bei Tankbränden werden mindestens 6 l/min je $m^2$ und mehr angesetzt.**

Ausgehend von einer Brandfläche von 100 Quadratmetern, sind demzufolge mindestens 200 Liter pro Minute bei Mittelschaum beziehungsweise 300 Liter pro Minute bei Schwerschaum aufzubringen, was mit Schaumrohren vom Typ S4 oder M4 gut erreicht wird. Ein solches Brandereignis sollte sich demnach durch die Vornahme eines derartigen Rohres löschen lassen. Umgekehrt ist bei einer Brandfläche von mehr als 130 Quadratmetern bei Aufbringen von Schwerschaum und mehr als 200 Quadratmetern bei Aufbringen von Mittelschaum davon auszugehen, dass ein Löscherfolg nur zu erwarten ist, wenn gleichzeitig zwei Rohre der Kategorie S4 bzw. M4 zum Einsatz kommen und so weiter. Sind nicht genügend Schaumrohre und Schaummittel vor Ort, ist mit dem Angriff zu warten, bis die Geräte und Materialien in der notwendigen Menge vor Ort sind.

zu 3.)
Da das Feuer den Schaum zerstört, darf der Angriff nicht unterbrochen werden. Zu Beginn des Angriffs müssen deswegen genügend Löschmittel (Wasser und Schaum) vorhanden und eine kontinuierliche Schaumabgabe in der notwendigen Menge gewährleistet sein. Ein erfolgreicher Schaumangriff ist in der Regel zu erwarten, wenn

der Löschmittelvorrat ausreichend ist, um die erforderliche Aufgaberate über einen Zeitraum von drei bis fünf Minuten liefern zu können.

**Anmerkung:**

**Die DIN EN 13565-2 spricht hier von 30 Minuten. Sie orientiert sich dabei jedoch an Tankbränden und dient als Berechnungsgrundlage für die vom Betreiber eines Tanklagers vorzuhaltende Schaummittelmenge. Von einer Löschzeit von 30 Minuten ist bei den im Alltag einer öffentlichen Feuerwehr zu erwartenden Szenarien normalerweise nicht auszugehen.**

Es geht also weniger darum, ein bestimmtes Volumen an Schaum zu erzeugen. Vielmehr ist entscheidend, einen bestimmten Volumenstrom über einen gewissen Zeitraum aufbringen zu können. Nicht »kleckern, sondern klotzen« lautet das Motto beim Schaumangriff. Je schneller die brennende Fläche abgedeckt werden kann, umso sicherer ist der Löscherfolg. Bei größeren Flächen sind gleichzeitig mehrere Rohre einzusetzen.

Ein Einsatzleiter sollte vor einem Schaumangriff seine Überlegung wie folgt gestalten:

**Rechenbeispiel:**

| | |
|---|---|
| Größe der Brandfläche: | ca. 100 $m^2$ |
| erforderliche Aufbringrate (mind. 3 l/min pro $m^2$): | 300 l/min |
| eingesetztes Schaumrohr: | S4 |
| tatsächliche Aufbringrate: | 400 l/min |
| eingestellte Zumischrate: | 3 % |
| Schaummittelverbrauch: | 12 l/min |
| Schaummittelvorrat: | 120 l |
| maximale Löschzeit: | 10 Minuten |

Entscheidung: Angriff wird eingeleitet (die Überschreitung der empfohlenen Aufbringrate erhöht die Wahrscheinlichkeit eines erfolgreichen Angriffs).

Als Näherungswert kann bei Flächenbränden von einem Bedarf von 0,5 bis 1 Liter Schaummittel pro Quadratmeter Brandfläche ausgegangen werden, wenn die oben genannten Anforderungen in Bezug auf die Aufbringrate und die grundsätzliche Eignung des Schaummittels erfüllt sind.

### Sonstige Löschmittel

Neben den Löschmitteln Wasser und Schaum führen die Einsatzfahrzeuge in der Regel Sonderlöschmittel in Form von Pulver und $CO_2$ (Kohlenstoffdioxid) in Kleinlöschgeräten mit. Zeichnet sich diesbezüglich ein größerer Bedarf ab, so ist zu prüfen, ob der betroffene Betrieb selbst derartige Löschmittel vorhält (Einsatzplan) oder ob sie über die Leitstelle nachgefordert werden können. Pulver, $CO_2$ und andere Sonderlöschmittel werden oftmals bei Werkfeuerwehren vorgehalten und können unter Umständen von dort angefordert werden.

### 3.4.1.2 Atemschutzgeräte

Bei den öffentlichen Feuerwehren werden überwiegend Pressluftatmer eingesetzt. Auf den gängigen Löschfahrzeugen werden vier Pressluftatmer mitgeführt. Dies reicht für die Ausrüstung eines vorgehenden Trupps und eines Sicherheitstrupps aus. Der Luftvorrat eines Pressluftatmers reicht je nach Belastung für eine Einsatzdauer von 20 bis 30 Minuten.

Dabei ist zu berücksichtigen, dass die verfügbare Luftmenge und damit die effektive Einsatzzeit an der eigentlichen Schadenstelle ganz entscheidend von Art und Länge des Anmarsch- und Rückzugsweges abhängig sind. Bei einem Wohnungsbrand im zweiten oder dritten Obergeschoss sind diese Überlegungen eher von untergeordneter Bedeutung, da die Anmarschwege relativ kurz sind. In ausgedehnten baulichen Anlagen und bei Bränden in sehr hoch liegenden Geschossen gewinnen sie aber an Bedeutung.

Da gemäß FwDV 7 für den Rückzugsweg der doppelte Luftbedarf des Anmarschweges einzukalkulieren ist, erreicht die effektive Einsatzzeit den Wert Null, wenn schon für den Hinweg ein Drittel des Luftvorrats verbraucht wird. Unabhängig vom Anmarschweg ist spätestens bei Ansprechen des Restdruckwarners (20 % des Flascheninhalts, 60 bar bei 300-bar-Flaschen) der Rückzug anzutreten, weswegen bei einem Pressluftatmer mit 300-bar-Flaschen mit 6 l Volumen auch unter günstigsten Bedingungen maximal 1440 l Luft (240 × 6 l) für die eigentliche Arbeit vor Ort zur Verfügung stehen. Das Bild 27 zeigt die zur Verfügung stehende Luft in Abhängigkeit vom Luftverbrauch auf dem Anmarschweg. Das Bild 28 zeigt die effektiv verfügbare Arbeitszeit an der Einsatzstelle in Abhängigkeit vom Luftverbrauch auf dem Anmarschweg.

**Anmerkung:**

Aus Gründen der Einfachheit werden hier die Anzeigewerte des Manometers in bar verwendet. (Die verbrauchte bzw. verfügbare Luftmenge errechnet sich vereinfacht aus der linearen Gleichung: Luftmenge = Flaschendruck × Flaschenvolumen).

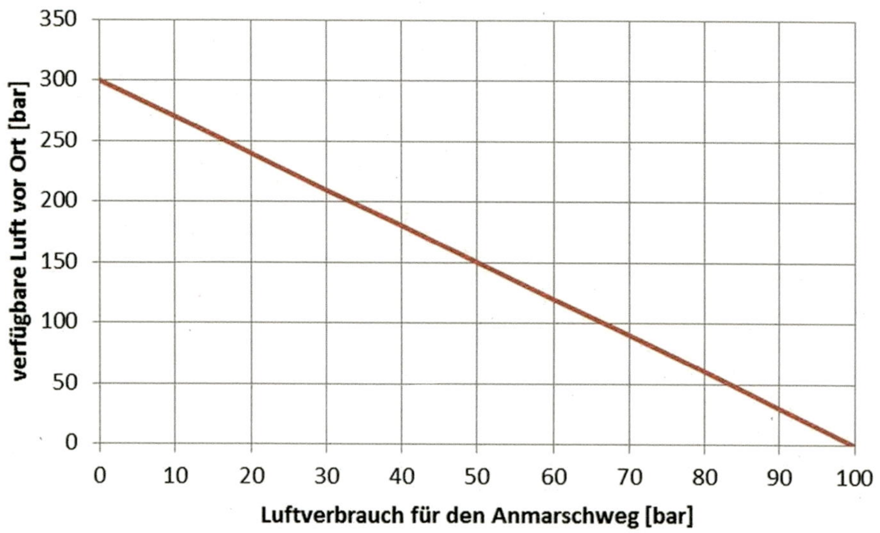


Bild 27 ***Das Diagramm zeigt die Abhängigkeit der für die Arbeit vor Ort tatsächlich verfügbaren Atemluftmenge in Abhängigkeit vom Luftverbrauch auf dem Anmarschweg, ausgehend von einem Flaschendruck von 300 bar. Ist beispielsweise der Flaschendruck bereits auf dem Anmarschweg um 50 bar gesunken, so darf der Flaschendruck an der Einsatzstelle um bis zu 150 bar sinken. Für den Rückzugsweg steht dann noch der vorgeschriebene Restdruck von 100 bar zur Verfügung.***

Um den Luftvorrat auf dem Anmarschweg nicht unnötig zu reduzieren, sollte das Gerät in ausgedehnten Objekten erst an der Rauchgrenze angeschlossen werden. Bei sehr langen Anmarschwegen oder zur Überwindung großer Höhenunterschiede ist auch der Atemanschluss (Atemschutzmaske) erst dort aufzusetzen. Damit lässt sich die Belastung für den Atemschutzgeräteträger reduzieren und ein Beschlagen der Scheibe des Atemanschlusses vermeiden. Allerdings muss dabei ein Risiko für die (zunächst ohne Atemschutz) vorgehenden Trupps sicher ausgeschlossen sein. Schon beim Auftreten geringer Rauchgasmengen ist der Atemschutz unverzichtbar.

**Anmerkung:**

In ausgedehnten baulichen Anlagen kann es erforderlich sein, Atemschutzgeräte mit einem größeren Luftvorrat (Langzeitatemschutzgeräte mit zwei Flaschen mit jeweils sechs Litern Volumen) oder Kreislaufgeräte einzusetzen, um vor Ort überhaupt noch effektiv tätig werden zu können. Voraussetzung ist dabei natürlich auch die hinreichende Fitness der Atemschutzgeräteträger.

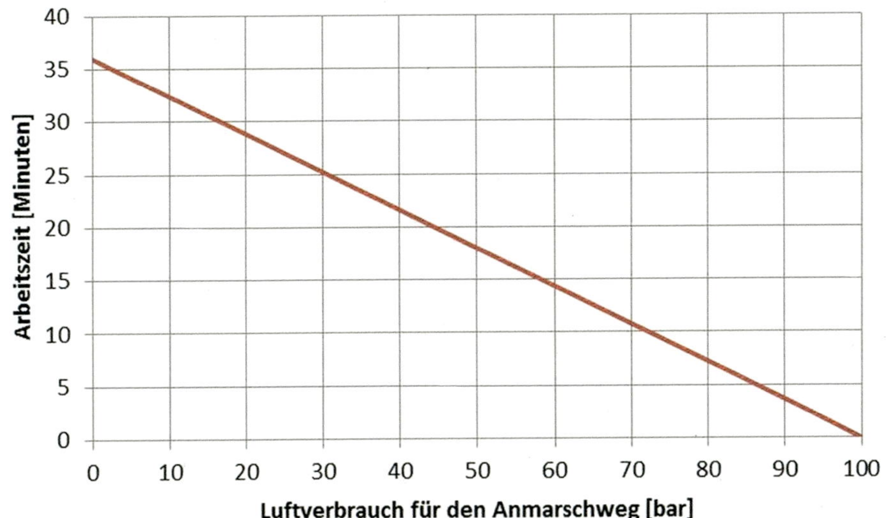


Bild 28 ***Effektive Arbeitszeit in Abhängigkeit vom Luftverbrauch auf dem Anmarschweg. Der Luftverbrauch an der Einsatzstelle wird dabei mit 50 l/min angenommen (schwere körperliche Arbeit). Ist der Flaschendruck einer Atemluftflasche mit sechs Litern Volumen auf dem Anmarschweg beispielsweise um 50 bar gesunken, so kann von einer effektiven Einsatzzeit von etwa 15 bis 20 Minuten ausgegangen werden. Für den Rückzugsweg steht dann noch der vorgeschriebene Restdruck von 100 bar zur Verfügung.***

Da bei kritischen Bränden in Gebäuden meistens mehrere Trupps gleichzeitig unter Atemschutz zum Einsatz kommen und in der Regel von weiteren Trupps abgelöst werden, ist der Nachschub von zusätzlichen Atemschutzgeräten rechtzeitig zu veranlassen. Dabei ist auch die Versorgung der Einsatzkräfte mit Atemschutz während der Aufräumarbeiten zu berücksichtigen. Auch in dieser Phase des Einsatzes gasen gesundheitsschädliche Zersetzungsprodukte aus den noch warmen Einrichtungsgegenständen aus. Aufgrund wissenschaftlicher Erkenntnisse ist davon auszugehen, dass bis zu zwei Stunden nach Löschung des Brandes immer noch so hohe Schadstoffkonzentrationen im Raum vorhanden sind, dass auf die Verwendung von Atemschutzgeräten nicht verzichtet werden sollte. Sofern die Voraussetzungen für die Verwendung umluftabhängiger Atemschutzgeräte gemäß FwDV 7 gegeben sind, können dabei auch Atemanschlüsse mit geeigneten Filtern zum Einsatz kommen.

Sofern ein Gerätewagen Atemschutz oder ein entsprechender Abrollbehälter verfügbar ist, sollte die entsprechende Nachforderung nicht lange auf sich warten lassen. Damit verschafft sich der Einsatzleiter die nötige Reserve und hat gleichzeitig ein Team vor Ort, welches sich um die Atemschutzlogistik kümmern kann. Die Anforderung eines solchen Fahrzeugs an die Einsatzstelle macht auch Sinn, da damit die Möglichkeit geschaffen wird, die Geräte vor Ort zu tauschen und die Einsatzfahrzeuge wieder zu bestücken. Gleichzeitig wird dadurch der Rücktransport der eingesetzten Atemluftflaschen zum Feuerwehrhaus erleichtert.

### 3.4.1.3 Leitern

**Vierteilige Steckleiter**

Die Bauordnungen der Länder sehen vor, dass in vielen Gebäuden der zweite Rettungsweg über Leitern der Feuerwehr gestellt werden kann. Insofern ist bei Brandeinsätzen in Gebäuden davon auszugehen, dass für die Rettung von Menschen Leitern zum Einsatz kommen können. An dieser Stelle sollen daher die gängigen Leitertypen, die bei den Feuerwehren eingesetzt werden, in Bezug auf ihren Einsatzwert betrachtet werden.

Die am weitesten verbreitete Leiter ist die vierteilige Steckleiter. Sie wird mit wenigen Ausnahmen auf allen Löschfahrzeugen mitgeführt. Mit allen vier Teilen erreicht sie eine Länge von 8,40 Metern. Entscheidend für die Bewertung ist jedoch die Höhendifferenz, die mit dieser Leiter überwunden werden kann. Diese so genannte Einsatzhöhe liegt bei der vierteiligen Steckleiter bei etwa sieben Metern.

Je nach Bauweise des Gebäudes erreicht man mit einer vierteiligen Steckleiter die Fensterbrüstung im 2. OG und kann von dort eine Menschenrettung durchführen. Bei einigen Gebäuden liegt die Fensterbrüstung des 2. OG jedoch deutlich mehr als sieben Meter über dem Bodenniveau, sodass mit der vierteiligen Steckleiter in diesen Fällen nur das 1. OG erreicht werden kann.

**Anmerkung:**

**Die Geschosshöhe in modernen Gebäuden liegt in der Regel bei etwa 2,60 bis 2,80 Meter (lichte Raumhöhe + Decke + Fußbodenaufbau), bei Altbauten liegt sie oft deutlich über drei Meter. Um einfacher rechnen zu können, wird für die grobe Betrachtung die Geschosshöhe grundsätzlich mit drei Metern angesetzt. Dieser Wert bietet bei modernen Gebäuden noch Reserven, ist bei Altbauten mitunter jedoch zu knapp bemessen. Die Brüstungshöhe von Fenstern liegt bei 0,90 Meter und wird in den nachfolgenden Betrachtungen mit einem Meter angesetzt.**

Anhand der Bilder 29 bis 35 soll erläutert werden, wovon es abhängt, ob ein Geschoss noch angeleitert werden kann und woran man dies in der Praxis erkennt.

Dabei werden drei Gebäudetypen unterschieden und der Einfachheit halber an dieser Stelle willkürlich mit Typ A, B und C bezeichnet.

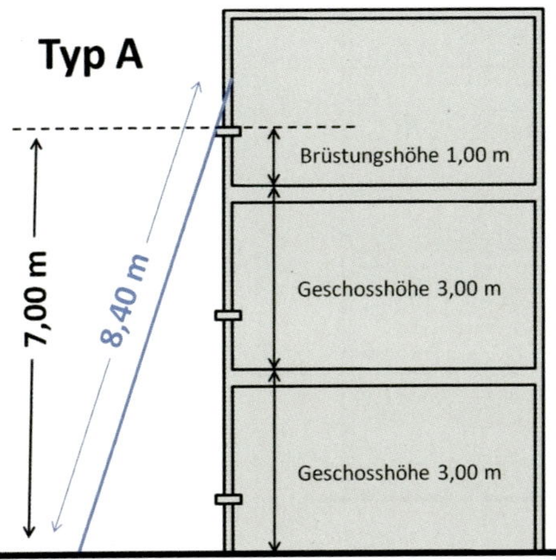


Bild 29 *Bei Gebäuden des Typs A ragt das Kellergeschoss nicht aus dem Boden empor. Der Hauseingang liegt ebenerdig. Der Fußboden des Erdgeschosses befindet sich auf Straßenniveau. Bei einer angenommenen Geschosshöhe von drei Metern befinden sich die Fußböden des 1. und 2. OG in drei bzw. sechs Meter Höhe über Straßenniveau. Die Fensterbrüstung im 2. OG liegt somit in etwa sieben Metern Höhe und ist damit mit der vierteiligen Steckleiter gut zu erreichen.*

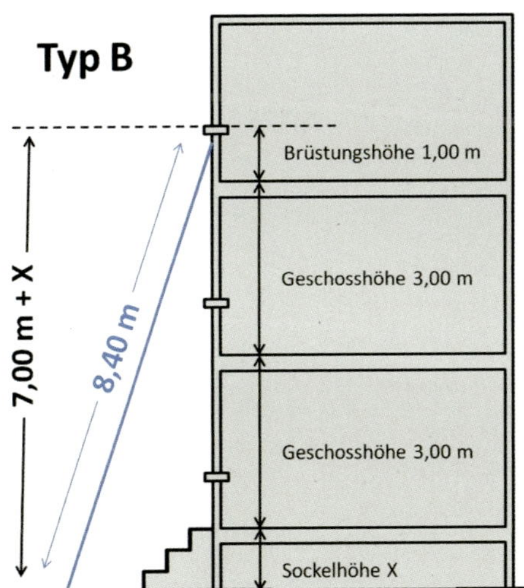


Bild 30 *Beim Gebäudetyp B ragt der Keller aus dem Boden empor. Die Kellerfenster sind sichtbar. Ein weiteres Indiz für das nicht ebenerdige Niveau des Fußbodens im Erdgeschoss ist die Treppe, die zum Hauseingang führt. Das Erdgeschoss sitzt gewissermaßen auf einem Sockel mit der Sockelhöhe X. Das Niveau des Fußbodens liegt dadurch X Meter über dem Straßenniveau. Analog zur Berechnung bei Gebäudetyp A ergibt sich für den Haustyp B somit als Höhe der Fensterbrüstung im 2. OG ein Wert von 7 plus X Meter über Straßenniveau. Damit ist die Rettungshöhe der vierteiligen Steckleiter überschritten. Das Geschoss ist mit dieser Leiter vermutlich nicht mehr anleiterbar.*

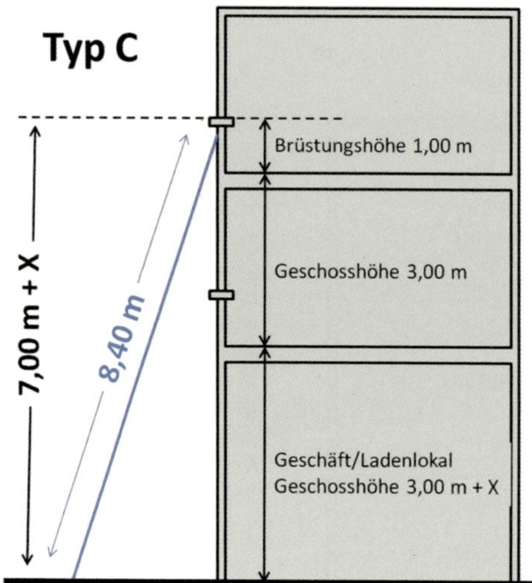


Bild 31 *Beim Gebäudetyp C handelt es sich um ein Wohn- und Geschäftshaus. Die Geschosshöhe des Erdgeschosses, in dem sich die Ladenlokale befinden, ist deutlich erkennbar über drei Meter hoch (Geschosshöhe: 3 + X Meter). Die Fußböden im 1. und 2. OG liegen damit 3 + X bzw. 6 + X Meter über dem Straßenniveau. Für die Höhe der Fensterbrüstung des 2. OG ergibt sich wieder ein Wert von 7 plus X Meter über Straßenniveau. Auch hier wird die vierteilige Steckleiter vermutlich nicht bis zum 2. OG reichen.*

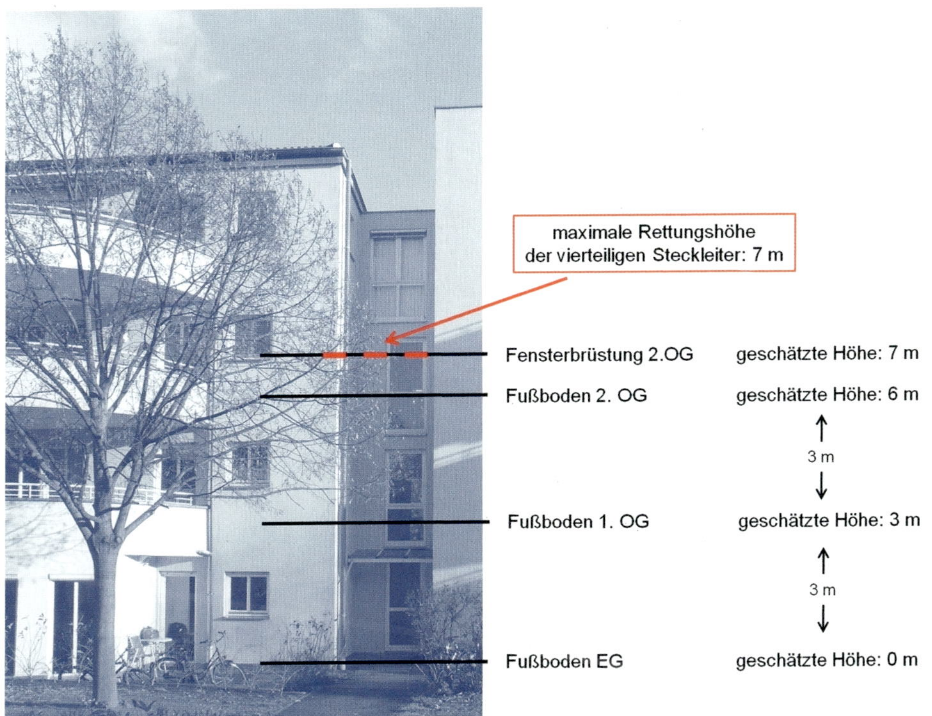


Bild 32 ***Bei diesem Wohngebäude befindet sich der Keller komplett unter Erdniveau (Gebäudetyp A). Bei einer angenommenen Geschosshöhe von drei Metern reicht die vierteilige Steckleiter bis an die Fensterbrüstung des 2. OG. Die Fensterbrüstung liegt im Bereich der maximalen Rettungshöhe der vierteiligen Steckleiter.***

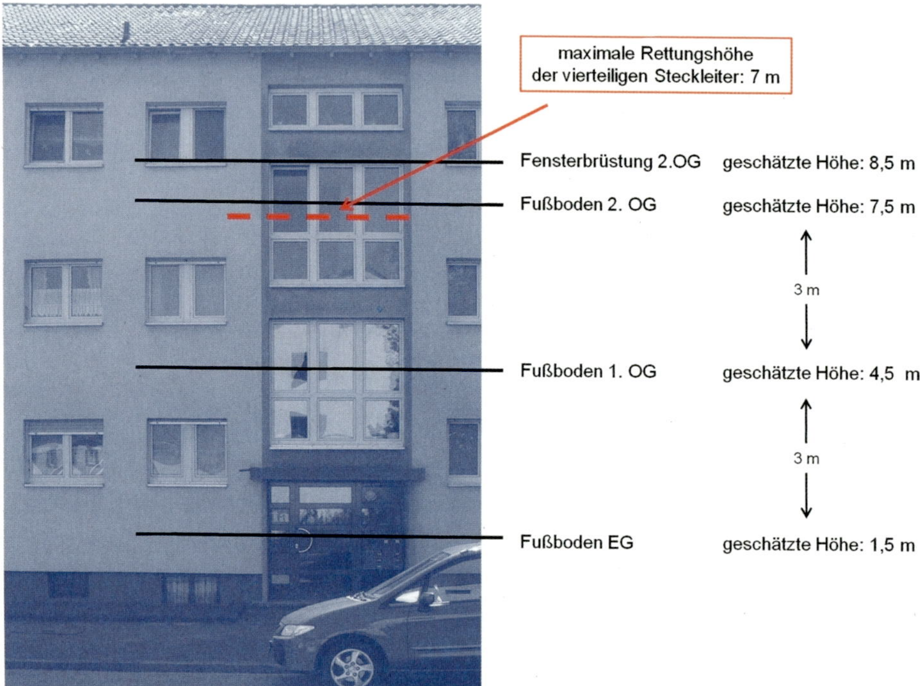


**Bild 33** *Bei diesem Wohngebäude ragt der Keller deutlich aus dem Boden hervor, die Kellerfenster sind gut zu sehen (Gebäudetyp B). Das Niveau des Fußbodens im Erdgeschoss dürfte etwa 1,5 Meter über dem Straßenniveau liegen. Für die Fensterbrüstung im 2. OG ergibt sich damit ein geschätztes Niveau von 8,5 Metern. Die Fensterbrüstung des 2. OG liegt damit oberhalb der maximalen Rettungshöhe der vierteiligen Steckleiter.*

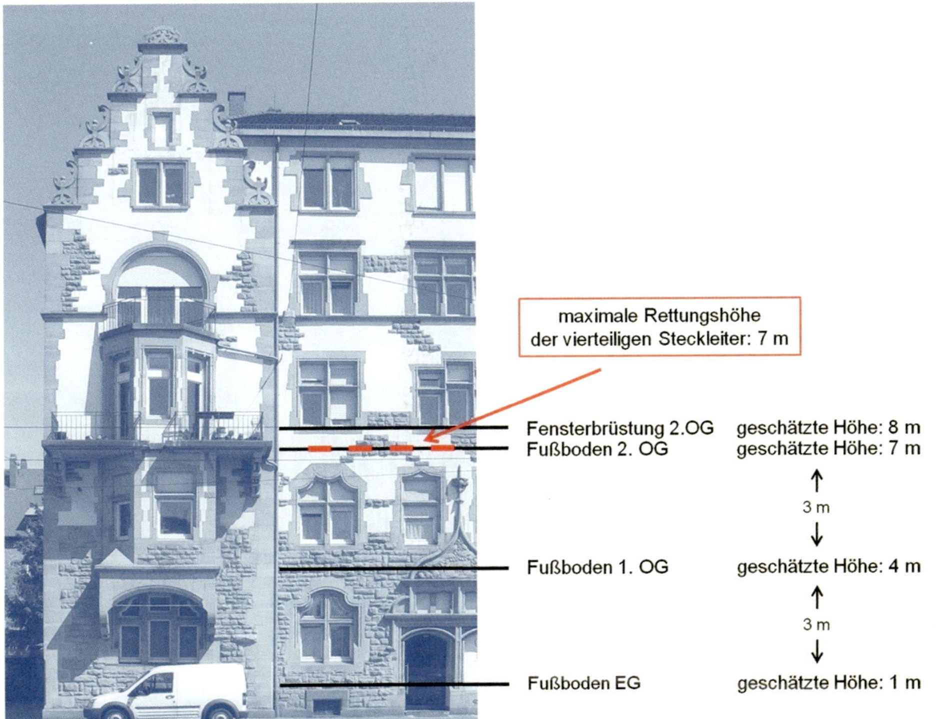


Bild 34 *Wieder ein Gebäude vom Typ B, bei dem die Kellerfenster zu sehen sind. Wir schätzen die Sockelhöhe auf etwa einen Meter. Die Fensterbrüstung sollte damit etwa acht Meter über dem Straßenniveau liegen. Die Tatsache, dass es sich um einen Altbau handelt, verstärkt die Vermutung, dass die vierteilige Steckleiter nicht an die Fensterbrüstung des 2. OG reichen wird.*

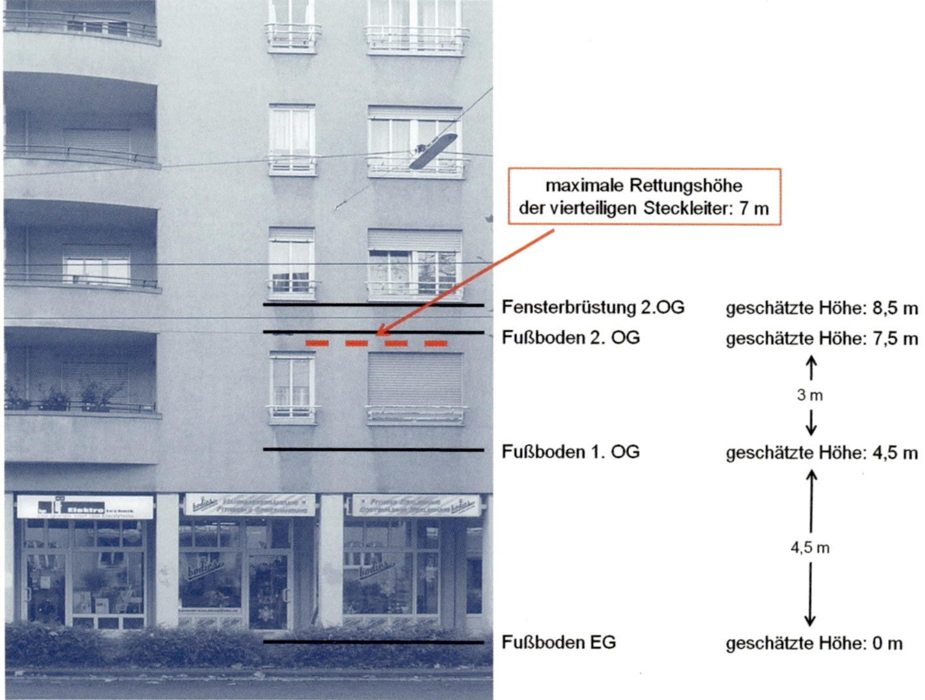


Bild 35 ***Der Keller ist bei diesem Gebäude komplett unter Erdniveau. Die Geschäfte im Erdgeschoss haben jedoch eine Geschosshöhe von deutlich mehr als drei Meter (Gebäudetyp C). Damit liegt auch hier die Fensterbrüstung des 2. OG oberhalb der maximalen Rettungshöhe einer vierteiligen Steckleiter.***

## Dreiteilige Schiebleiter

Eine ebenfalls verbreitete Leiter ist die dreiteilige Schiebleiter, die voll ausgezogen eine Länge von 14 Metern erreicht. Damit kann eine Rettungshöhe von ca. zwölf Metern realisiert werden. Auch für diese Leiter soll anhand der bereits gezeigten Gebäude dargestellt werden, wie sich vor Ort abschätzen lässt, ob ein Geschoss noch angeleitert werden kann (Bilder 36 bis 39).

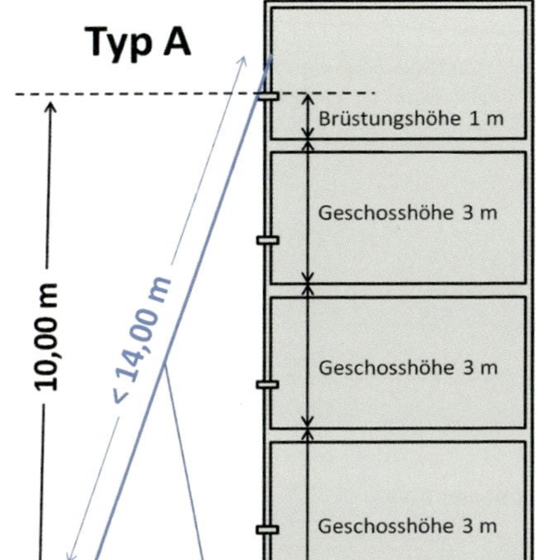


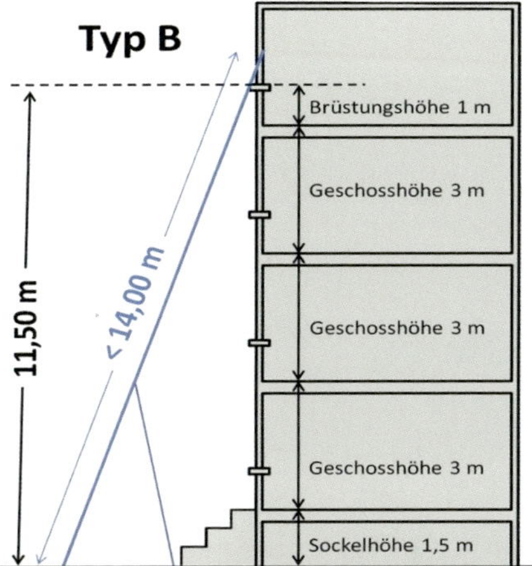


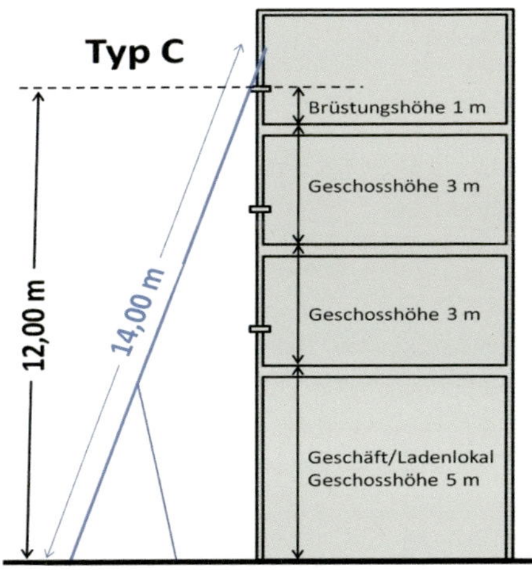


Bilder 36 a–c ***Die Rettungshöhe der dreiteiligen Schiebleiter erlaubt in den meisten Fällen ein Anleitern an der Fensterbrüstung des 3. OG. Bei Gebäuden des Typs A liegt die Fensterbrüstung etwa zehn Meter über dem Straßenniveau, sodass bis zur maximalen Rettungshöhe der Schiebleiter von zwölf Metern noch eine Reserve von zwei Metern bleibt. Damit kann die Fensterbrüstung des 3. OG in der Regel auch erreicht werden, wenn eine Sockelhöhe von bis zu zwei Metern vorhanden ist (Gebäudetyp B) oder das Erdgeschoss eine Geschosshöhe von bis zu fünf Metern aufweist (Gebäudetyp C).***

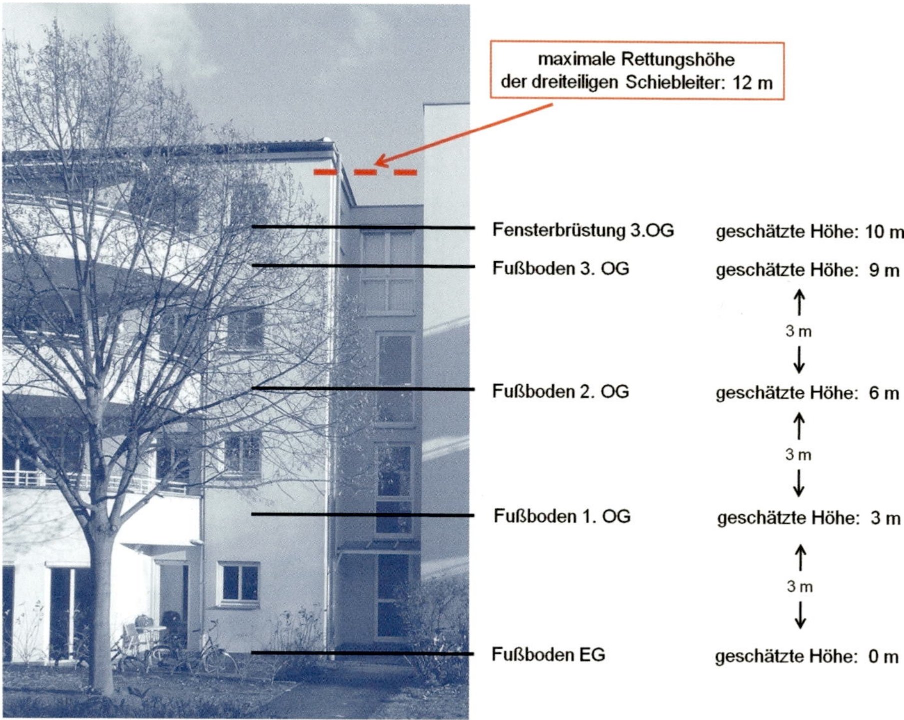


Bild 37 ***Die Fensterbrüstung des 3. OG liegt bei diesem Gebäude des Typs A in etwa zehn Metern Höhe und ist mit der dreiteiligen Schiebleiter problemlos erreichbar.***

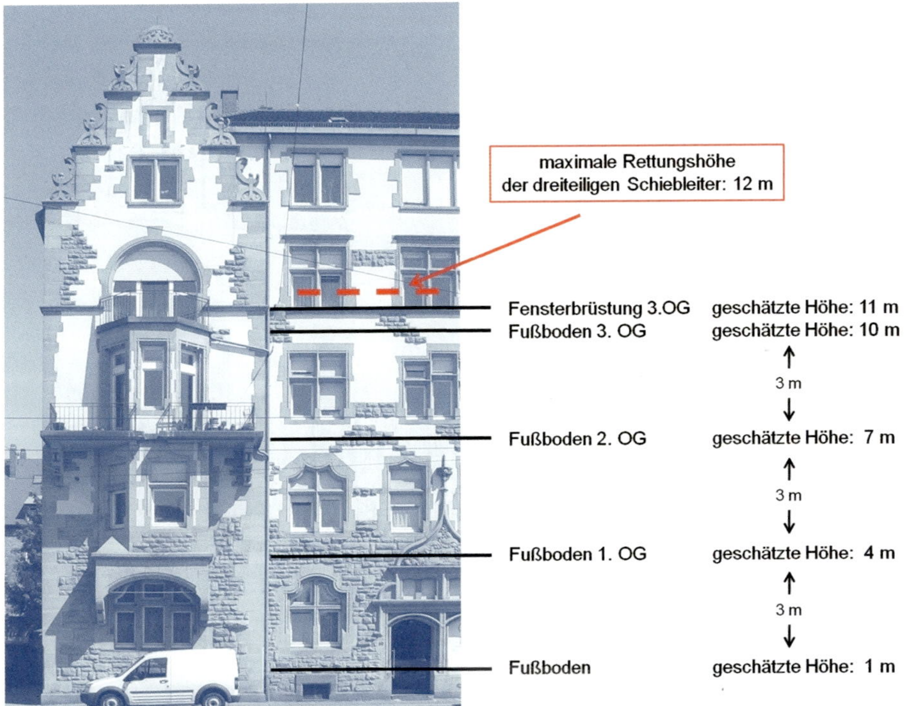


Bild 38 *Bei diesem Gebäude des Typs B sollte die Schiebleiter bis an die Fensterbrüstung des 3. OG reichen. Zu erkennen ist ein Kellerfenster, welches über das Gehwegniveau hinausragt. Bei einer geschätzten Sockelhöhe von etwa einem Meter sollte demnach eine Reserve von einem Meter verbleiben. Da es sich jedoch um einen Altbau handelt, bei dem eine Geschosshöhe von mehr als drei Meter nicht ausgeschlossen werden kann, könnte es knapp werden.*

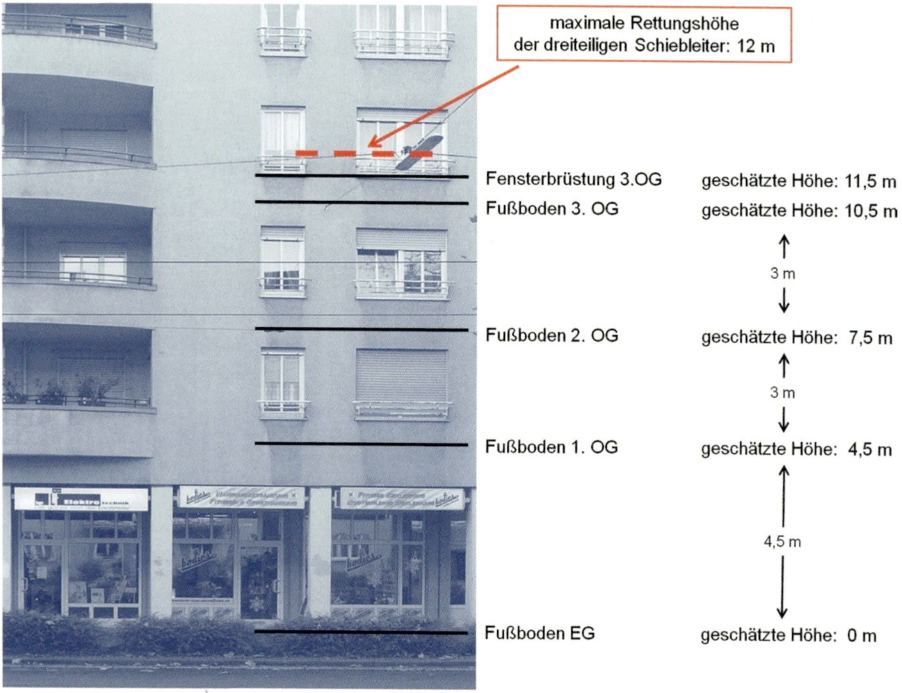

maximale Rettungshöhe der dreiteiligen Schiebleiter: 12 m

Fensterbrüstung 3.OG geschätzte Höhe: 11,5 m
Fußboden 3. OG geschätzte Höhe: 10,5 m
3 m
Fußboden 2. OG geschätzte Höhe: 7,5 m
3 m
Fußboden 1. OG geschätzte Höhe: 4,5 m
4,5 m
Fußboden EG geschätzte Höhe: 0 m

Bild 39 ***Bei diesem modernen Wohn- und Geschäftshaus (Typ C) kann von einer Geschosshöhe von drei Metern ausgegangen werden. Die dreiteilige Schiebleiter sollte bis zur Brüstung des 3. OG reichen, sofern die Geschosshöhe im EG maximal fünf Meter beträgt.***

**Anmerkung:**

Das Besteigen einer dreiteiligen Schiebleiter bis zur vollen Rettungshöhe von zwölf Metern erfordert körperliches Geschick und Mut. Nicht allen Menschen unserer Gesellschaft ist ein Abstieg über eine voll ausgefahrene Schiebleiter zuzumuten. Aus diesem Grund gibt es Tendenzen im Vorbeugenden baulichen Brandschutz, die Schiebleiter im Rahmen der Baugenehmigung nicht als zweiten Rettungsweg anzuerkennen. Ungeachtet dessen bleibt die Schiebleiter ein Gerät, welches natürlich, sofern auf dem Fahrzeug vorhanden, zur Menschenrettung eingesetzt werden kann. Allerdings sollte eine etwaig verfügbare Drehleiter bevorzugt als Rettungsmittel zum Einsatz kommen, um das Risiko des Abstiegs über die Schiebleiter für die zu rettenden Personen zu vermeiden.

**Drehleiter**

Neben den tragbaren Leitern stehen häufig Drehleitern vom Typ DLAK 23/12 zur Verfügung. Diese haben eine Rettungshöhe von 23 m. Eine DLAK 23/12 erreicht bei vorhandener Aufstellfläche in der Regel die Fensterbrüstung des sechsten oder siebten Obergeschosses.

#### 3.4.1.4 Sprungretter

Sprungretter sind Rettungsgeräte, die sich sehr schnell in Stellung bringen lassen und in Notsituationen die letzte verbleibende Rettungsmöglichkeit darstellen können. Sprungretter bergen jedoch schon bei geringen Sprunghöhen ein sehr hohes Verletzungsrisiko. Sie sind daher nur einzusetzen, wenn die Lage es unbedingt erfordert.

Gründe für den Einsatz eines Sprungretters können sein:

- Die verbleibende Zeit bis zum Sprung oder Absturz reicht für eine Rettung über eine Leiter nicht aus.
- Die zu rettende Person ist an einer Rettung nicht interessiert (Suizid).
- Es fehlt an Alternativen, da der Standort der Person mit anderen Rettungsgeräten nicht erreichbar und eine Rettung über den Treppenraum ebenfalls nicht möglich ist.

### 3.4.2 Fahrzeuge, Geräte und Materialien zur Technischen Hilfeleistung

Viele Einsätze zur Befreiung von Menschen aus lebensbedrohlichen Zwangslagen finden im Rahmen von Verkehrsunfällen statt. Dabei gilt es,

1. die Unfallstelle gegen den fließenden Verkehr abzusichern,
2. den Brandschutz sicherzustellen,
3. Verletzte zu versorgen,
4. Zugang zu eingeschlossenen Personen zu schaffen,
5. eingeklemmte Personen zu befreien,
6. Umweltgefahren durch auslaufende Betriebsmittel zu beseitigen.

Die Maßnahmen 1 und 3 können mit den auf den Löschfahrzeugen mitgeführten Geräten bewältigt oder zumindest eingeleitet werden. Viele Löschfahrzeuge verfügen zudem über moderne Geräte zur Technischen Hilfeleistung. Mit derart ausgestatteten Fahrzeugen können auch die Maßnahmen 4, 5 und 6 ganz oder in Teilen durchgeführt werden. Die Bedeutung von Rüstwagen nimmt daher immer mehr ab.

#### 3.4.2.1 Geräte und Materialien zur Absicherung und Erstversorgung

Bei Einsätzen im Straßenverkehr hat die Absicherung der Unfallstelle gegen den fließenden Verkehr höchste Priorität. Hierfür stehen der Feuerwehr neben Blaulicht, Warnblinkanlage und Warndreieck in der Regel auch Verkehrsleitkegel, Blitzleuchten usw. zur Verfügung.

Für die Absicherung auf mehrspurigen Schnellfahrstraßen und Autobahnen sollten zusätzliche Gerätschaften und/oder Fahrzeuge zum Einsatz kommen, um die Unfallstelle schon in der notwendigen Entfernung und mit der entsprechenden Deutlichkeit kenntlich machen zu können.

Darüber hinaus gilt es den Brandschutz sicherzustellen. Die hierzu notwendigen Geräte und Löschmittel sind auf den modernen Löschfahrzeugen mit eingebautem Löschwasserbehälter vorhanden. Ein Löschwasservorrat von 600 Litern und die mitgeführten Pulverlöscher sollten ausreichen, um bei normalen Hilfeleistungen den Brandschutz gewährleisten und einem möglichen Entstehungsbrand wirkungsvoll begegnen zu können. Zum Abklemmen der Batterie/n sind Werkzeuge vorhanden.

Für die Versorgung von verletzten Personen stehen Erste-Hilfe-Kästen oder Notfallrucksäcke zur Verfügung.

#### 3.4.2.2 Hydraulische Rettungsgeräte

Um sich Zugang zu eingeschlossenen Personen zu schaffen und diese zu befreien, werden in den meisten Fällen hydraulische Rettungsgeräte wie Rettungsschere und Spreizgerät benötigt. Diese werden auf vielen Löschfahrzeugen mitgeführt und ermöglichen insbesondere bei Pkw-Unfällen im Bedarfsfall eine zügige Befreiung eingeschlossener und eingeklemmter Personen (»Crash-Rettung«). Sehr hilfreich sind oftmals auch Rettungszylinder in verschiedenen Längen, die insbesondere bei technischen Rettungen aus Lkw gute Dienste leisten können.

#### 3.4.2.3 Sonstige Geräte

Um die Rettung schonend durchführen zu können, muss das Unfallfahrzeug stabilisiert werden. Auf diese Weise werden Erschütterungen vermieden, die sich nachteilig auf den Gesundheitszustand der verunfallten Person/en auswirken. Für die Stabilisierung werden entsprechende Gerätschaften oder Rüstholz benötigt. Zum Schutz der Verunglückten gegen Glassplitter (Glasmanagement) sind Klebefolien notwendig. Ebenso werden Geräte zum Zerstören und Entfernen der Scheiben benötigt.

Bei Lkw-Unfällen empfiehlt es sich, eine Rettungsplattform vor Ort zu haben, um die erhebliche Höhendifferenz zwischen Fahrbahn und Führerhaus überwinden zu können. Die Plattform erleichtert nicht nur die technische Rettung, sondern vereinfacht auch die medizinische Versorgung der eingeklemmten Person/en.

Sofern sich abzeichnet, dass größere Lasten bewegt werden müssen, sind Fahrzeuge mit Winden oder Kranwagen anzufordern. Neben großen Feuerwehren verfügen auch private Bergungsunternehmen über derartige Fahrzeuge.

**Anmerkung:**

**Private Bergungsunternehmen verfügen neben Kranwagen in der Regel auch über Spezialfahrzeuge zum Bergen und Abschleppen von Lkw. Diese Fahrzeuge verfügen oftmals über leistungsstarke Winden an beweglichen Armen. Diese können bei Bedarf in unterschiedlichen Höhen sehr gezielt und effektiv zum Einsatz gebracht werden. Einige dieser Unternehmen haben sich in Verträgen verpflichtet, für Bergungszwecke bestimmte Fahrzeugkontingente und Besatzungen rund um die Uhr vorzuhalten.**

### 3.4.3 Fahrzeuge, Geräte und Materialien für Gefahrguteinsätze

Zur Bewältigung von Gefahrguteinsätzen sind meist Spezialgeräte und Materialien erforderlich, die auf Standardfahrzeugen in der Regel nicht mitgeführt werden. Hierzu gehören beispielsweise:

- geeignete Schutzanzüge,
- Messtechnik,
- Materialien und Geräte zum Auffangen, Eindeichen, Aufnehmen und Umpumpen des Stoffes,
- je nach Lage größere Mengen an Sonderlöschmittel.

Bei Gefahrstoffeinsätzen kommt man nicht umhin, Spezialfahrzeuge und speziell ausgebildete Kräfte zur Einsatzstelle zu beordern. Gefahrgutzüge, die sich auf die Bewältigung solcher Lagen spezialisiert haben, werden in vielen Städten und Landkreisen vorgehalten und sind zu alarmieren. Auch Werkfeuerwehren stehen unter Umständen zur Verfügung.

Die Möglichkeiten der meisten Einheiten beschränken sich bei derartigen Einsätzen auf die Maßnahmen entsprechend der GAMS-Regel. Hierzu gehört insbesondere die Absperrung des Gefahrenbereichs. Arbeiten im Gefahrenbereich sind unter Umständen zur Durchführung einer Menschenrettung unter Atemschutz möglich.

Die erforderlichen Mittel zur Durchführung erster Maßnahmen entsprechend der GAMS-Regel stehen in Form von Geräten für Absperrmaßnahmen (z. B. Leinen oder Flatterband) zur Verfügung. Atemschutzgeräte, die zur Durchführung einer Menschenrettung oftmals ausreichend sind, werden ebenfalls mitgeführt.

### 3.4.4 Gedanken zu den Rettungsmitteln

Bei Einsätzen nach den Brandschutzgesetzen der Länder liegt bei Feuerwehreinsätzen im Sinne der Gesetze die Gesamteinsatzleitung bei der Feuerwehr. Aus diesem Grund ist der Einsatzleiter der Feuerwehr gefordert, sich auch über die notwendige Anzahl der Rettungsmittel, deren Anfahrtswege und Bereitstellungsräume Gedanken zu machen.

Oft wird zu Einsätzen der Feuerwehr von der Leitstelle automatisch ein Rettungswagen (RTW) hinzu alarmiert. Ein RTW ist ein Fahrzeug, mit dem ein Patient gut versorgt und transportiert werden kann. Ein RTW ist nicht mit einem Notarzt besetzt. Grundsätzlich ergibt sich die Anzahl der benötigten RTW aus:

|   | **Anzahl der Personen, die voraussichtlich notfallmedizinischer Hilfe bedürfen** |
|---|---|
| + | **1 RTW (zur Sicherung der eigenen Kräfte)** |
| = | **Anzahl der benötigten RTW** |

Sofern ein Notarzt erforderlich ist, wird dieser mit einem Notarzt-Einsatzfahrzeug (NEF) zugefahren. Mit einem NEF kann kein Patient transportiert werden.

Vereinzelt gibt es noch Notarztwagen (NAW). NAW sind Fahrzeuge, die von der Bauart mit einem RTW vergleichbar und für den Patiententransport geeignet sind. Sie sind im Gegensatz zu einem RTW zusätzlich mit einem Notarzt besetzt und führen auch die Medikamente mit, die der Arzt für die Behandlung eines Patienten benötigt. Rettungshubschrauber (RTH) sind ebenfalls mit einem Notarzt besetzt und für den Transport eines Patienten ausgelegt.

# 4 Erste Entscheidungen

Aufgrund der bereits auf der Anfahrt gewonnenen Erkenntnisse ist der Einsatzleiter gehalten, die Lage zu bewerten, gegebenenfalls schon während der Anfahrt Entscheidungen zu treffen und Weisungen zu erteilen. Hierzu können die Festlegung der Anfahrt (Berücksichtigung von Straßensperrungen oder der Windrichtung), die Anmarschfolge (Drehleiter vorziehen), Nachalarmierungen, Verständigungen und so weiter gehören.

Nachalarmierungen und Verständigungen bereits auf der Anfahrt machen Sinn, wenn Erkenntnisse vorliegen, die von der Norm abweichen und der Leitstelle nicht bekannt sind. Dies können beispielsweise eine unterdurchschnittliche Leistungsfähigkeit der eigenen Einheit (zu wenige Atemschutzgeräteträger), eine massive und weithin sichtbare Rauchentwicklung oder besondere Kenntnisse über eine vom Standard abweichende Situation im Objekt (Faschingsfeier mit vielen Teilnehmern am Wochenende in einem Schulgebäude) sein.

Erkenntnisse, die der Leitstelle bekannt und schon in den durch die Leitstelle ohnehin getroffenen Maßnahmen berücksichtigt worden sind, sind hingegen kein Grund für zusätzliche Nachforderungen.

**Anmerkung:**

Wie bereits beschrieben, sollte man sich angewöhnen, mit Reserven zu arbeiten und bei zeitkritischen Lagen die Einheiten zur Gefahrenabwehr nicht zu knapp zu kalkulieren. Wenn sich abzeichnet, dass die vorhandenen Kräfte nicht oder »vielleicht gerade noch so« ausreichen, sollte man nicht zögern, Kräfte nachzufordern, um Reserven zu haben. Solche Reserven ermöglichen es dem Einsatzleiter, schnell auf Lageänderungen reagieren zu können.

Um überzählige Kräfte nicht unnötig zu binden und sich alle Optionen offen zu halten, bietet es sich an, diese Reserven im erweiterten Umfeld der eigentlichen Einsatzstelle in Bereitstellung gehen zu lassen. Hierdurch werden unnötige Engpässe an der Einsatzstelle vermieden. Die in Bereitstellung stehenden Einheiten können zudem je nach Bedarf flexibler an verschiedenen Orten eingesetzt werden und sind auch leichter wieder aus dem Einsatz zu entlassen, sobald sich die Lage entspannt hat oder sich ein Bedarf an anderen Einsatzstellen abzeichnet.

## 4.1 Lagemeldung auf Sicht

Schon vor oder unmittelbar bei Eintreffen an der Einsatzstelle erhalten wir mitunter Eindrücke und Bilder, die Aufschlüsse über Art und Umfang des Szenarios zulassen. Unter Umständen macht es Sinn, diese Eindrücke mit einer Lagemeldung auf Sicht oder zusammen mit der Eintreffmeldung der Leitstelle mitzuteilen.

Bild 40 ***Solche nicht alltäglichen Eindrücke lassen schon auf der Anfahrt die Dimension des bevorstehenden Einsatzes erahnen.***

Eine Lagemeldung auf Sicht macht grundsätzlich Sinn, wenn es offensichtliche Abweichungen von der gemeldeten Lage gibt. Erfolgte beispielsweise eine Alarmierung zu »Rauch aus Gebäude«, obwohl schon beim Einbiegen in die Straße die Flammen aus den Fenstern des Gebäudes schlagen, so macht es Sinn, dies in kurzer Form (»aktiver Wohnungsbrand im 2. OG, Flammen schlagen aus dem Fenster«) über Funk zu melden. Auch wenn diese Meldung keine direkte Reaktion seitens der Leitstelle zur Folge haben muss, so wird auf diese Weise den Disponenten und weiteren auf der Anfahrt befindlichen Kräften ein erster optischer Eindruck vermittelt, der ihnen hilft, sich auf die zu erwartende Lage einzustimmen, in der Lage zu leben und zu denken. Grundsätzlich sind dabei die Vorgaben für den Funkverkehr zu beachten. Man muss sich aber nicht unnötig »verkünsteln«, sondern sollte Klartext reden. Wenn es der Bewältigung der Lage zuträglich ist, macht es Sinn, Formulierungen zu wählen, wie man sie auch in Telefongesprächen verwenden würde.

Bild 41 ***Der Mensch denkt in Bildern. Je besser (griffiger) und schneller es uns gelingt, die Lage auch für rückwärtig Tätige oder auf der Anfahrt befindliche Kräfte darzustellen, umso konkreter kann deren Unterstützung sein. Wenn hier »verdächtiger Rauch« gemeldet war, so sorgt die Lagemeldung »starke Rauchentwicklung aus Dachgaube eines zweigeschossigen Wohnhauses« für mehr Klarheit.***

Noch wichtiger ist eine Lagemeldung auf Sicht, wenn erkennbar ist, dass die Lage vor Ort nicht dem von der Leitstelle gewählten Alarmstichwort entspricht. Erfolgte die Alarmierung beispielsweise unter dem Stichwort »Mülleimerbrand«, so führt die Lagemeldung auf Sicht »Feuer hat auf Gebäude übergegriffen« bei den meisten Feuerwehren zu einer sofortigen Erhöhung der Alarmstufe und der Entsendung weiterer Einheiten von Feuerwehr und Rettungsdienst, ohne dass es hierzu vieler Worte bedarf.

Natürlich bleibt es dem Einsatzleiter vorbehalten, bereits mit der Lagemeldung auf Sicht konkret zusätzliche Kräfte anzufordern oder die Alarmstufe zu erhöhen, sofern sich ein Bedarf schon zu diesem frühen Zeitpunkt erkennen lässt. Umgekehrt ist es grundsätzlich auch möglich, Kräfte schon in dieser Phase abzubestellen beziehungsweise die Alarmstufe zu reduzieren. Allerdings sollte sich eine Reduzierung auf die wenigen Ausnahmen beschränken, bei denen der Sachverhalt absolut offenkundig ist. Eine übereilte und möglicherweise ungerechtfertigte Nachalarmierung ist unangenehm, eine übereilte Abbestellung bereits alarmierter Einheiten ist hingegen fahrlässig und kann gefährliche Folgen haben.

## 4.2 Eintreffen an der Einsatzstelle – die Fahrzeugaufstellung

Mit Eintreffen an der Einsatzstelle gilt es zunächst, die Fahrzeugaufstellung festzulegen. Eine gute Fahrzeugaufstellung stellt eine wesentliche Grundlage für den weiteren Einsatzverlauf dar. Eine überhastete und fehlerhafte Ordnung des Raumes kann umgekehrt zu massiven Problemen und erheblichen Risiken führen. Die Festlegung der Fahrzeugaufstellung stellt deswegen eine Entscheidung dar, die wohl überlegt sein sollte. Mit den Überlegungen zur Raumordnung kann und sollte in manchen Fällen schon auf der Anfahrt begonnen werden.

**Anmerkung:**

**Obwohl die richtige Fahrzeugaufstellung für den weiteren Einsatzablauf von entscheidender Bedeutung ist, wird dieser wichtige Punkt im Übungsdienst nur selten trainiert. Bei vielen Übungen steht Platz in nahezu unbeschränktem Umfang zur Verfügung, bei anderen Übungen werden Fahrzeuge so hingestellt, wie man sie »im Ernstfall natürlich nie hinstellen würde«. Zu einem realitätsnahen Training gehören jedoch auch die Anfahrt und die richtige Aufstellung unter erschwerten Bedingungen. Zur Übungskritik gehört folgerichtig unbedingt auch die Diskussion über die Zweckmäßigkeit der gewählten Aufstellung.**

Ein nachträgliches Versetzen von Einsatzfahrzeugen ist oft nur sehr schwer möglich und häufig mit erheblichen Zeitverlusten, Unruhe und Unfallrisiken verbunden. Bei angeschlossenen Schlauchleitungen, laufenden Aggregaten usw. ist ein Versetzen der Fahrzeuge sogar fast ausgeschlossen. Sofern die endgültige Aufstellung eines Fahrzeuges bei Eintreffen noch nicht absehbar ist, gilt es daher, sich Zeit zu nehmen und sich zunächst ein Höchstmaß an Flexibilität zu bewahren. Es macht in solchen Fällen Sinn, rechtzeitig anzuhalten, die Lage zu Fuß zu erkunden und erst dann über die Fahrzeugaufstellung zu entscheiden. »Rechtzeitig anhalten« bedeutet, an einer Stelle stehen zu bleiben, von welcher aus die Zuweisung der optimalen Stellfläche

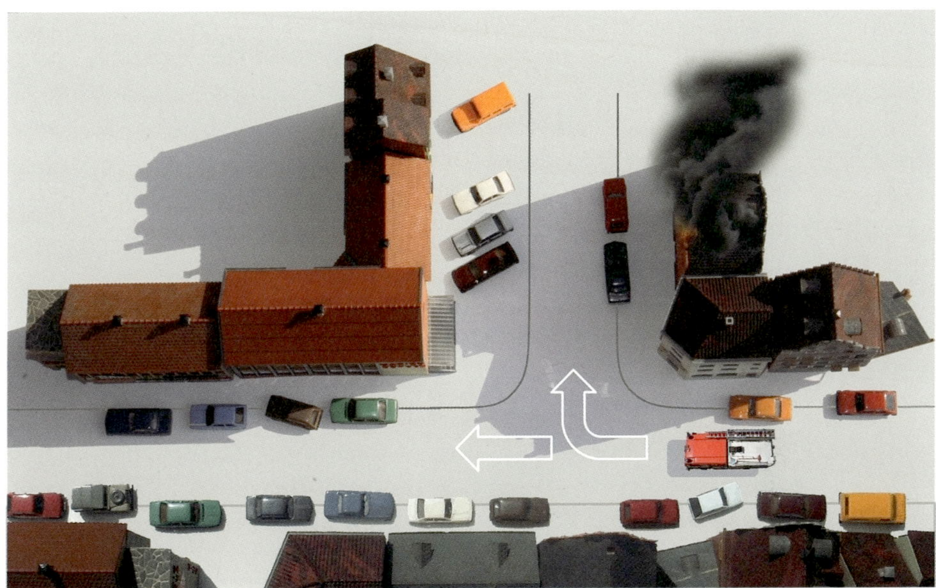

Bild 42 ***Bei unklarer Lage in Bezug auf die optimale Aufstellfläche sollte das Löschfahrzeug vor der Einsatzstelle stehen bleiben. Der Fahrzeugführer hält sich damit alle Optionen offen. Er läuft zum Objekt und erkundet die Einsatzstelle. In Abhängigkeit vom Ergebnis dieser Erkundung legt er die Fahrzeugaufstellung fest und weist das Fahrzeug entsprechend ein.***



möglich ist, ohne dass es hierzu aufwändiger Rangiermanöver bedarf. Das rechtzeitige Anhalten ist auch geboten, wenn man mit einer Einheit zu einer bereits laufenden Einsatzstelle zufährt und von der Einsatzleitung eine Stellfläche zugewiesen bekommt.

Bei Einsätzen in unwegsamem Gelände und in engen innerstädtischen Straßen muss das Einfahren in unbekannte Wege und schmale Gassen besonders gut überlegt sein, da es häufig keine Ausweich- und Wendemöglichkeiten für große und schwere Einsatzfahrzeuge gibt. Eine überhastete Einfahrt kann viel Zeit und Nerven kosten. Eine vorherige Erkundung und Ordnung des Raumes kann daher von großem Vorteil sein.

Bei der Wahl der Aufstellfläche ist zu beachten, dass Platz benötigt wird, um an einer Einsatzstelle gut und sicher arbeiten zu können. Gleichzeitig sind Sicherheitsabstände zu beachten, Zu- und Abfahrten sowie Stellflächen für Sonderfahrzeuge freizuhalten. Ebenso ist ein ständiges Queren von Verkehrswegen zwischen Fahrzeug

Bild 43 ***Nur selten sind Anfahrt und Fahrzeugaufstellung Teil der Übung.***

und Einsatzstelle aus Sicherheitsgründen zu vermeiden. Zudem gilt es, die Wege kurz zu halten, um Zeit und Kraft zu sparen, Nachschub und Verstärkung schnell heranführen und Verletzte abtransportieren zu können. Bei bestimmten Lagen kann es auch bedeutsam sein, den Rückzugsweg zu sichern.

Bei einigen Einsatzfahrzeugen ist der Einsatzwert relativ unabhängig von deren Entfernung zum Schadenort. Hierzu gehören Löschfahrzeuge, die auch in hundert Metern Entfernung zum Objekt noch wirkungsvoll sein können. Umgekehrt gibt es Einsatzfahrzeuge, deren Einsatzwert auf nahezu Null sinkt, wenn es nicht gelingt, sie in einem begrenzten Umfeld um das Zielobjekt zu positionieren. Hierzu gehören Drehleitern, Kranwagen und Rüstwagen (in Bezug auf die maschinelle Zugeinrichtung des Fahrzeugs). Insofern ergibt sich zwangsläufig, dass in allen Fällen, bei denen sich ein Einsatz von Drehleiter, Kran usw. abzeichnet oder im weiteren Verlauf nicht auszuschließen ist, Aufstell- und Zufahrtsflächen für diese Fahrzeuge im Umfeld der Schadenstelle freigehalten werden müssen. Um die volle Leistungsfähigkeit des Fahrzeugs zu erreichen, müssen diese Flächen so dimensioniert sein, dass die Stützen

Bild 44 ***Die richtige Fahrzeugaufstellung bildet insbesondere beim Einsatz von Drehleitern, Kranwagen usw. eine wesentliche Grundlage für den späteren Einsatzverlauf.***



möglichst beidseitig, zumindest aber auf der dem Objekt zugewandten Seite vollständig ausgefahren werden können.

Bei der Auswahl der Aufstellfläche von Drehleitern und Kranwagen sind auch die Beschaffenheit des Untergrundes und der »Luftraum« im Umfeld der potenziellen Stellfläche zu berücksichtigen (Fahrdrähte von Straßenbahnen, Weihnachtsbeleuchtung, Bäume usw.). Für den Einsatz von Hubrettungsfahrzeugen (Drehleitern und Hubarbeitsbühnen) hat sich die »HAUS-Regel« als Gedankenstütze gut bewährt. Sie berücksichtigt:

**H** – Hindernisse (Gebäude, Fahrzeuge, Bäume, Stromleitungen und Fahrdrähte),
**A** – Abstand (größtmögliche Flexibilität in Bezug auf die Erreichbarkeit des Zielobjektes),
**U** – Untergrund (Beschaffenheit [Asphalt, Rasengittersteine, Wiese], Tragfähigkeit, Neigung ...),
**S** – Sicherheit (rollender Verkehr, Trümmerschatten, Stromleitungen ...).

**Bild 45** ***Hubrettungsfahrzeuge gehören zu den Fahrzeugen, deren Einsatzwert extrem von der jeweiligen Aufstellfläche abhängig ist.***

Bei Bränden in Gebäuden sollte grundsätzlich Platz (Stellfläche mit Zufahrtsmöglichkeit) für den Einsatz der Drehleiter freigehalten werden. Sofern es sich um ein Gebäude handelt, bei dem der zweite Rettungsweg nur über eine Drehleiter sichergestellt werden kann, ist dies – wenn irgendwie machbar – zwingend geboten. Dies gilt auch für den Fall, dass sich bei Eintreffen keine Personen an den Fenstern bemerkbar machen. Die Lage kann sich schließlich jederzeit ändern. Nicht zuletzt kann es für die Sicherheit der eigenen Kräfte von Bedeutung sein, die Drehleiter im Notfall als potenziellen zweiten Rettungsweg zur Verfügung zu haben (Anleiterbereitschaft).

**Bild 46** ***Bei einem Brand in einem dieser Gebäude kann die Raumordnung über Erfolg und Misserfolg entscheiden. Für einige Wohneinheiten kann der zweite Rettungsweg nur über eine Drehleiter sichergestellt werden. Hierzu muss die Drehleiter unmittelbar vor dem Brandobjekt Stellung beziehen können. Da die Straße so schmal ist, dass Lkw nicht aneinander vorbeifahren können, muss schon zu Beginn des Einsatzes neben der Freihaltung einer Stellfläche auch auf die freie Zufahrt zu dieser Stellfläche geachtet werden.***

Um die Stellfläche vor dem Gebäude frei zu halten, fahren die vor der Drehleiter eintreffenden Einheiten einige Meter über das Objekt hinaus. Um der Drehleiter, die etwa zwölf Meter lang ist, eine hinreichende Entwicklungsfläche zu geben, sollte hierfür ein Freiraum von mindestens 20 Metern Länge vorgesehen werden (eine B-Schlauchlänge). Sofern die Lage ergibt, dass die Drehleiter nur aus einer Richtung kommend den für sie vorgesehenen Stellplatz erreichen kann, ist der Fahrzeugführer der Drehleiter über Funk entsprechend einzuweisen.

Im weiteren Einsatzverlauf ist darauf zu achten, dass die freigehaltene Fläche für die Drehleiter reserviert bleibt und nicht von anderen Einheiten von Feuerwehr, Polizei oder Rettungsdienst belegt wird. Ebenso muss die Zufahrt zu dieser Fläche auf einer

**Bild 47** ***In diesem Beispiel wurde fast alles richtig gemacht. Dennoch steht die Drehleiter als zweiter Rettungsweg nicht zur Verfügung, was einem Totalausfall der Drehleiter gleichkommt. Die zuerst eintreffende Einheit hat die Einsatzstelle schulmäßig überfahren, um den Platz vor dem Brandobjekt für die Drehleiter frei zu halten. Offensichtlich wurde jedoch versäumt, die Anfahrtsrichtung der Drehleiter zu berücksichtigen beziehungsweise rechtzeitig abzusprechen.***

Breite von mindestens 3,0 Metern (besser 3,50 Meter) dauerhaft freigehalten werden.

Mitunter lassen sich Raumprobleme lösen, indem man Flächen schafft, die auf den ersten Blick nicht zur Verfügung stehen. So kann man beispielsweise bei Einsätzen auf der Autobahn durch die Sperrung weiterer Fahrspuren viel Platz gewinnen und den Sicherheitsabstand zum fließenden Verkehr vergrößern. Dabei muss man jedoch die Verhältnismäßigkeit der Maßnahme im Blick behalten und sich bewusst machen, dass jede Sperrung auf einer Autobahn zu erheblichen Behinderungen, einem erhöhten Unfallrisiko und einem wirtschaftlichen Schaden führt. Die grundsätzliche Möglichkeit ist jedoch gegeben und kann, bei Bedarf im Zusammenwirken mit der Autobahnpolizei, in Anspruch genommen werden (siehe auch Bild 48).

Ein weiteres Ziel der Raumordnung muss sein, ein Passieren der Einsatzstelle zu ermöglichen, sofern dies machbar ist. Zu diesem Zweck sind die Fahrzeuge möglichst hintereinander, an einer Straßenseite zu positionieren, eine Durchfahrtsgasse ist freizuhalten. Diese Gasse ermöglicht es nachrückenden Fahrzeugen über die Einsatzstelle hinauszufahren. Fahrzeuge des Rettungsdienstes können über diese Gasse zur Aufnahme von Patienten an- und abfahren.

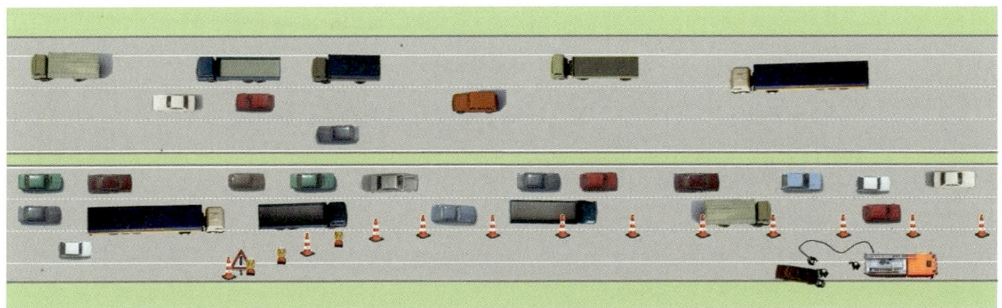

Bild 48 *Die Sperrung einer zusätzlichen Fahrspur auf der Autobahn erhöht die Sicherheit der Einsatzkräfte und schafft eine zusätzliche Entwicklungsfläche.*

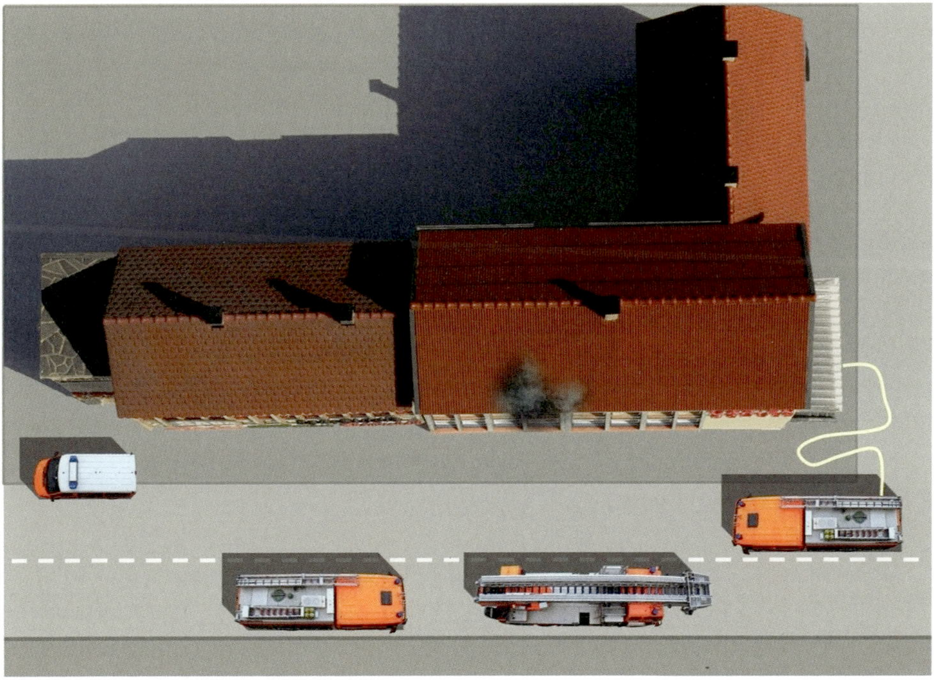

Bild 49 *Chaotische Fahrzeugaufstellung: Die Fahrzeuge wurden auf der gesamten Fahrbahnbreite aufgestellt und behindern damit ein Passieren der Einsatzstelle. Damit wird es schwieriger, nachrückende Kräfte in Position zu bringen. Rettungsfahrzeuge können nicht optimal an- und abfahren und auch der normale (zivile) Verkehr kommt zum Erliegen.*

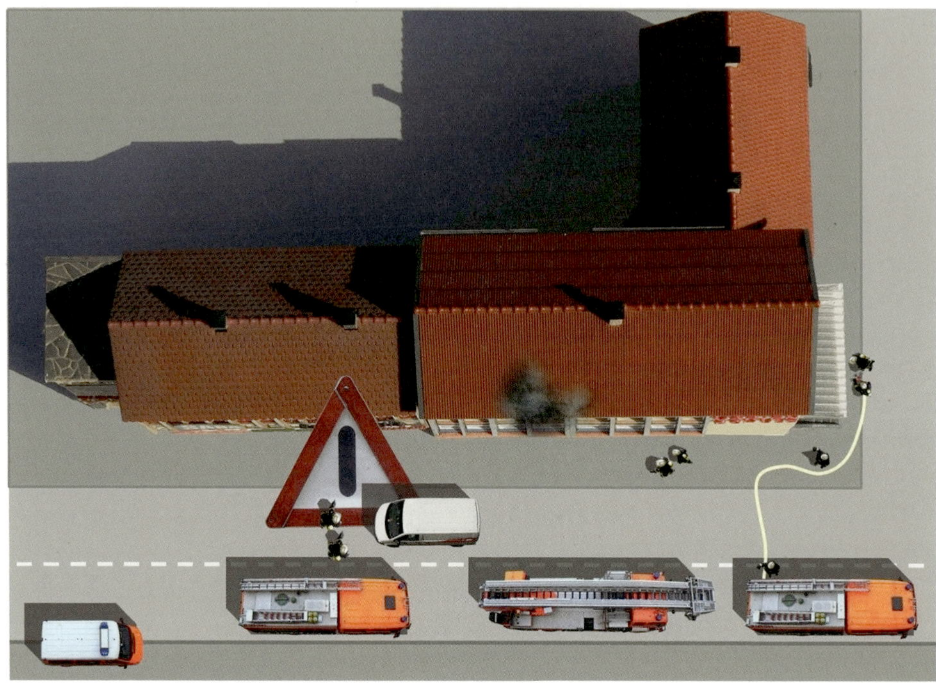

Bild 50 ***Alle Fahrzeuge wurden auf einer Fahrspur aufgestellt. Die Einsatzstelle kann somit passiert werden. Allerdings befindet sich die befahrbare Gasse zwischen den Fahrzeugen und der Einsatzstelle, sodass es zu Behinderungen durch Schläuche und vor allem auch zu einem Sicherheitsrisiko für die Einsatzkräfte bei jedem Überqueren der freien Fahrbahn kommt.***

Damit die freie Durchfahrt durch die Gasse nicht durch Schläuche beeinträchtigt wird, sollten die Fahrzeuge möglichst auf der Straßenseite aufgestellt werden, auf der sich das Einsatzobjekt befindet. Mit dieser Aufstellung wird auch ein Sicherheitsgewinn für die Einsatzkräfte erzielt, da diese beim Materialtransport zwischen Fahrzeug und Einsatzstelle nicht immer wieder den Verkehrsweg kreuzen müssen. Bei Bedarf können die Einsatzfahrzeuge zu diesem Zweck auch entgegen der Fahrtrichtung aufgestellt werden.

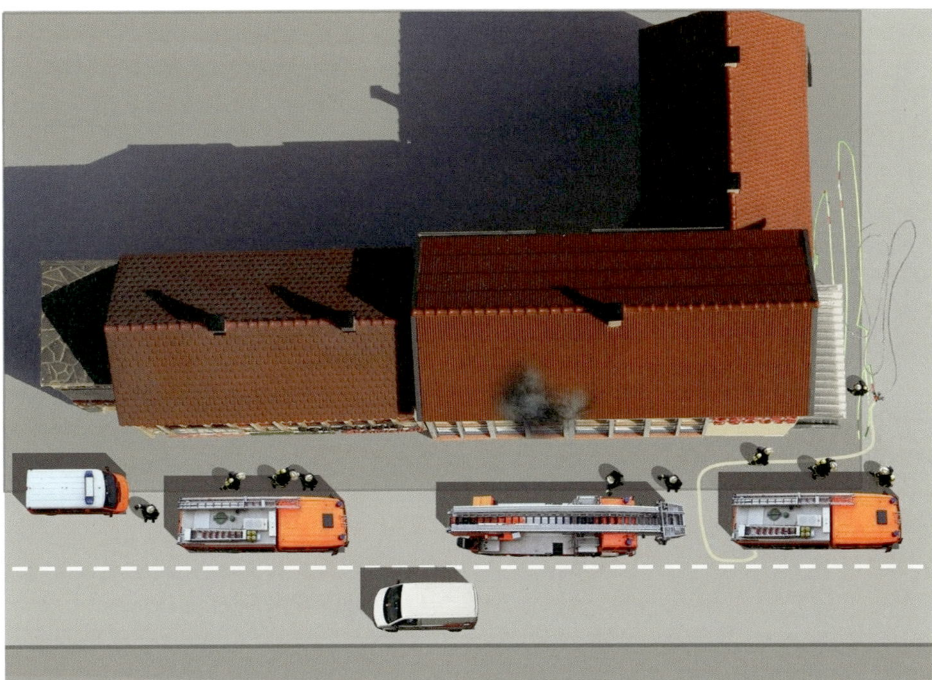

Bild 51 ***Optimale Fahrzeugaufstellung: Da die Fahrzeuge auf einer Straßenseite stehen, bleibt eine Gasse, über welche die Einsatzstelle passiert werden kann. Die Gasse bleibt frei von Schläuchen, da die Fahrzeuge auf der richtigen Straßenseite stehen. Der Weg zwischen der Einsatzstelle und den Fahrzeugen ist kürzer. Er ist zudem sicherer, da die Einsatzkräfte nicht ständig den Fahrweg passieren müssen.***



Zu berücksichtigen ist auch, dass das Leben um die Einsatzstelle herum weitergehen muss. Es ist ein weiteres Ziel der Raumordnung, den normalen Betriebsablauf durch den Einsatz nicht mehr als unbedingt nötig zu beeinträchtigen. Es gilt der Grundsatz der Verhältnismäßigkeit, der der Feuerwehr einerseits das Recht gibt, bei Bedarf auch für Beeinträchtigungen zu sorgen und ganze Systeme vorübergehend lahm zu legen, der umgekehrt aber bedingt, dass die Feuerwehr entsprechend Rücksicht auf die Belange Unbeteiligter nimmt und die Behinderungen und Einschränkungen auf das unbedingt notwendige Maß reduziert. Mitunter ergibt sich die Möglichkeit, nach Abschluss der ersten, heißen Phase durch Umsetzen oder Zurücksenden von Fahrzeugen die vorhandenen Beeinträchtigungen zu reduzieren oder ganz abzubauen.

## 4.3 Eintreffen an der Einsatzstelle – erste Maßnahmen

Sofern sich die Einsatzstelle im Verkehrsraum befindet, muss der Maschinist beim Eintreffen durch Einschalten der Warnblinkanlage und des Blaulichts die übrigen Verkehrsteilnehmer auf die Gefahrenstelle aufmerksam machen. Bei Bedarf ist gemäß StVO zumindest ein Warndreieck aufzustellen.

Der Fahrzeugführer setzt eine Eintreffmeldung ab. Diese Meldung kann verbal oder durch Drücken des FMS-Status erfolgen und beinhaltet in jedem Fall die Information, dass eine bestimmte Einheit (Fahrzeug, Zug usw.) die Einsatzstelle erreicht hat.

**Anmerkung:**

**Das Absetzen der Eintreffmeldung ist u. a. wichtig, weil die Eintreffzeit ein wesentliches Kriterium bezüglich der Einhaltung der Qualitätskriterien ist. Für die statistische Auswertung muss das Eintreffen aller Fahrzeuge an der Einsatzstelle in der Leitstelle dokumentiert werden.**

Die Eintreffmeldung kann bei Bedarf ergänzt werden durch

- Informationen über die vorgefundene Lage (sofern sich bereits Erkenntnisse ergeben haben, die für die Leitstelle oder nachrückende Kräfte von Bedeutung sein können),
- eine Nachforderung (sofern sich ein Bedarf bereits abzeichnet).

**Beispiel:**

Die Leitstelle hat ein Löschfahrzeug zu einer Nachschau entsendet. Anwohner sollen den Brand bereits gelöscht haben. Bei Eintreffen ist eine starke Rauchentwicklung aus einem Fenster im 2. OG zu sehen. Personen kommen aufgeregt aus dem Haus gelaufen. Der Fahrzeugführer erkennt, dass es sich um einen Zimmer- oder Wohnungsbrand handelt. Er erhöht schon beim Eintreffen auf Zugalarm und fordert zusätzlich einen RTW an.

Bild 52 *Dass es sich bei diesem Szenario nicht um ein gelöschtes Feuer handelt, ist schon beim Eintreffen offenkundig. Eine sofortige Erhöhung des Alarmstichwortes von »gelöschtes Feuer« auf »Brand in Gebäude« ist angebracht.*

**Anmerkung:**

**Die Nachforderung ist das Ergebnis eines Schnelldurchlaufs durch den Führungsvorgang. Der Fahrzeugführer erkundet (mit einem Blick) und beurteilt die Lage (grob). Er erkennt, dass die verfügbaren Kräfte offenkundig nicht ausreichen (eigene Lage) und fasst den Beschluss, auf Zugalarm zu erhöhen. Diesen Beschluss teilt er der Leitstelle in der Rückmeldung mit, indem er Anweisung gibt, auf Zugalarm zu erhöhen (Anordnung/Befehl).**

## 4.4 Einsatz mit oder ohne Bereitstellung?

Die FwDV 3 »Einheiten im Lösch- und Hilfeleistungseinsatz« kennt den Einsatz mit und ohne Bereitstellung. Bei einem Einsatz mit Bereitstellung entwickelt sich die Mannschaft bis zum Verteiler und wartet dort auf weitere Befehle. Dies hat folgende Vorteile:

- Noch während die eigentliche Lageerkundung durchgeführt wird, können bereits Arbeiten erledigt werden, deren Notwendigkeit bereits offensichtlich ist. Hierdurch wird wertvolle Zeit gewonnen. Parallel zur Erkundung werden schon Vorbereitungen für den späteren Angriff getroffen.
- Das Bewusstsein, dass bereits Schritte eingeleitet sind, erleichtert es dem Einsatzleiter, sich die erforderliche Zeit für die notwendige Erkundung zu nehmen.
- Betroffene und Zuschauer erkennen erste Aktivitäten, was zur Beruhigung beitragen kann und den Druck auf die Einsatzkräfte mindert.
- Die Einsatzkräfte, die hoch motiviert und voller Tatendrang sind, können mit der Arbeit beginnen. Durch die geordnete Entwicklung der Gruppe wird die Gefahr der Eigendynamik und Verselbstständigung reduziert. Gleichzeitig wird durch die Bewegung Stress abgebaut.

Die entscheidenden Nachteile eines Einsatzes mit Bereitstellung sind darin zu sehen, dass

- der Standort des Fahrzeugs fixiert und der spätere Angriffsweg weitgehend festgelegt wird,
- die Mannschaft sich bis zum Verteiler entwickelt und damit ein Zugriff auf eine am Fahrzeug wartende, kompakte Einheit vorübergehend nicht mehr möglich ist.

Aus der Betrachtung der Vor- und Nachteile folgt, dass der Einsatz mit Bereitstellung der Regelangriff sein sollte. Er kann bei Brandeinsätzen zur Anwendung kommen, sofern

- die Fahrzeugaufstellung gefunden ist und das Fahrzeug nicht mehr versetzt werden muss,
- die Lage des Verteilers bereits bestimmt werden kann,
- sich keine Notwendigkeit für andere Maßnahmen abzeichnet (Menschenrettung über tragbare Leiter o. Ä.).

Der Befehl für einen Angriff mit Bereitstellung spricht keinen Trupp direkt an. Vielmehr werden die Vorbereitung des Angriffs und der Aufbau der Leitungen bis zum Verteiler pauschal angeordnet. Wie dies zu geschehen hat, ist in Form einer standardisierten Vorgabe in der FwDV 3 geregelt. Der Befehl zum Einsatz mit Bereitstellung beinhaltet folgende Elemente:

- Wasserentnahmestelle sowie
- Lage des Verteilers.

Konkret kann der Befehl für den Einsatz mit Bereitstellung beispielsweise lauten: »Wasserentnahmestelle Löschwasserbehälter – Verteiler zehn Meter vor dem Hauseingang – zum Einsatz fertig!«

**Anmerkung:**

**Auch der Befehl zum Einsatz mit Bereitstellung ist als Ergebnis eines Schnelldurchlaufs durch den Führungsvorgang zu verstehen. Die Erkundung hat ergeben, dass die wesentlichen Voraussetzungen gegeben sind. Es folgt der Entschluss, den Einsatz mit Bereitstellung zu wählen und der entsprechende Befehl.**

Bild 53 ***Einsatz mit Bereitstellung – die Wasserentnahme erfolgt vom Löschwasserbehälter. Der Verteiler ist gesetzt. Der Angriffstrupp hat sich ausgerüstet und wartet auf den Einsatzbefehl. Der Schlauchtrupp steht bereit, um die Angriffsleitung zu verlegen, während sich der Wassertrupp als Sicherheitstrupp mit Atemschutz ausgerüstet hat. Die Zeit, die der Gruppenführer für die Erkundung und Einsatzplanung benötigt hat, wurde genutzt.***

# 5 Die Erkundung vor Ort

Wie schon mehrfach erwähnt, können bis zum oder unmittelbar nach dem Eintreffen schon Teilbereiche erkundet worden sein. Auch mehrere kleine Durchläufe durch den Führungsvorgang können bereits stattgefunden haben. Während die bisherigen Überlegungen sich eher auf die Bereiche Ort/Zeit/Wetter und die allgemeine Schadenabwehr/Gefahrenabwehr, die eigene Lage, konzentriert haben, gilt es nun in der ersten großen Erkundungsphase insbesondere die tatsächliche Gefahrenlage, das Schadenereignis zu erkunden.

Tabelle 8 *Erkundung vor Ort*

| Ort – Zeit – Wetter | |
|---|---|
| **Schadenereignis/Gefahrenlage** | **Schadenabwehr/Gefahrenabwehr** |
| *Schaden*<br>▪ Schadenart<br>▪ Schadenursache | *Führung*<br>▪ Führungsorganisation<br>▪ Führungsmittel |
| *Schadenobjekt*<br>▪ Art<br>▪ Größe<br>▪ Material<br>▪ Konstruktion<br>▪ Umgebung | *Einsatzkräfte*<br>▪ Stärke<br>▪ Gliederung<br>▪ Verfügbarkeit<br>▪ Ausbildung<br>▪ Leistungsvermögen |
| *Schadenumfang*<br>▪ Menschen<br>▪ Tiere<br>▪ Umwelt<br>▪ Sachwerte | *Einsatzmittel*<br>▪ Fahrzeuge<br>▪ Geräte<br>▪ Löschmittel<br>▪ Verbrauchsmaterial |

Die bereits auf der Anfahrt gesammelten Informationen zur Schadenlage können jetzt durch eigene Wahrnehmungen bestätigt, korrigiert und erweitert werden. Die zusätzlichen Informationen, die nun im Rahmen der Erkundung gewonnen werden, sind erforderlich, um am Ende des nächsten Zyklus des Führungsvorgangs zu einer fundierten Entscheidung zur konkreten Gefahrenabwehr kommen zu können. Die Erkundung kann und sollte abgeschlossen werden, sobald die hierzu erforderlichen

Informationen gewonnen werden konnten. Die zu treffende Entscheidung wird in der Regel in einem Befehl münden, der folgende Elemente beinhalten soll:

- (Wasserentnahmestelle),
- (Lage des Verteilers),
- Einheit,
- Auftrag,
- Mittel,
- Ziel,
- Weg.

Die Erkundung muss demnach alle notwendigen Informationen liefern, damit ein solcher Befehl unter Berücksichtigung der konkreten Schadenlage, der eigenen Lage und der Beachtung der Prioritäten gegeben werden kann. Ziel muss es sein, erst nach der Befehlsgabe wieder in eine ergänzende Erkundung einsteigen zu müssen. Ein Zurückspringen in die Erkundungsphase innerhalb eines Durchlaufs des Führungsvorgangs ist zu vermeiden.

**Anmerkung:**

**Natürlich kann es passieren, dass man aus unterschiedlichen Gründen aus einer späteren Phase des Führungsvorgangs nochmals in die Erkundung einsteigen muss. Dies stört jedoch den systematischen Denkprozess und sollte nach Möglichkeit vermieden werden. Es ist im Einzelfall zu prüfen, ob der Sprung innerhalb des laufenden Vorgangs Sinn macht oder ob es eher von Vorteil ist, den Führungszyklus zu einem Ende zu bringen und die fehlenden oder neu hinzu kommenden Informationen erst im nächsten Zyklus zu verarbeiten (Arbeiten in Phasen).**

In der Praxis ist es sehr schwer, die Erkundung der Lage angemessen durchzuführen. Einerseits ist jede Minute, die in die Erkundung investiert wird, ohne neue Erkenntnisse zu bringen, eine für die Einsatzabwicklung verlorene Minute, andererseits kann eine nicht erkannte Gefahr oder Lösungsmöglichkeit den Erfolg des Einsatzes gefährden.

**Anmerkung:**

**Unter Gefahr ist dabei jede Sachlage zu verstehen, die nach allgemeiner Erfahrung die Wahrscheinlichkeit eines Schadeneintritts birgt. [Surwald, Kommentar zum Feuerwehrgesetz Baden-Württemberg]**

Es macht daher Sinn, sich an dieser Stelle intensiv mit der Erkundung auseinanderzusetzen, da eine ordentliche Erkundung das Fundament ist, auf dem sich der ganze

Einsatz aufbauen wird. Anhand von Beispielen werden auch Hinweise gegeben, wann eine Erkundung abzubrechen ist und wie man systematisch und schnell an die wichtigen Informationen gelangt. Wer jedoch auf ein Patentrezept hofft, welches bei allen Lagen anwendbar ist, wird enttäuscht. Ein solches Patentrezept gibt es nicht.

Ziel der Erkundung ist es:

1. Art und Umfang der Gefahrenlage zu erkennen und
2. Hinweise auf mögliche Maßnahmen zur Gefahrenabwehr zu erhalten.

Wie schon erwähnt, kann der Einheitsführer

- die Erkundung alleine durchführen,
- eine oder mehrere Personen beauftragen, ihn bei der Erkundung zu unterstützen.

**Anmerkung:**

**Durch den Befehl zum Einsatz mit Bereitstellung und durch die Einbindung weiterer Personen (Melder, Gruppenführer des zweiten LF usw.) kann Zeit für die Erkundung gewonnen beziehungsweise die für die Erkundung erforderliche Zeit reduziert werden. Diese Instrumente sollte man nutzen, um auch unter Zeitdruck die notwendigen Informationen einholen zu können.**

Führt der Einsatzleiter die Erkundung alleine durch, hat dies den Vorteil, dass er alle Eindrücke persönlich gesammelt hat. Die Einbindung weiterer Personen in die Erkundung bringt hingegen in der Regel einen Zeitvorteil, da mehrere Erkundungsmaßnahmen parallel laufen. Gerade bei ausgedehnten Lagen ist der Einsatzleiter auf Unterstützung bei der Erkundung angewiesen, um in einem vertretbaren Zeitraum alle notwendigen Informationen sammeln zu können. Als Beispiel hierzu sind Schadstofffreisetzungen zu nennen, bei denen auf einer größeren Fläche verteilt Messungen durchzuführen sind, um Aussagen über mögliche Gefährdungen machen zu können.

Ebenso kann es natürlich erforderlich oder geboten sein, Dritte mit Erkundungsaufgaben zu betrauen, wenn man selbst noch mit anderen Dingen beschäftigt ist. Erfordert die Lage an der Gebäudefront beispielsweise ein schnelles Handeln und die Anwesenheit des Einheitsführers auf der Vorderseite des Hauses, kann eine andere Einsatzkraft eingesetzt werden, um gleichzeitig Erkundungsergebnisse auf der Rückseite des Gebäudes gewinnen zu können.

Der Nachteil der Erkundung über Dritte ist, dass man ein Lagebild erhält, welches die subjektiven Eindrücke und Interpretationen der beauftragten Personen wiedergibt. Daher ist es wichtig, nur Personen mit Erkundungsaufgaben zu betrauen, die dieser Aufgabe auch gewachsen sind. Gleichzeitig sollte man sich überlegen, wem man wie viel Ermessensspielraum überträgt. Es gibt Situationen, in denen es besser ist, sich sagen zu lassen, was der Erkunder objektiv gesehen/gemessen hat und dieses dann selbst zu bewerten. In anderen Situationen macht es Sinn, sich die gewonnenen Eindrücke oder Messergebnisse auch interpretieren zu lassen.

Gewissermaßen als Mittelweg besteht zudem die Möglichkeit, Erkundungsergebnisse über Dritte einzuholen, um schnell zu einem ersten Lagebild zu kommen und auf der Grundlage dieses Lagebildes dann zu entscheiden, ob es geboten ist, einzelne Erkundungsergebnisse durch persönliche Inaugenscheinnahme zu überprüfen und zu konkretisieren.

## 5.1 Die »kalte« Lage



Innerhalb des Themenblocks »Schadenereignis/Gefahrenlage« gibt es die Rubrik »Schadenobjekt«. In dieser wird das betroffene Objekt, unabhängig vom konkreten Schadenfall, betrachtet. Diese Betrachtung wird in Anspielung auf den Brandfall gerne als »kalte Lage« bezeichnet. Sie kann auch als detaillierte Betrachtung des Ortes verstanden werden.

Nicht selten liegen schon auf der Anfahrt Informationen zum Brandobjekt in Form von Einsatzplänen, aufgrund der eingehenden Meldungen oder eigener Ortskenntnisse vor. Die Rubrik »Schadenobjekt« umfasst im Führungsvorgang gemäß FwDV 100 die Punkte

- Art,
- Größe,
- Material,
- Konstruktion,
- Umgebung.

### 5.1.1 Rettungswege

Mit Blick auf die herausragende Bedeutung des Schutzes von Menschenleben kommt den Rettungswegen in Gebäuden – insbesondere im Brandfall – eine besondere Bedeutung zu. Daher werden an dieser Stelle einige grundsätzliche Erläuterungen zu diesem wichtigen Thema gegeben, bevor auf verschiedene Arten möglicher Objekte eingegangen wird.

Rettungswege sind gleichermaßen Fluchtwege, über die sich die im Gebäude befindlichen Menschen in Sicherheit bringen können, und Angriffswege, über die die Feuerwehr ihren Angriff vortragen kann. Die Erkundung der Rettungswege und Kenntnisse von Rettungswegkonzepten sind daher von großer Bedeutung für die spätere Planung. Im Baurecht werden besondere Anforderungen an Rettungswege gestellt.

Für die Einsatzabwicklung ist das im Baurecht verankerte Rettungswegkonzept von Bedeutung, welches in der Musterbauordnung (MBO) wie folgt definiert ist:

**§ 33 Erster und zweiter Rettungsweg**

(1) Für Nutzungseinheiten mit mindestens einem Aufenthaltsraum wie Wohnungen, Praxen, selbstständige Betriebsstätten müssen in jedem Geschoss mindestens zwei voneinander unabhängige Rettungswege ins Freie vorhanden sein; beide Rettungswege dürfen jedoch innerhalb des Geschosses über denselben notwendigen Flur führen.

(2) Für Nutzungseinheiten nach Absatz 1, die nicht zu ebener Erde liegen, muss der erste Rettungsweg über eine notwendige Treppe führen. Der zweite Rettungsweg kann eine weitere notwendige Treppe oder eine mit Rettungsgeräten der Feuerwehr erreichbare Stelle der Nutzungseinheit sein. Ein zweiter Rettungsweg ist nicht erforderlich, wenn die Rettung über einen sicher erreichbaren Treppenraum möglich ist, in den Feuer und Rauch nicht eindringen können (Sicherheitstreppenraum).

(3) Gebäude, deren zweiter Rettungsweg über Rettungsgeräte der Feuerwehr führt und bei denen die Oberkante der Brüstung von zum Anleitern bestimmten Fenstern oder Stellen mehr als 8 m über der Geländeoberfläche liegt, dürfen nur errichtet werden, wenn die Feuerwehr über die erforderlichen Rettungsgeräte wie Hubrettungsfahrzeuge verfügt. Bei Sonderbauten ist der zweite Rettungsweg über Rettungsgeräte der Feuerwehr nur zulässig, wenn keine Bedenken wegen der Personenrettung bestehen.

**Anmerkung:**

Die Vorschriften der Bauordnung haben sich in Bezug auf das Rettungswegkonzept bewährt. Wie im Folgenden erläutert wird, bleibt jedoch ein Restrisiko, welches vom Gesetzgeber (offensichtlich zu Recht) toleriert wird. Auch wenn alle Bauvorschriften eingehalten wurden, kann es durchaus Situationen geben, in denen sich die Rettung von Menschen schwierig gestaltet oder nicht möglich ist.

Die Vorgaben der MBO lassen sich wie folgt realisieren.

#### 5.1.1.1 »Gefangener Raum« – Nutzungseinheit (ohne Aufenthaltsraum) mit nur einem Rettungsweg

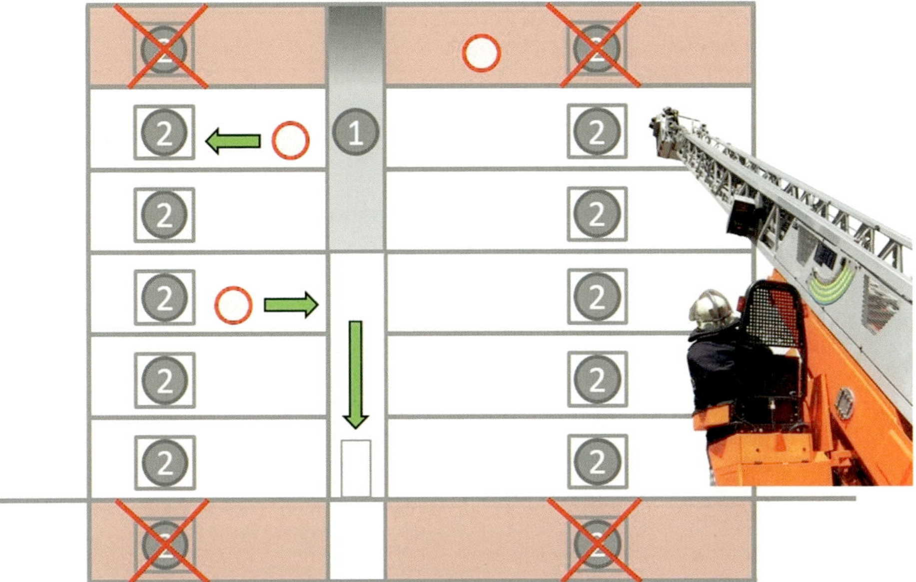


Bild 54 *Nutzungseinheiten ohne Aufenthaltsraum (rote Bereiche) benötigen keinen zweiten Rettungsweg. Dies gilt für Speicher, Waschküchen, Keller und Lagerräume, sofern diese nicht für einen dauerhaften Aufenthalt vorgesehen sind. Der Gesetzgeber geht davon aus, dass sich dort mit hinreichend hoher Wahrscheinlichkeit keine Menschen aufhalten. Das Restrisiko für nur gelegentlich dort anwesende Personen wird vom Gesetzgeber toleriert.*

### 5.1.1.2 Nutzungseinheiten (mit Aufenthaltsraum) auf einem Geschoss

**Variante 1: zwei bauliche Rettungswege**

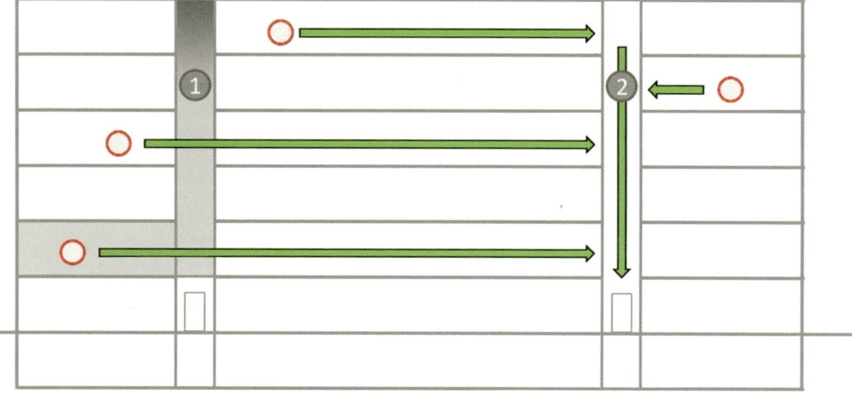


Bild 55 *Es stehen zwei voneinander unabhängige bauliche Rettungswege zur Verfügung, die innerhalb des Geschosses über den gleichen notwendigen Flur führen.*

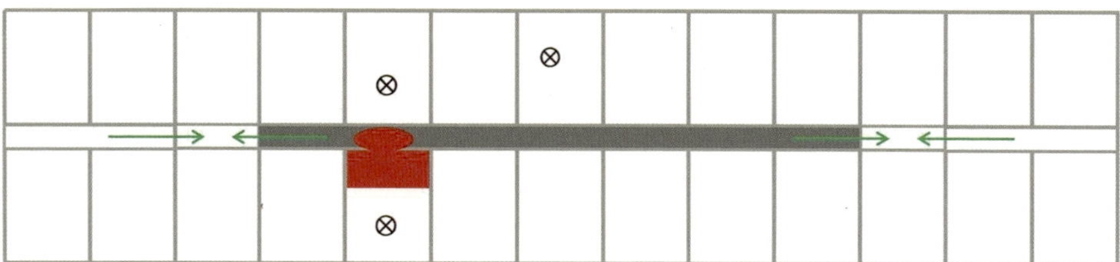

Bild 56 *Mögliches Problem: Sofern der notwendige Flur verraucht ist, sind beide baulichen Rettungswege für die Nutzer der an diesen Flur angrenzenden Räume nicht erreichbar, ohne dass hierzu der verrauchte Bereich passiert werden muss. Gleiches gilt für Personen, die sich in Räumen aufhalten, die an einen Stichflur angrenzen. Auch sie müssen unter Umständen einen verrauchten Treppenraum durchqueren, um zum zweiten baulichen Rettungsweg zu gelangen. Bei vorbildlichem Verhalten (keine Flucht in oder durch verrauchte Bereiche) sind die Menschen in solchen Fällen in ihrer Nutzungseinheit gefangen und auf die Hilfe der Feuerwehr angewiesen. Gleiches gilt, wenn es den Personen gar nicht möglich ist, den Flur zu erreichen, weil ein Feuer in der Wohnung den Ausgang zum Flur versperrt.*

Bild 57 *Dieses Wohn- und Geschäftshaus verfügt über drei Treppenräume und damit über mehrere bauliche Rettungswege. Eine Zufahrtsmöglichkeit und eine Stellfläche für die Drehleiter sind auf der Gebäuderückseite nicht vorhanden, die Rettungshöhe von tragbaren Leitern wird deutlich überschritten. Das Gebäude ist offensichtlich so konzipiert, dass die Stellung eines zweiten Rettungsweges mit Leitern der Feuerwehr nicht vorgesehen ist.*

### Variante 2: baulicher Rettungsweg und eine mit Rettungsgeräten der Feuerwehr erreichbare Stelle

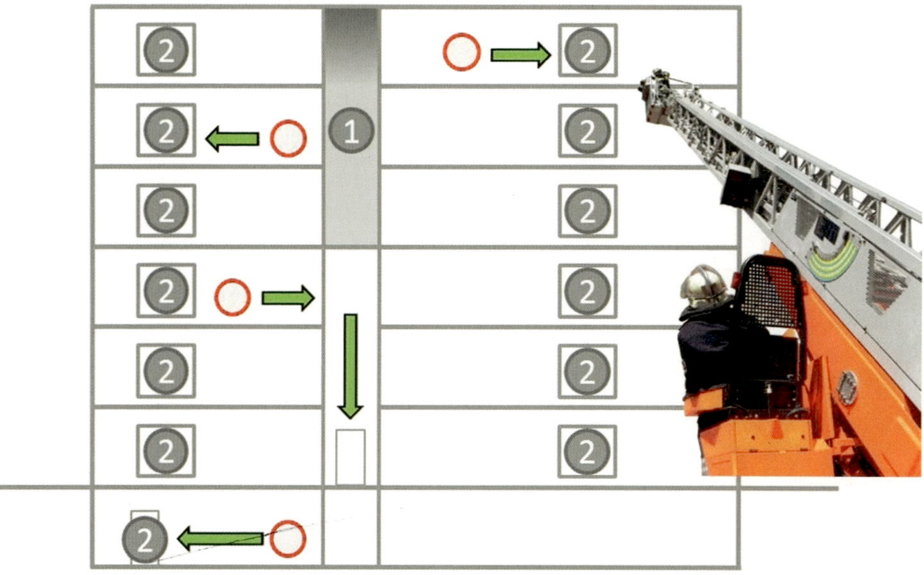


Bild 58 *Es steht nur ein baulicher Rettungsweg zur Verfügung. Der zweite Rettungsweg wird über die Leitern der Feuerwehr gestellt. Die Nutzungseinheit muss zu diesem Zweck eine mit Rettungsgeräten der Feuerwehr erreichbare Stelle haben.*

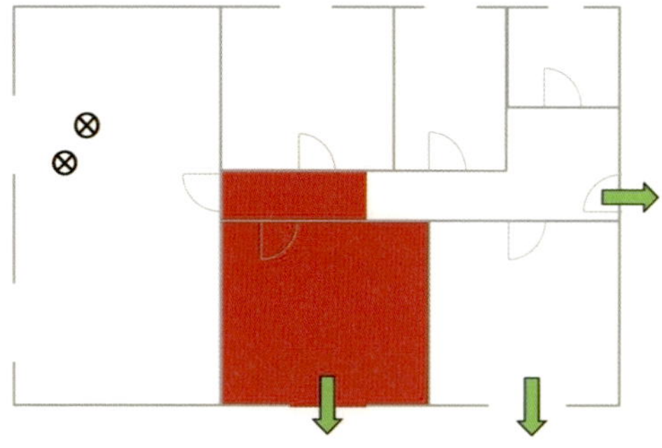

Bild 59 *Mögliches Problem: Es reicht aus, wenn eine Stelle (ein Fenster) einer Nutzungseinheit erreichbar ist. Wenn eine Wohnung im 4. OG ein Fenster an der Straßenseite hat, ist die Forderung erfüllt. Sofern der bauliche Rettungsweg nicht mehr passierbar ist und eine in der Wohnung eingeschlossene Person die anleiterbaren Fenster an der Straßenseite nicht erreichen kann, stehen ihr beide Rettungswege nicht zur Verfügung.*

Bild 60 *Der zweite Rettungsweg kann auch über Außentreppen und Außenleitern realisiert werden. Es reicht oftmals aus, wenn diese bis zu einer Stelle reichen, die mit Rettungsgeräten der Feuerwehr erreichbar ist.*



### 5.1.1.3 Nutzungseinheiten mit Aufenthaltsräumen in mehreren Geschossen

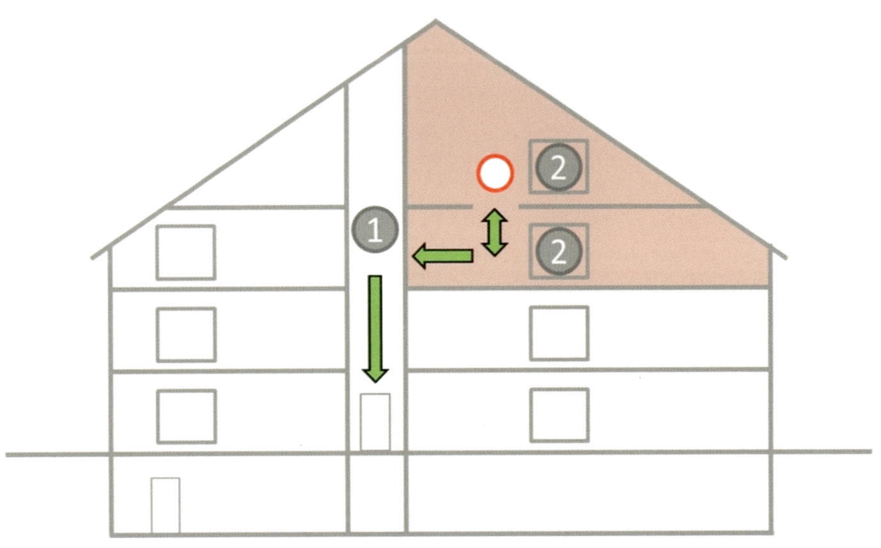


Bild 61 *Die Wohnung hat nur in einem Geschoss eine Anbindung an den baulichen Rettungsweg. In diesem Fall muss in jedem Geschoss der Wohnung ein mit Rettungsgeräten der Feuerwehr erreichbares Fenster vorhanden sein.*

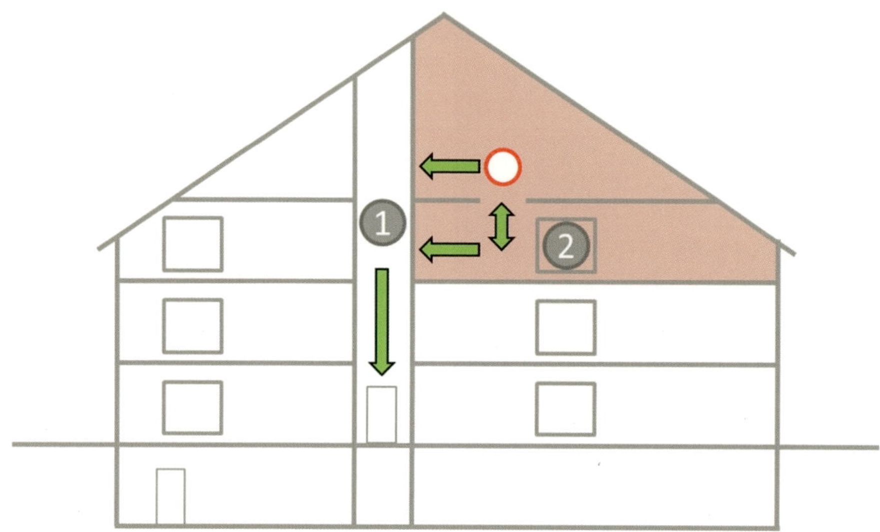


**Bild 62** ***Die Wohnung hat in jedem Geschoss einen Zugang zu dem baulichen Rettungsweg. In diesem Fall reicht ein mit Rettungsgeräten der Feuerwehr erreichbares Fenster in einem der Geschosse aus.***

Mögliche Probleme: Grundsätzlich können die gleichen Probleme wie bei Nutzungseinheiten auf einer Ebene auftreten.

### 5.1.1.4 Sicherheitstreppenraum

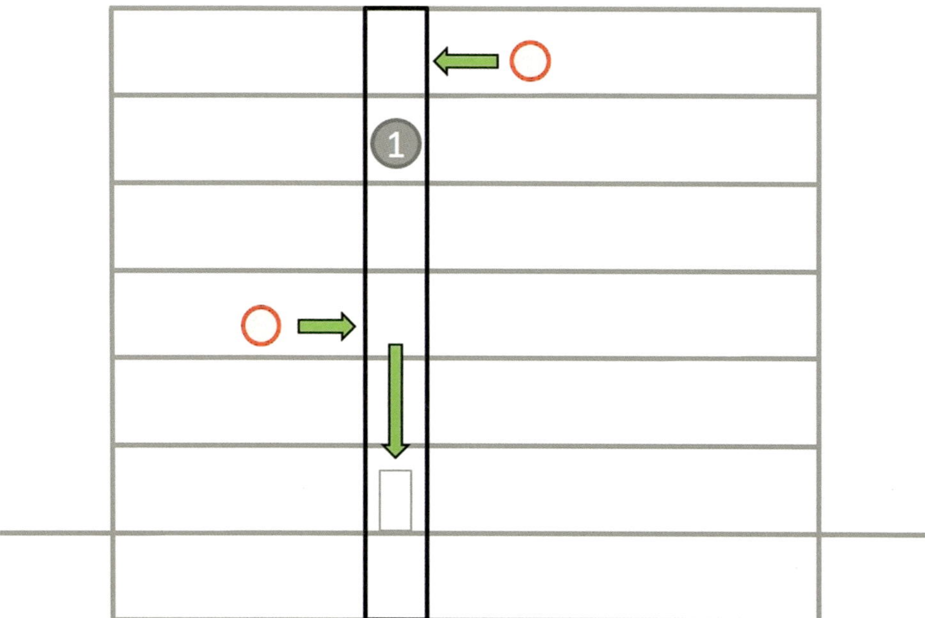


Bild 63 ***Es steht nur ein baulicher Rettungsweg zur Verfügung. Dieser ist allerdings als Sicherheitstreppenraum ausgebildet und somit ausreichend.***

Mögliches Problem: Wenn der Sicherheitstreppenraum nicht erreicht wird, weil der Weg dorthin beispielsweise verraucht ist, kommt auch dieses Konzept an seine Grenzen.

### 5.1.1.5 Feuerwehrzufahrten

Sofern das Rettungswegkonzept die Rettung über eine Drehleiter vorsieht, müssen die notwendigen Flächen vorhanden sein, über die die Drehleiter anfahren und in Stellung gebracht werden kann. Bei Bedarf werden hierzu gesonderte Feuerwehrzufahrten ausgewiesen und gekennzeichnet. Diese müssen jederzeit nutzbar sein. Eine Feuerwehrzufahrt kann auch in eine Rasenfläche integriert sein, die mit Rasengittersteinen entsprechend befestigt wurde.

### 5.1.1.6 Rettungswegkonzepte für Sonderbauten und Krankenhäuser

Bei Sonderbauten (Kaufhäuser, Krankenhäuser, Schulen usw.) werden die Rettungsgeräte der Feuerwehr in der Regel nicht berücksichtigt und sollten nur in Ausnahmefällen zum Einsatz kommen. Die Räumung von Gebäuden dieser Art sollte sich in der Regel über bauliche Rettungswege realisieren lassen. Es sollte beispielsweise nicht erforderlich sein, eine komplette Schulklasse über eine Leiter absteigen zu lassen.

In Krankenhäusern und Altenpflegeheimen befinden sich viele Menschen mit einer erheblich eingeschränkten Mobilität. Da eine Rettung dieser Menschen in der Vertikalen (von oben nach unten) über Treppen und Leitern kaum möglich ist, trifft man in derartigen Einrichtungen Vorkehrungen, die eine Rettung in der Horizontalen, also auf einer Ebene ermöglichen. Vorteil einer Rettung in der Horizontalen ist, dass Patienten in ihren Betten liegend und in Rollstühlen sitzend schnell und ohne großen Kraftaufwand in Sicherheit gebracht werden können. Die Rettung in der Horizontalen wird durch die bauliche Aufteilung aller Geschosse in mindestens zwei Rauchabschnitte erreicht. Damit wird die komplette Verrauchung eines Geschosses weitgehend ausgeschlossen, sodass unabhängig vom Brandort immer ein Teilbereich auf der gleichen Ebene rauchfrei und sicher bleiben sollte. Die Feuerwehr hat im Einsatzfall dazu beizutragen, dass dieses Konzept umgesetzt werden kann. Sie hat ihre Maßnahmen so zu gestalten, dass eine Rauchausbreitung in angrenzende Rauchabschnitte vermieden wird.

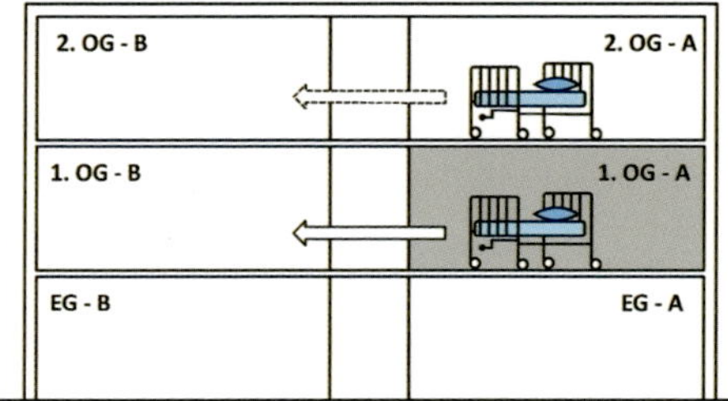


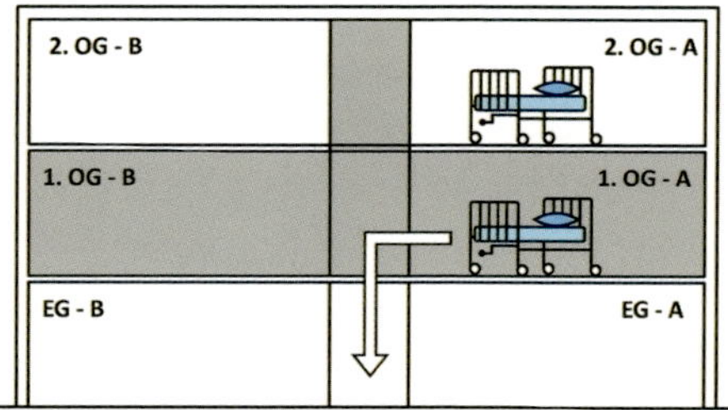


Bilder 64 a und b ***Das Rettungskonzept in Krankenhäusern und Altenheimen sieht die horizontale Rettung durch Verschieben der Betten auf einer Ebene vor (linkes Bild). Dieses Konzept bedingt einen rauchfreien Bereich auf der gleichen Etage, in den die Patienten verschoben werden können. Eine unkontrollierte Rauchausbreitung auf andere Rauchabschnitte macht dieses Konzept zunichte und bedingt, dass eine vertikale Rettung notwendig wird (rechtes Bild). Eine vertikale Rettung ist wesentlich personal- und zeitintensiver und für die Patienten mit deutlich höheren Belastungen verbunden.***

#### 5.1.1.7 Sammelplätze

Große Objekte verfügen über Sammelplätze, die Teil des Rettungswegkonzepts sind. Bei einer Räumung des Gebäudes sammeln sich dort die geflüchteten Personen. Ein Sammelplatz dient dem Zweck, die Vollständigkeit der Belegschaft, der Schüler usw. feststellen zu können.

#### 5.1.1.8 Grenzen und Hindernisse

Neben den bereits genannten Grenzen der Rettungswegkonzepte gibt es weitere Probleme, die im konkreten Fall die Rettung der Menschen erschweren oder unmöglich machen können. Hier sind zum einen bauliche Mängel zu nennen, die in der Regel durch nachträgliche Änderungen, Erweiterungen, Umnutzungen oder Um- oder Anbauten verursacht werden.

Bild 65 ***Der überdachte Fahrradständer verhindert die Erreichbarkeit einiger Fenster mit Rettungsgeräten der Feuerwehr.***

Bild 66 ***Hindernisse am Boden wie im Luftraum können die Rettung über Leitern erschweren oder unmöglich machen.***

Auch Fahrdrähte von Straßenbahnen, Straßen- und Weihnachtsbeleuchtung, Bäume und abgestellte Fahrzeuge können Hindernisse sein, die es im Rahmen der Erkundung zu berücksichtigen gilt.

#### 5.1.1.9 Alternativen

Für den Fall, dass eine Rettung über die vorgesehenen Rettungswege nicht möglich ist, verbleiben als Alternativen:

- der Verbleib der betroffenen Personen in der Nutzungseinheit,
- die Rettung über verrauchte Wege unter Verwendung von Fluchthauben,
- der Einsatz des Sprungretters.

### 5.1.2 Schadenobjekte

An Einsatzstellen treffen die Einsatzkräfte auf sehr unterschiedliche Arten von Objekten. Neben Gebäuden und baulichen Anlagen können dies auch Fahrzeuge oder natürliche Objekte wie Wälder, Wiesen und Gewässer sein.

#### 5.1.2.1 Gebäude und bauliche Anlagen

Gebäude können nach Bauart, Größe und Nutzung unterschieden werden. Bei der Bauart bzw. Bauweise ist zunächst zwischen offener und geschlossener Bauweise zu unterscheiden. Von einer geschlossenen Bauweise spricht man bei zusammenhängenden Gebäudefronten von mehr als 50 Metern Länge. Die geschlossene Bauweise findet man oft in innerstädtischen Bereichen. Durch die dichte und mehrgeschossige Bebauung wird in den zentralen Lagen eine hohe Belegungsdichte erreicht. Einige der Häuser sind recht alt und in schlechtem Zustand. Dies kann im Brandfall zu massiven Problemen führen. Im Ernstfall ist mit vielen Menschen im betroffenen Objekt zu rechnen, die bei Versagen des ersten Rettungsweges über Leitern in Sicherheit gebracht werden müssen. Durch die langen Häuserfronten ergeben sich mitunter Probleme, auf die Rückseite der Gebäude und in die teilweise sehr geräumigen Hinterhöfe zu gelangen. Die Straßen sind eng und beidseitig zugeparkt, rangieren ist fast unmöglich.

In den Vororten und kleineren Gemeinden findet sich überwiegend die offene Bebauung. Die Häuser sind zudem in der Regel niedriger, sodass es insgesamt zu einer deutlich geringeren Belegungsdichte kommt. Auch die Rangier- und Stellmöglichkeiten für die Einsatzfahrzeuge sind in diesen Wohngebieten oftmals wesentlich besser.

In Bezug auf das Brandverhalten und die Standsicherheit sind auch die verwendeten Baustoffe sowie das ungefähre Alter des Gebäudes zu berücksichtigen. Ältere Gebäude genügen nicht immer den Brandschutzanforderungen des heutigen Baurechts. Mit Blick auf die verwendeten Baustoffe ist in diesen Gebäuden oft kein großer Feuerwiderstand von Wänden, Decken und Rettungswegen zu erwarten. Auch in Bezug auf die Rauchausbreitung können sie erhebliche Schwächen aufweisen.

Bei modernen Gebäuden werden neben Stein, Beton und Holz oftmals auch Stahl und Glas im großen Stil verbaut. Die Gefahr einer Ausbreitung von Feuer und Rauch durch Wände und Decken hindurch ist weitgehend auszuschließen. Besondere

Gefahren können sich durch die weitgehend luftdichte Bauweise sowie brennbare Dämmstoffe an der Außenfassade ergeben.

### Zugangsmöglichkeiten und Umfeld des Objektes

Für die Einsatzplanung sind auch Erkenntnisse über die Zugangsmöglichkeiten zum Objekt von Bedeutung. Über diese kann der noch zu planende Angriff vorgetragen werden. Gleichzeitig sind sie potenzielle Ausgänge für flüchtende Personen.

Bilder 67 a und b ***Dieses Gebäude verfügt über mehrere Zugänge an den verschiedenen Seiten. Diese Zugänge stehen als potenzielle Rettungs- und Angriffswege zur Verfügung. Besonders interessant für ein Vorgehen ins Dachgeschoss ist in diesem Fall die außenliegende Stahltreppe (rechtes Bild).***

Bei der Erkundung der Zugänglichkeit sind auch die Flächen um das Objekt herum zu berücksichtigen. Zu unterscheiden sind Flächen, die mit schweren Fahrzeugen, lediglich zu Fuß oder gar nicht zu erreichen/zu nutzen sind. Von der Beschaffenheit und Zugänglichkeit des Umfeldes können die Einsatzmöglichkeiten der Rettungsgeräte, die Länge der Anmarschwege usw. abhängig sein.

Bei der Betrachtung des Umfeldes gilt es auch, potenzielle gefährdete Objekte und mögliche Gefahrenquellen zu erkennen, auf die die Erkundung gegebenenfalls auszuweiten ist.

### Energieversorgung des Objektes

Die meisten Gebäude in Deutschland werden in irgendeiner Weise mit Energie versorgt. Insbesondere die Energieversorgung mit Strom und Gas kann im Einsatzfall zu einer Gefährdung der Einsatzkräfte führen. Daher kann es im Rahmen der Erkundung bei Brandeinsätzen erforderlich sein, zu klären, ob das betroffene Objekt mit Gas versorgt ist und wie die Versorgung mit Strom erfolgt. Zu unterscheiden ist

Bild 68 ***Die Stromzufuhr über Freileitungen am Dach ist bei Einsätzen im Dachbereich und beim Einsatz von Leitern zu beachten.***



dabei die Versorgung über Erdkabel, Freileitungen am Dach und Photovoltaikanlagen.

**Löschwasserversorgung**

Die Erkundung der Löschwasserversorgung ist immer angezeigt, wenn nicht gewährleistet ist, dass das auf den vor Ort verfügbaren Fahrzeugen mitgeführte Löschwasser ausreichen wird. Sofern die Wassermenge ausreicht, um zumindest die aktuell anstehenden Maßnahmen zu erledigen, kann die Wasserversorgung zu einem späteren Zeitpunkt erkundet und von eigenen oder nachrückenden Kräften zeitversetzt aufgebaut werden.

Grundsätzliche Möglichkeiten der Wasserversorgung sind:

- Löschwasserbehälter der Einsatzfahrzeuge,
- Hydranten (Unter- und Überflurhydranten),
- offene Gewässer,
- stationäre Löschwasserbehälter (Zisternen),
- Löschwasserbrunnen.

Sofern im Umfeld der Einsatzstelle nicht genügend Löschwasser zur Verfügung steht, muss dieses aus größerer Entfernung herbeigeschafft werden. Dies kann in Form eines Pendelverkehrs mit mehreren Tanklöschfahrzeugen oder durch den Aufbau einer Löschwasserversorgung über lange Wegstrecken erfolgen. Beide Verfahren sind personal- und zeitintensiv und bedürfen oftmals einer gewissenhaften Planung, die einer Führungskraft (»Abschnittsleiter Wasserversorgung«) übertragen werden sollte.

**Bild 69** ***In zunehmendem Maße werden bei großen Feuerwehren spezielle Systeme (Hytrans-Fire-System) vorgehalten, mit denen sich die Wasserversorgung über lange Wegstrecken wesentlich leichter realisieren lässt.***

**Einrichtungen des Vorbeugenden baulichen Brandschutzes**

Der Vorbeugende bauliche Brandschutz verfügt über eine Reihe von Instrumenten, um die Sicherheit von baulichen Anlagen im Brandfall in hinreichendem Maße zu gewährleisten und der Feuerwehr zu helfen, ihre Ziele zu erreichen. Zu den Instrumenten des Vorbeugenden Brandschutzes gehören neben der Bereitstellung von Rettungswegen auch Anlagen und Einrichtungen, die eine Ausbreitung von Feuer und Rauch vermeiden helfen, wirksame Löscharbeiten ermöglichen und die Umwelt schützen. Um eine optimale Wirkung bei der Gefahrenabwehr zu erzielen, bedarf es einer Verzahnung von vorbeugendem und abwehrendem Brandschutz. Die Existenz der Einrichtungen muss im Einsatzfall erkannt und in die Einsatzplanung einbezogen werden. Einige dieser Einrichtungen arbeiten selbsttätig, andere müssen von der Feuerwehr eingesetzt oder aktiviert werden. Die Feuerwehr sollte Maßnahmen vermeiden, die die Wirksamkeit derartiger Einrichtungen behindern, einschränken oder gar aufheben.

Brandmeldeanlagen und Löschanlagen bedingen eine atypische Vorgehensweise, auf die im Folgenden kurz eingegangen wird.

**Objekte mit Brandmeldeanlage (BMA)**

Eine Brandmeldeanlage ist eine Anlage zur Brandfrüherkennung. Der Alarm wird zu einer ständig besetzten Stelle geleitet. Die meisten Anlagen reagieren auf Brandrauch, da dieser bei einem normalen Brandverlauf bereits wahrnehmbar ist, lange bevor ein Temperaturanstieg zu verzeichnen ist. Brandmeldeanlagen lösen daher oft schon in einer Phase aus, in der von außerhalb des Objektes noch keine Hinweise auf einen Brand wahrzunehmen sind.

Einige Brandmeldeanlagen aktivieren zusätzlich automatisch verschiedene Prozesse, die die Maßnahmen der Gefahrenabwehr unterstützen. So können bei Alarm die Zufahrten zu Tiefgaragen und Tunneln gesperrt, Aufzüge ins Erdgeschoss geholt, Räumungsalarme ausgelöst, Lüftungsanlagen hochgefahren und eine Gebäudefunkanlage zugeschaltet werden.

Anmerkung:

**Wenn ein Brand aus einem mit einer solchen Anlage ausgestatteten Objekt ausschließlich über Telefon gemeldet wird, kann es Sinn machen, als erste Maßnahme bei Eintreffen, die Anlage durch Betätigen eines Druckknopfmelders auszulösen. Damit werden die oben genannten Prozesse aktiviert und gleichzeitig der Zugriff auf das Feuerwehr-Schlüsseldepot (FSD) ermöglicht.**

Die von der Anlage an die ständig besetzte Stelle übermittelte Information beschränkt sich in der Regel auf die pauschale Meldung eines Brandes in dem Objekt. Erst vor Ort lässt sich der vermeintliche Brandherd anhand der Anzeige an der Brandmeldezentrale und den dort befindlichen Feuerwehr-Laufkarten genauer lokalisieren. Im Bereich der Brandmeldezentrale können neben den Laufkarten weitere detaillierte Informationen zum Objekt deponiert sein. Im Bereich der Brandmeldezentrale befinden sich häufig auch weitere Einrichtungen, die der Einsatzbewältigung dienlich sind. So können von dort mitunter Durchsagen getätigt und Räumungen veranlasst werden, Gebäudefunkanlagen aktiviert und Lüftungsanlagen gesteuert werden. Von der Brandmeldezentrale aus lässt sich bei manchen Anlagen auch das Alarmsignal der Räumungsanlage, das auf Dauer Stress erzeugt und die Kommunikation erheblich behindert, abstellen.

Bei Alarmen über Brandmeldeanlagen führt der erste Weg des Einsatzleiters in der Regel zur Brandmeldezentrale. Dort finden sich mit dem Hausmeister, dem Brandschutzbeauftragten und so weiter oftmals auch ortskundige Personen ein.

Bilder 70 a–c ***Einrichtungen des Vorbeugenden baulichen Brandschutzes (von links): Steigleitung im Treppenraum, Wandhydrant, Löschwassereinspeisung***

Hat das Ereignis jedoch trotz Brandmeldeanlage bis zum Eintreffen der Feuerwehr eine Dimension erreicht, die eine Wahrnehmung auch von außen möglich macht, ist im Einzelfall zu prüfen, inwieweit von der Kontrolle der Brandmeldezentrale Informationen zu erwarten sind, die über das ohnehin wahrnehmbare Bild hinaus gehen und zur Bewältigung der offensichtlichen Gefahrenlage erforderlich sind. Machen sich beispielsweise offenkundig vom Feuer bedrohte Menschen an den Fenstern bemerkbar, sind die Maßnahmen zur Menschenrettung unverzüglich einzuleiten.

Um die Vorteile einer Brandmeldeanlage (Geschosspläne, Gebäudetechnik) nutzen zu können, sollte aber auch in solchen Fällen die Brandmeldezentrale grundsätzlich aufgesucht werden, sobald die zeitkritischen und offensichtlich notwendigen Erstmaßnahmen eingeleitet worden sind.

Bilder 70 d–g ***Einrichtungen des Vorbeugenden baulichen Brandschutzes (von links oben): Sprinklerkopf, Rauchmelder, Rauchabzug, Rauch- und Wärmeabzugsanlage (RWA)***

**Anmerkung:**

**Objekte, die mit einer Brandmeldeanlage ausgestattet sind, sind häufig sehr weitläufig. Sollte ein Angriff erforderlich sein, so ist dieser nicht unbedingt von der Brandmeldezentrale ausgehend vorzutragen. Im Rahmen der Erkundung gilt es festzulegen, welcher Angriffsweg zu wählen ist und wo die Fahrzeuge aufzustellen sind, um auf dem besten Weg die Brandstelle erreichen zu können. Der Weg, der auf den Laufkarten vorgegeben ist, ist für die Erkundung vorgesehen und hilft, den vermeintlichen Brandherd schnell zu lokalisieren. Der auf den Laufkarten vorgezeichnete Weg muss jedoch keinesfalls dem optimalen Angriffsweg im Falle eines tatsächlichen Brandereignisses entsprechen.**

**Objekte mit Sprinkleranlage**

Sprinkleranlagen sind Löschanlagen, die im Brandfall automatisch Wasser auf den Brandherd abgeben. Das Löschwasser steht in den Anlagen in der Regel permanent unter Druck. Das Austreten des Löschwassers wird nur durch eine Glasampulle verhindert, die in dem Sprinklerkopf sitzt. Platzt eine solche Ampulle unter Wärmeeinwirkung, so wird die Leitung freigegeben und das Löschwasser tritt sofort aus. Der Druckverlust im System wird von Druckwächtern registriert, die einen Alarm auslösen und gleichzeitig die Sprinklerpumpe anlaufen lassen, um weiteres Löschwasser zur vermeintlichen Brandstelle zu befördern. Gleichzeitig wird eine Sprinklerglocke aktiviert, die das Auslösen der Anlage akustisch anzeigt. Breitet sich das Feuer weiter aus, so platzen bei weiteren Sprinklerköpfen die Ampullen und aus immer mehr Düsen tritt das Löschwasser aus.

Sprinkleranlagen sind so konzipiert, dass sie unter normalen Umständen ein Feuer bis zum Eintreffen der Feuerwehr unter Kontrolle halten können. Sie sind nicht konzipiert, um ein Feuer vollständig und ohne Eingriff von außen löschen zu können. Es ist grundsätzlich davon auszugehen, dass trotz ausgelöster Sprinkleranlage eine Brandbekämpfung durch die Feuerwehr erforderlich ist.

**Anmerkung:**

**Eine Sprinkleranlage in einer Tiefgarage wird beispielsweise den Brand im Innenraum eines Pkw nicht löschen können. Sie sollte aber in der Lage sein, das Umfeld des brennenden Fahrzeugs derart zu kühlen, dass ein Übergreifen des Feuers auf weitere Fahrzeuge ausgeschlossen ist. Auf diese Weise wird eine Dimension des Brandes gewährleistet, mit der eine Feuerwehr gut umgehen kann.**

Befinden sich Teile einer Sprinkleranlage in nicht frostsicheren Bereichen, wie es beispielsweise bei Laderampen von Lagerhallen der Fall sein kann, so sind die Leitungen mit Druckluft gefüllt. Platzt bei einer solchen Trockenanlage eine Ampulle, strömt zunächst für einige Sekunden Luft aus. Der Druckabfall wird registriert. In der Folge läuft die Sprinklerpumpe an, sodass nach kurzer Zeit Löschwasser aus der Düse austritt.

In Bereichen, die besonders sensibel auf Wasser reagieren, kommen auch vorgesteuerte Anlagen zum Einsatz. Auch bei diesen Anlagen sind die Leitungen nur mit Luft gefüllt. Die Anlage wird erst dann geflutet, wenn ein Brandereignis durch das Auslösen eines Rauchmelders bestätigt worden ist.

Hat eine Sprinkleranlage ausgelöst, so ist der Wasseraustritt nur zu stoppen, indem das entsprechende Alarmventil in der Sprinklerzentrale geschlossen wird, um das Nachströmen von Wasser in den »undichten« Teil des Systems zu unterbinden. Durch das Schließen des Alarmventils wird der komplette Anlagenteil außer Betrieb genommen, der über dieses Ventil mit Löschwasser versorgt wird. Der Weg zur Sprinklerzentrale ist in der Regel ebenfalls bei der Brandmeldezentrale hinterlegt.



Läuft von einer derartigen Anlage ein Alarm ein, so kann dies drei Gründe haben:

- Es ist zu einem Brand gekommen, der die Anlage bestimmungsgemäß ausgelöst hat.
- Ein Sprinklerkopf wurde beschädigt oder abgerissen.
- Es handelt sich um eine Fehlauslösung, die beispielsweise durch einen Druckstoß in der Anlage ausgelöst wurde.

Während der letztgenannte Fall kein Problem darstellt, ist in den beiden anderen Fällen oft Eile geboten, da entweder ein Brand- oder ein Wasserschaden droht.

**Merke:**

**Trotz des drohenden Wasserschadens gilt: Eine Sprinkleranlage wird grundsätzlich erst abgeschaltet, wenn die Erkundung vor Ort ergeben hat, dass es nicht gebrannt hat oder das Feuer vollständig gelöscht ist. Sobald dies der Fall ist, sollte die entsprechende Leitung schnellstmöglich abgeschiebert werden, um einen unnötigen Wasseraustritt zu vermeiden.**

Ziel muss es sein, den Sachverhalt vor Ort schnell zu ermitteln, um

- die Löschmaßnahmen durch konventionelle Mittel zu unterstützen (Vornahme von Rohren) oder
- »Feuer aus« beziehungsweise »Fehlauslösung« feststellen zu können, um schnellstmöglich den Wasseraustritt unterbinden zu können.

Sprinkleranlagen sind meistens in mehrere Gruppen unterteilt, die über separate Alarmventile gespeist werden. Die Brandmeldeanlage zeigt an, welches Alarmventil angesprochen hat und welcher Bereich über dieses Ventil versorgt wird. Mit Hilfe einer Laufkarte kann ein Trupp zur Erkundung vorgehen und den Sachverhalt feststellen. Die konkrete Lage des ausgelösten Sprinklers lässt sich dabei innerhalb des betroffenen Bereichs aufgrund des Geräusches des ausströmenden Wassers leicht finden. Da davon ausgegangen werden muss, dass es sich um einen echten Alarm handelt und die Löschanlage das Feuer nur unter Kontrolle gebracht aber nicht vollständig gelöscht hat, hat dieser Trupp selbstverständlich entsprechend ausgerüstet vorzugehen.

**Anmerkung:**

**Nachdem das entsprechende Alarmventil geschlossen wurde, ist ein Teil des Objektes nicht mehr optimal geschützt. Auch eine Brandfrüherkennung findet nicht mehr statt, sofern nicht parallel zur Sprinkleranlage beispielsweise Rauchmelder installiert sind. Dies ist dem Betreiber in aller Deutlichkeit mitzuteilen. Die Anlage muss schnellstmöglich wieder betriebsbereit gemacht werden. Dies kann nur durch eine Fachfirma erfolgen. Bis zu diesem Zeitpunkt sind durch den Betreiber gegebenenfalls Kompensationsmaßnahmen zu treffen, um das höhere Risiko auszugleichen.**

### Objekte mit $CO_2$-Löschanlagen

$CO_2$-Löschanlagen werden eingesetzt, um Bereiche zu schützen, in denen Sprinkleranlagen nicht die gewünschte Wirkung zeigen oder mit Rücksicht auf die drohenden Wasserschäden nicht eingesetzt werden können. Mit derartigen Anlagen werden einzelne Maschinen, Lackierkabinen oder ganze Räume geschützt. $CO_2$-Löschanlagen werden über automatische Brandmelder aktiviert, die wahlweise auf Rauch, Wärme oder Feuerschein reagieren. Die Vorteile dieser Anlagen sind die rückstandsfreie Löschung sowie die Eignung für flüssige und gasförmige brennbare Stoffe. Die Löschwirkung beruht auf dem Stickeffekt. Das ausströmende Kohlenstoffdioxid reduziert den Sauerstoffgehalt in der Luft soweit, dass ein Brennen nicht mehr möglich ist. Um dies zu erreichen, ist die Anlage so bemessen, dass der Raum (die Maschine, die Kabine) zu 30 Volumenprozent (Vol.-%) mit $CO_2$ geflutet wird.

**Merke:**

**Eine $CO_2$-Löschanlage ist so konzipiert, dass ein Brand im Raum selbstständig gelöscht wird. Bei bestimmungsgemäßem Auslösen sollte ein Eingreifen der Feuerwehr zur Brandbekämpfung nicht notwendig sein.**

Bild 71 ***Der Anteil an $CO_2$ (rot) in der Raumluft wird auf 30 Vol.-% erhöht. Durch das Einleiten von $CO_2$ wird die Luft verdrängt. Die Stickstoffkonzentration (grün) sinkt um etwa 24 Vol.-%, die des Sauerstoffs (blau) um etwa 6 Vol.-%. Der Sauerstoffgehalt im Raum beträgt nach Auslösen der Löschanlage nur noch 15 Vol.-%.***



Damit das Löschgas in dem betreffenden Raum bleibt, wird dieser bei Auslösung des Alarms zunächst abgeschottet, indem die Türen automatisch schließen. Gleichzeitig ertönt ein lautes Signal, welches die bevorstehende Auslösung der Anlage anzeigt. Mit diesem Signal werden Personen, die sich eventuell noch in diesem Bereich aufhalten, aufgefordert, den Raum sofort zu verlassen. Nach einigen Sekunden öffnen die Ventile und lassen $CO_2$ einströmen. Ein Teil des Gases wird dabei über einen Bypass geleitet und lässt zusätzlich eine pneumatische Hupe ertönen.

Hat eine solche Anlage ausgelöst, so sind insbesondere folgende Dinge zu beachten:

- Kohlenstoffdioxid ist ein Atemgift mit Wirkung auf Blut, Nerven und Zellen. Es wirkt bereits bei einer Konzentration von 10 Vol.-% tödlich. Die $CO_2$-Konzentration in einem gefluteten Bereich (einzelne oder mehrere Maschine/n, Kabine/n, Raum/Räume) liegt bei etwa 30 Vol.-%.
- Kohlenstoffdioxid ist farb- und geruchlos.
- Der geflutete Bereich muss
  - menschenleer,
  - gegen unbefugten Zutritt gesichert und

   – komplett abgeschottet sein,

  damit die Sicherheit gewährleistet ist und sich ein Löscherfolg einstellen kann.

- Der Löschvorgang muss bei Eintreffen der Feuerwehr noch nicht abgeschlossen sein. Wird die Konzentration des Löschmittels durch vorschnelles Öffnen der Türen zu schnell reduziert, kann es zu Rückzündungen kommen. Dies kann insbesondere dann der Fall sein, wenn Stoffe der Brandklasse A (z. B. Verpackungsmaterial) in das Brandgeschehen einbezogen sind und sich ein Glutbrand ausgebildet hat.
- Das giftige $CO_2$ darf nicht ohne weiteres in Bereiche abgelassen werden, in denen sich ungeschützte Personen aufhalten. Da $CO_2$ mit einer Molmasse von 44 g/mol deutlich schwerer als Luft ist, können insbesondere in tiefer gelegenen Bereichen lebensgefährliche Konzentrationen erreicht werden.

**Anmerkung:**

**Um auch glutbildende Stoffe mit $CO_2$ löschen zu können, muss eine löschfähige Konzentration über einen Zeitraum von mindestens 20 Minuten aufrechterhalten werden.**

Die Erkundung muss zunächst Antworten auf folgende Fragen liefern:

- **Befinden sich eventuell noch Personen in dem gefluteten Bereich?**
  Für Personen, die sich noch im Raum befinden, besteht akute Lebensgefahr. Dies gilt auch für den Fall einer Probeflutung oder Fehlauslösung. Maßnahmen zur Menschenrettung sind unter Beachtung der Eigensicherung unverzüglich einzuleiten (ein Vorgehen ohne umluftunabhängigen Atemschutz ist absolut unverantwortlich).
- **Ist der geflutete Bereich planmäßig abgeschottet und sind alle Türen geschlossen?**
  Sollte der geflutete Bereich nicht planmäßig abgeschottet sein, resultieren hieraus zwei Probleme:
  1. Das giftige Gas konnte entweichen und in Bereiche gelangen, die konzeptionell dafür nicht vorgesehen waren. Dadurch hat sich der Gefahrenbereich vergrößert. Der unter Atemschutz zu kontrollierende Bereich ist entsprechend zu erweitern. Dabei sind insbesondere auch tiefer liegende Räume (Keller, Schächte) zu kontrollieren.

2. Es ist davon auszugehen, dass keine löschfähige Konzentration erreicht wurde und die automatische Löschung durch die Anlage nicht erfolgreich war.

Bilder 72 a und b
***Die ordnungsgemäße Abschottung des planmäßig vorgesehenen Bereichs hat Auswirkung auf die Größe des Gefahrenbereichs und die Löschwirkung der Anlage.***



- **Ist der geflutete Bereich gekennzeichnet und gegen unbefugten Zutritt gesichert?**
  Sofern die Kennzeichnung durch die Betriebsangehörigen noch nicht erfolgt ist, sind entsprechende Sicherungsmaßnahmen zu ergreifen. In der Regel sollten die hierzu erforderlichen Materialien (Absperrketten oder -bänder) vor Ort vorhanden sein.
- **Kann davon ausgegangen werden, dass die Löschanlage das Feuer gelöscht oder zumindest soweit eingedämmt hat, dass ein sofortiges Eingreifen nicht erforderlich ist?**
  Sofern die Anlage bestimmungsgemäß ausgelöst hat, der Bereich abgeschottet und gegen unbefugten Zutritt gesichert ist und mit Sicherheit ausgeschlossen werden kann, dass Personen im gefluteten Bereich sind, handelt es sich unter normalen Umständen um eine statische Lage. Diese erlaubt es, die nächsten Schritte in Ruhe zu überlegen. Es kann sinnvoll sein, den Bereich einige Minuten geschlossen zu halten, um das Löschmittel weiter wirken zu lassen.

**Bild 73** ***$CO_2$ ist ein Atemgift mit Wirkung auf Blut, Nerven und Zellen. Seine toxische Wirkung ist auch gegeben, wenn genügend Sauerstoff in der Umgebungsluft vorhanden ist. Obwohl die Messung der Sauerstoffkonzentration (blau) mit 19 Vol.-% Sicherheit suggeriert, ist das Gasgemisch mit einem $CO_2$-Anteil (rot) von 10 Vol.-% noch absolut tödlich.***

Im nächsten Schritt ist dann zu erkunden, ob es im Raum tatsächlich gebrannt hat und ob das Feuer sicher gelöscht ist. Dies kann nur von einem Trupp unter Atemschutz erkundet werden. Während dieser Kontrolle sollte möglichst wenig Gas aus dem Raum entweichen. Sollten brennbare Flüssigkeiten oder Gase freigesetzt worden sein, so ist zu klären, ob mit einer Rückzündung oder mit der Bildung eines explosionsfähigen Gemischs zu rechnen ist, wenn die $CO_2$-Konzentration gesenkt wird. Bevor der Raum gelüftet wird, ist zu klären, wohin das giftige $CO_2$ entweichen kann, ohne dass es hierdurch zu einer Gefährdung von Menschen oder Tieren kommt.

**Anmerkung:**

Im Jahr 2008 ereignete sich in Mönchengladbach ein schwerer Unfall, als eine Kohlendioxid-Löschanlage auslöste und das Gas ins Freie abströmen konnte. Obwohl Anlagen in einer Dimension wie in Mönchengladbach eher die Ausnahme sind, ist vom Grundsatz her die Problematik einer unkontrollierten Ausbreitung des giftigen Löschgases immer zu berücksichtigen.

Der geflutete Bereich sollte erst wieder ohne Atemschutz betreten werden, wenn die $CO_2$-Konzentration dauerhaft den Arbeitsplatzgrenzwert (AGW) von 5000 ppm oder 0,5 Vol.-% unterschreitet.

Vorsicht ist geboten, wenn man versucht, das Gefährdungspotenzial in solchen Fällen mithilfe einer Sauerstoffmessung zu ermitteln. Eine Messung der Sauerstoffkonzentration kann eine vermeintlich unkritische Situation suggerieren, obwohl $CO_2$ in gefährlicher, möglicherweise tödlicher Konzentration vorhanden ist (siehe auch Bild 73). Eine Messung auf Kohlenstoffdioxid ist zwingend, da nur sie die tatsächliche Konzentration des Gases anzeigt.

**Besondere Gebäude und bauliche Anlagen**

Von bestimmten Gebäuden und baulichen Anlagen können besondere Risiken ausgehen, die aus ihrer Bauweise, Größe oder Nutzung resultieren. Dementsprechend gelten für solche Objekte besondere Vorschriften. Die Besonderheiten sind auch im Einsatzfall zu berücksichtigen, weswegen an dieser Stelle einige Grundgedanken zu derartigen Objekten dargestellt werden sollen.



**Hochhäuser**

In Hochhäusern befinden sich, bezogen auf die Grundfläche des Gebäudes, viele Menschen auf engstem Raum. Je nach Nutzung kann die Personenzahl sehr stark von der Tageszeit abhängig sein. Während in Wohnhochhäusern und Hotels bei Nacht mit einer höheren Personenzahl zu rechnen ist, halten sich in Bürohochhäusern bei Nacht in der Regel keine oder nur wenige Personen auf.

Hochhäuser müssen hohen Anforderungen des Vorbeugenden Brandschutzes genügen, die eine Gefährdung größerer Personengruppen und eine Brand- und Rauchausbreitung auf mehrere Nutzungseinheiten oder Geschosse sehr unwahrscheinlich machen. Sie verfügen in jedem Fall über zwei baulich voneinander unabhängige Treppenräume oder einen Sicherheitstreppenraum. Eine Rettung über Leitern der Feuerwehr ist konzeptionell nicht vorgesehen, da eine Flucht über einen der baulichen Rettungswege immer möglich sein sollte. Die Benutzung von Aufzügen ist im Brandfall auch für Einsatzkräfte tabu, sofern es sich nicht um einen Feuerwehraufzug nach DIN EN 81-72 handelt.

Hochhäuser verfügen über eine oder mehrere Steigleitungen (Löschwasseranlagen), über die in jedem Geschoss Wasser entnommen werden kann. Zu beachten ist, dass nur Wandhydranten des Typs F für den Einsatz der Feuerwehr konzipiert sind und mit den angeschlossenen Schlauchleitungen eine auch für die Bekämpfung aktiver Zimmerbrände hinreichende Wassermenge liefern. Im Gegensatz dazu sind Wandhydranten des Typs S für den Selbstschutz der Hausbewohner vorgesehen. Ihre Angriffsleitung ist lediglich für eine Wasserlieferung von 25 oder 50 Liter pro Minute dimensioniert, was für die Bekämpfung eines Entstehungsbrandes, nicht jedoch für die sichere Beherrschung eines aktiven Zimmerbrandes ausreichend ist.

**Anmerkung:**

**Bei Wandhydranten des Typs F sind ausgehend von der Steigleitung Angriffsleitungen mit C-Schläuchen zu verlegen. Die Dimensionierung der Steigleitung selbst ist für normale Brandereignisse ausreichend.**

Brandeinsätze in Hochhäusern sind aufgrund der zu überwindenden Höhenunterschiede in der Regel sehr personal- und zeitintensiv. Die Brandbekämpfung stellt hohe Anforderungen an die körperliche Fitness der Einsatzkräfte. Um die Belastung des Angriffstrupps zu senken und damit sein Vorgehen sicherer zu machen, sehen die Planungen vieler Feuerwehren vor, ein bis zwei Geschosse unterhalb des Brandgeschosses ein Depot für Gerätschaften einzurichten. Von dort aus gehen die Trupps vor und erreichen auf diese Weise relativ ausgeruht die eigentliche Einsatzstelle.

Da die Einrichtung dieses Depots einige Zeit in Anspruch nimmt, kommt man bei zeitkritischen Lagen jedoch nicht umhin, in der ersten Phase die Trupps vom Boden aus bis ins Brandgeschoss vorgehen zu lassen. Eine Entlastung für den Angriffstrupp lässt sich in dieser Phase erreichen, indem man ihm Helfer zur Seite stellt, die ihn bis an die Rauchgrenze begleiten und die notwendigen Gerätschaften nach oben bringen.

**Industrie/Gewerbe**

Die Vielzahl an Industrie- und Gewerbebetrieben ist quasi unendlich. Je nach Nutzung können alle Arten von Gefahren an der Einsatzstelle drohen. Die Dimensionen im gewerblichen und industriellen Bereich sind in Bezug auf die Flächen, Volumina und Stoffmengen meistens nicht mit den im privaten Umfeld gewohnten Größenordnungen vergleichbar. Dies kann erhebliche Auswirkungen auf den zur Bewältigung der Lage erforderlichen Personal- und Materialbedarf haben. Viele Betriebe verfügen über Einrichtungen des Vorbeugenden Brandschutzes und ausgereifte Brandschutzkonzepte. Von größeren Betrieben existieren in der Regel Einsatzpläne, die zusätzliche Informationen liefern.

Die Palette potenzieller Gefahren lässt sich im gewerblichen Bereich grundsätzlich nicht eingrenzen. Die besonderen Gefahren, die von solchen Objekten ausgehen, können im Zusammenhang mit der Art des jeweiligen Gewerbes stehen. Die folgende Aufstellung zeigt beispielhaft für einige Gewerbearten typische Gefahren auf:

- chemische Gefahr: chemische Industrie, Apotheken, Wäschereien, metallverarbeitende Betriebe;
- Explosionsgefahr (Druckgefäßzerknall): Schlossereien, Kfz-Werkstätten;

- Explosionsgefahr (Staubexplosion): Schreinereien, Betriebe der Lebensmittelindustrie, Silos.

Als weiteres Risiko sind mechanische Gefahren, die von sich schnell bewegenden Maschinenteilen und Transportfahrzeugen ausgehen können, ebenso zu berücksichtigen. Zu Mess- und Kontrollzwecken kommen in der Industrie nicht selten auch radioaktive Strahler zum Einsatz. Diese sind in der Regel allerdings umschlossen und gut gegen eine Brandeinwirkung geschützt.

Neben den nutzungsspezifischen Risiken können weitere Gefahren auftreten, die ihre Ursache in der Dimension und der Bauweise des Objekts oder der Energieversorgung haben. Neben der Gefahr der Elektrizität sei hier auch die Gefahr des Einsturzes genannt.

Einige der Gefahren sind offenkundig, andere lassen sich durch Überlegungen in Richtung »Art der Nutzung« erahnen. Nicht selten sind diese für Ortsunkundige jedoch nur schwer zu erkennen, weswegen der unmittelbaren und zeitnahen Kontaktaufnahme mit ortskundigen Betriebsangehörigen unter vielerlei Gesichtspunkten große Bedeutung zukommt.

Die Wasserversorgung ist in Gewerbe- und Industriebetrieben in der Regel gut. Sie ist allerdings nicht für ausgedehnte Industriebrände ausgelegt. Bei entsprechend dimensionierten Bränden kommt der Wasserversorgung eine besondere Bedeutung zu.

In modernen Betrieben sind häufig große Werte vorhanden. Die teilweise hochspezialisierten Maschinen und Werkzeuge, die äußerst empfindlich auf Brandrauch, Löschwasser, korrosive Gase usw. reagieren, sind kurzfristig nicht zu ersetzen. Ebenso können Reinstbereiche vorhanden sein, die bei Verschmutzung jeglicher Art sofort zum Sanierungsfall werden. Die Erfahrung zeigt, dass in einer modernen, globalisierten Gesellschaft ein Betriebsausfall in vielen Fällen zu einer existenzbedrohenden Krise für den Betrieb werden kann. Im betriebswirtschaftlichen Sinne ist ein drohender Betriebsausfall als Gefahr zu verstehen, der es im Sinne einer kundenorientierten Vorgehensweise zu begegnen gilt.

**Anmerkung:**

**Da Betriebe mit ihren Gewerbesteuern entscheidend zum Wohl der Gemeinde beitragen und zudem Arbeitsplätze in der Gemeinde schaffen, vertritt die Feuerwehr als Teil der Gemeindeverwaltung auch die Interessen der Gemeinde, wenn sie im Rahmen ihrer Möglichkeiten versucht, einen ortsansässigen Betrieb vor Schaden zu bewahren und am Standort zu erhalten.**

Viele Betriebe verfügen über Einrichtungen des Vorbeugenden Brandschutzes. Diese Einrichtungen können helfen, Schäden zu minimieren, indem sie beispielsweise wirksame Löscharbeiten ermöglichen. Hierzu ist es allerdings erforderlich, diese Einrichtungen zu erkennen und sie sich bei der Gefahrenabwehr zu Nutze zu machen. Beispielhaft sind hier Brandwände und Anlagen zum Abführen von Wärme und Rauch (RWA) zu nennen.

Einige Betriebe haben ein Brandschutzkonzept und führen regelmäßige Räumungsübungen durch. Sammelpunkte sind ausgewiesen, an denen sich unter Umständen die Vollständigkeit der Belegschaft feststellen lässt. Ansprechpartner (Brandschutzbeauftragte, Brandschutzhelfer) sind häufig speziell gekennzeichnet und können wichtige Informationen liefern. Die frühzeitige Einbindung der Firmenleitung in Form eines betriebskundigen Fachberaters in der Einsatzleitung ist sinnvoll, um Hinweise auf Gefahren für die Einsatzkräfte, die Umwelt usw. zu erhalten und zudem die besonderen Interessen der Firma in Erfahrung zu bringen. Ziel der Einsatzleitung muss es sein, sicher zu arbeiten und die Prioritäten auch im Sinne des Unternehmens richtig setzen zu können. Die Schnittstelle zur Unternehmensleitung sollte auch genutzt werden, um die Maßnahmen abzustimmen und die vorhandenen Potenziale der Gefahrenabwehrbehörden und der Firma optimal und aufeinander abgestimmt zu nutzen.

Nicht wenige Firmen verfügen im Rahmen des Qualitätsmanagements über Konzepte für den Krisenfall. Das so genannte Business Continuity Management (BCM) zielt darauf ab, auch bei Schadenfällen und unvorhergesehenen Vorkommnissen den Fortgang der Produktion möglichst aufrecht zu erhalten und damit die Existenz der Firma zu sichern. Große Firmen installieren in Krisenfällen Werkeinsatzleitungen mit stabsähnlichen Strukturen, um ihre Interessen zu wahren. Es ist von daher zu erwarten, dass sich entsprechend vorbereitete Firmen aktiv in den Prozess der Einsatzabwicklung einbringen wollen. Sofern dies in geordneter Form geschieht, kann dieses Engagement zur Erreichung des (gemeinsamen) Einsatzerfolgs von erheblichem Vorteil sein.

**Landwirtschaft**

Als eine besondere Art eines Gewerbes ist die Landwirtschaft zu sehen. Aus Gründen der Wirtschaftlichkeit sind immer größere Tierbestände auf einzelnen Höfen zu finden, werden immer größere Flächen bewirtschaftet. Die Dimensionen und Werte der Ställe, Lagergebäude, Silos, Fahrzeuge, Maschinen und technischen Anlagen erreichen mitunter beachtliche Ausmaße.

In der Landwirtschaft können sich unter anderem aus der Tierhaltung besondere Herausforderungen und Gefahren im Einsatzfall ergeben. Die Tierrettung hat nach

Bild 74 ***Die Rettung großer Tiere stellt eine große Herausforderung dar und kann für die Einsatzkräfte mit Risiken verbunden sein.***



der Menschenrettung den höchsten Stellenwert in der Prioritätenliste. Kühe, Schweine und Pferde stellen zudem einen hohen Sachwert und für ihre Besitzer oftmals auch einen ideellen Wert dar.

Große Tiere erreichen eine Masse von mehreren 100 Kilogramm und verfügen über große Kräfte. In Gefahrensituationen wie Bränden ist mit ungewöhnlichen Reaktionen der völlig verunsicherten Tiere zu rechnen. Ein außer Kontrolle geratenes Tier kann eine Gefahr für die Einsatzkräfte darstellen. In Ausnahmesituationen ist zudem bei den Tieren nicht immer mit einem (für Menschen) normalen oder logischen Verhalten zu rechnen. Die verängstigten Tiere streuben sich teilweise gegen ihre Rettung aus dem Stall und neigen manchmal dazu, wieder in ihre Stallung zurückzulaufen. Erschwert wird die Tierrettung durch die vielfach praktizierte Massentierhaltung. Eine Rettung der Tiere im Brandfall ist möglicherweise nicht oder nur mit extremem Aufwand realisierbar.

Aufgrund der hohen Brandlasten und einer vielfach alten Gebäudesubstanz ist mit einer raschen Brandausbreitung zu rechnen. Die Gebäude sind teilweise sehr dicht aneinandergebaut oder in Etappen erweitert worden. Je nach Lage des Hofes kann es zu Problemen bei der Wasserversorgung kommen. Bei einigen Höfen ist die Wasserversorgung zumindest für den Erstangriff über unterirdische Löschwasserbehälter oder Löschteiche gesichert.

Umweltgefahren können von Pflanzenschutz- und Düngemitteln ausgehen. Potenzielle Gefahren ergeben sich auch aus Anlagen zur Erzeugung regenerativer Energien, die in zunehmendem Maße und mit zum Teil beachtlichen Dimensionen in Form von Photovoltaik- und Biogasanlagen in landwirtschaftlichen Betrieben anzutreffen sind.

**Hotels- und Beherbergungsbetriebe**

In Hotels und Beherbergungsbetrieben können sich bei Tag und Nacht große Menschenmengen aufhalten. Die Hotelgäste haben unter Umständen in der für sie fremden Umgebung schlechte Ortskenntnisse. Umgekehrt verfügen die meisten Hotels über umfangreiche Sicherheitseinrichtungen des Vorbeugenden baulichen Brandschutzes. Große Hotels besitzen in der Regel zwei voneinander unabhängige bauliche Rettungswege, Brandmeldeanlagen, zentrale Alarmierungseinrichtungen usw. An der Rezeption lassen sich Informationen über die aktuelle Belegung der Zimmer einholen.

**Verkaufsstätten**

In Kaufhäusern und Einkaufszentren halten sich tagsüber oft große Menschenmengen auf, die mitunter über schlechte Ortskenntnisse verfügen. Die Brandlast ist häufig groß. Lichthöfe, Atrien und auch die Deckendurchbrüche beispielsweise im Bereich der Rolltreppen lassen Brandabschnitte entstehen, die sich über mehrere Geschosse erstrecken. Um das hieraus resultierende erhöhte Risiko zu kompensieren, sind diese Objekte häufig durch flächendeckende Sprinkleranlagen, Entrauchungssysteme usw. geschützt. Für eine Räumung stehen in der Regel ausreichend dimensionierte und gut gekennzeichnete Flucht- und Rettungswege zur Verfügung, sodass bei einem normalen Brandverlauf eine rechtzeitige Räumung des Gefahrenbereichs möglich sein sollte. Aufgrund der nicht kontrollierbaren Personenströme wird die Feststellung der Vollständigkeit an einem Sammelpunkt jedoch nicht möglich sein.

**Bild 75** ***Zahlreiche Menschen und weitläufige Brandabschnitte, die sich über mehrere Geschosse ausdehnen, kennzeichnen viele Verkaufsstätten.***



### Alten- und Pflegeheime, Krankenhäuser

In Alten- und Pflegeheimen sowie Krankenhäusern stellt die eingeschränkte Mobilität der Bewohner bzw. Patienten das besondere Risiko dar. Die alten und kranken Menschen können sich oftmals nur sehr langsam oder gar nicht mehr alleine fortbewegen. Rettungsversuche in der Vertikalen (in ein tiefer liegendes Geschoss) sind oftmals mit großen Schwierigkeiten und Risiken verbunden sowie äußerst personal- und zeitintensiv. Aus diesem Grund werden in diesen Objekten die bereits beschriebenen Rettungswegkonzepte realisiert, die ein »In-Sicherheit-bringen« auf der gleichen Ebene ermöglichen. Die Feuerwehr sollte im Einsatz ihren Teil dazu beitragen, dieses Konzept funktionsfähig zu halten.

Krankenhäuser verfügen über Notfallpläne, die im Ernstfall schnell aktiviert werden müssen. Gerade bei Nacht reicht die Stammbelegschaft eines Klinikums bei weitem nicht aus, um die anstehenden Probleme zu lösen. Zusätzliche Ärzte und Pfleger müssen alarmiert, die stabsmäßig organisierte Klinikleitung aktiviert werden.

Krankenhäuser sind zudem wichtige Elemente der Infrastruktur einer Gesellschaft. Eine Einschränkung der Funktionalität oder gar der Ausfall eines Krankenhauses kann erhebliche Auswirkungen für die Gemeinde oder die Region haben. Insofern muss neben der Rettung von Menschenleben der Erhalt der Funktionalität der Einrichtung einen hohen Stellenwert bei der Einsatzabwicklung haben. Neben Operationssälen, Intensiv- und Entbindungsstationen sind deswegen auch Bereiche besonders schützenswert, die für die Versorgung des Krankenhauses mit Energie in Form von Strom und Wärme sowie mit Trinkwasser benötigt werden.

In Krankenhäusern können atomare, biologische und chemische Gefahren vorhanden sein. Hinweise hierauf sollten sich anhand der Einsatzpläne oder der Kennzeichnung an den Zugängen zu den Stationen gewinnen lassen.

**Schulen und Kindergärten**

In Schulen und Kindergärten halten sich je nach Tageszeit und Wochentag eine Vielzahl von Kindern, Jugendlichen und Erwachsenen (Lehrer, Hausmeister usw.) auf. Auch am Abend und bei Nacht können sich Menschen in den Gebäuden aufhalten, wenn Elternabende, Abendkurse usw. stattfinden und in seltenen Fällen auch mal Schulklassen oder Kindergartengruppen dort »Übernachtungsfeste« feiern. Nicht selten befindet sich in diesen Gebäuden auch eine Wohnung für den Hausmeister. Mit einer großen Anzahl an Menschen ist insbesondere tagsüber zu rechnen. Große Schulen haben deutlich mehr als 1000 Schüler.

In Schulen gibt es eine Alarmierungseinrichtung, die zur sofortigen und kompletten Räumung der Schule auffordert. Die Klassen verlassen dann geschlossen in Begleitung des Lehrers die Schule und begeben sich zu einem Sammelplatz, an dem bei Ertönen des Feueralarms die Vollständigkeit festgestellt wird. Insbesondere in weiterführenden Schulen ist dabei zu beachten, dass sich auch Schüler im Gebäude aufhalten können, die gerade keinen Unterricht haben und somit durch dieses Kontrollsystem eventuell nicht erfasst werden. Gleiches gilt auch für Lehrer, Hausmeister, Reinigungskräfte usw.

Durch die zunehmende Gewalt an Schulen haben sich die Verantwortlichen dort auch mit potenziellen Amokläufen auseinandergesetzt. Amokläufen sind in den vergangenen Jahren auch in Deutschland eindeutig mehr Schüler zum Opfer gefallen, als dies bei Bränden der Fall war. Die Gefahr von Amokläufen ist in den Köpfen der Lehrer und Schüler wesentlich präsenter. Dies kann im Brandfall zu einer übersteigerten Reaktion und Fehlverhalten führen.

Während im Brandfall in der Regel die sofortige Flucht aus dem Gebäude die größte Sicherheit verspricht, ist bei einem Amoklauf die größte Gefahr auf den Fluren gegeben. Deswegen gibt es völlig gegensätzliche Konzepte für Brandfälle und Amoklagen. Im Falle eines Amoklaufes sollen sich die Schulklassen in den Klassenräumen einschließen, während sie im Brandfall flüchten sollen. Da es an vielen Schulen jedoch nur ein Alarmsignal gibt, ist es den Lehrkräften unter Umständen nicht möglich, zu erkennen, welche Gefahrenlage besteht und wie sie sich verhalten sollen. Es ist damit zu rechnen, dass aus Angst vor einem Amokläufer einige Klassen auch im Brandfall in den Unterrichtsräumen verbleiben werden und sich dort einschließen.

Selbstverständlich ruft ein Brand in einer Schule oder einem Kindergarten ein großes öffentliches Interesse hervor. Medienvertreter werden schnell vor Ort sein. Über die Handys der Kinder, die Medien und andere Quellen werden die Eltern von dem Ereignis erfahren und in Sorge um ihre Kinder vor Ort erscheinen. Die Meldung wird sich über soziale Netzwerke binnen Sekunden verbreiten. Auch hierauf muss sich die Einsatzleitung einstellen.

**Anmerkung:**

Ein Amoklauf ist eine Polizeilage. Die Feuerwehr ist für derartige Lagen weder zuständig noch ausgerüstet. Probleme sind bei einem Amoklauf zu erwarten, wenn die Täterin oder der Täter Feuer gelegt hat. In einem solchen Fall ist es wichtig, alle Maßnahmen zwischen Polizei und Feuerwehr abzustimmen. Die Polizei ist für Amoklagen geschult und kann das Gefährdungspotenzial wesentlich besser einschätzen. Polizisten sind übrigens gehalten, bei Amoklagen ohne Vorwarnung von der Schusswaffe Gebrauch zu machen, um den Täter unschädlich zu machen. Bei einem nicht mit der Polizei abgestimmten Handeln kann eine Gefährdung sowohl durch den Täter als auch durch die gegen ihn vorgehenden Polizeibeamten gegeben sein.

Ein Amokläufer befindet sich in einem psychischen Ausnahmezustand. Er hat das klare Ziel zu töten. Sein Handeln ist möglicherweise auf eine bestimmte Zielgruppe fixiert. Allerdings wird jeder Mensch sofort attackiert, der sich dem Amokläufer in den Weg stellt und versucht, ihn von seinem Ziel abzubringen. Er wird dabei keine Rücksicht auf Feuerwehrleute nehmen und reagiert auch nicht auf gutes Zureden.

### Versammlungsstätten

Versammlungsstätten sind Hallen, Stadien, Theater und ähnliche Anlagen, in denen sich große Menschenmengen bei Festen, Sport- und Kulturveranstaltungen versammeln. Das besondere Risiko resultiert aus der großen Menschenmenge innerhalb der Anlage. Versammlungsstätten sind so geplant, dass die zulässige Menschenmenge die Anlage hinreichend schnell verlassen kann und gefährliches Gedränge sowohl während der Veranstaltung als auch bei einer möglichen Flucht vermieden wird. Im Einsatzfall hat die geordnete Räumung der Anlage oberste Priorität. Die Feuerwehr sollte es vermeiden, im Zuge ihrer Angriffsbemühungen den Strom der flüchtenden Menschenmassen zu behindern, die Menschen in irgendeiner Weise zu verunsichern oder zu beunruhigen.

### Kulturgüter

Museen, Bibliotheken, Kirchen und Schlösser können als Kulturgüter eingestuft und entsprechend gekennzeichnet sein. Sie beherbergen oft Kunstschätze von hohem ideellem Wert. Diese unwiederbringlichen Werte reagieren äußerst empfindlich auf Feuer (Wärme), Wasser und Rauch (säurehaltige Gase und Dämpfe). Dem Schutz dieser Kulturgüter muss ein hoher Stellenwert eingeräumt werden. Dieser Schutz kann erreicht werden, indem der Ausbreitung von Feuer und Rauch auf besonders

Bild 76 ***Kulturgüter genießen ein starkes öffentliches Interesse. Dies lässt bei Einsätzen ein entsprechendes Echo in der Politik und in den Medien erwarten.***

wertvolle Bereiche gezielt entgegengewirkt wird, die Kulturgüter zum Schutz gegen Wasser mit Planen abgedeckt oder rechtzeitig geborgen werden.

### Tiefgaragen

Tiefgaragen unterliegen der Garagenverordnung (GaVO) und sind in drei Klassen eingeteilt (Tabelle 9).

Tabelle 9 ***Einteilung von Tiefgaragen***

| Garagentyp nach GaVO | Fläche |
|---|---|
| Kleingaragen | bis 100 $m^2$ |
| Mittelgaragen | über 100 $m^2$ bis 1000 $m^2$ |
| Großgaragen | über 1000 $m^2$ |



Je nach Größe sind die baulichen Anforderungen unterschiedlich. In modernen Großgaragen werden oft Rauchabschnitte mit mehreren 1000 Quadratmetern realisiert, die sich zudem über mehrere Geschosse erstrecken. Bei einem entwickelten Fahrzeugbrand mit entsprechender Rauchentwicklung können sich hieraus große Probleme beim Auffinden der Brandstelle und dem Absuchen der Garage nach eventuell noch dort befindlichen Personen ergeben. Des Weiteren sind die langen Anmarschwege bei der Wahl der Atemschutzgeräte und der Dimensionierung der Schlauchreserve zu berücksichtigen.

Tiefgaragen haben grundsätzlich mehrere Zugangsmöglichkeiten in Form von Rampen und Treppenabgängen. Gemäß den Vorschriften muss es im Umkreis von 30 bis 50 Metern um jeden Ort der Tiefgarage und damit auch um die Brandstelle herum mindestens einen Zugang (Rettungsweg) geben. Im Einsatzfall ist zu prüfen, ob die Brandstelle in etwa von außen oder über die Brandmeldeanlage lokalisiert werden kann, um den nächstgelegenen Zugang zu finden.

Verbindungen von der Garage zu anderen Gebäudeteilen sind in der Regel mit Türen oder Rauchschleusen versehen, um eine Ausbreitung von Feuer und Rauch aus der Tiefgarage auf die anderen Gebäudeteile, Rettungswege usw. zu verhindern. Führt der nächstgelegene Angriffsweg durch eine solche bauliche Abtrennung, so ist vorab zu überlegen, mit welchen Problemen und Schäden beim Öffnen der Tür oder Schleuse zu rechnen ist und ob ein längerer Anmarschweg über einen anderen Zugang unter Abwägung aller Vor- und Nachteile nicht besser erscheint.

**Anmerkung:**

In der Schweiz gab es 2004 bei einem Brand in einer Tiefgarage einen tragischen Unfall, als die Decke der Garage einstürzte und mehrere Feuerwehrleute tödlich verletzte. Wie die Untersuchungen später ergeben haben, waren in diesem Fall schwere bauliche Mängel und eine viel zu hohe Belastung der Decke mit Erdreich ursächlich. Tiefgaragen, die den Bauvorschriften entsprechen, halten einem normalen Brandszenario stand. Der notwendige Feuerwiderstand der tragenden Bauteile ist bei Mittel- und Großgaragen gegeben, sodass bei den üblichen Szenarien keine Einsturzgefahr gegeben sein sollte und das Vorgehen im Innenangriff möglich ist. Bei Kleingaragen sehen die Bauvorschriften keinen nachgewiesenen Feuerwiderstand für die tragenden Bauteile vor. Dies ist unter Berücksichtigung der Größe von maximal 100 Quadratmetern nachvollziehbar.

### Tankstellen

Die Gefahr, die von Tankstellen ausgeht, wird häufig überschätzt. Die Kraftstoffe werden in unterirdischen Tanks gelagert, die mit entsprechenden Ventilen und Sicherheitseinrichtungen so geschützt sind, dass von ihnen auch im Brandfall keine Gefahr ausgeht. Innerhalb der Zapfanlagen befinden sich nur geringe Kraftstoffmengen. Selbst wenn eine Zapfsäule bei einem Unfall abgerissen wird, ist nicht mit einem Auslaufen von außergewöhnlichen Kraftstoffmengen zu rechnen.

Eine besondere Gefährdung kann allerdings gegeben sein, wenn es im Bereich der Tankstelle einen oberirdischen Gastank geben sollte. Wird ein solcher Tank einer massiven Beflammung ausgesetzt, besteht die Gefahr des Behälterzerknalls.

### Baustellen

Einsätze aller Art ereignen sich auf Baustellen. Neben Bränden kommt es zu Technischen Hilfeleistungen, wenn Menschen in oder unter Baumaschinen und Lkw eingeklemmt, in Baugruben gestürzt oder unter Bauteilen begraben sind. Auch Umwelteinsätze, verursacht durch auslaufende Kraft- und Betriebsstoffe sowie sonstige Gefahrstoffe sind keine Seltenheit.

Einsätze auf Baustellen bergen viele besondere Risiken, die sich auf die Sicherheit der Einsatzkräfte und die Abwicklung des Schadenereignisses negativ auswirken können. Durch abgestellte Maschinen und gelagerte Baumaterialien, Gruben, Erdhaufen und Wälle, unsichere und glitschige Bodenverhältnisse sowie noch nicht fertig gestellte Zufahrten ist die Befahrbarkeit von Baustellen häufig nur eingeschränkt möglich. Auch die Standsicherheit von Drehleitern und Kranwagen ist auf dem oftmals unbefestigten Untergrund kritisch zu prüfen. Die Wasserversorgung auf Baustellen ist häufig unzureichend, da zum Zeitpunkt der Baumaßnahme noch nicht vorhanden bzw. verfügbar. Einrichtungen des Vorbeugenden baulichen Brandschutzes sind möglicherweise noch nicht installiert, einsatzbereit und abgenommen. Bei Umbaumaßnahmen werden derartige Einrichtungen häufig aus unterschiedlichen Gründen vorübergehend oder dauerhaft außer Betrieb genommen oder unwirksam gemacht. Dies geschieht sogar bei Feuerarbeiten, bei denen ein deutlich erhöhtes Brandrisiko zu erwarten ist. Nicht immer werden die hieraus resultierenden Risiken erkannt und hinreichend durch geeignete Maßnahmen kompensiert.

Besondere Gefahren für die Einsatzkräfte sind insbesondere gegeben, wenn die Tätigkeiten auf der Baustelle parallel zu den Maßnahmen der Feuerwehr fortgeführt werden oder Angehörige der ausführenden Firmen in die Gefahrenabwehr eingebunden werden. Besondere Gefahren ergeben sich aber auch durch ungesicherte Stege, ungesicherte Löcher und Gruben, fehlende Geländer, umherliegende Teile und Holzbretter mit Nägeln. Da Baustellen bei Nacht häufig im Dunkeln liegen, ist die Ausleuchtung der Baustelle mit Mitteln der Baufirma oder eigenen Mitteln zeitnah zu realisieren.

Umgekehrt können sich zusätzliche Potenziale durch die örtlich vorhandenen Maschinen, Geräte, Materialien und Fachkräfte ergeben. Diese gilt es bei Bedarf und entsprechender Eignung unter Beachtung der Verhältnismäßigkeit in die Einsatzabwicklung einzubinden. Vorsicht ist dabei in Bezug auf die Angaben der Betriebsangehörigen zu ihren eigenen Fähigkeiten und zur Ausstattung ihrer Maschinen und Ausrüstungsgegenstände geboten. Sie halten nicht immer einer konkreten Nachfrage stand. Neben möglichen Kommunikationsproblemen können auch die unterschiedlichen Auffassungen zur Arbeitsausführung und zu Sicherheitsstandards zu erheblichen Differenzen führen. Extern eingebundene Kräfte sind daher intensiv zu beaufsichtigen und mit klaren Anweisungen zu führen. Bei Nichteinhaltung von Vorschriften und Vorgaben ist umgehend und energisch einzuschreiten.

#### 5.1.2.2 Fahrzeuge

Fahrzeuge aller Art sind potenzielle Brandobjekte. Sie sind zudem bei vielen Einsätzen der Technischen Hilfeleistung als Schadenobjekt in die Erkundung einzubeziehen. Fahrzeuge lassen sich in eine Vielzahl von Fahrzeugtypen wie Pkw, Lkw, Busse, Straßen- und Eisenbahnen, Schiffe und Flugzeuge unterscheiden. Daneben gewinnt die Unterscheidung nach Antriebsart für die Beurteilung möglicher Gefahren zunehmend an Bedeutung.

Einsätze mit Fahrzeugen sind immer im Zusammenhang mit den Verkehrswegen und mit der konkreten Situation am Ort des jeweiligen Ereignisses zu betrachten.

### Pkw

Im Normalfall sind Pkw im Brandfall unkritisch. Anders als bei Filmproduktionen brennen sie ab, ohne dass dabei die Gefahr einer Explosion gegeben ist. Dies gilt auch für den Fall eines Verkehrsunfalls, bei dem Kraftstoffe ausgetreten sind. Schwierigkeiten können sich unter Umständen bei alternativen Antriebsarten ergeben, auf die an dieser Stelle nicht im Detail eingegangen werden kann.

Bei Verkehrsunfällen ist die Feststellung der Anzahl der verunfallten Personen eine erste wesentliche Aufgabe der Erkundung. Dies ist wichtig, um die erforderliche Anzahl an Rettungsmitteln, Notärzten usw. abschätzen zu können. Dabei ist zu berücksichtigen, dass Personen aus dem Fahrzeug geschleudert worden sein oder sich verletzt vom Unfallort entfernt haben können.

Schon die Anzahl der Insassen eines einzigen Pkw kann bei einem entsprechenden Ereignis den Regelrettungsdienst an die Belastungsgrenze bringen. Auch die meisten Krankenhäuser sind nicht in der Lage, gleichzeitig mehrere Patienten mit schwersten Verletzungen auf hohem Niveau zu versorgen.

Die technische Rettung sollte bei Verkehrsunfällen mit Pkw die meisten Feuerwehren vor keine allzu großen Probleme stellen. Zu berücksichtigen sind mögliche Umweltgefahren, die von Kraft- und Betriebsstoffen ausgehen.

### Lkw

Aufgrund ihrer stabilen Bauweise, ihrer Größe und Masse stellen Lkw die Feuerwehren im Einsatzfall vor erheblich größere Probleme. Bei Bränden sind entsprechend größere Löschmittelmengen erforderlich, bei technischen Rettungen werden besonders leistungsfähige Rettungsgeräte benötigt. Auch die Umweltgefahren, die allein von den bis zu 1 000 Litern Kraftstoff ausgehen, sind nicht zu unterschätzen. Einsätze mit Lkw erfordern oft den Einsatz entsprechend ausgerüsteter Feuerwehren. Mitunter ist auch die Unterstützung durch private Bergungsunternehmen mit Spezialgeräten, großen Winden und Kränen erforderlich. Aufgrund ihrer Größe sind Lkw-Lagen bewusst von allen Seiten zu erkunden, wie man es auch von Gebäuden kennt. Ganz entscheidend für die Abschätzung der Gefahrenlage ist bei Lkw aber insbesondere die Ladung, die völlig unkritisch aber auch äußerst gefährlich sein kann. Ladungen, die als besonders gefährlich einzustufen sind und der Gefahrstoffverordnung unterliegen, sind, sofern auf den Fahrzeugen Gefahrgut in entsprechenden Mengen transportiert wird, mit von außen gut sichtbaren Warntafeln gekennzeichnet.

Da sich die Ladung in Folge des Unfalls verschoben haben kann, gebietet sich die Kontrolle der Ladung unter Umständen auch in Fällen, bei denen die Ladefläche nicht unmittelbar vom Unfallgeschehen betroffen ist.

Bild 77 *Bei Lkw ist auf Hinweise zu achten, die auf eine gefährliche Ladung schließen lassen.*



**Busse**

Busse sind für den Transport großer Personengruppen konzipiert. Bei Unfällen kann es zu einem Massenanfall von Verletzten (MANV) kommen. Je nach Anzahl und Mobilität der Fahrgäste kann es auch im Brandfall zu erheblichen Personenschäden und einer Vielzahl von Verletzten und Toten kommen. Auch die Unterbringung und Betreuung der Insassen, die bei Unfällen von Reisebussen oft fernab der Heimat »gestrandet« sind, kann die Gemeinde vor erhebliche Anforderungen stellen. Bei Unfällen mit Bussen ist zudem mit einem erheblichen Medieninteresse zu rechnen.

**Straßen- und Eisenbahnen**

Straßen- und Eisenbahnen können aufgrund ihrer Größe und Bauweise erhebliche Probleme bereiten. Für technische Rettungsmaßnahmen nach Unfällen wird in der Regel spezielles Gerät benötigt. Bei Ereignissen mit Straßenbahnen und Personenzügen kann eine Vielzahl von Personen betroffen sein. Bei Güterzügen können Waren und Gefahrgüter in großen Dimensionen freigesetzt oder beschädigt werden. Ein großer Kesselwagen hat mit 80 000 Litern immerhin das Fassungsvermögen von zwei bis drei Tanklastzügen. Unfälle mit Straßen- und Eisenbahnen sorgen in der Regel für ein erhebliches Medieninteresse und für eine massive Beeinträchtigung des öffentlichen Nahverkehrs und damit der Infrastruktur.

**Wasserfahrzeuge und Flugzeuge**

Ereignisse mit Wasserfahrzeugen und Flugzeugen sind äußerst selten und betreffen in der Regel nur wenige Feuerwehren entlang der großen Schifffahrtsstraßen und auf oder in der Umgebung von Flughäfen. Die betroffenen Feuerwehren sind meistens für derartige Ereignisse besonders ausgebildet und ausgerüstet, weswegen diese Fahrzeugarten hier nicht weiter betrachtet werden.

### 5.1.2.3 Verkehrswege

Verkehrswege sind ein wesentlicher Bestandteil unserer Infrastruktur. Mobilität ist eine Grundlage unseres Wohlstandes und für viele Menschen auch ein Inbegriff für Freiheit. Bei Einsätzen auf Verkehrswegen hat es die Feuerwehr häufig mit einer Vielzahl von unmittelbar oder mittelbar betroffenen Personen zu tun, die in einem der Öffentlichkeit zugänglichen Bereich versorgt werden müssen.

Verkehrswege führen teilweise durch dicht besiedelte Gebiete und teilweise durch fast unbewohnte Landstriche. Für die Lagebewertung ist die Umgebung des Verkehrsweges oftmals von großer Bedeutung. Dies gilt in Bezug auf die Erreichbarkeit der Einsatzstelle, die Logistik (Nachführen von Einsatzkräften, Löschmittel usw.) und die Gefährdungsbeurteilung, beispielsweise bei einer Freisetzung von Gefahrstoffen. Von Verkehrswegen gehen auch unterschiedliche Gefahren für die eigenen Kräfte aus, die es zu berücksichtigen gilt.

Da die Feuerwehr selbst auf die Verkehrswege angewiesen ist, um die Einsatzstelle zu erreichen, ist bei derartigen Einsätzen häufig auch mit einer Beeinträchtigung der eigenen Handlungsfähigkeit in Folge des Ereignisses zu rechnen.

**Innerstädtische Straßen**

Auf innerstädtischen Straßen treffen mehrere Verkehrsströme aufeinander. Fußgänger, Radfahrer, Auto- und Motorradfahrer sowie Straßenbahnen können von einem gemeinsamen Ereignis betroffen sein. Typisch für innerstädtische Straßen sind zudem die räumliche Enge sowie eine hohe Anzahl Unbeteiligter, die als Augenzeugen betroffen sein können oder unter Umständen als Schaulustige die Arbeiten behindern. Die räumliche Enge kann zu Problemen bei der Fahrzeugaufstellung und Einsatzentwicklung führen. Auch Rettungshubschrauber können im innerstädtischen Bereich – auch unter Berücksichtigung von Gebäuden, Bäumen, Fahrdrähten, Stromkabeln usw. – oftmals nicht direkt am Einsatzort landen.

Bei größeren Ereignissen kann sich eine Gefährdung für umstehende Zuschauer, umliegende Gebäude sowie darin befindliche Personen ergeben.

Eine Gefährdung durch den fließenden Verkehr ist auch in Innenstädten gegeben, aufgrund der niedrigeren zulässigen Höchstgeschwindigkeiten jedoch leichter zu beherrschen. Die Wasserversorgung ist in der Regel sehr gut. Auslaufende Kraft- und Betriebsstoffe sowie gefährliche Stoffe aus der Ladung können in das Kanalsystem und von dort in die Kläranlage oder in offene Gewässer gelangen.

### Landstraßen

Auf Landstraßen bestehen erhebliche Gefahren durch den fließenden Verkehr, der sich mit (zulässigen) Geschwindigkeiten von bis zu 100 km/h aus beiden Richtungen auf die Unfallstelle zubewegen kann.

Bei vielen Lagen ist die Fahrbahn vollständig blockiert, sodass ein Passieren der Unfallstelle nicht möglich ist. Die Maßnahmen von Feuerwehr und Rettungsdienst können dadurch erschwert werden. Einsatzkräfte und Spezialfahrzeuge (Kranwagen) müssen eventuell über Umwege an die richtige Seite der Einsatzstelle geführt werden. Probleme können auch die Heranführung der benötigten Rettungsmittel sowie der Abtransport der Patienten bereiten. Diese müssen möglicherweise über Umwege ins Krankenhaus gefahren werden. Landemöglichkeiten für Rettungshubschrauber sind in der Regel auf oder neben der Fahrbahn gegeben. Die Wasserversorgung ist auf Landstraßen in der Regel sehr schlecht.

Im ländlichen Bereich kann es durch die Sperrung einer Landstraße zu großen Einschränkungen für den Individualverkehr kommen.

### Autobahnen und Schnellfahrstraßen

Hohe Geschwindigkeiten und eine hohe Verkehrsdichte sorgen bei Einsätzen auf Autobahnen für eine erhebliche Gefährdung. Bei den meisten Einsätzen sind noch eine oder mehrere Fahrspuren befahrbar, sodass der Verkehr unmittelbar an der Unfallstelle vorbeirollt. Die Unfallstelle ist entsprechend abzusichern.

Die Polizei hat ein berechtigtes Interesse daran, den Verkehr möglichst zügig an der Unfallstelle vorbeifahren zu lassen und versucht auf diese Weise unnötige Staus zu vermeiden, die ihrerseits Unfallgefahren und volkswirtschaftliche Schäden nach sich ziehen. Um ein sicheres und zügiges Arbeiten zu ermöglichen, benötigt die Feuerwehr hingegen Platz und einen ausreichenden Sicherheitsabstand zum fließenden Verkehr. Der Grundsatz der Verhältnismäßigkeit ist in Bezug auf die Sicherheit der Einsatzkräfte, einer zügigen und erfolgreichen Einsatzabwicklung einerseits und einem zügigen Verkehrsfluss andererseits zu berücksichtigen. Unnötige Behinderungen des Verkehrs sind zu vermeiden. Eine zügige Freigabe der Autobahn liegt im Interesse der Allgemeinheit.

Sofern es die Lage erfordert, ist umgekehrt auch die Sperrung der Gegenfahrbahn zu prüfen und bei Bedarf durch die Polizei zu veranlassen. Gründe für eine Vollsperrung können Sichtbehinderungen bei Fahrzeugbränden und ein erhöhter Platzbedarf für die Einsatzabwicklung sein. So können über die Gegenfahrbahn Fahrzeuge, Geräte und Löschmittel an die Unfallstelle gebracht und ggf. auch Patienten abtransportiert werden. Eine Vollsperrung kann auch bei Einsätzen, bei denen Gefahrstoffe freige-

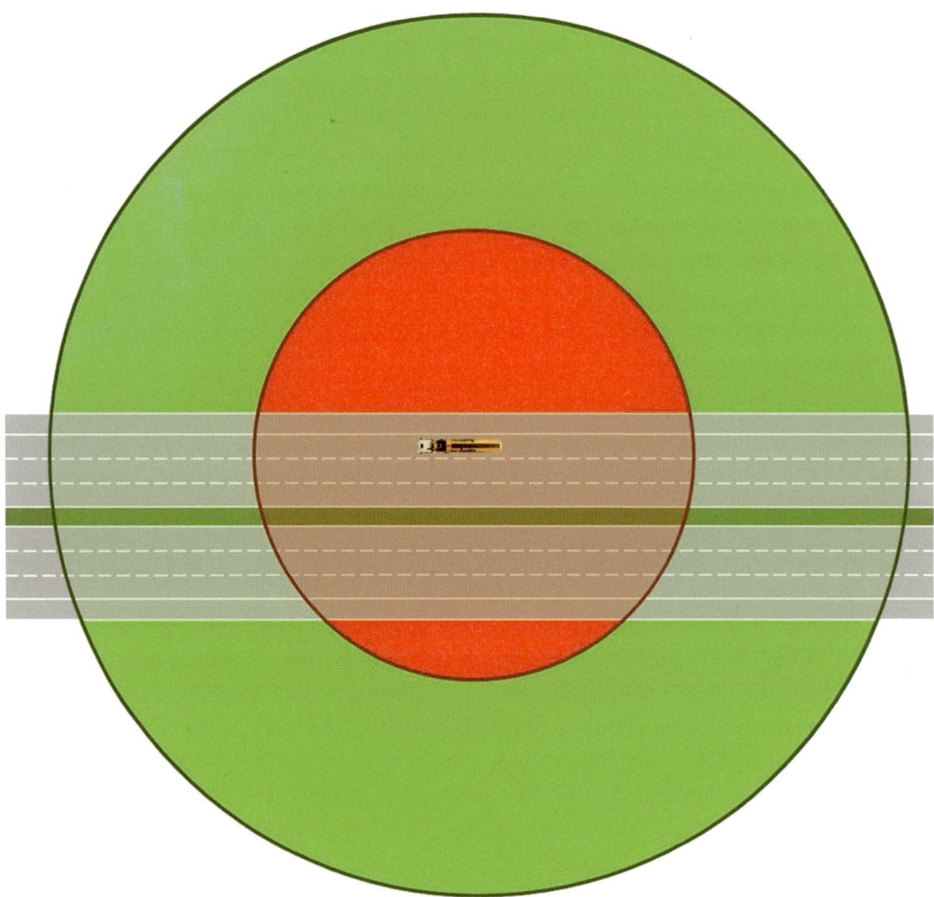

Bild 78 ***Bei einer Freisetzung von Gefahrstoffen kann es erforderlich sein, auch die Gegenfahrbahn zu sperren, um den geforderten Absperrbereich mit einem Radius von 50 m (rot) bzw. 100 m (grün) zu realisieren.***

setzt werden, erforderlich sein, um die in der FwDV 500 geforderten Sicherheitsabstände gewährleisten zu können.

Die Anfahrt zur Unfallstelle ist in der Regel nur in Fahrtrichtung möglich. Die Anmarschwege zu Einsatzstellen auf der Autobahn sind häufig sehr lang. Die Anfahrtszeiten können sich durch Staus vor der Einsatzstelle erhöhen. Ein falsches Auffahren auf die Autobahn bzw. Schnellstraße lässt sich nur mit erheblichen Umwegen und Zeitverlusten korrigieren, weswegen bei unpräzisen Ortsangaben Vorsicht geboten ist. Ein Auffahren in Gegenrichtung, quasi als »Geisterfahrer«, ist nur in Absprache und mit ausdrücklicher Zustimmung der Polizei möglich. Die Wasserversorgung auf Autobahnen ist in der Regel sehr schlecht.



**Schienenwege**

Einsätze auf Schienenwegen stellen die Feuerwehren oft vor große Probleme. Aufgrund unpräziser Ortsangaben ist es oft schon sehr schwierig, die Einsatzstelle überhaupt zu lokalisieren. Mitunter müssen mehrere Orte parallel oder nacheinander angefahren werden, um den tatsächlichen Einsatzort zu finden. Die Erreichbarkeit der Einsatzstelle ist zudem häufig erschwert, da die Bahntrassen oft durch unwegsames Gelände, über Brücken und durch Tunnel führen. Der dadurch erforderliche Materialtransport über den Gleiskörper ist äußerst beschwerlich und personalintensiv.

Auf Schienenwegen werden Züge, in denen sich viele Menschen oder Güter in großen Dimensionen befinden, mit hohen Geschwindigkeiten bewegt. Damit können Einsätze in diesem Bereich Ausmaße annehmen, die auf der Straße normalerweise nicht erreicht werden. Die verwendeten Materialien und Materialstärken sowie die zu bewegenden Massen und Volumina erfordern Spezialgerät, welches bei Feuerwehren nicht oder nur in begrenztem Umfang vorgehalten wird.

Die hohe Geschwindigkeit und die große Masse der Züge in Verbindung mit dem äußerst geringen Haftreibungskoeffizienten von Metall auf Metall führen zu Bremswegen von bis zu mehreren Kilometern. Eine erfolgversprechende Reaktion auf eine optisch wahrgenommene Gefahr von Seiten des Triebfahrzeugführers ist in der Regel nicht möglich.

Bei Einsätzen auf Schienenwegen bestehen sehr große Gefahren, die zum einen durch den nicht automatisch unterbrochenen Verkehr auf benachbarten Gleisen und zum anderen durch den elektrischen Strom hervorgerufen werden. Um diese Gefahren beseitigen zu können, müssen der betroffene Gleisabschnitt genau bestimmt oder großflächige Sperrungen und Abschaltungen vorgenommen werden. Dies bereitet insbesondere in Bahnhofsbereichen mit hoher Gleisdichte große Schwierigkeiten.

Die in den Fahrdrähten anliegende Spannung von 15 000 V birgt schon bei der Annäherung erhebliche Gefahren. Das Besteigen eines gedeckten Güter-, Kessel- oder Personenwagens bei nicht abgeschalteter und geerdeter Oberleitung ist lebensgefährlich. Vorsicht ist auch geboten, wenn der Fahrdraht abgerissen ist und Kontakt mit der Erde, der Lokomotive oder den Waggons hat. Trotz des bestehenden Kontakts mit dem Erdreich ist keinesfalls auszuschließen, dass noch eine lebensgefährliche Spannung anliegt.

Obwohl die Spannung bei Straßenbahnen im innerstädtischen Bereich nur 900 V (Gleichstrom) beträgt, besteht die Gefahr eines tödlichen Stromschlags auch hier. Eine besondere Gefahrensituation ergibt sich, wenn das Einsatzfahrzeug unter dem Fahrdraht abgestellt wurde und das Dach bestiegen wird, um beispielsweise eine tragbare Leiter zu entnehmen.

Einsätze im Bereich von Bahnanlagen sind ausschließlich in enger Zusammenarbeit mit dem Betreiber des Schienennetzes durchzuführen. Die Sperrung des gesamten Bereichs für den rollenden Verkehr, die Freischaltung (durch das zuständige Stellwerk) und beidseitige Erdung der Fahrleitungen (durch Notfallmanager, Bundespolizei oder besonders geschulte Einsatzkräfte der Feuerwehr) bilden die Grundlage für ein sicheres Arbeiten und müssen schnellstmöglich veranlasst werden. Zusätzlich ist die Einsatzstelle bei mehrgleisigen Anlagen – auch bei gemeldeter Sperrung aller Gleise – beidseitig mit Sicherungsposten zu besetzen.

In enger Zusammenarbeit zwischen Betreiber und Einsatzleitung ist zu prüfen, ob Schienenwege teilweise wieder freigegeben werden können, wenn hierdurch keine Beeinträchtigung der Sicherheit gegeben ist. Auch das Schienennetz ist ein wichtiger Teil der Infrastruktur. Von Seiten des Betreibers und der Allgemeinheit besteht ein berechtigtes Interesse an einer Beschränkung der Behinderung auf das unbedingt notwendige Maß.

### 5.1.2.4 Verkehrstechnische Bauten

#### Tunnel

In Tunneln können sich eine Reihe zusätzlicher Probleme ergeben. Diese resultieren aus der Einschränkung auf nur zwei Freiheitsgrade in Tunnelbauwerken.

So ist die Einsatzstelle oftmals nicht oder nur mit Schwierigkeiten zu erreichen. Große Strecken müssen manchmal zu Fuß zurückgelegt werden, wodurch sich der Einsatz verzögert und erschwert. In dem Bauwerk kann es zudem zu Einschränkungen bei der Funkkommunikation kommen.

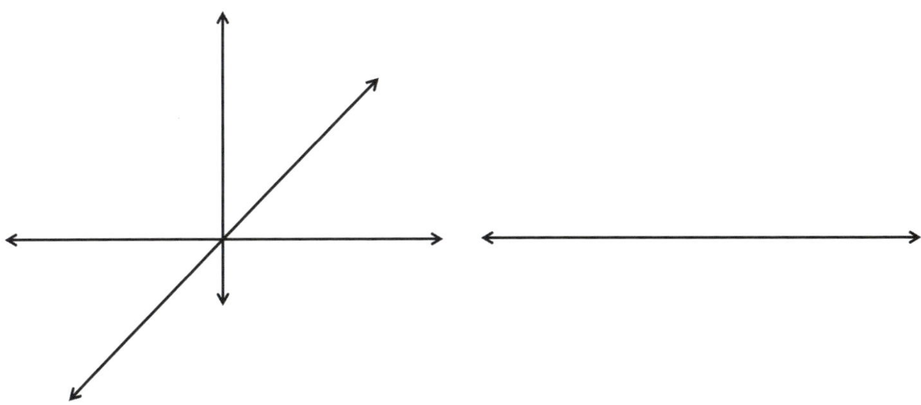

Bilder 79 a und b *Freiheitsgrade auf freier Strecke (links), Freiheitsgrade im Tunnel (rechts)*

Bild 80 *Bei Einsätzen in Tunneln müssen teilweise lange Strecken zu Fuß zurückgelegt werden, die Kommunikation per Funk kann stark eingeschränkt sein.*

Besonders kritisch kann die Situation bei Bränden in Tunneln sein, die sich durch hohe Brand- und Rauchausbreitungsgeschwindigkeiten auszeichnen. Hohe Temperaturen und die schon genannten langen Anmarschwege im Tunnel erfordern eine besondere Strategie und eine zusätzliche technische Ausstattung bei Bränden in ausgedehnten unterirdischen Verkehrsanlagen.

Um die besonderen Risiken in Tunneln beherrschbar zu machen, verfügen große Tunnelbauwerke über Flucht- und Rettungswege, technische Einrichtungen für die Entrauchung im Brandfall, Wandhydranten, Überwachungskameras, Ampelsteuerungen, Tunnelfunkanlagen usw.

**Brücken**

Auf Brücken besteht wie in Tunneln die Problematik, dass eine Annäherung an die Einsatzstelle von der Seite aus nicht möglich ist. Darüber hinaus ist bei Ereignissen auf Brücken zu berücksichtigen, dass sich die Lage auf die darunterliegende Ebene ausgebreitet haben kann oder für diese eine Gefährdung darstellt. So können beispielsweise über Kanaleinläufe Kraftstoff oder Öl in ein unter der Brücke befindliches Gewässer gelangen oder Fahrzeuge bzw. Fahrzeugteile auf unter der Brücke verlaufende Verkehrswege stürzen.

### 5.1.2.5 Natürliche Objekte

Zu den natürlichen Objekten gehören Wiesen und Wälder, Berge, Täler und Schluchten, Seen, Bäche und Flüsse, wo die Feuerwehr zur Rettung von Menschen und Tieren, zur Brandbekämpfung und zum Schutz der Umwelt zum Einsatz kommen kann. Aufgrund unpräziser Ortsangaben gestaltet sich das Auffinden der Einsatzstelle oft sehr schwierig. Weitere Probleme stellen die schlechte Erreichbarkeit und häufig auch die schwierige Wasserversorgung dar. Einsätze in natürlichen Objekten können zudem riesige Dimensionen aufweisen und spezielle Geräte und Kenntnisse erfordern.

Sehr hilfreich kann bei ausgedehnten natürlichen Objekten die Unterstützung durch die Polizei sein, die mit ihren gut ausgestatteten Hubschraubern in vielfältiger Hinsicht unterstützen kann. In Bezug auf die Auswahl der Fahrzeuge kann die Geländetauglichkeit ein wesentliches Kriterium sein.

## 5.2 Die »heiße« Lage

Neben der »kalten Lage«, die sich auf das Objekt im Normalzustand bezieht, gilt es, die »heiße Lage«, die konkrete Schadenlage zu erkunden. Der Schaden ist dabei unter den Aspekten

- Schadenart,
- Schadenursache und
- Schadenumfang

zu betrachten.

In Bezug auf den Schadenumfang ist zu unterscheiden, ob

- Menschen,
- Tiere,
- Sachwerte oder die
- Umwelt

von dem Schaden betroffen sind.



### 5.2.1 Schadenart

Die Schadenart bezieht sich auf die Frage, was überhaupt passiert ist bzw. gerade noch passiert. Handelt es sich bei dem Ereignis um einen Brand, die Folgen einer Explosion, einen Verkehrs- oder Maschinenunfall usw.?

Die Schadenart ist häufig schon bei der Alarmierung bekannt und dient der Leitstelle als Grundlage für die Art der Alarmierung. Vor Ort gilt es, die bereits vorliegenden Hinweise ggf. weiter zu konkretisieren. In einigen Fällen zeigt sich vor Ort jedoch eine vom Meldebild völlig abweichende Schadenart.

### 5.2.2 Schadenursache

Die Schadenursache ist manchmal Bestandteil der Meldung und kann dem Einsatzleiter schon auf der Anfahrt genannt werden. In der überwiegenden Zahl der Fälle ist die Ursache bei Eintreffen der Einsatzkräfte jedoch noch unklar und sollte nach Möglichkeit im Rahmen der Erkundung ermittelt werden.

Kenntnisse über die Schadenursache können für die Gefahrenabwehr und damit für den Einsatz der Feuerwehr relevant sein. So führen Feuerarbeiten als Brandursache fast zwangsläufig zu der Frage, ob Gasflaschen verwendet wurden und sich noch im Gefahrenbereich befinden. Bei Kinderbrandstiftung ist die Frage nach dem Aufenthaltsort des Kindes und dessen Gesundheitszustand zu hinterfragen. Bei vorsätzlicher Brandstiftung besteht die Gefahr möglicher weiterer Brandstellen im Objekt oder dessen Umgebung. Bei Terroranschlägen ist zu prüfen, ob möglicherweise weitere Bomben platziert wurden und zeitversetzt zur Detonation gebracht werden sollen.

Die Schadenursache kann auch bei Einsätzen im Bereich der Technischen Hilfeleistung und sonstigen Einsätzen relevant sein. Dabei ist unter anderem zu klären, ob die Ursache des Problems noch besteht und als potenzielle Gefahr zu berücksichtigen ist. Kommt es beispielsweise infolge von Schneebruch zu einer Verkehrsbehinderung in einem Waldstück, muss mit weiteren Ästen oder Bäumen gerechnet werden, die unter der Schneelast herabstürzen und die Einsatzkräfte gefährden.

**Anmerkung:**

**Die Ursachenermittlung im Sinne der Strafverfolgung und für die Regelung etwaiger zivilrechtlicher Ansprüche ist Aufgabe der Polizei. Hinweise, die der Polizei helfen können, die Ursache zu ermitteln, sind der Polizei zu melden, mögliche Zeugen zu benennen. Die Feuerwehr ist zudem gehalten, Spuren zu erhalten, sofern hierdurch die Erledigung der eigenen Aufgabe nicht behindert wird.**

### 5.2.3 Schadenumfang

Der Schadenumfang bezieht sich auf die Art und die Anzahl betroffener Objekte ebenso wie auf die Dimension eines vom Schaden betroffenen Bereichs. Primär gilt es im Rahmen der Erkundung zu klären, ob, wie und in welcher Anzahl Menschen betroffen sind.

Die Erkundung des Schadenumfangs ist bedeutsam, um den Bedarf des zur Gefahrenabwehr erforderlichen Potenzials an Personal, Gerät und Material abschätzen zu können. Der Schadenumfang kann auch Auswirkung auf die Gefährdung der Einsatzkräfte haben. Außerdem gilt es, betroffene von nicht betroffenen Bereichen abzugrenzen.

Bei Bränden gehören zur Feststellung des Schadenumfangs:

- die Klassifizierung des Brandes (Keller-, Wohnungs-, Dachstuhlbrand ...),
- die Lage des Brandortes (z. B. im 2. OG),
- die Intensität des Brandes (Brandintensität, Flammenaustritt, starke Rauchentwicklung, ungewöhnliche Rauchfärbung ...),

- Art und Menge des Brandgutes (Feststoffe, Flüssigkeit, Gas ...),
- der Zustand von Fenstern und Türen (offen, geschlossen, durchgebrannt, geborsten ...),
- die Brand- und Rauchausbreitung im Gebäude,
- die Anzahl der Personen im Gebäude,
- bedrohte Menschen, Tiere und Sachwerte,
- Art und Schwere der Bedrohung,
- Verhalten und Zustand der bedrohten Menschen,
- tatsächliche oder vermutete Aufenthaltsorte von Menschen und Tieren,
- Hinweise auf besondere Gefahren (für die Betroffenen und die Einsatzkräfte),
- Hinweise auf Umweltgefahren (Brandgut, Rauchentwicklung, Löschwasser ...).



Bei Verkehrsunfällen ist in Bezug auf den Schadenumfang beispielsweise zu unterscheiden:

- Anzahl der beteiligten Fahrzeuge,
- Zustand der Fahrzeuge (brennend, auf der Seite/dem Dach liegend, unter Lkw),
- Anzahl der betroffenen, verletzten, eingeklemmten, verschütteten oder eingeschlossenen Personen,
- Schweregrad und Art etwaiger Verletzungen,
- auslaufende Kraft- und Betriebsstoffe,
- austretende (gefährliche) Ladung.

Bei Umwelteinsätzen ist der Schadenumfang abhängig von:

- Art, Menge und Aggregatzustand (fest, flüssig, gasförmig) der ausgetretenen Stoffe,
- Betroffenheit von Fläche/Gebiet,
- Freisetzung in einem Gebäude/im Freien,
- Schadenbereich auf das Gebäude/die Anlage begrenzt,
- Eindringen in Böden, offene Gewässer, Kanalsystem,
- Verletzte oder gefährdete Personen im Bereich der Schadenstelle,
- Gefährdung der Bevölkerung,
- Gefährdung der Umwelt (Luft, Wasser, Boden).

Bild 81 ***Bei Verkehrsunfällen kann sich das Schadenszenario auf mehrere Objekte verteilen, die im Gelände weit verstreut sind.***

## 5.2.4 Laufende Maßnahmen

Bei der Betrachtung der heißen Lage sind auch bereits laufende und schon abgeschlossene Maßnahmen zu erkennen und in die Lagebeurteilung einzubeziehen. Diese Maßnahmen können durch

- betroffene Personen, Angehörige, Nachbarn, Betriebsangehörige, Unfallbeteiligte,
- Zeugen,
- bereits vor Ort befindliche Einsatzkräfte von
  - Polizei,
  - Rettungsdienst und
  - anderen Einheiten der Feuerwehr

ergriffen worden sein.

Die bereits getroffenen oder laufenden Maßnahmen können die Lage vereinfachen, in Ausnahmefällen aber auch erschweren. Zu beachten ist insbesondere, dass dabei

Maßnahmen häufig ohne Rücksicht auf Vorschriften und auf einem deutlich niedrigeren Sicherheitsniveau (Innenangriff ohne Atemschutz, Bewegen von Lasten ohne Rücksicht auf den Zustand der eingeklemmten Person usw.) ausgeführt werden. Der Einsatzleiter muss entscheiden, ob die Maßnahmen in der vorgefundenen Art weitergeführt, ausgebaut, gestoppt oder von eigenen Kräften übernommen werden.

## 5.3 Der Ablauf der Erkundung



Bei Bränden in Gebäuden läuft die Erkundung in vier Phasen ab:

- Phase 1: Betrachtung der Frontseite des Gebäudes,
- Phase 2: Befragung von Personen,
- Phase 3: Blick in den Treppenraum/Eingangsbereich,
- Phase 4: Betrachtung der übrigen Seiten des Gebäudes.

Bilder 82 a und b ***Durch die Vergrößerung des Abstandes zum Objekt lassen sich oft zusätzliche Informationen gewinnen. In diesem Beispiel werden Dachgauben eines ausgebauten Dachgeschosses sichtbar.***

Die Betrachtung der Frontseite (Phase 1) ist in der Regel sehr einfach und schnell erledigt. Mitunter kann es jedoch erforderlich sein, den Abstand zum Haus zu vergrößern, um die Frontseite, zu der natürlich auch das Dach mit Dachaufbauten, Gauben und so weiter gehört, komplett sehen zu können. Diese Distanz zum Gebäude ist oft auch erforderlich, um Personen, die am Fenster stehen, wahrnehmen zu können.

Die Dächer von Gebäuden werden aus ökologischen Gründen immer mehr genutzt, um Anlagen zur Nutzung der Sonnenenergie zu montieren. Auch um diese Anlagen und die hieraus resultierenden Gefahren erkennen zu können, macht es Sinn, das Dach in die Erkundung mit einzubeziehen.

An der Straßenseite können sich auch Firmenschilder befinden, die Hinweise auf die Nutzung des Gebäudes liefern. So finden sich häufig Hinweise auf Geschäfte, Hotels, Werkstätten, Arztpraxen und so weiter. Von der Nutzung lassen sich wiederum Rückschlüsse auf drohende Gefahren ziehen.

Phase 2, die Befragung von Personen, gestaltet sich häufig schon wesentlich aufwendiger. Sie liefert jedoch oft entscheidende Hinweise, die diesen Aufwand rechtfertigen. So können Hausbewohner oft Auskunft über das Schadenereignis und

Bild 83 ***Das Apothekenschild liefert einen Hinweis, dass sich im Gebäude chemische Stoffe befinden.***

noch im Gebäude befindliche Personen geben. In Betrieben kann man Informationen über vermisste oder verletzte Personen, die Nutzung des Gebäudes, mögliche Gefahren, Gefahrstoffe usw. erhalten. Lkw-Fahrer können den Einsatzleiter meistens über Art und Menge der Ladung informieren.

In der Praxis läuft die Befragung allerdings nicht immer so, wie bei vielen Übungen und Planspielen üblich. Vor Ort steht nicht unbedingt eine Person, die sich aus der Masse hervorhebt und ruhig und besonnen die Fragen beantwortet. Vielmehr stehen da nicht selten mehrere Personen, von denen die meisten überhaupt keine Auskunft geben können. Man darf nicht unbedingt erwarten, dass die Personen, die wichtige Informationen liefern können, sich immer aktiv auf den Einsatzleiter zu bewegen und sich als Informant zu erkennen geben. In der Praxis gilt es demnach zunächst, wichtige Informanten ausfindig zu machen, um ihnen dann durch eine gezielte Fragestellung die notwendigen Informationen zu entlocken.

Auch die Kommunikation mit den Betroffenen läuft an der Einsatzstelle nicht immer so problemlos ab, wie man es bei manchen Übungen suggeriert bekommt. Neben Sprachproblemen mit ausländischen Mitbürgern sind hier auch potenzielle Zeugen zu nennen, die durch Schock, Aufregung, Angst, Alkohol- oder Drogenkonsum gar nicht in der Lage sind, klare Informationen zu geben. Rein theoretischer Natur sind im Übrigen auch Gespräche mit Betroffenen über mehrere Stockwerke, wie man sie an Planspieltischen immer gerne und erfolgreich praktiziert.

Der Einsatzleiter sollte sich die Zeit nehmen, aktiv auf Personen zuzugehen und sie ermuntern, ihm die notwendigen Informationen zu liefern. Um Zeit zu sparen, sollte er versuchen, in Zuschauergruppen wichtige Informanten zu finden, indem er laut, klar und gezielt fragt, ob jemand in dem betroffenen Haus, der betroffenen Wohnung wohnt, ob sich der Anrufer in der Gruppe befindet oder ganz allgemein, ob ihm jemand etwas zu dem Ereignis sagen kann.

Bei größeren Objekten, öffentlichen Gebäuden und Betrieben sind es mitunter Hausmeister, Brandschutzbeauftragte, Betriebsleiter und so weiter, die dem Einsatzleiter wertvolle Hinweise geben können. Diese Personen sind mitunter mit Warnwesten oder Ähnlichem optisch kenntlich gemacht.

Ist ein größeres Objekt betroffen, welches bereits geräumt wird, kann der Einsatzleiter einen Ansprechpartner möglicherweise am ausgewiesenen Sammelpunkt finden. Sofern die Räumung bereits abgeschlossen ist, erhält er dort eventuell die Information, ob noch Personen vermisst werden und ob es Verletzte gibt.

Ist ein geeigneter Informant gefunden, sollte der Einsatzleiter das Gespräch gezielt führen, indem er Fragen stellt und auf kurze, präzise Antworten beharrt. Es empfiehlt sich, das Gespräch wie üblich mit einer Grußformel und der Vorstellung der eigenen Person zu beginnen. Dabei sollte man sich auch nicht scheuen, dem

Gesprächspartner die Hand zum Gruß anzubieten oder – je nach Lage – auf andere Weise den direkten Körperkontakt zu suchen (Hand auf den Arm legen). Diese Geste verfolgt das Ziel, die Situation zu entspannen, Vertrauen zu schaffen. Gleichzeitig vermittelt der Einsatzleiter damit ein Gefühl der Souveränität (»Wir lassen uns nicht aus der Ruhe bringen, wir kennen solche Lagen, können mit so etwas umgehen.«). Die Botschaft soll sein: »Beruhigen Sie sich, wir helfen Ihnen!« Je ruhiger und gefasster wir nach außen auftreten, umso mehr wird sich die Ruhe auf die Betroffenen übertragen. Mit einem einfachen »Guten Tag, mein Name ist …, ich bin von der Feuerwehr …« lässt sich hier vieles erreichen.

**Anmerkung:**

**Die Würde des Menschen ist unantastbar. Dies gilt selbstverständlich oder gerade auch im Einsatz. Die Feuerwehr trifft dabei mitunter auf Menschen, mit denen die Einsatzkräfte unter anderen Umständen vielleicht nicht umgehen würden und deren Denkweise und Weltanschauung sie nicht unbedingt teilen. Diese Menschen sind es umgekehrt oft nicht mehr gewohnt, freundlich und offen begrüßt und als Ansprechpartner auf Augenhöhe wahrgenommen zu werden. Sie reagieren eventuell schroff und ablehnend gegenüber Behördenvertretern, ändern ihr Verhalten aber nicht selten und öffnen sich mitunter, wenn man ihnen entsprechend würdevoll begegnet.**

Die den potenziellen Informanten zu stellenden Fragen sollten sich ausschließlich an den bereits genannten Zielen der Erkundung orientieren:

**Ziel 1: Art und Umfang der Gefahrenlage erkennen**

- Was ist passiert? Wo brennt es? Was brennt? Wie ist es passiert?
- Befinden sich noch Personen im Gefahrenbereich, im Gebäude?
- Wie viele Personen sind es? Wo genau sind diese Personen? Können Sie etwas über diese Personen sagen?
  - Kinder?
  - alte Menschen mit eingeschränkter Mobilität?
  - verletzte Personen?
- Sind Sie selbst verletzt? Wie geht es Ihrer Familie, Ihren Kindern? Brauchen Sie selbst medizinische Hilfe? Ist sonst jemand verletzt worden?
- Sind Tiere in Gefahr?
- Gibt es besondere Gefahren, auf die wir zu achten haben?
  - Energieversorgung?
  - Gasflaschen?

  - Gefahrstoffe?
  - besondere Liebhabereien (exotische Tiere, Waffensammlung, Chemikalien)?
  - Antriebsart bei Kraftfahrzeugen, Ladung bei Lkw?
- Gibt es Sachwerte, die es besonders zu schützen gilt?
  - Kulturgüter?
  - ideelle Werte?
  - wichtige Betriebsteile und Maschinen?
- Wurden bereits Maßnahmen durch die Bewohner, Betriebsangehörige oder sonstige Personen ergriffen?
  - Türen geschlossen?
  - Räumung veranlasst?
  - Not-Aus betätigt?



**Ziel 2: Hinweise auf mögliche Gegenmaßnahmen erhalten**

- Wie komme ich in das Gebäude, zum Ort des Geschehens? Gibt es weitere Zugangsmöglichkeiten?
- Brauchen wir einen Schlüssel? Können Sie uns diesen Schlüssel geben?
- Gibt es bauliche Einrichtungen, Anlagen und Materialien, die genutzt werden können?
  - Einrichtungen des Vorbeugenden baulichen Brandschutzes?
  - Not-Aus-Schalter für Strom und Gas?
  - Sonderlöschmittel?

Während des Gesprächs sollte der Einsatzleiter sich auch die Zeit nehmen, den/die Informanten zu beobachten, um Hinweise zu erhalten, die der Informant selbst nicht wahrgenommen hat oder nicht wahrhaben will. Hierzu gehören insbesondere Hinweise auf mögliche Verletzungen wie

- Brandwunden, Hautrötungen,
- Ruß im Gesicht, im Bereich der Nase (eindeutiger Hinweis auf Rauchgasinhalation),
- Hustenreiz, Erbrechen, Atemnot, tränende Augen,
- Anzeichen von Schmerz und/oder Schock,
- atypische Bewegungsabläufe.

Bild 84 ***Deutliche Rußspuren im Gesicht von Vater und Kind deuten auf eine Rauchgasinhalation hin. Der Vater scheint zudem Verbrennungen erlitten zu haben. Auch solche Dinge gilt es bei Gesprächen mit Informanten zu erkennen.***

Daneben macht es auch Sinn, den/die Informanten zu beobachten, um etwaige Hinweise auf eine eingeschränkte Glaubwürdigkeit des Zeugen wahrzunehmen. Hierzu gehören:

- offenkundiger starker Konsum von Alkohol oder Drogen,
- offenkundige Verwirrtheit oder geistige Behinderung sowie
- starke Erregung (Stress, Angst).

Ebenso gilt es, Informationen kritisch zu hinterfragen,

- die nicht plausibel oder in sich widersprüchlich sind oder
- über die der Informant in der vorgetragenen Detailtiefe möglicherweise gar nicht verfügen kann.

Aus den Schilderungen des Informanten können sich weitere Hinweise auf mögliche Probleme ergeben. Hat die Person womöglich selbst Rettungs- oder Löschversuche unternommen? Musste sie diese abbrechen, weil Wärme und Rauch ein weiteres Vorgehen unmöglich gemacht haben?

Die Phase 3 sieht den Blick in den Treppenraum beziehungsweise den Eingangsbereich des Gebäudes vor. Damit verschafft sich der Einsatzleiter einen ersten Eindruck über den Zustand des wichtigsten Angriffsweges, der gleichzeitig als baulicher Rettungsweg von großer Bedeutung für die Hausbewohner ist. In Bezug auf die aktuelle Lage ist von Bedeutung, ob

- der Treppenraum bereits verraucht ist oder sogar
- in das Brandgeschehen einbezogen ist.

Der Blick in den Treppenraum liefert zudem möglicherweise auch Hinweise auf Personen, die sich im Treppenraum befinden (Stimmen, Schritte usw.).

**Anmerkung:**

**Der Treppenraum ist der bauliche Rettungsweg. Die meisten Häuser verfügen nur über einen Treppenraum. Ist dieser verraucht, ist eine sichere Flucht der Bewohner ohne Hilfe der Feuerwehr nicht mehr möglich. Es muss jedoch damit gerechnet werden, dass Bewohner, denen Kenntnisse über die Gefährlichkeit des Brandrauchs fehlen, versuchen werden oder bereits versucht haben, sich über den Treppenraum in Sicherheit zu bringen. Sie können sich dabei einer großen Gefahr ausgesetzt haben und sich in einer lebensbedrohlichen Lage befinden.**

Mit dem Blick in den Treppenraum versucht der Einsatzleiter auch zu erkunden, ob der gewählte Eingang als Angriffsweg überhaupt zur Verfügung steht und einen Zugang zur eigentlichen Schadenstelle ermöglicht.

Der Blick in den Treppenraum vermittelt zudem einen Eindruck von den baulichen Gegebenheiten:

- verwendete Baustoffe im Treppenraum (Holztreppenraum?),
- Bauart der Treppe,
- Verbindung bzw. bauliche Abtrennung des Treppenraumes zu Keller-, Lager-, Verkaufs- und Wohnräumen,
- Rauchabzugsöffnungen im Treppenraum (RWA mit Auslöseeinrichtung im Erdgeschoss, Fenster),
- Möglichkeit eines Durchgangs zum Hinterhof.

**Bild 85** ***Der Blick in den Treppenraum bringt manchmal wertvolle Erkenntnisse. Gerade bei einer geschlossenen Bebauung in Innenstädten bietet der Treppenraum zudem oft die einzige Möglichkeit, um in den Hinterhof zu gelangen. Auch dies gilt es zu erkunden.***

In Hinblick auf den Zeitbedarf und die Eigengefährdung macht es keinen Sinn, dass der Einsatzleiter sich im Treppenraum nach oben bis zur Rauchgrenze bewegt. Alleine und ohne Atemschutz kann er dort ohnehin nichts ausrichten. Zudem läuft er Gefahr, im Treppenraum oder an der Wohnungstür auf eine Situation zu stoßen, die ihn verleitet Dinge zu tun, für die er nicht ausgerüstet ist und die ihn von seiner eigentlichen Führungsarbeit abhalten.

In Phase 4 betrachtet der Einsatzleiter die übrigen Seiten des Brandobjektes. Auch diese Phase ist von großer Bedeutung und darf nicht vernachlässigt werden. Auf der

Bild 86 ***Die Erkundung der Gebäuderückseite ist notwendig, um ein umfassendes Bild der Lage zu erhalten.***



Rückseite kann sich die Lage gerade in Bezug auf bedrohte Personen völlig anders als auf der Straßenseite darstellen. Viele Wohnungen haben beispielsweise die Schlafräume auf der rückwärtigen Seite des Gebäudes. In größeren Gebäuden haben viele Nutzungseinheiten überhaupt keine Räume mit einem Fenster zur Straße.

Die Betrachtung der verschiedenen Seiten des Objektes dient natürlich auch dem Zweck, weitere Informationen über das Gebäude zu erhalten. Hierzu gehören unter anderem Hinweise auf die Gebäudestruktur, die Anzahl und Lage der baulichen Rettungswege sowie alternative Zugangsmöglichkeiten. Darüber hinaus kann beim

**Bild 87** ***Bezüglich der Rückseite stellen sich bei solchen Objekten zwei Fragen: »Wie mag es dort aussehen?« und »Wie kommt man dorthin?«***

Umrunden des Gebäudes auch das Umfeld des betroffenen Objekts in alle Richtungen in die Erkundung einbezogen werden. Dort befindliche Objekte können bedroht sein. Ebenso kann es im Umfeld Gefahrenquellen geben, die es zu berücksichtigen gilt.

Für die Betrachtung der übrigen Gebäudefronten gilt natürlich das für die Straßenseite bereits Gesagte. Um die Front komplett betrachten zu können, benötigt man die entsprechende Distanz zum Gebäude. Dies lässt sich bei entsprechend dichter Bebauung manchmal jedoch nicht realisieren.

Wenn Gebäude in geschlossener Bauweise (zusammenhängende Häuserfronten von mehr als 50 Meter Länge) errichtet sind, ist die Erkundung der Gebäuderückseite in der Praxis oft mit Schwierigkeiten und Zeitverlusten verbunden. Bei vielen Häusern besteht die Möglichkeit, durch das Objekt selbst über eine Hintertür in den Hof zu gelangen. Gerade bei Nachteinsätzen ist diese jedoch oft verschlossen. Nicht selten müssen weite Wege zurückgelegt und manchmal sogar Zäune oder Mauern überwunden werden. Oft ergibt sich bereits ein Erkundungsbedarf, überhaupt eine Möglichkeit zu finden, um auf die Rückseite zu gelangen.

Bei Nacht liegt die Gebäuderückseite häufig im Dunkeln. Im Gegensatz zur Straßenfront wird sie in der Regel nicht von Straßenlaternen angestrahlt. Zur Erkundung der bei Nacht meist dunklen Fassade ist demzufolge oft eine Lampe erforderlich.

Bei Verkehrsunfällen und sonstigen Einsätzen läuft die Erkundung in ähnlicher Weise ab. So ist die Schadenstelle zu umrunden, um den Schadenumfang erfassen und Gefahren erkennen zu können. Auch das Umfeld der eigentlichen Schadenstelle ist zu kontrollieren, um beispielsweise Personen zu finden, die aus dem Auto geschleudert wurden oder sich einige Meter von der Schadenstelle entfernt haben. Die Befragung von betroffenen Personen und potenziellen Zeugen ist ebenfalls durchzuführen.



Sofern Personen betroffen sind, ist die Einschätzung der medizinischen Notlage für die Bewertung der Gesamtlage von großer Bedeutung. Da der Einsatzleiter über die hierzu notwendige Fachkenntnis in der Regel nicht verfügt, ist er dabei auf die Mithilfe von fachkundigem Personal angewiesen. Dies ist im Idealfall ein Notarzt. Zur Erkundung gehört demzufolge auch das Gespräch mit dem Notarzt oder dem vor Ort befindlichen Personal des Rettungsdienstes. Dabei gilt es zu klären, ob

- die betroffene Person notfallmedizinischer Hilfe bedarf (unverletzt, verletzt, tot),
- notfallmedizinische Maßnahmen vor oder erst nach der technischen Rettung erfolgen sollen,
- technische Vorarbeiten notwendig sind, um die notfallmedizinischen Maßnahmen zu ermöglichen oder zu begünstigen,
- die technische Rettung schonend erfolgen kann,
- aus medizinischer Sicht eine sofortige »Crash-Rettung« angezeigt ist.

Bei Personen, deren Tod durch den Notarzt festgestellt wurde, ist mit der Polizei Rücksprache zu halten, ob mit der Bergung begonnen werden kann oder zunächst die Beweissicherung abzuwarten ist.

Während der Einsatz bei Bränden in den Feuerwehrgesetzen der Länder als Aufgabe der Feuerwehr definiert ist, stellt sich bei Einsätzen zur Technischen Hilfeleistung und sonstigen Einsätzen oft auch die Frage nach der Zuständigkeit der Feuerwehr. Verbunden mit dieser Frage sind oftmals die Fragen nach der Einsatzleitung (wer hat das Sagen?) und der Rechtsform (Feuerwehreinsatz, Amtshilfe, Geschäftsführung ohne Auftrag usw.) sowie die Kostenfrage zu stellen.

**Beispiel:**

Bei einem Sturm wurde ein Baum auf einem privaten Grundstück umgeworfen und liegt nun im Garten eines Hauses. Von dem Baum geht keine Gefahr aus. Der Einsatzleiter erkennt, dass es sich hier nicht um einen Feuerwehreinsatz im Sinne des Feuerwehrgesetzes handelt. Wenn überhaupt, sollte die Feuerwehr hier nur tätig werden, wenn

- sie hierfür Kapazitäten frei hat,
- der Eigentümer eine Kostenübernahmeerklärung unterschrieben hat und
- eine Privatfirma für die Arbeiten nicht zur Verfügung steht.

**Anmerkung:**

Die öffentliche Feuerwehr ist eine aus Steuergeldern finanzierte Einrichtung der Gemeinde. Unternehmer, die mit ihren Gewerbesteuern die Feuerwehr mitfinanzieren, protestieren zu Recht, wenn eine Feuerwehr mit ihrem Personal und ihren Gerätschaften kostenlos oder zu Dumping-Preisen Dienstleistungen verrichtet, die auch der Unternehmer hätte erledigen können. Auch politisch sind solche Gefälligkeitsdienste nicht erwünscht. Sowohl bei Einsätzen als auch bei Übungen gilt es hier mit Augenmaß zu entscheiden, um einerseits dem Dienstleistungsgedanken gerecht zu werden, umgekehrt aber auch nicht Gefahr zu laufen, sich dem berechtigten Unmut der Unternehmer auszusetzen oder angezeigt zu werden.

## 5.4 Das Ende der Erkundung

Die Frage über die rechtzeitige Beendigung der Erkundung ist eine der schwierigsten Fragen, über deren Beantwortung man immer wieder diskutieren kann. Generell muss man sich vor Augen führen, dass eine zielorientierte Vorgehensweise eine zielorientierte Erkundung voraussetzt. Es ist das höchste Ziel, Menschenleben zu retten oder vor Schaden zu bewahren. Daher ist die Erkundung so zu gestalten, dass dieses Ziel mit möglichst hoher Wahrscheinlichkeit erreicht wird. Sind keine Gefahren für Menschen und Tiere zu erkennen, so ist es das Ziel, Sachwerte vor Schaden zu bewahren und die Umwelt zu schützen. Die Erkundung ist dann so zu gestalten, dass die Grundlage für einen optimalen Schutz der Sachwerte und der Umwelt gelegt wird.

Der Einsatzleiter muss immer die Verhältnismäßigkeit seiner Maßnahmen unter Berücksichtigung seiner Ziele im Auge behalten und dabei auch mit Wahrscheinlichkeiten arbeiten. Dabei sind drei Parameter zu berücksichtigen:

1. Wie dringlich sind die Maßnahmen, die aufgrund der bereits gewonnenen Erkundungsergebnisse zu ergreifen sind?
2. Wie wahrscheinlich ist es, dass in dem noch nicht erkundeten Bereich eine Situation angetroffen wird, die in Bezug auf die Wertigkeit, das Ausmaß und die Dringlichkeit das bereits erkannte Problem auf der Frontseite noch übertrifft?
3. Wie groß ist der Zeitbedarf für die Erkundung der übrigen Seiten des Objektes (um welche Zeit verzögert sich die erste Maßnahme an der Frontseite, wenn die Erkundung fortgeführt wird, bevor erste Maßnahmen angeordnet sind)?



Wie bereits in den Kapiteln zuvor mehrfach erwähnt, muss man sich immer bewusst machen, dass eine Einsatzabwicklung niemals aus nur einem Durchlauf durch den Führungsvorgang besteht, sondern vielmehr eine Aneinanderreihung immer neuer Durchläufe mit immer neuen Erkundungen ist. Hieraus folgt, dass der Einsatzleiter in der ersten Erkundungsphase nicht alles erkunden muss. Er muss versuchen, genau die Informationen zu bekommen, die er benötigt, um die Schritte, die zur Erreichung der Ziele (unter Beachtung der Prioritäten) erforderlich sind, mit hinreichender Präzision planen und trotzdem schnell einleiten zu können. Dabei kann es zielführend sein, die Erkundung an einer Stelle abzubrechen, erste Teilaufträge an Teileinheiten zu vergeben, um anschließend mit der Fortführung der Erkundung die Grundlage für weitere Teilaufträge für die übrigen Teileinheiten zu schaffen.

**Anmerkung:**

**Abbrechen bedeutet damit nicht, dass die Erkundung beendet wird. Sie wird nur innerhalb des laufenden Führungsvorgangs abgeschlossen, da es gilt, zu einer Entscheidung zu kommen und erste Maßnahmen durch die Erteilung eines Befehls zu veranlassen. Danach wird die Erkundung im nächsten Durchlauf durch den Führungsvorgang fortgesetzt. Die angeordneten Maßnahmen zur Rettung des bedrohten Menschenlebens laufen dabei bereits parallel.**

**Vom Grundsatz her gilt:**

**Ist eine Gefahr für ein Menschenleben erkannt und liegen die notwendigen Informationen vor, um diese Gefahr abzuwenden, so ist die Erkundung abzubrechen.**

**Beispiel:**

Es brennt eine Wohnung im 3. OG. Vor dem Gebäude auf dem Gehweg liegt eine schwer verletzte Person, die offensichtlich aus dem Fenster gesprungen ist. Der Einsatzleiter bricht die Erkundung ab, da er eine möglicherweise lebensbedrohliche Lage für diesen Menschen erkannt hat. Er beurteilt die Lage und fasst den Entschluss, den Wassertrupp zur Erstversorgung mit einem Notfallrucksack einzusetzen. Er befiehlt: »Wassertrupp zur Erstversorgung der verletzten Person mit Notfallrucksack vor!« Über den Maschinisten lässt er einen Notarzt nachfordern.

Der Einsatzleiter steigt in den nächsten Umlauf des Führungsvorgangs ein und erkundet die Lage weiter.

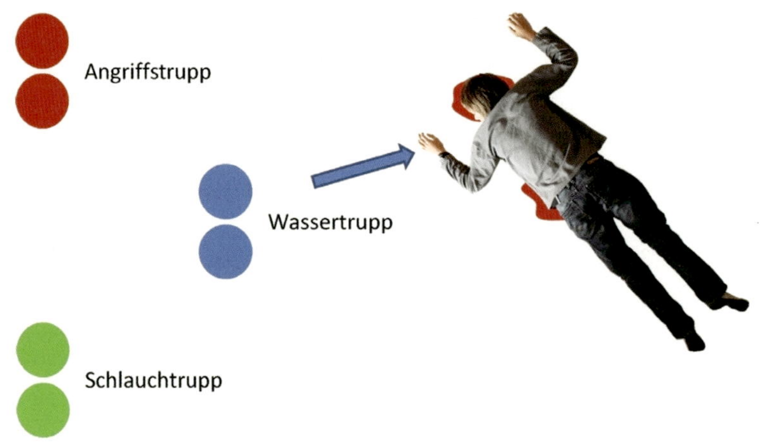


**Bild 88** ***Nach dem ersten Umlauf des Führungsvorgangs wird der Wassertrupp eingesetzt, um Maßnahmen der Ersten Hilfe einzuleiten. Über die Verwendung der anderen Trupps wird erst nach einem weiteren Umlauf entschieden.***

**Beispiel:**

An einem Unfall sind zwei Fahrzeuge beteiligt. Eines der Fahrzeuge hat Feuer gefangen. In dem Fahrzeug befindet sich noch mindestens eine Person. Im zweiten Fahrzeug sind ebenfalls Personen, die möglicherweise eingeklemmt sind.

Der Einsatzleiter bricht die Erkundung ab, da er erkannt hat, dass der Brand die im Fahrzeug befindliche Person in erheblichem Maße bedroht. Er beurteilt die Lage und fasst den Entschluss, den Angriffstrupp zur Menschenrettung (Menschenrettung durch Brandbekämpfung) mit dem Schnellangriff vorgehen zu lassen. Wegen des großen Zeitdrucks und der geringen Eigengefährdung (Pkw-Brand im Freien) beschließt er, den Angriff ohne Atemschutz vortragen zu lassen. Er befiehlt: »Angriffstrupp zur Menschenrettung mit Schnellangriff zum brennenden Pkw vor!«

Der Einsatzleiter steigt in den nächsten Umlauf des Führungsvorgangs ein und erkundet die Lage weiter.

Der Umfang der Erkundungsmaßnahmen ist auch in Abhängigkeit von den verfügbaren Kräften und Geräten (eigene Lage) zu sehen. Wenn der Einsatzleiter aktuell nur fünf Einsatzkräfte zur Verfügung hat, macht es bei zeitkritischen Lagen sicher keinen Sinn, eine Erkundung durchzuführen, um Informationen zu sammeln, die erforderlich sind, um eine taktische Einheit mit 20 Einsatzkräften optimal einsetzen zu können. Spätestens in dem Moment, in dem der Einsatzleiter die Informationen hat, die notwendig sind, um seine fünf Einsatzkräfte sicher und zielorientiert einsetzen zu können, sollte er die Erkundung abbrechen.



**Beispiel:**

Der mit einer Staffel eintreffende Einsatzleiter hat erkundet, dass sich zwei Personen am Fenster der Brandwohnung im 2. OG befinden. Die Personen sind durch Feuer und Rauch akut bedroht. Der Einsatzleiter erkennt, dass er zur Rettung dieser Personen alle fünf Einsatzkräfte (Maschinist + zwei Trupps) benötigt. Er bricht die Erkundung ab, da er

- eine akute Bedrohung für die zwei Menschenleben erkannt hat und
- das gesamte verfügbare Potenzial zur Abwendung der erkannten Gefahr benötigt.

Anmerkung: Die Wahrscheinlichkeit, dass

- die weitere Erkundung Erkenntnisse bringt, die das auf der Straßenseite bereits Gesehene übertreffen, ist gering.
- der Einsatzleiter mit den aktuell verfügbaren Kräften mehr ausrichten kann, als zwei Menschen aus einer lebensbedrohlichen Lage zu befreien, ist noch geringer.
- die Personen Schaden nehmen, wenn nicht sofort gehandelt wird, ist hingegen sehr groß.

Der Einsatzleiter beurteilt die Lage und kommt zu dem Entschluss, die Menschenrettung über eine Steckleiter durchführen zu lassen. Er befiehlt: »Angriffstrupp zur Menschenrettung mit vierteiliger Steckleiter zu den Personen am Fenster der Brandwohnung vor, Wassertrupp unterstützt!«

Der Einsatzleiter setzt die Erkundung fort, indem er Personen vor dem Gebäude befragt, einen Blick in den Treppenraum wirft und die Rückseite erkundet.

**Anmerkung:**

Die Erkundung der übrigen Gebäudeseiten ist unabdingbar und soll hier in keiner Weise in Frage gestellt werden. Sie ist auch deswegen wichtig, da sich an den übrigen Seiten genau die Personen befinden können, die dem Einsatzleiter als vermisst gemeldet wurden. Sie können dort am Fenster stehen, das Haus verlassen oder versucht haben, sich durch einen Sprung in Sicherheit zu bringen. Trotzdem ist es in der Regel sinnvoll, im Fall einer bereits erkannten konkreten Gefahr für Menschenleben Maßnahmen an der Vorderfront anzuordnen, noch bevor die anderen Seiten erkundet werden.

In Planübungen wird der Übende fast immer mit Lagen konfrontiert, bei denen mindestens eine Person in akuter Lebensgefahr ist. In aller Regel wird die Kontrolle der Rückseite im Planspiel auch durch einen positiven Befund »belohnt«. In der Praxis sind in der überwiegenden Mehrzahl der Einsätze keine Menschen in Gefahr. Noch seltener kommt es vor, dass an mehreren Gebäudeseiten gleichzeitig Rettungsmaßnahmen durchzuführen sind. Insofern sollte man nicht zögern, Maßnahmen zur Beseitigung einer erkannten akuten Gefahr für mindestens ein oder mehrere Menschenleben unverzüglich einzuleiten.

**Anmerkung:**

**Sofern der Leser dieser Argumentation nicht folgen will und darauf besteht, immer erst alle Seiten zu erkunden, möge er sich eine Lage wie die von Ludwigshafen im Februar 2008 vorstellen. Damals machten sich etwa 40 Personen an der Gebäudefront bemerkbar, die offensichtlich stark gefährdet waren. Wie würde es wohl einem Einsatzleiter ergehen, der nicht sofort Rettungsmaßnahmen einleitet und stattdessen zunächst mal nachsieht, ob sich auf der Rückseite womöglich noch mehr Menschen in höchster Gefahr befinden?**

Auch wenn eine Lage wie in Ludwigshafen glücklicherweise die absolute Ausnahme darstellt, so mag sie doch dazu dienen, auch diejenigen zum Nachdenken anzuregen, die glauben, man könne alle Einsätze pauschal über einen Kamm scheren (»Das haben wir schon immer so gemacht«). Wie schon am Anfang dieses Kapitels gesagt, ein Patentrezept gibt es nicht. Es bedarf eines gesunden Menschenverstandes, etwas Fingerspitzengefühl und manchmal auch etwas Glück, um im richtigen Moment die richtigen Entscheidungen zu treffen. Hierzu gehört auch die Entscheidung, die Erkundung rechtzeitig abzubrechen und so deren Umfang auf das notwendige Maß zu beschränken.

Bilder 89 a und b *Klassische Planübungslage: aktiver Wohnungsbrand im 1. OG eines dreigeschossigen Wohn- und Geschäftshauses (Erkenntnis Phase 1). Die einzige vor dem Haus stehende Person ist ruhig und sehr gut informiert. Sie teilt dem Einsatzleiter mit, dass sich noch eine Frau in der Brandwohnung befindet (Erkenntnis Phase 2). Der Einsatzleiter wirft kurz einen Blick in den Treppenraum und erkennt, dass dieser ab dem 1. OG aufwärts verraucht ist (Erkenntnis Phase 3). Geschwind huscht er durch die offene Tür auf die Rückseite des Gebäudes und findet, wer hätte etwas anderes erwartet, eine weitere Person an einem Fenster im 2. OG, die ebenfalls dringend Hilfe benötigt (Erkenntnis Phase 4).*

# 6 Einsatzplanung – Beurteilung und Entschluss

Nach dem Abschluss der Lagefeststellung gilt es, die im Rahmen der Erkundung gewonnenen Erkenntnisse zu beurteilen und danach zu einem fundierten Entschluss zu kommen.

Im Rahmen der Beurteilung gilt es folgende Fragen zu beantworten:

- Welche Gefahren sind für Menschen, Tiere, Umwelt, Sachwerte erkannt?
- Welche Gefahr muss zuerst und an welcher Stelle bekämpft werden?
- Welche Möglichkeiten bestehen für die Gefahrenabwehr?
- Vor welchen Gefahren müssen sich die Einsatzkräfte schützen?
- Welche Vor- und Nachteile haben die verschiedenen Möglichkeiten?
- Welche Möglichkeit ist die Beste?

Die Beurteilung mündet zwingend in einen Entschluss, der – sofern Maßnahmen durch die Feuerwehr ergriffen werden sollen – in Form eines Befehls an die Mannschaft und/oder in Form einer Rückmeldung oder Nachforderung an die Leitstelle weitergegeben wird.

Die Beurteilung muss zudem eine Antwort auf folgende Fragen liefern:

- Reichen die vor Ort befindlichen Kräfte zur Gefahrenabwehr aus?
- Welche Kräfte (Art und Anzahl) müssen nachgefordert werden?

## 6.1 Allgemeines zum Begriff der Gefahr

Die Feuerwehr ist eine Gefahrenabwehrbehörde. Ihre Aufgabe besteht darin, in bestimmten, gesetzlich definierten Situationen den Einzelnen und das Gemeinwesen vor hierbei drohenden Gefahren zu schützen. Gleichzeitig sind die Einsatzkräfte in ihrem Tun diversen Gefahren ausgesetzt. Die Kenntnis möglicher Gefahren ist daher in vielfältiger Hinsicht von grundlegender Bedeutung für die Abwicklung der Einsätze.

Unter Gefahr ist eine Sachlage zu verstehen, die nach allgemeiner Erfahrung die Wahrscheinlichkeit eines Schadeneintritts in sich birgt. Gefahren können Menschen, Tiere, Sachwerte (materielle und ideelle Werte) sowie die Umwelt bedrohen. Um von einer Gefahr sprechen zu können, bedarf es einer Gefahrenquelle sowie eines bedrohten Objekts. Von der Gefahrenquelle muss zudem eine Gefahr ausgehen, die das betrachtete Objekt auch tatsächlich bedrohen kann. Ebenso muss sich das bedrohte Objekt im Wirkungskreis der Gefahrenquelle, im Gefahrenbereich, befinden.

Bild 90 ***Hier besteht eine Gefahr: Der Tiger ist eine Raubkatze, die durchaus auch Menschen angreifen und töten kann. Das Kind ist damit ein Objekt, welches von der Gefahrenquelle »Tiger« ernsthaft bedroht wird. Der Tiger läuft auf das Kind zu, welches sich längst im Wirkungsbereich der von dem Tiger ausgehenden Gefahr befindet. Das Kind ist offensichtlich nicht in der Lage, sich selbst in Sicherheit zu bringen oder sich gegen die drohende Gefahr zur Wehr setzen zu können.***

Um Gefahren bewerten und gezielt bekämpfen zu können, muss sich der Einsatzleiter bewusst machen, welche Personen, Tiere, Sachwerte überhaupt und durch welche Art von Gefahren bedroht sind. Beispiele für eine korrekte Beschreibung einer Gefahrenlage können sein:

- »Ich erkenne die Gefahr durch Atemgifte, Ausbreitung, Angstreaktion und Erkrankung/Verletzung für die Person in der Brandwohnung.«
- »Ich erkenne die Gefahr der Brandausbreitung für die darüber liegende Wohnung.«
- »Ich erkenne die Gefahr für das Gewässer durch den auslaufenden Kraftstoff.«

## 6.2 Die Beurteilung unter rechtlichen Aspekten

Die Beurteilung der Lage zielt darauf ab, Erkundungsergebnisse zu bewerten, Gefahren abzuschätzen, Vor- und Nachteile verschiedener Maßnahmen gegeneinander abzuwiegen und Prioritäten richtig zu setzen. Da die Feuerwehr als Behörde tätig wird, ist es aber auch sehr bedeutsam, sich immer wieder den gesetzlichen Auftrag und das darin formulierte Ziel bewusst zu machen. Aus diesem Grund werden im Folgenden einige rechtliche Aspekte kurz und in vereinfachter Form dargestellt.

Unabhängig von den Gefahrenarten, den bedrohten Gütern, der aktuellen Lage usw. ist bei allen Einsatzmaßnahmen das Prinzip der Verhältnismäßigkeit zu beachten. Dieses setzt voraus, dass die Maßnahme grundsätzlich geeignet ist, um das angestrebte Ziel zu erreichen oder sich dem Ziel zu nähern. Des Weiteren muss die Maßnahme erforderlich sein. Es darf also keine Alternative geben, die die Betroffenen oder die Umwelt weniger belastet. Die dritte Anforderung ist, dass die Maßnahme angemessen ist, dass der angestrebte Erfolg zu den möglicherweise zu erwartenden Nachteilen in einem vernünftigen Verhältnis steht.

Die Gesetze der Bundesländer weichen teilweise erheblich voneinander ab. Anzuwenden sind die Gesetze des jeweiligen Landes, in dem die Feuerwehr zum Einsatz kommt. Trotz der vielen unterschiedlichen Formulierungen kann verallgemeinert gesagt werden, dass die Feuerwehr den Auftrag, das Ziel hat, bei Feuerwehreinsätzen im Sinne des Gesetzes Schäden jeglicher Art für einzelne Personen oder die Allgemeinheit so weit als möglich zu minimieren oder zu vermeiden. Wie weit die Zuständigkeit der Feuerwehr bei Einsätzen reicht, ist dem jeweiligen Landesgesetz zu entnehmen.

Generell gilt, dass der Schutz von Menschenleben höchste Priorität hat, wobei sich diese Aussage natürlich auch auf den Schutz der eigenen Kräfte bezieht.

Schon frühzeitig gilt es im Rahmen der Beurteilung unter anderem die Frage zu klären, ob die Lösung der vorliegenden Problematik überhaupt eine Feuerwehraufgabe ist. Von der Antwort auf diese Frage hängt ab,

- ob die Feuerwehr überhaupt tätig werden darf/kann/muss,
- auf welcher Rechtsgrundlage die Feuerwehr tätig wird (mit welchen Rechten und Pflichten sie ausgestattet ist),
- wer die Einsatzleitung hat und wer wofür verantwortlich ist,
- ob der Einsatz kostenpflichtig ist.

Relativ einfach ist die Einschätzung bei einem Brandfall. Ein Brandfall fällt eindeutig in den Zuständigkeitsbereich der Feuerwehr. Die Beseitigung der von einem Brand ausgehenden Gefahren ist als Pflichtaufgabe im Sinne des Feuerwehrgesetzes einzustufen. Zu berücksichtigen ist dabei allerdings, dass ein Brand nach DIN 14011 als »nicht bestimmungsgemäßes Brennen (Schadenfeuer), das sich unkontrolliert ausbreiten kann«, definiert ist. Der gesetzliche Auftrag der Feuerwehr beschränkt sich eindeutig auf solche Schadenfeuer (Brände).

Auch Einsätze, bei denen Menschen aus lebensbedrohlichen Zwangslagen mit technischen Geräten der Feuerwehr zu befreien sind, gehören bundesweit zu den Pflichtaufgaben der Feuerwehr. Bei sonstigen Hilfeleistungen nach Unfällen gibt es zwischen den Rechtsvorschriften der Bundesländer hingegen erhebliche Unterschiede.

Neben den Tätigkeiten nach dem jeweiligen Feuerwehrgesetz kann die Feuerwehr unter bestimmten Voraussetzungen auch im Zuge der Amtshilfe für andere Behörden tätig werden. In solchen Fällen gelten die Bestimmungen des Verwaltungsverfahrensgesetzes (VwVfG). Hier sind unter anderem die Voraussetzungen, aber auch die Art und Weise der Durchführung einer Maßnahme im Zuge der Amtshilfe geregelt. Wird die Feuerwehr beispielsweise für die Polizei tätig, so tut sie dies im Zuge der Amtshilfe. Bezüglich der Durchführung der Amtshilfe gilt gemäß § 7 VwVfG:

(1) Die Zulässigkeit der Maßnahme, die durch die Amtshilfe verwirklicht werden soll, richtet sich nach dem für die ersuchende Behörde, die Durchführung der Amtshilfe nach dem für die ersuchte Behörde geltenden Recht.

(2) Die ersuchende Behörde trägt gegenüber der ersuchten Behörde die Verantwortung für die Rechtmäßigkeit der zu treffenden Maßnahme. Die ersuchte Behörde ist für die Durchführung der Amtshilfe verantwortlich.



**Beispiel:**

**Die Polizei möchte sich Zugang zu einer Wohnung verschaffen und bittet die Feuerwehr um Amtshilfe. Die Polizei ist in diesem Fall dafür verantwortlich, dass die rechtlichen Voraussetzungen zum Öffnen der Tür gegeben sind. Die Feuerwehr trägt lediglich die Verantwortung für die Ausführung des Auftrags und somit für die Art und Weise der Türöffnung.**

Der Begriff »Gefahr« ist juristisch sehr differenziert zu betrachten. Nicht alles, was im Volksmund als Gefahrenlage bewertet wird, rechtfertigt und erfordert unter juristischen Aspekten ein Eingreifen der Behörde. Das Gesetz unterscheidet fünf Arten von Gefahren:

### Konkrete Gefahr

Eine konkrete Gefahr ist gegeben, wenn der Eintritt eines Schadens bei ungehindertem Ablauf des objektiv zu erwartenden Geschehens sehr wahrscheinlich oder sicher ist. Hier kann/muss die Feuerwehr zur Abwehr der Gefahr tätig werden.

Beispiel: Die Feuerwehr kommt zu einem gemeldeten Brand. Bei Eintreffen lassen Feuerschein oder Rauchentwicklung zweifelsfrei erkennen, dass es sich um einen Brand in einem Gebäude handelt.

**Abstrakte Gefahr**

Eine abstrakte Gefahr lässt sich nicht konkret fassen und auf einen Einzelfall beziehen. Sie basiert auf allgemeinen Erfahrungen.

Beispiel: Eine abstrakte Gefahr in Form eines möglichen Windbruchs ist während eines Sturms auf Waldwegen gegeben.

**Anscheinsgefahr**

Eine Anscheinsgefahr ist gegeben, wenn zunächst bei objektiver Betrachtung von einer bestehenden Gefahr ausgegangen werden konnte, sodass mit einem Schadeneintritt mit hinreichender Wahrscheinlichkeit zu rechnen war. Erst im Nachhinein wird ersichtlich, dass tatsächlich überhaupt keine Gefahr bestanden hat. Auch hier kann/muss die Feuerwehr tätig werden. Die Tätigkeit ist aber sofort zu beenden, sobald der Irrtum offenkundig wird.

Beispiel: Die Feuerwehr wird zu einer Wohnung alarmiert, in der vermeintlich eine hilflose Person sein soll. Die Meldung ist glaubwürdig und die Erkundung vor Ort liefert keinerlei Hinweise, die auf eine Fehleinschätzung des Meldenden hindeuten. Es hat für den Einsatzleiter den Anschein, als bestünde eine Gefahr für die Person in der Wohnung. Ausgehend von dieser Einschätzung dringen die Einsatzkräfte gewaltsam in die Wohnung ein. Nachdem die Wohnung kontrolliert wurde, steht fest, dass sich keine Person in der Wohnung befindet. Der Anschein einer Gefahr hat sich nicht bestätigt. Das Vorgehen war Rechtens, da zum Zeitpunkt der Entscheidungsfindung von einer Gefahr ausgegangen werden konnte.

Beispiel: Bei einem Wohnungsbrand wird der Feuerwehr vor Ort der Hinweis gegeben, dass sich noch Personen in der Wohnung befinden. Der Einsatzleiter geht von einer akuten Gefahr für Menschenleben aus und setzt alle verfügbaren Atemschutzgeräteträger zur Menschenrettung ein. Er lässt zwei Trupps zur Menschenrettung in die Brandwohnung vorgehen und verzichtet aufgrund der besonderen Lage vorübergehend auf die Stellung eines Sicherheitstrupps nach FwDV 7. Tatsächlich ist die Wohnung jedoch menschenleer. Wie sich zu einem späteren Zeitpunkt herausstellt, hat die Familie auswärts übernachtet. Der Verzicht auf den Sicherheitstrupp ist in diesem Fall zulässig, da konkrete Hinweise auf eine Gefährdung von Menschenleben gegeben waren und somit der gleichzeitige Einsatz von zwei Trupps in dieser Situation angemessen war.

**Anmerkung:**

**Bei der Beurteilung der Rechtmäßigkeit unseres Vorgehens muss eine so genannte ex-ante-Betrachtung (nach-vor-Betrachtung) zugrunde gelegt werden. Entscheidend für das Handeln ist demnach die Lage, wie sie sich zum Zeitpunkt der Entscheidungsfindung darstellte.**

### Scheingefahr

Eine Scheingefahr (auch Putativgefahr) ist eigentlich keine Gefahr. Sie beschreibt eine fälschlicherweise angenommene Gefahr. Im Gegensatz zur Anscheinsgefahr ist dieser Irrtum bereits im Vorfeld des Handelns erkennbar und beruht auf einer unvertretbaren Fehleinschätzung. Da bei objektiver Betrachtung gar keine Gefahr gegeben ist, sind behördliche Maßnahmen nicht zulässig und mithin rechtswidrig.

Beispiel: Die Feuerwehr wird zu »verdächtigem Rauch« alarmiert. Ein Nachbar hat eine Rauchentwicklung aus dem Fenster einer Wohnung bemerkt. Die Feuerwehr klingelt an der betreffenden Wohnungstür und erfährt vom Wohnungsinhaber, dass dieser sein Essen hat anbrennen lassen. Er habe die Sache im Griff, das Essen entsorgt und die Wohnung gelüftet. Der Geruch von angebrannten Speisen sowie das objektive Lagebild (seriöses Auftreten des Wohnungsinhabers, rauchfreie Wohnung) bestätigen seine Angaben. Auch ohne die Wohnung betreten zu müssen, kann mit hinreichender Sicherheit eine Gefahr ausgeschlossen werden, sodass ein Eindringen ohne Einwilligung des Wohnungsinhabers nicht zu rechtfertigen ist.

**Anmerkung:**

**Sowohl bei der Anscheinsgefahr als auch bei der Scheingefahr ist keine tatsächliche Gefahr gegeben. Im Unterschied zur Anscheinsgefahr war dies bei der Scheingefahr schon zum Zeitpunkt der Entscheidungsfindung erkennbar. Die ex-ante (nach-vor) Betrachtung macht hier den entscheidenden Unterschied aus.**

### Gefahrenverdacht

Bei einem Gefahrenverdacht bestehen Zweifel, ob eine Gefahr tatsächlich besteht. Der Eintritt eines Schadens ist möglich, wenn auch nicht mit hinreichender Wahrscheinlichkeit (wie bei einer konkreten Gefahr gegeben). In solchen Fällen sind Maßnahmen in geringem Umfang zulässig, um beispielsweise die tatsächliche Gefahrenlage zu ergründen.

Beispiel: Die Feuerwehr wurde alarmiert, weil in einem Gebäude Brandgeruch wahrnehmbar ist. Ansonsten gibt es keine Hinweise auf einen Brand. Die Feuerwehr überprüft das gesamte Gebäude, um die Quelle des Brandgeruchs ausfindig zu machen und eine mögliche Brandgefahr ausschließen zu können.

## 6.3 Die Beurteilung unter fachlichen Aspekten

Der Führungsvorgang ist ein gedanklicher Ablauf, der sich aus verschiedenen Schritten zusammensetzt. Die Schritte müssen aufeinander aufbauen, damit sich letztlich eine logische Abfolge von Überlegungen ergibt, die zu einer fundierten Entscheidung führt. Keinesfalls darf es am Ende zu Entscheidungen kommen, die völlig überraschend und ohne jeglichen Bezug zu den bisher gemachten Gedanken getroffen werden. Die Beurteilung muss auf den im Rahmen der Erkundung gewonnenen Erkenntnissen basieren und in einen Entschluss münden, der in Form eines Befehls an die Mannschaft weitergegeben wird.

Damit ein Führungsvorgang in sich schlüssig ist, müssen folgende Voraussetzungen gegeben sein:

- Jede Gefahr, die im Rahmen der Erkundung erkannt wurde, ist grundsätzlich im Rahmen der Beurteilung zu betrachten. Es ist zu entscheiden, ob Maßnahmen gegen die Gefahr getroffen werden, ob die Gefahr mit Blick auf die Gesamtlage vernachlässigt oder deren Bekämpfung zurückgestellt wird. Sofern die Bekämpfung einer erkannten Gefahr im Rahmen der Beurteilung nicht aufgrund besonderer Umstände bewusst verworfen oder zurückgestellt worden ist, muss sie sich in irgendeiner Form auf den zu treffenden Entschluss auswirken. Der gefasste Entschluss muss sich zu 100 Prozent im Befehl bzw. in der Lagemeldung wiederfinden.
- Es können nur Gefahren beurteilt werden, die im Rahmen der Erkundung festgestellt worden sind. Hinweise, die den Verdacht auf eine möglicherweise bestehende Gefahr begründen, reichen hierzu aus. Es ist ein Fehler, wenn sich die Führungskraft im Rahmen der Beurteilung gedanklich mit Gefahren oder gefährdeten Objekten auseinandersetzt, obwohl die Erkundung keinerlei Hinweise auf eine solche Gefährdung geliefert hat. Sofern keine Gefahren für Menschen erkannt sind, gibt es keinen Grund und keine Rechtfertigung, Maßnahmen zum Thema »Menschenrettung« in der Planung, im Entschluss oder im Befehl zu thematisieren.
- Alle Lösungsansätze müssen auf Erkenntnissen aufbauen, die im Rahmen der Erkundung gewonnen wurden. Eine Einsatzplanung, die den Einsatz von drei Trupps unter Atemschutz vorsieht, ist fehlerhaft, wenn momentan nur vier Atemschutzgeräte zur Verfügung stehen.

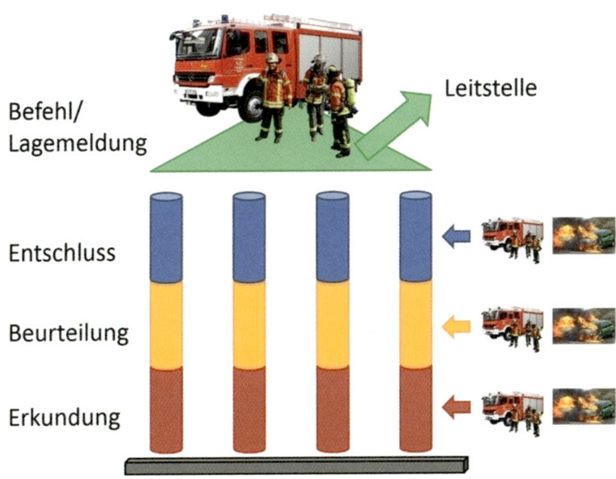


Bild 91 *So ist es richtig. Alle erkannten Gefahren werden unter Berücksichtigung der eigenen Lage beurteilt und fließen in den Entschluss ein. Im Befehl und/oder der Lagemeldung werden alle beschlossenen Maßnahmen veranlasst. Auf diese Weise ergibt sich eine logische, in sich schlüssige Abfolge.*



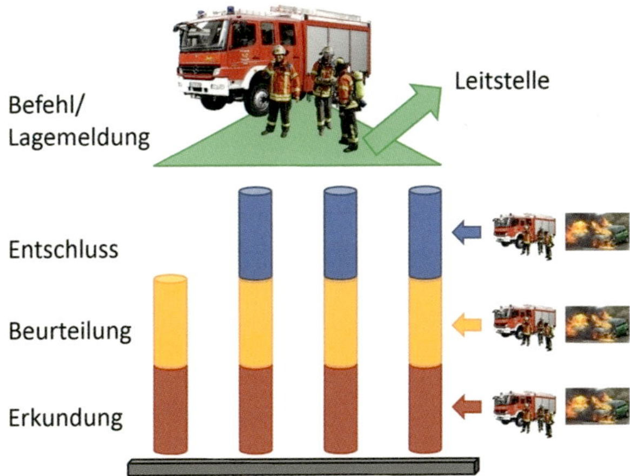


Bild 92 *Eine Gefahr wurde erkannt und bewertet, ohne jedoch im Entschluss und Befehl Erwähnung zu finden. Dies ist nur dann in Ordnung, wenn die Gefahr in Anbetracht der sonstigen Gefahrenlage und unter Berücksichtigung der eigenen Lage bewusst vernachlässigt oder zurückgestellt wurde. Sollte die Gefahr jedoch beim Durchlaufen des Führungsvorgangs unbewusst »verlorengegangen« sein, so liegt ein schwerwiegender Fehler vor, aus dem sich ein gravierendes Sicherheitsrisiko ergeben kann.*

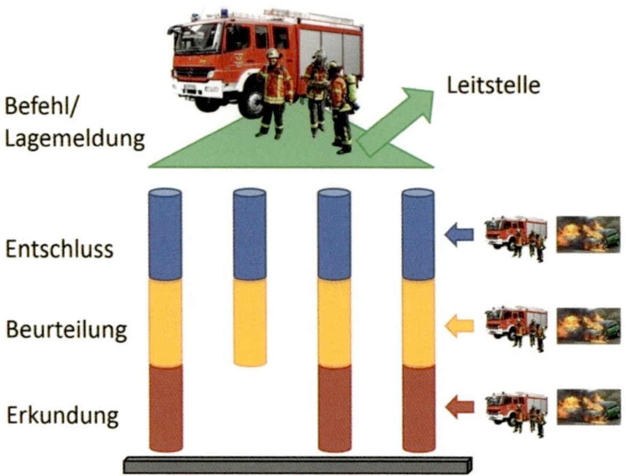


**Bild 93** *Fehlerhafter Ablauf des Führungsvorgangs. Hier wird eine Gefahr verfolgt, auf die die Erkundung keinerlei Hinweise geliefert hat. Der systematische Denkprozess wurde verlassen.*

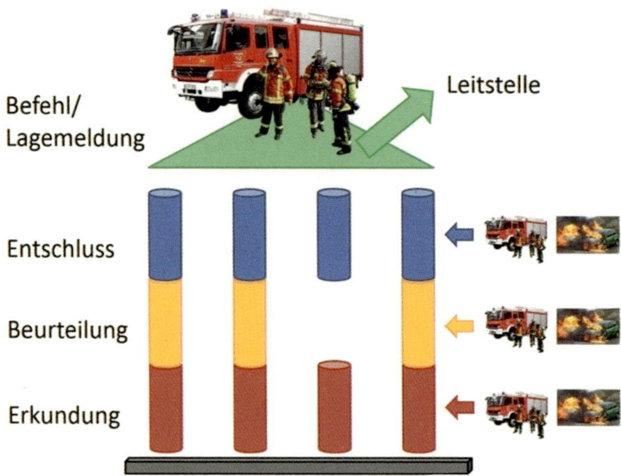


**Bild 94** *Fehlerhafter Ablauf des Führungsvorgangs. Hier wird eine erkundete Gefahr in der Beurteilung nicht berücksichtigt, die im Entschluss plötzlich wieder auftaucht. Der systematische Denkprozess wurde verlassen.*

**Beispiele:**

- Es ist richtig, wenn die Gefahr der Brandausbreitung auf ein benachbartes Gebäude erkannt und bewertet wird und trotzdem keine Maßnahmen zur Bekämpfung dieser Gefahr angeordnet werden, weil alle vorhandenen Kräfte benötigt werden, um Menschen zu retten.
- Es ist falsch, wenn die Gefahr der Brandausbreitung auf ein benachbartes Gebäude erkannt und bewertet wird und trotz vorhandener Möglichkeiten keinerlei Maßnahmen angeordnet werden, um dieser Gefahr zu begegnen und damit ein Übergreifen des Feuers zu verhindern.

**Beispiele:**

- Ein Trupp erhält den Befehl, zur Menschenrettung vorzugehen, obwohl die Erkundung keinerlei Hinweise auf eine mögliche Gefährdung von Menschenleben ergeben hat.
- Es wird ein Trupp unter PA im Innenangriff eingesetzt. Der Verzicht auf die Stellung eines Sicherheitstrupps wird mit einer vermeintlichen Menschenrettung begründet, obwohl im Rahmen der Erkundung keinerlei Hinweise auf eine mögliche Gefährdung von Menschenleben erkannt worden sind.
- Bei einem Brand in einer Schlosserei geht die Feuerwehr vom Vorhandensein von Gasflaschen aus. Im Rahmen der Beurteilung findet die Gefahr eines möglichen Druckgefäßzerknalls keine Erwähnung. Trotzdem erhält ein Trupp den Auftrag, die Gasflaschen zu suchen, zu kühlen und zu bergen. (Anmerkung: Der Befehl ist richtig. Der Fehler liegt in der inkonsequenten Abarbeitung des Führungsvorgangs.)

Im Rahmen der Beurteilung gilt es grundsätzlich alle Gefahren zu betrachten, die aktuell gegeben sind. Dabei sind offenkundige Gefahren ebenso zu erwähnen, wie Gefahren, die sich durch logische Annahmen ergeben (Schlosserei – Gasflaschen). Auf die Nennung von Gefahren für die eigenen Kräfte kann jedoch verzichtet werden, wenn diese in vergleichbaren Situationen immer gegeben sind. Bei einem Gebäudebrand gilt dies für die Gefahr durch Atemgifte für die Einsatzkräfte. Diese Gefahr muss weder erkundet noch beurteilt werden. Im Entschluss und im Befehl wird standardmäßig auf diese Gefahr reagiert, indem das Tragen von Atemschutz geplant und angeordnet wird.

Es werden nur die erkannten Gefahren aufgezählt und betrachtet. Gefahren, mit denen erfahrungsgemäß nicht zu rechnen ist, müssen nicht explizit ausgeschlossen werden. So muss bei einem Wohnungsbrand ohne besondere Hinweise, die auf atomare Gefahren hinweisen könnten, nicht ausgeführt werden, dass mit dieser Gefahr nicht zu rechnen ist.

Ebenfalls kann auf die Nennung von Gefahren mit offenkundig niederer Priorität verzichtet werden, wenn bereits absehbar ist, dass diese aufgrund der aktuellen Lage momentan ohnehin nicht berücksichtigt werden können. Die Führungskraft ist immer gefordert, die eigene Lage zu berücksichtigen und ein Gefühl dafür zu entwickeln, wann die Grenzen des Machbaren erreicht sind. Wird beispielsweise erkannt, dass die vorhandenen Kräfte im günstigsten Fall gerade mal ausreichen, um die notwendigen Maßnahmen zur Menschenrettung zu ergreifen, macht es keinen Sinn, sich mit der Frage auseinanderzusetzen, welche Gefahren noch bekämpft werden könnten, wenn mehr Personal zur Verfügung stünde.

## 6.4 Gefahren an der Einsatzstelle – die Gefahrenmatrix

Ziel der Erkundung ist es, Gefahren zu erkennen und Hinweise auf Möglichkeiten zur Abwehr dieser Gefahren zu erhalten. Grundlage einer zielstrebigen und schnellen Erkundung sind somit Kenntnisse über mögliche Gefahren an Einsatzstellen.

Um das systematische Denken zu vereinfachen, wurde eine Gefahrenmatrix für Einsätze der Feuerwehr entwickelt. Diese Gefahrenmatrix reduziert das Risiko, bestehende Gefahren zu übersehen. In der Gefahrenmatrix sind die meisten der bei Feuerwehreinsätzen auftretenden Gefahren aufgelistet und in Bezug auf ihre Bedeutung für Menschen, Tiere, Umwelt und Sachwerte dargestellt. Differenziert wird in der Matrix zwischen anderen Personen (Menschen) und eigenen Kräften (Mannschaft) ebenso wie zwischen fremden Sachwerten und eigenen Gerätschaften (Gerät).

Wenn man unter dem Begriff »Lebewesen« Menschen und Tiere zusammenfasst und gleichzeitig auf eine Differenzierung zwischen »(anderen) Menschen« und der »(eigenen) Mannschaft« sowie »(fremden) Sachen« und »(eigenen) Geräten« verzichtet, ergibt sich eine vereinfachte Gefahrenmatrix.

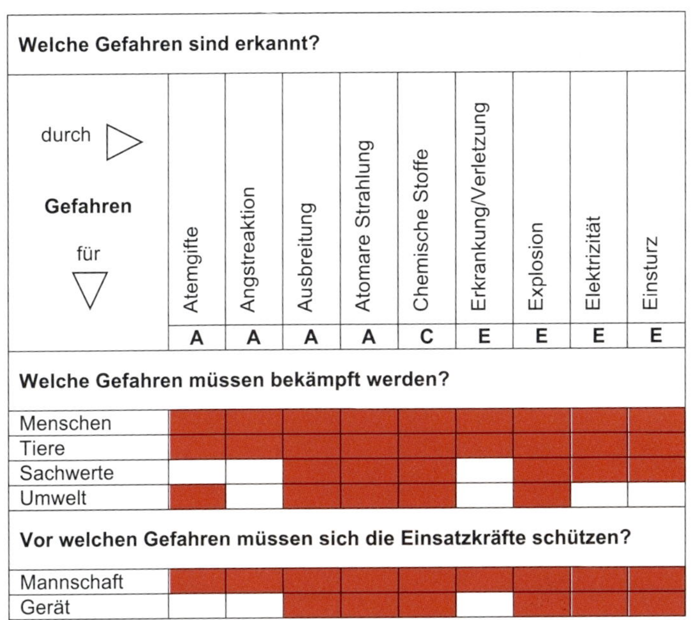

| **Welche Gefahren sind erkannt?** | | | | | | | | | |
|---|---|---|---|---|---|---|---|---|---|
| durch ▷ **Gefahren** für ▽ | Atemgifte | Angstreaktion | Ausbreitung | Atomare Strahlung | Chemische Stoffe | Erkrankung/Verletzung | Explosion | Elektrizität | Einsturz |
| | **A** | **A** | **A** | **A** | **C** | **E** | **E** | **E** | **E** |
| **Welche Gefahren müssen bekämpft werden?** | | | | | | | | | |
| Menschen | ■ | ■ | ■ | ■ | ■ | ■ | ■ | ■ | ■ |
| Tiere | ■ | ■ | ■ | ■ | ■ | ■ | ■ | ■ | ■ |
| Sachwerte | | | ■ | ■ | ■ | | ■ | ■ | ■ |
| Umwelt | ■ | | ■ | ■ | ■ | | ■ | | |
| **Vor welchen Gefahren müssen sich die Einsatzkräfte schützen?** | | | | | | | | | |
| Mannschaft | ■ | ■ | ■ | ■ | ■ | ■ | ■ | ■ | ■ |
| Gerät | | | ■ | ■ | ■ | | ■ | ■ | ■ |

Bild 95 *Gefahrenmatrix in der klassischen Form*

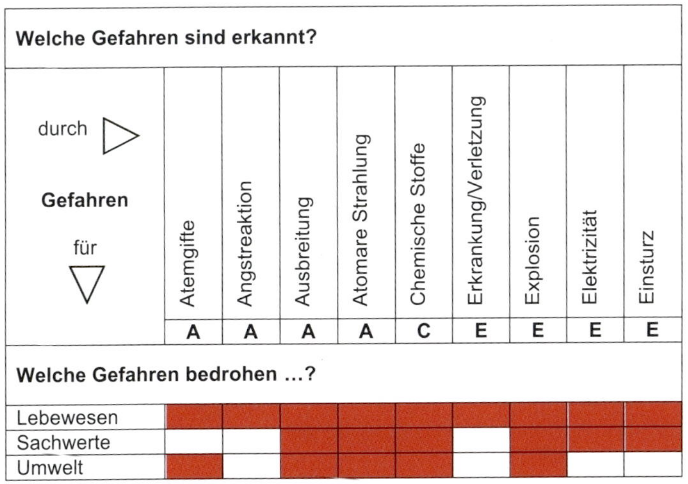

| **Welche Gefahren sind erkannt?** | | | | | | | | | |
|---|---|---|---|---|---|---|---|---|---|
| durch ▷ **Gefahren** für ▽ | Atemgifte | Angstreaktion | Ausbreitung | Atomare Strahlung | Chemische Stoffe | Erkrankung/Verletzung | Explosion | Elektrizität | Einsturz |
| | **A** | **A** | **A** | **A** | **C** | **E** | **E** | **E** | **E** |
| **Welche Gefahren bedrohen …?** | | | | | | | | | |
| Lebewesen | ■ | ■ | ■ | ■ | ■ | ■ | ■ | ■ | ■ |
| Sachwerte | | | ■ | ■ | ■ | | ■ | ■ | ■ |
| Umwelt | ■ | | ■ | ■ | ■ | | ■ | | |

Bild 96 *Vereinfachte Gefahrenmatrix*

### 6.4.1 Atemgifte

Atemgifte sind Stoffe, die über die Atemwege in den Körper gelangen und ihn auf unterschiedliche Art schädigen können. Sie entstehen beim Verbrennungsprozess, können aber auch durch andere chemische Reaktionen oder durch Freisetzung aus Anlagen, Behältern, Rohrleitungen usw. in die Umluft gelangen und damit Menschen und Tiere sowie die Umwelt bedrohen. Wie bei allen Giften, ist neben der Art des Stoffes auch dessen Konzentration von entscheidender Bedeutung.

Bild 97 ***Atemgifte können bei unterschiedlichen Einsätzen eine Bedrohung für Einsatzkräfte, unmittelbar betroffene Personen und für die Bevölkerung darstellen.***

Bei Bränden stellen Atemgifte, die immer im Brandrauch enthalten sind, die mit Abstand größte Gefahr für Menschen im betroffenen Gebäude dar. Atemgifte sind in der überwiegenden Zahl der Fälle ursächlich für Tod und Verletzungen bei Bränden. Bei Bränden in geschlossenen Räumen werden schnell tödliche Konzentrationen erreicht, weswegen bei einem ungeschützten Aufenthalt von Menschen oder Tieren in einem stark verrauchten Bereich immer von einer lebensbedrohlichen Lage auszugehen ist.

Atemgifte lassen sich in drei Gruppen einteilen:

1. *Atemgifte mit erstickender Wirkung:* Stoffe, von denen keine direkt schädigende Wirkung ausgeht, die aber den Luftsauerstoff verdrängen. Zu dieser Gruppe gehören beispielsweise Stickstoff und die Edelgase (Helium, Argon ...).
2. *Atemgifte mit Reiz- und Ätzwirkung:* Stoffe, die die Zellstruktur der Atemwege, insbesondere der Lunge schädigen. Als Beispiele für Atemgifte dieser Gruppe sind zu nennen: Halogene (Fluor, Chlor, Brom ...), Säuredämpfe, Nitrose Gase, Schwefeldioxid und Ammoniak.
3. *Atemgifte mit Wirkung auf Blut, Nerven und Zellen:* Stoffe, die den Sauerstofftransport im Körper behindern (Kohlenstoffmonoxid, Blausäure), die Steuerung der Atmung beeinflussen (Kohlenstoffdioxid), das Nervensystem oder die Zellen schädigen. Neben den schon erwähnten Stoffen zählen unter anderem viele chemische Kampfstoffe (Nervengase wie Tabun, Sarin und Phosgen) zu dieser Gruppe.

**Anmerkung:**

Kohlenstoffdioxid ($CO_2$) ist ein Gas, dessen Toxizität häufig unterschätzt wird. Es löst sich im Blut, verändert den pH-Wert des Blutes und nimmt damit Einfluss auf die Atemfrequenz. Kohlenstoffdioxid ist daher keinesfalls ein Atemgift mit »nur« erstickender Wirkung. Es entfaltet seine tödliche Wirkung schon bei einer Konzentration von 8 bis 10 Volumenprozent (Vol.-%), unabhängig vom Gehalt an Sauerstoff ($O_2$) in der Umgebungsluft. Wird beispielsweise nach der Auslösung einer $CO_2$-Löschanlage oder nach einer Undichtigkeit an einer Bier-Zapfanlage im Keller einer Gaststätte eine Sauerstoffkonzentration von 19 Vol.-% gemessen, so besteht trotzdem Lebensgefahr, da von einer Kohlenstoffdioxidkonzentration von etwa 9,5 Vol.-% ausgegangen werden muss!

Tabelle 10 ***Gefahr durch Kohlenstoffdioxid ($CO_2$)***

| | Konzentration $O_2$ | Gehalt Stickstoff ($N_2$) | Gehalt $CO_2$ |
|---|---|---|---|
| normale Zusammensetzung der Luft | 21 Vol.-% | 79 Vol.-% | 0,04 Vol.-% |
| **Gefahr!** | 20 Vol.-% | 75 Vol.-% | 5 Vol.-% |
| | 19 Vol.-% | 72 Vol.-% | 9,5 Vol.-% |
| | 18 Vol.-% | 68 Vol.-% | 14 Vol.-% |

Einen wirksamen Schutz gegen Atemgifte bieten Atemschutzgeräte. Während umluftunabhängige Atemschutzgeräte die Atemwege gegen alle Arten von Atemgiften schützen und zudem eine ausreichende Versorgung mit Sauerstoff gewährleisten, ist die Eignung von umluftabhängigen Geräten (Filtergeräte) im Einzelfall zu prüfen. Der Einsatz von Filtergeräten bedingt in jedem Fall

- einen ausreichenden Sauerstoffgehalt in der Umgebungsluft,
- eine nicht zu hohe Konzentration der Atemgifte,
- eine Eignung des Filters für das Atemgift,
- einen nicht zu großen Partikelanteil (Rußflocken oder Ähnliches), da diese den Filter zusetzen.

Im Regelfall werden bei Feuerwehreinsätzen umluftunabhängige Atemschutzgeräte in Form von Pressluftatmern (PA) getragen.

Bild 98 ***Umluftunabhängiger Atemschutz schützt die Einsatzkräfte zuverlässig gegen die im Brandfall entstehenden Atemgifte.***

Beim Abbrand von organischen Stoffen wie Holz, Papier, Stroh usw. entsteht Kohlenstoffdioxid ($CO_2$). Erfolgt der Abbrand bei unzureichender Sauerstoffzufuhr, entsteht neben Kohlenstoffdioxid auch Kohlenstoffmonoxid (CO). Bei Bränden in Räumen ist immer von einer unzureichenden Sauerstoffzufuhr und damit der Bildung von Kohlenstoffmonoxid auszugehen. Kohlenstoffmonoxid ist der mit Abstand gefährlichste Bestandteil der Rauchgase und für etwa 90 Prozent der Rauchgastoten bei Bränden ursächlich. Kohlenstoffmonoxid und Kohlenstoffdioxid sind farb- und geruchlos und haben daher auch keinerlei Einfluss auf die Farbe des Rauches. Die von Kohlenstoffmonoxid und -dioxid ausgehende Gefahr ist mit unseren Sinnesorganen nicht wahrnehmbar. Da Kohlenstoffmonoxid und -dioxid zudem wasserunlöslich sind, bietet das in Fernseh- und Kinoproduktionen oft zu sehende feuchte Tuch vor der Nase keinerlei Schutz gegen diese Stoffe. Neben diesen beiden Atemgiften entstehen in der Regel weitere toxische Gase wie Schwefel- ($SO_x$) und Stickoxide ($NO_x$), Blausäure (HCN), Ammoniak ($NH_3$), Salzsäuredämpfe (HCl) usw. In der Summe ergibt sich ein sehr giftiges Gemisch, welches bereits nach wenigen Atemzügen zur Bewusstlosigkeit und zum Tod führen kann.

**Anmerkung:**

**Die in Fluchthauben eingebauten Filter schützen den Träger bei ausreichender Sauerstoffkonzentration über einen für die Flucht hinreichend langen Zeitraum gegen die üblichen Inhaltsstoffe von Brandrauch. Die Schutzfunktion schließt Kohlenstoffmonoxid mit ein.**

Auch nach Abschluss der Löscharbeiten werden noch Atemgifte freigesetzt. Diese Freisetzung resultiert vor allem aus der Restwärme, die im Brandraum und in den dort befindlichen Materialien gespeichert ist und für das fortdauernde Ausgasen von Stoffen und das Entstehen diverser Zersetzungsprodukte sorgt. Es ist davon auszugehen, dass diese Gefahr nach einem aktiven Feuer in einem Raum noch bis zu zwei Stunden nach dem endgültigen Ablöschen des Brandes gegeben ist. Während dieser Zeit sollten die entsprechenden Räume nur mit Atemschutz betreten werden. Bei kurzzeitigen Aufenthalten können Ausnahmen zugelassen werden, sofern dies zur Erreichung eines Zieles verhältnismäßig erscheint.

Im Rauchgas ist eine Vielzahl von Atemgiften vorhanden. Neben Stoffen mit akut toxischer Wirkung finden sich auch Gifte mit karzinogener (krebserregender) Wirkung im Rauchgas. Hierzu gehören Dioxine, Furane und PAK (Polycyclische Aromatische Kohlenwasserstoffe). Die Inhalation derartiger Stoffe führt nicht automatisch zu einer Schädigung. Mit zunehmender Menge der aufgenommenen Stoffe

Bild 99 ***Aus Gründen des Gesundheitsschutzes ist im Nahbereich auch bei kleinen Bränden im Freien Atemschutz zu tragen. Damit wird das von einigen Rauchgasbestandteilen ausgehende Krebsrisiko reduziert. Bei solchen Einsätzen kann auf die Stellung eines Sicherheitstrupps unter Umständen verzichtet werden.***

erhöht sich allerdings die Wahrscheinlichkeit, an Krebs zu erkranken. Die Aufnahme von Rauchgasen über die Atemwege ist daher grundsätzlich zu vermeiden. Aus diesem Grund ist auch bei Kleinbränden im Freien (Müllbehälter, Pkw usw.) Atemschutz zu tragen, auch wenn eine akute Toxizität nicht zu befürchten ist.

Als Beispiele sind hier zu nennen:

- Kohlenstoffmonoxid: lagert sich am Hämoglobin an, senkt dadurch die Aufnahmefähigkeit von Sauerstoff im Blut und behindert so den Sauerstofftransport von der Lunge zu den Zellen. Da Kohlenstoffmonoxid sich deutlich besser am Hämoglobin bindet als Sauerstoff, muss es bei entsprechend ausgeprägter Vergiftung bei erhöhtem Druck und erhöhter Sauerstoffkonzentration (hyperbare Sauerstofftherapie) vom Hämoglobin getrennt und aus dem Körper verdrängt werden.

- Nitrose Gase: sind schlecht wasserlöslich und entfalten ihre Wirkung erst mit einer zeitlichen Verzögerung (Latenzzeit) von mehreren Stunden. Sie werden daher von den Betroffenen zunächst nicht als bedrohlich oder unangenehm empfunden, da sie weder die Schleimhäute noch die oberen Atemwege reizen (zum Vergleich: Ammoniak ist gut wasserlöslich und führt zu einer sofortigen Wahrnehmung in den Augen, der Nase und im Rachenraum). Erst in der Lunge lösen sich die nitrosen Gase langsam unter Bildung von salpetriger Säure, die die Lungenbläschen (Alveolen) angreift und zerstört. Die Behandlung der Vergiftung muss eingeleitet werden, noch bevor es zur Bildung der Säure und zur Zerstörung der Alveolen kommt.

**Anmerkung:**

**Einige Atemgifte haben auch noch nach Abschluss der Rettung aus dem Gefahrenbereich eine schädigende Wirkung, andere Atemgifte entfalten ihre Wirkung erst nach einer Vorlaufzeit (Latenzzeit). Insofern sind Personen, die Atemgifte eingeatmet haben, grundsätzlich dem Arzt vorzustellen bzw. anzuhalten, bei auftretenden Problemen unverzüglich einen Arzt aufzusuchen.**



Die Gefahr durch Atemgifte ist auch bei Einsätzen mit Gefahrgutfreisetzung sowie bei Einsätzen in Kanälen, Schächten, Silos, Biogasanlagen usw. zu beachten, bei denen im Rahmen von Zersetzungsprozessen beispielsweise Schwefelwasserstoff ($H_2S$) und Kohlenstoffdioxid ($CO_2$) entstehen können.

In zunehmendem Maße treten in geschlossenen Räumen Probleme mit Kohlenstoffmonoxid (CO) auf. Die gefährlichen CO-Konzentrationen sind häufig auf defekte Heizungen, Gasthermen oder unsachgemäß betriebene Öfen in Verbindung mit den immer besser abgedichteten Gebäudehüllen zurückzuführen. Aber auch andere Ursachen wie Suizide und unsachgemäßer Umgang mit Feuerstellen im Raum kommen als Ursache für gefährliche CO-Konzentrationen in Betracht. Dadurch kann sich eine Gefährdung der Einsatzkräfte in Bereichen und Einsatzlagen ergeben, bei denen normalerweise nicht mit dieser Gefahr zu rechnen ist (internistischer Notfall, hilflose Person in der Wohnung usw.). Immer mehr Feuerwehren und Rettungsdienste rüsten daher ihre vorgehenden Einheiten mit Warngeräten aus, die bei erhöhten CO-Werten Alarm schlagen.

### 6.4.2 Angstreaktionen

Angstreaktionen können bei einzelnen Personen, Tieren oder ganzen Gruppen bzw. Herden auftreten. Sind ganze Gruppen betroffen, kann es zu einer Panik kommen. Angstreaktionen können ausgelöst werden als Reaktion auf eine tatsächliche oder vermeintliche Gefahr

- für das eigene Leben,
- für das Leben einer nahe stehenden Person.

Die Gefahr der Angstreaktion ist insbesondere dann gegeben, wenn die Lage von der betreffenden Person als aussichtslos angesehen wird. Die Bewertung der Situation erfolgt zunächst durch die betroffenen Personen selbst. Sie ist subjektiv und muss nicht in Einklang mit der tatsächlichen Bedrohungslage stehen.

Angst ist eine natürliche Reaktion. Sie ist in vielen Fällen hilfreich und bewahrt Menschen und Tiere oft vor Schaden. Angst kann positiven Stress auslösen, der uns aufmerksam und vorsichtig werden lässt und uns zu Höchstleistungen treiben kann. Angst kann aber auch dazu führen, dass die betroffenen Personen den Überblick verlieren, keine Alternativen mehr wahrnehmen und sich nur auf eine Richtung, einen Weg fokussieren (»Scheuklappendenken«). In der Folge ist mit nicht vorhersehbaren, unverhältnismäßigen und teilweise unvernünftigen Reaktionen zu rechnen. Durch die Angstreaktion können die betroffenen Personen, die Einsatzkräfte, aber auch der Einsatzerfolg gefährdet sein.

Die Angst verleiht den Betroffenen häufig große Kräfte, die sie konsequent einsetzen, um sich der Gefahr zu entziehen. Getrieben vom Überlebenswillen kann die Angstreaktion dazu führen, dass diese Kräfte sogar gegen potenzielle Helfer eingesetzt werden. Als bekanntes Beispiel sei hier der Ertrinkende genannt, der einen von vorne anschwimmenden Helfer unter Wasser drückt, um sich selbst über Wasser halten zu können.

Das Risiko ungebändigter Kraftausbrüche stellt insbesondere beim Umgang mit verängstigten Tieren eine nicht zu unterschätzende Gefahr dar. Problematisch sind Kraft und Masse gerade bei großen Tieren, die durchaus mehrere hundert Kilo wiegen können. Gerät ein solches Tier außer Kontrolle, kann es erhebliche Schäden anrichten und ist auch nicht mehr mit der Kraft eines Menschen zu bändigen. Selbst ein junges Rind kann einen kräftigen Erwachsenen mühelos zur Seite drücken oder hinter sich herziehen. Da es den Tieren auch nicht zu vermitteln ist, dass man ihnen helfen will, ist die Gefahr für die Helfer nicht zu unterschätzen. Sie ist insbesondere in dem Moment zu berücksichtigen, in dem das Tier befreit wurde und seine eigene Kraft einsetzt, um sich endgültig zu befreien oder einfach nur davon zu laufen.

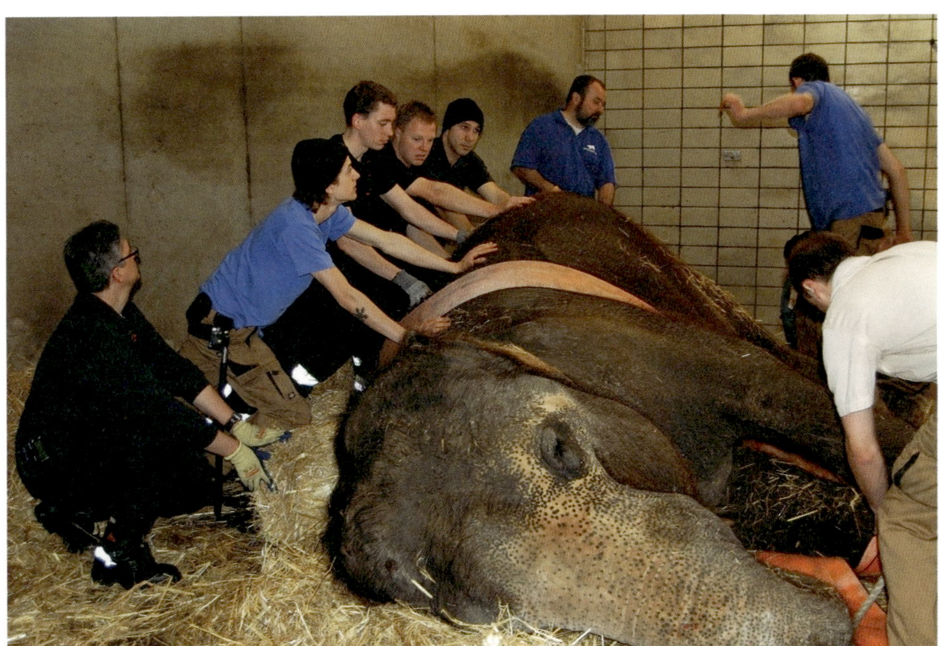

Bild 100 ***Der Elefant steht unter massivem Stress. Mit seiner Masse und seiner Kraft stellt er eine nicht zu unterschätzende Gefahr für die Helfer dar.***



Angstreaktionen werden nicht nur von tatsächlichen Gefahren ausgelöst. Sie können vielmehr auch die Folge einer Fehleinschätzung sein. Die Einschätzung der Lage ist von vielen Faktoren abhängig, auf die die Einsatzkräfte nur bedingt Einfluss nehmen können. So ist die Lagebewertung durch Laien unter anderem von deren Wissen um Sicherheitsstandards und deren Vertrauen in die eigene Leistungsfähigkeit und in die Leistungsfähigkeit der Gefahrenabwehrbehörden abhängig. Angstreaktionen treten somit verstärkt bei Menschen auf, denen genau dieses Wissen und Vertrauen fehlt. Hierzu gehören Kinder, alte Menschen und nicht selten auch ausländische Mitbürger, die in derartigen Lagen oftmals unangemessen reagieren. Bei ausländischen Mitbürgern können erschwerend Verständigungsprobleme aufgrund unzureichender Sprachkenntnisse hinzukommen, die uns daran hindern, den Menschen die tatsächliche Lage und unsere Möglichkeiten zu erläutern.

Kinder und alte Menschen sind Bedrohungslagen häufig nicht gewachsen. In ihrer Hilflosigkeit versuchen sie sich manchmal vor der Gefahr zu verstecken, anstatt zu flüchten. Sie verkriechen sich in Schränken und unter Betten oder schlüpfen in enge

Bild 101 ***Die kontinuierliche Betreuung während der technischen Rettung schafft Vertrauen und Transparenz und trägt zur Beruhigung bei.***

Nischen, wo sie nur schwer zu finden sind. Menschen, die unter dem Einfluss von Alkohol oder Drogen stehen, neigen hingegen oft zu einer nicht angemessenen Gelassenheit. Auch daraus können an der Einsatzstelle überraschende und problematische Situationen resultieren.

Angstreaktionen können grundsätzlich bei allen Menschen und somit auch bei den Einsatzkräften auftreten. Auch hier kann Angst zu Fehlverhalten und gefährlichen Fehlreaktionen führen. Aufgrund der besseren Ausbildung und der mentalen Vorbereitung auf mögliche Schadenszenarien treten Angstreaktionen bei Einsatzkräften jedoch seltener auf.

Um der Angstreaktion zu begegnen, ist es wichtig, selbst Ruhe auszustrahlen und damit zu zeigen, dass man die Situation im Griff hat. Verängstigte Personen lassen sich durch die konsequente Beseitigung der Bedrohungslage und sonstiger Störfaktoren beruhigen. Durch permanenten Sichtkontakt und gutes Zureden kann das Gefühl der Hilflosigkeit gemildert werden.

Zur Beruhigung kann beitragen, wenn eine Atmosphäre in vertrauter Umgebung geschaffen werden kann, die Maßnahmen der Feuerwehr für die Betroffenen nachvollziehbar sind und bei Bedarf erläutert werden. Auch die Anwesenheit von Personen des Vertrauens (Angehörige) trägt in der Regel zur Beruhigung bei. Da Angstreaktionen sich nicht immer real nachvollziehen lassen, erfordert die Bekämpfung dieser Gefahr mitunter auch Maßnahmen, die eigentlich gar nicht notwendig sind, von den vermeintlich bedrohten Personen jedoch erwartet werden. Dabei ist allerdings zwischen Hysterie, Schaulust (Gaffer) und echter Angst zu unterscheiden.

**Beispiel:**

In einem Münchener Wohnheim brennt ein Appartement im Erdgeschoss in voller Ausdehnung. Die Flammen schlagen aus dem Fenster an der Fassade empor. Als die Feuerwehr eintrifft, machen einige Personen Anstalten, sich mit Bettlaken aus großer Höhe an der Fassade abzuseilen. Der Einsatzleiter trifft die Entscheidung, den Brand von außen mit einem Pulverrohr des TroTLF zu attackieren. Mit dieser ungewöhnlichen Maßnahme gelingt es ihm, die Gewalt des Feuers in Sekundenschnelle zu brechen. Durch den rasanten Löscherfolg entspannte sich die Lage augenblicklich. Die Feuerwehr hat den verängstigten Hausbewohnern überaus eindrucksvoll – wenn auch nicht unbedingt schulmäßig – demonstriert, dass sie dem Feuer überlegen ist und es überhaupt keinen Grund gibt, sich zu ängstigen. Die Botschaft »Wir haben alles im Griff« war für alle Bewohner klar erkennbar und führte zum gewünschten Erfolg.

Angst resultiert häufig aus der unbekannten Situation und dem Unwissen über die anstehenden Maßnahmen. Durch zusätzliche Informationen lässt sich dieser Zustand fehlender Transparenz in vielen Fällen leicht entschärfen.

**Beispiel:**

Ein Patient, der im 4. OG wohnt, soll aufgrund einer Verletzung oder Erkrankung in das Krankenhaus gebracht werden. Er muss mithilfe der Drehleiter über das Fenster nach unten gebracht werden. Er wird auf eine Trage geschnallt und aus dem Fenster geschoben. Sein Körper ist fixiert, der Blick starr nach oben gerichtet. Über ihm ist nur der Himmel, unter ihm irgendetwas Unbekanntes, was auf wundersame Weise dafür sorgt, dass er nicht in die Tiefe stürzt und stattdessen im 4. OG vor der Fassade schwebt. Man kann sich gut vorstellen, dass dieser Patient sehr beunruhigt und verängstigt ist.

Sicherlich wird es den Patienten sehr beruhigen, wenn ihm vor Beginn der Aktion mit wenigen Worten erläutert würde, was man mit ihm machen wird. Es wird ihn beruhigen, wenn er auf seinem »Flug« von einer Person begleitet wird, die ruhig und vertrauensvoll wirkt, nach Möglichkeit den Blickkontakt zu ihm hält, mit ihm spricht und ihm etwaige Fragen beantwortet.

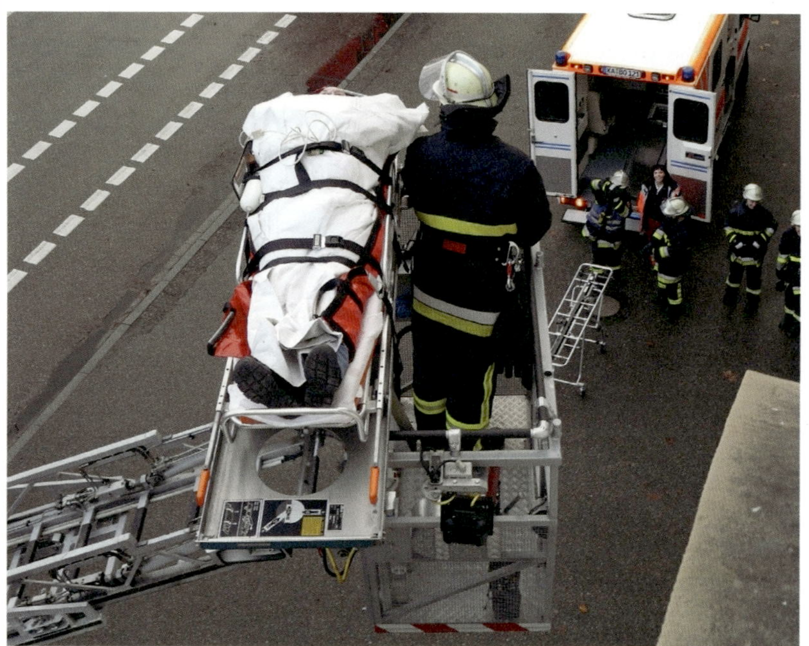

Bild 102 ***Der Krankentransport über die Drehleiter stellt für den Patienten eine ungewohnte Situation dar, die ihn erheblich verängstigen kann.***

## 6.4.3 Ausbreitung

Die Gefahr der Ausbreitung ist sehr vielseitig zu verstehen. Sie meint ganz allgemein, dass sich der Schaden räumlich auf bisher noch nicht betroffene Bereiche ausdehnen kann.

Die Gefahr der Ausbreitung ist beispielsweise gegeben, wenn die Gefahr besteht, dass

- sich Feuer oder Rauch auf andere Bereiche ausbreiten,
- Löschwasser durch die Decke in die darunterliegende Wohnung eindringt,
- kontaminiertes Löschwasser unkontrolliert abfließen kann,
- sich Gefahrstoffe in der Umgebungsatmosphäre ausbreiten,

- wassergefährdende Stoffe im Boden versickern und in die Kanalisation gelangen,
- Schadstoffe in noch saubere Bereiche verschleppt werden.

Ausbreitung ist ein klares Indiz für einen dynamischen Prozess. Durch die Ausweitung des betroffenen Bereichs können weitere Schäden entstehen und neue Gefahren hervorgerufen werden. Der Gefahr der Ausbreitung zu begegnen heißt, den dynamischen Prozess zu stoppen und ihn in einen statischen Zustand zu überführen, der auf ein definiertes Terrain begrenzt wird. Je nach den örtlichen Gegebenheiten gilt es dabei, die Gefahrenquelle einzuhausen und so die Ausbreitung in alle sechs möglichen Richtungen zu verhindern.

Bild 103 ***Der Würfel als Symbol für die sechs Seiten bzw. Freiheitsgrade, die grundsätzlich bei jedem Szenario zu betrachten sind. Die Anzahl der Freiheitsgrade kann im Einzelfall durch physikalische Einflüsse und bauliche Gegebenheiten eingeschränkt sein und lässt sich durch Maßnahmen der Feuerwehr beeinflussen.***



## 6.4.3.1 Ausbreitung von Feuer

Nach DIN 14011 gilt: »*Brennen ist eine mit Flamme und/oder Glut selbstständig ablaufende exotherme Reaktion zwischen einem brennbaren Stoff und Sauerstoff oder Luft.*«

Eine Verbrennungsreaktion ist demnach eine sich selbst unterhaltende chemische Reaktion, bei der Energie freigesetzt wird (exotherme Reaktion). Die Reaktion unterhält sich selbst, indem ein Teil der freigesetzten Energie in das System reinvestiert wird. Dies geschieht durch die fortdauernde Übertragung von Energie auf weitere Moleküle des brennbaren Stoffes, wodurch diese aktiviert und zur Reaktion angeregt (aufbereitet und entzündet) werden. Auf diese Weise kann sich das Feuer weiter ausbreiten und an Intensität zunehmen.

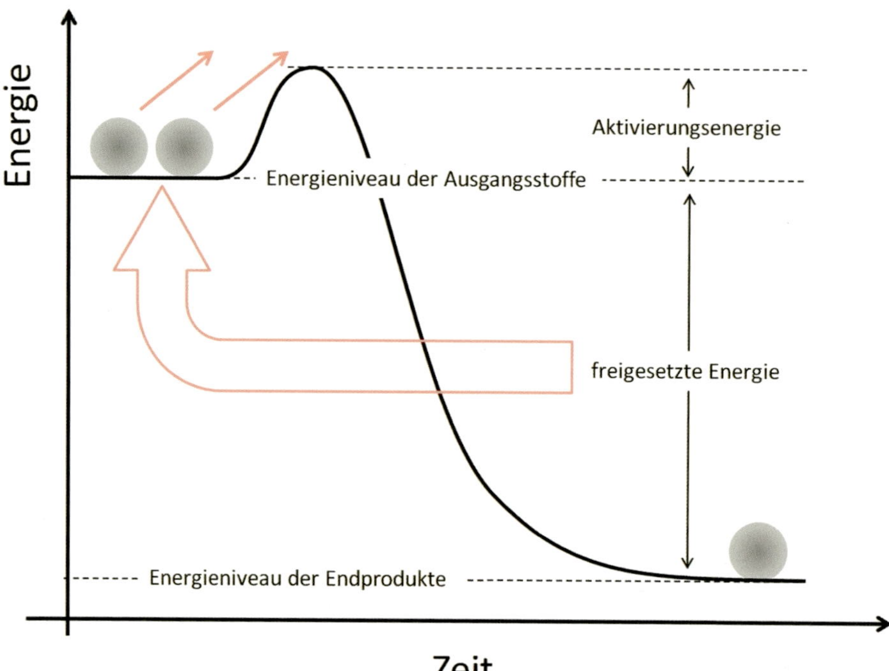


Bild 104 ***Energiediagramm der exothermen Reaktion. Zum Starten der Reaktion muss zunächst Aktivierungsenergie zugeführt werden. Ist die Reaktion gestartet, wird Energie freigesetzt. Durch Übertragung dieser Energie auf andere Moleküle werden diese aktiviert und zur Reaktion gebracht. Auf diese Weise kommt es zu einer sich selbst unterhaltenden Reaktion.***

Die Ausbreitung des Brandes erfolgt generell durch Übertragung von Energie (Energie in Form von Wärme) und damit über den Wärmetransport, der in drei verschiedenen Arten stattfinden kann:

- Wärmestrahlung,
- Konvektion (Wärmeströmung),
- Wärmeleitung.

**Wärmestrahlung**

Die Wärmestrahlung ist eine elektromagnetische Wellenstrahlung, die in ihrem Ausbreitungsverhalten mit Licht vergleichbar ist. Sie ist nicht an Materie gebunden und wird damit nicht vom Wind beeinflusst. Sie breitet sich vielmehr, ausgehend von der Wärmequelle, gleichmäßig in alle Richtungen aus. Durch Wärmestrahlung kann sich ein Feuer gegen den Wind und auch von oben nach unten ausbreiten.

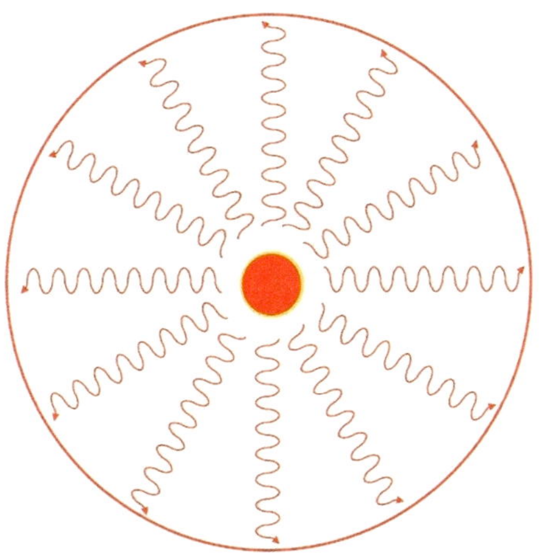

**Bild 105** ***Wärme breitet sich in Form von Wellenstrahlung vergleichbar mit Licht gleichmäßig in alle Richtungen aus.***



Die Intensität der Wärmestrahlung ist sehr stark temperaturabhängig. Sie nimmt gemäß des Stefan-Boltzmann-Gesetzes mit der vierten Potenz der Temperatur eines Körpers zu. Verdoppelt sich die Temperatur der Oberfläche eines Körpers, so emittiert der Körper die 16-fache Wärmestrahlung (vgl. Bild 106).

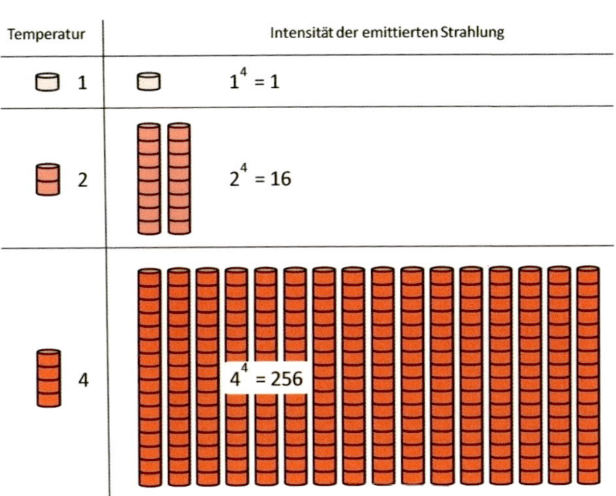


**Bild 106** ***Die Intensität der Wärmestrahlung ist vor allem abhängig von der Temperatur des wärmeabgebenden (emittierenden) Körpers. Sie geht nach Boltzmann mit der vierten Potenz in die Gleichung ein.***

Stefan-Boltzmann-Gesetz:

$$P = \sigma \times A \times T^4$$

mit P = Strahlungsintensität, $\sigma$ = Boltzmann-Konstante, A = Oberfläche, T = Temperatur

Mit zunehmender Brandintensität steigt damit das Risiko einer Brandausbreitung durch Wärmestrahlung auf die umgebenden Objekte. Im Umfeld der Wärmequelle nimmt die Strahlungsintensität gemäß des Abstandsgesetzes mit dem Quadrat der Entfernung zur Strahlenquelle ab (vgl. Bild 107).

$$I = 1/r^2$$

mit I = Intensität der eintreffenden Strahlung, r = Abstand zur Strahlenquelle

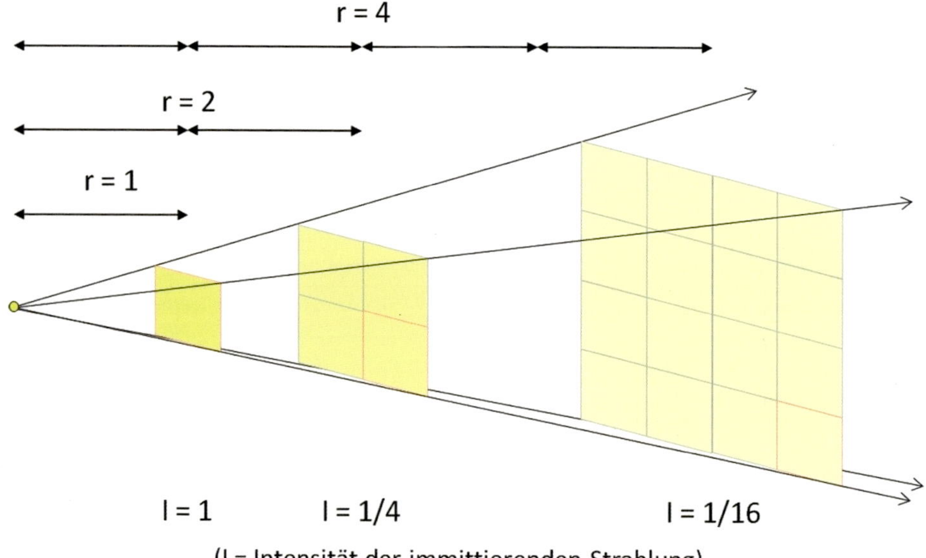


Bild 107 ***Mit zunehmendem Abstand von der Wärmequelle verringert sich die auf einen Körper einwirkende (imitierte) Strahlung. Der Abstand geht mit der zweiten Potenz in die Formel ein.***

Die auf einen Körper einwirkende Wärmestrahlung ist somit von der Intensität des Brandes und dessen Abstand zum Brandobjekt abhängig. Breitet sich das Feuer mit zunehmender Intensität in Richtung eines anderen Objekts aus, so überlagern und verstärken sich die beiden Effekte (ansteigende Temperatur bei abnehmendem Abstand).

**Konvektion (Wärmeströmung)**

Bei der exothermen Verbrennungsreaktion wird Energie, unter anderem in Form von Wärme, freigesetzt. In der Umgebung der Reaktionszone wird die Luft dadurch erwärmt. Die Luft dehnt sich dabei aus, ihre Dichte verringert sich, sie steigt nach oben. Auch die bei der Reaktion entstehenden Verbrennungsprodukte sind warm und steigen aufgrund ihrer geringen Dichte auf. Sie verlassen auf diese Weise die Reaktionszone. Der dabei entstehende Sog sorgt dafür, dass dem Feuer frische Luft zugeführt und genügend Sauerstoff für die fortdauernde Verbrennungsreaktion zur Verfügung gestellt wird. Dieses »Atmen« des Feuers wird sichtbar, wenn es bei eingeschränkten Möglichkeiten des Stofftransports zu einem pulsierenden Ab- und Zuströmen von Abgasen und Frischluft kommt.

Diese Art des Wärmetransports, der über die Bewegung erwärmter Materie (Luft, Rauchgase) erfolgt, wird als Konvektion (Wärmeströmung) bezeichnet. Die Strömungsrichtung der erwärmten Materie kann durch den Wind beeinflusst werden. Durch den gerichteten Wärmetransport wird nach oben und in Windrichtung mehr Energie übertragen. Die Folge ist eine höhere Ausbreitungsgeschwindigkeit des Feuers von unten nach oben sowie in Windrichtung.

Ein in Richtung des Wärmestroms befindlicher Körper erfährt neben der Erwärmung durch Wärmestrahlung eine zusätzliche Energiezufuhr infolge der Konvektion. Der Bereich der abströmenden Gase ist dadurch wesentlich stärker gefährdet. Dieser Bereich wird wesentlich schneller aufgeheizt und stärker mit Rauchgasen beaufschlagt. Ein Aufenthalt im Abluftstrom der Brandgase ist bei entsprechender Brandintensität lebensbedrohlich und daher zu vermeiden. Dies gilt auch für die mit Schutzkleidung ausgestatteten Einsatzkräfte.

**Bild 108** *Die erwärmten Rauchgase steigen nach oben auf. Die daraus resultierende Sogwirkung sorgt dafür, dass der Reaktionszone frische Luft zugeführt wird.*

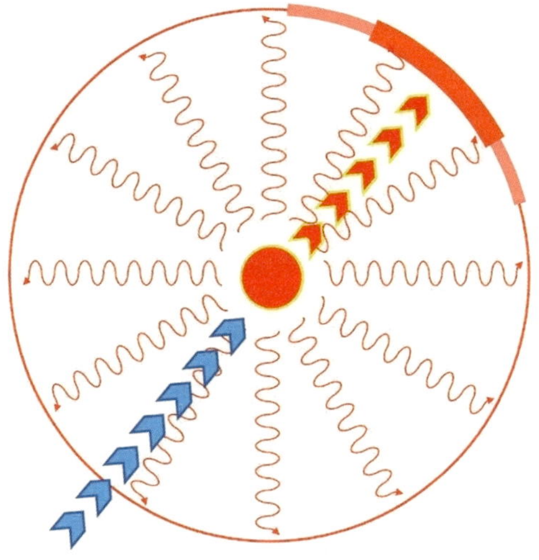

**Bild 109** *Die Wärmequelle gibt in alle Richtungen gleichmäßig Wärme in Form von Strahlung ab. Der Wärmetransport in eine Richtung wird durch die Konvektion zusätzlich verstärkt. Ein in Strömungsrichtung befindlicher Körper wird dadurch stärker mit Energie beaufschlagt. Er ist einer höheren Gefährdung ausgesetzt.*

**Anmerkung:**

**In Öfen und Heizungen nutzt man die Konvektion, um die Rauchgase gezielt abzuführen und das Feuer mit Frischluft zu versorgen. Öfen werden zu diesem Zweck an einen entsprechend dimensionierten Kamin angeschlossen, durch den die heißen Rauchgase abgeführt werden. Die aufsteigenden Rauchgase erzeugen eine Sogwirkung, mit der permanent frische Luft angesaugt wird. Auf diese Weise sorgt der Kamin für eine möglichst vollständige Verbrennung und damit für einen möglichst optimalen Wirkungsgrad des Ofens.**

Auch im Brandfall gibt es diesen Effekt hin und wieder zu beobachten. Er wird als Kamineffekt bezeichnet und gefürchtet. Der Effekt tritt auf, wenn die Rauchgase beispielsweise in einem Treppenraum nach oben aufsteigen können. Der Treppenraum übernimmt dabei die Funktion eines Kamins, über den die Abgase abgeführt werden. Das Feuer kann über den gesamten Querschnitt einer Zuluftöffnung mit frischer Luft versorgt und weiter angefacht werden. Neben der Intensivierung des Brandes führt der Effekt dazu, dass mit den heißen Rauchgasen sehr viel Energie in den als Kamin fungierenden Treppenraum gelangt. Dort befindliche brennbare Stoffe geraten sehr schnell in Brand. Auch die an den Treppenraum angrenzenden Wohnungen sind extrem gefährdet. Ein Überleben im Treppenraum ist aufgrund der schnell ansteigenden Temperaturen kaum möglich.

**Anmerkung:**

**Ein bekanntes und besonders tragisches Beispiel für einen Kamineffekt ereignete sich am 11. November 2000 in Kaprun (Österreich). Dort geriet eine Standseilbahn in einer engen, ansteigenden Tunnelröhre in Brand. Der Kamineffekt beschleunigte die Ausbreitung von Feuer und Rauch in der Röhre. Insgesamt 155 Menschen fanden den Tod. Nur zwölf Fahrgäste konnten entkommen, indem sie talwärts flüchteten. Zwei der Todesopfer starben im Gegenzug, drei Menschen fanden in der Bergstation den Tod.**

Damit ein Treppenraum als Kamin fungieren kann, muss er oben über eine Öffnung verfügen. Gleichzeitig ist eine Zuluftöffnung erforderlich, über die Frischluft nachströmen kann. Nur so kann eine kontinuierliche Strömung von Zu- und Abluft einsetzen. Damit der Treppenraum bei einem Brandfall nicht wie ein Kamin wirken kann, ist der massive Eintritt von Wärmeenergie in den Treppenraum zu unterbinden. Dies kann in der Regel durch die Abgabe von Löschwasser am Übergang vom Brandbereich zum Treppenraum oder das Schließen von Türen gewährleistet werden. Der Kamineffekt kann auch unterbunden werden, wenn oberhalb des Brandgeschosses keine Abluftöffnung oder im Bereich des Brandes keine Zuluftöffnung vorhanden ist. Potenzielle Abluftöffnungen in Treppenräumen sind neben Fenstern, die geöffnet oder eingeschlagen werden, natürlich auch Rauch- und Wärmeabzugsklappen. Vorsicht ist grundsätzlich geboten, wenn Öffnungen im Treppenraum oberhalb der Brandstelle geschaffen werden, ohne dass das Nachströmen heißer Brandgase aus der Brandwohnung unterbunden werden kann.

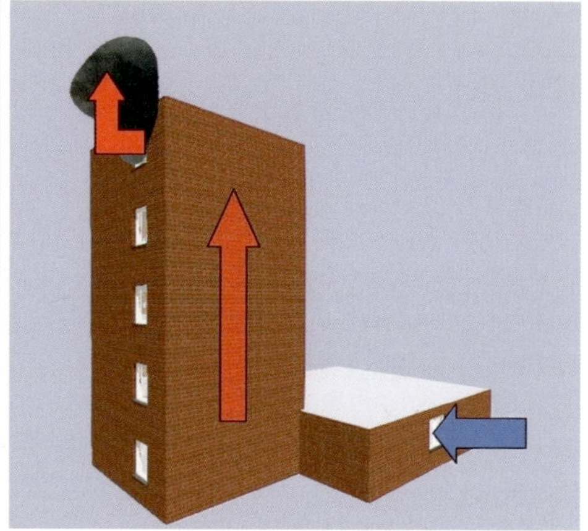

Bilder 110 a und b *Im linken Bild verfügt der Treppenraum über keine Abluftöffnung. Rauchgase können somit nicht über den Treppenraum abgeführt werden, obwohl die Wohnungstür offen ist. Das Fenster im Brandraum fungiert als Zu- und Abluftöffnung. Nachdem im Treppenraum eine Abluftöffnung geschaffen wurde (rechtes Bild), übernimmt der Treppenraum die Funktion des Kamins für die Brennkammer (hier die Wohnung). Die heißen Rauchgase werden nun über den Treppenraum abgeführt. Auf diese Weise gelangt viel Wärmeenergie in den Treppenraum und heizt diesen auf. Der gesamte Fensterquerschnitt des Brandraums steht dem Feuer für die Zufuhr von Frischluft zur Verfügung. Durch die einsetzende Sogwirkung wird die Frischluftzufuhr zusätzlich intensiviert und das Feuer weiter angefacht.*

Bereits bei einem voll entwickelten Zimmerbrand erreicht das Feuer eine enorme Intensität. Die dabei freigesetzte Wärmemenge ist vielen Einsatzkräften nicht bewusst. Um zu veranschaulichen, mit welcher Dimension der Energiefreisetzung bei einem aktiven Zimmerbrand zu rechnen ist, sind in der Tabelle 11 die Heizleistungen eines Kachelofens/Heizkamins und der Zentralheizung eines Einfamilienhauses (EFH) der Heizleistung eines Zimmerbrandes gegenübergestellt. Der in der zweiten Zeile angegebene Faktor bezieht sich jeweils auf die Heizleistung eines Kachelofens bzw. Heizkamins.

Tabelle 11 *Freigesetzte Wärmemengen im Vergleich*

| | Kachelofen/Heizkamin | Zentralheizung EFH | Zimmerbrand |
|---|---|---|---|
| Heizleistung | 6 – 8 kW | 15 – 20 kW | 5000 – 8000 kW |
| Faktor | 1 | ca. 3 | ca. 1000 |

Das Ergebnis dürfte für viele Leser überraschend sein. Tatsächlich entspricht die Heizleistung eines Zimmerbrandes mit fünf bis acht Megawatt der Leistung von etwa 1000 Kachelöfen/Heizkaminen oder 300 bis 500 Zentralheizungen von Einfamilienhäusern. Es ist gut vorstellbar, was Energie in derartigen Größenordnungen anrichten kann, wenn sie, getragen von den Rauchgasen, unkontrolliert durch ein Gebäude strömt.

Während die Reichweite der bei einem Brand emittierten Wärmestrahlung relativ begrenzt ist, kann mithilfe der Wärmeströmung Wärmeenergie in relativ weit vom eigentlichen Brandort gelegene Bereiche gelangen. Dabei geben die Rauchgase

Bild 111 ***Durch das offene Fenster strömt Frischluft in den Brandraum im ersten Obergeschoss. Fast der gesamte Fensterquerschnitt steht hierzu zur Verfügung, da die Rauchgase durch den Treppenraum, der wie ein Kamin wirkt, abziehen können. Im Dachgeschoss gelangen die heißen Gase in eine Wohnung und über ein Fenster dieser Wohnung ins Freie. Der Wärmetransport durch Konvektion erfolgt in diesem Fall, ausgehend von dem Brand im ersten Obergeschoss, durch den Treppenraum bis in die Wohnung im Dachgeschoss und setzt diese in Brand. Im Treppenraum wird trotz der massiven Wärmeströmung kein Feuer entfacht, da sich dort keine brennbaren Stoffe befinden.***

Bild 112 ***Wenn die heißen Rauchgase vom Brandort in einen Raum gelangen, in dem sich eine Person an einem offenen Fenster bemerkbar macht, strömen sie in geringem Abstand über die Person hinweg. Bei entsprechend hohen Temperaturen emittieren diese Rauchgase sehr viel Wärme in Form von Wärmestrahlung, die aus kurzer Distanz auf den Rücken der Person einwirkt. Auch der Raum, in dem sich die Person aufhält, wird von den heißen Rauchgasen durchströmt und somit aufgeheizt. Einrichtungsgegenstände in diesem Raum können dadurch in absehbarer Zeit in Brand geraten. Obwohl sich die Person relativ weit entfernt vom eigentlichen Brandherd aufhält, kann sie auf diese Weise einer erheblichen Gefährdung ausgesetzt sein.***

einen Teil ihrer Energie an das Umfeld ab. Dort befindliche brennbare Gegenstände werden hierdurch aufgeheizt, können auf Zündtemperatur gebracht werden und in Brand geraten.

Strömen die heißen Brandgase ungehindert durch den Treppenraum, so werden nicht nur dort befindliche brennbare Stoffe (z. B. Holztreppe, Möbel, Dekorationen) in Brand geraten. Vielmehr besteht die Gefahr, dass auch die Wohnungstüren der angeschlossenen Wohnungen den sehr hohen Temperaturen nicht lange standhalten und versagen. Gelangen die heißen Rauchgase in den Dachstuhl, so kann es auch hier zu einer derartigen Aufheizung kommen, dass dieser in Brand gerät.

Strömen die heißen Abgase innerhalb einer Ebene, so wird die Wärmeenergie horizontal transportiert. Dies ist bei Wohnungsbränden der Fall, wenn die heißen Rauchgase durch die Wohnung in Richtung des Treppenraumes oder eines geöffneten Fensters ziehen. Durch den Wärmetransport können damit auch Brände in anderen Räumen der gleichen Etage entfacht oder dort befindliche Personen und Gegenstände mit Energie beaufschlagt werden.

**Anmerkung:**

**Rauchgase können unterschiedlich heiß sein. Ihr Energiegehalt kann in etwa aus ihrer Strömungsgeschwindigkeit abgeschätzt werden. Relativ kalte Rauchgase strömen langsam und steigen langsam nach oben. Heiße Rauchgase strömen deutlich schneller und steigen aufgrund ihrer geringeren Dichte (größere Dichteunterschiede zu der umgebenden Atmosphäre) schneller und steiler auf.**

**Merke:**

**Je schneller und steiler Rauchgase aufsteigen, desto mehr Energie transportieren sie!**



### Wärmeleitung

Wärmeleitung ist die dritte Art, Wärme zu transportieren. Wärmeleitung findet in festen Körpern statt. Dabei werden Moleküle durch Wärmezufuhr zu Schwingungen angeregt und übertragen diese Schwingungen auf benachbarte Moleküle. Die Bewegungsenergie der schwingenden Moleküle kann an anderer Stelle wieder in Wärmeenergie umgewandelt werden, sodass ein Wärmetransport stattgefunden hat. Die Wärmeleitfähigkeit von Stoffen ist eine stoffspezifische Größe. Viele Metalle sind sehr gute Wärmeleiter.

Eine Brandausbreitung durch Wärmeleitung ist beispielsweise möglich, wenn ein Metallträger durch eine Wand hindurch führt und einseitig durch einen Brand, durch Schweißarbeiten oder etwas Ähnliches sehr stark erwärmt wird. Im Laufe der Zeit wird die Wärme durch den Träger auf die andere Seite der Wand transportiert. In der Nähe des Trägers lagernde brennbare Stoffe können sich dort auf diese Weise entzünden (siehe auch Bild 113).

### Flugfeuer und Feuerbrücken

Brände können sich auch durch Flugfeuer ausbreiten. Flugfeuer bedeutet, dass sich brennende Teile vom ursprünglichen Brandobjekt lösen und von der Thermik und/oder dem Wind zu anderen Objekten getragen werden und diese entzünden. Durch Flugfeuer können Hindernisse und relativ große Entfernungen überwunden werden.

Mitunter nutzt das Feuer zur Ausbreitung auch so genannte Feuerbrücken. Hierunter werden brennbare Gegenstände verstanden, die sich zwischen dem Brandobjekt und einem angrenzenden Objekt befinden. Die Gefahr besteht darin,

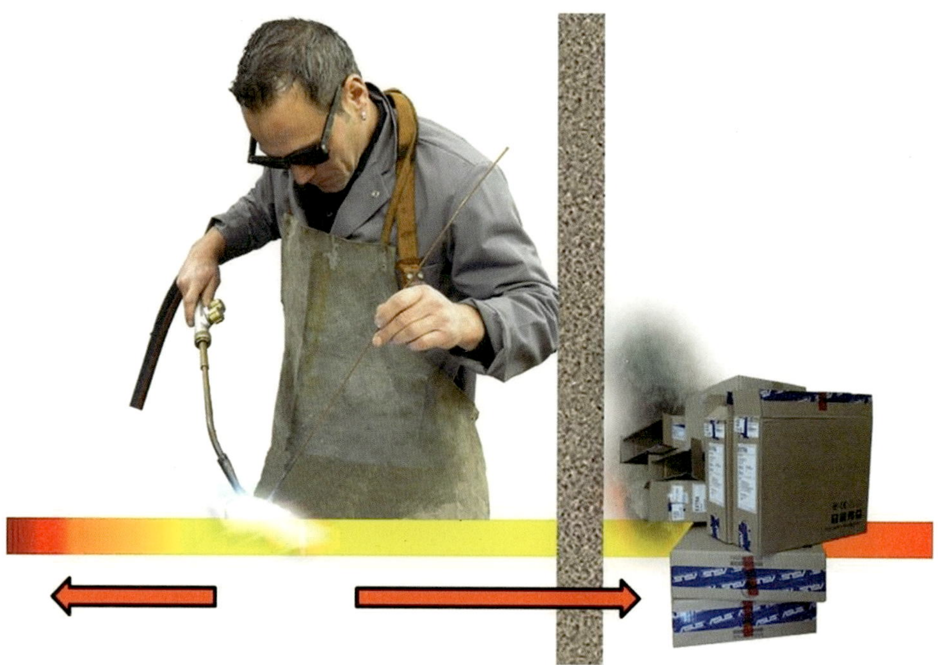

Bild 113 ***Ein Stahlträger, der durch eine Wand führt, wird auf einer Seite durch Feuerarbeiten stark erwärmt. Die Wärme wird durch Schwingungen der Moleküle auf die andere Seite der Wand transportiert und kann dort einen Brand entfachen.***

dass das Feuer sich zunächst auf den brennbaren Gegenstand im Zwischenraum ausbreitet und von diesem wiederum auf das angrenzende Objekt übergreift. Das Feuer nutzt den brennbaren Gegenstand im Zwischenraum wie eine Brücke, um größere Entfernungen überwinden zu können.

#### 6.4.3.2 Besondere Phänomene bei Bränden in geschlossenen Räumen

In der Literatur wird eine ganze Reihe unterschiedlicher Phänomene beschrieben. Mit Blick auf die praktische Anwendung und die Zielsetzung, Gefahren erkennen und erfolgreich bekämpfen zu können, reicht es aus, zwischen zwei Arten von Phänomenen zu unterscheiden, die im Folgenden mit Flash-over (Rauchgasdurchzündung) und Backdraft (Rauchgasexplosion) bezeichnet werden.

### Flash-over (Rauchgasdurchzündung)

Bei Bränden in geschlossenen Räumen kann ein Flash-over auftreten und für eine besondere Gefahrensituation sorgen. Der Begriff »Flash-over« lässt sich als »Raumdurchzündung«, »Rauchgasdurchzündung« oder »Feuerübersprung« beschreiben und steht für den Übergang eines lokalen Brandes (ein Sofa, ein Schrank o. Ä.) zum Vollbrand des gesamten Raumes. Der Flash-over wird durch einen Wärmestau im Raum verursacht. Er tritt bei Bränden in Gebäuden auf, sobald die chemischen Voraussetzungen gegeben sind. Hierzu bedarf es in der Regel keines Eingriffs von außen (wie beispielsweise das Öffnen einer Tür).

Bild 114 ***Bei einem Feuer im Freien kann die Wärme ungehindert nach oben aufsteigen. Damit wird ein Wärmestau vermieden, ein Flash-over ausgeschlossen. Bei einem Brand in einem Raum hingegen kann die Wärme nicht entweichen. Sie staut sich im Raum. Damit ist die entscheidende Voraussetzung für einen Flash-over gegeben.***

6

Ausgehend vom eigentlichen Brandherd, vor allem aber von den heißen Gasen, die sich an der Zimmerdecke ausbreiten, werden die brennbaren Stoffe im Raum thermisch aufbereitet und chemisch aufgespalten (gecrackt, pyrolysiert, siehe Bild 115).

Die durch die Pyrolyse entstehenden brennbaren Gase steigen auf und sammeln sich unterhalb der Rauchschicht. Sobald die Konzentration dieser Gase hoch genug ist, um zündfähige Gemische mit der Luft bilden zu können, brennen die Gase ab, die Luft im Raum scheint zu brennen. Amerikanische Feuerwehrleute bezeichnen diesen Effekt als »dancing angels« (tanzende Engel, siehe Bild 116).

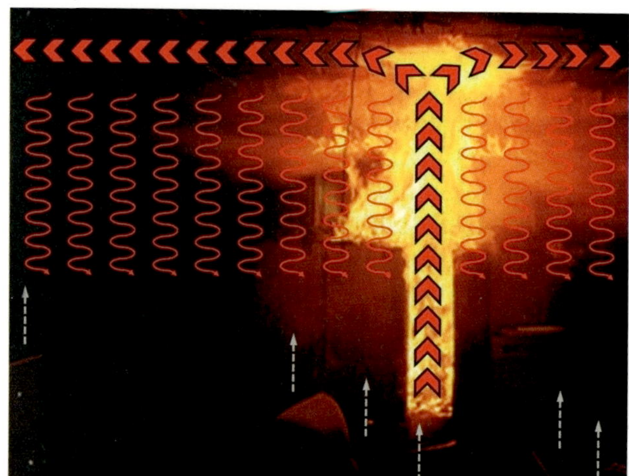

**Bild 115** *Die heißen Gase steigen auf und breiten sich an der Decke aus. Die sich ausbildende heiße Schicht wirkt wie eine unter der Decke montierte Heizplatte, die Wärme nach unten abstrahlt. Die brennbaren Gegenstände im Raum werden von oben mit Strahlungswärme beaufschlagt.*

**Bild 116** *Das Bild zeigt die Pyrolyse des Holzes. Deutlich erkennbar sind einige der aufsteigenden Crackprodukte (helle Rauchschwaden). Wenn diese Gase abfackeln, entsteht der Eindruck, als brenne die Luft. Amerikanische Feuerwehrleute nennen die in der Luft stehenden Flammen »dancing angels«.*

Bild 117 ***Der Flash-over hat in den oberen Regalebenen dieses Hochregallagers bereits stattgefunden. Von den Feuerwehrleuten am Boden ist die Gefahr noch nicht zu erkennen. Während sie immer tiefer in das Lager eindringen, hat sich das Feuer im Deckenbereich bereits voll entwickelt und breitet sich von Regalebene zu Regalebene nach unten aus.***

Durch das Abbrennen der Gase wird zusätzliche Wärme freigesetzt. Aufgrund der bereits erfolgten thermischen Aufbereitung der übrigen Einrichtungsgegenstände kann sich das Feuer in der Folge in Sekundenschnelle auf den ganzen Raum ausbreiten. Das Abbrennen der Gase unterhalb oder in der Rauchgasschicht ist somit als Warnhinweis für einen unmittelbar bevorstehenden Flash-over zu werten.

Da der entscheidende Wärmetransport in Form von Konvektion durch heiße Rauchgase horizontal entlang der Decke des Raumes in der Regel sehr gleichmäßig erfolgt, kommt es im ganzen Raum zu einem relativ homogenen Temperaturprofil im Deckenbereich. Damit ist auch die von der heißen Rauchgasschicht abgegebene Wärmestrahlung im gesamten Raum ähnlich. Die Raumgröße und die Entfernung einzelner Möbelstücke zur Brandausbruchstelle innerhalb des Raumes spielen nur eine untergeordnete Rolle. Bedeutsamer ist vielmehr der Abstand der brennbaren Stoffe zur Decke des Raumes beziehungsweise zur heißen Rauchgaszone.

In sehr großen und hohen Räumen kann es zu einem Flash-over in Etappen kommen, der von den im Innenangriff vorgehenden Kräften zunächst nicht wahrgenommen wird. Bis die Feuerwehrleute die Gefahr bemerken, kann es für eine Flucht bereits zu spät sein. Gibt es von außen wahrnehmbare Hinweise auf eine solche Situation, sind sofort alle Kräfte aus dem Gebäude zurückzuziehen (siehe auch Bild 117).

Die Gefahr eines Flash-overs ist grundsätzlich gegeben, wenn es sich um ein lokales Brandereignis handelt. Die Vermeidung eines Flash-overs erfolgt durch Abbau des Wärmestaus. Damit wird der Entstehung weiterer Pyrolysegase entgegengewirkt. Der Abbau des Wärmestaus kann durch Bindung der Wärme durch Abgabe von Wasser oder Abfuhr der Wärme durch Schaffung von Abluftöffnungen (z. B. öffnen der Rauch- und Wärmeabzugsanlage [RWA]) geschehen.

**Backdraft (Rauchgasexplosion)**

Der Backdraft ist eine Folge des eingeschränkten Stofftransports. Voraussetzung für ein solches Szenario ist ein zeitlich begrenzter Sauerstoffmangel. Ein Backdraft droht, wenn sich ein Feuer aufgrund des im Raum vorhandenen Luftsauerstoffs zunächst entwickeln konnte, sodass der Raum hinreichend aufgeheizt und die Pyrolyse der brennbaren Stoffe im Raum in Gang gesetzt worden ist. Hält die Hülle des Raumes (inklusive der Fenster und Türen) dem Feuer stand, so kommt es aufgrund der eingeschränkten Sauerstoffzufuhr zu einem Sauerstoffmangel, der für eine vermehrte Produktion von brennbarem Kohlenstoffmonoxid sorgt. Die im Raum gespeicherte Wärme sorgt zudem für eine weiter fortschreitende Pyrolyse und die fortgesetzte Entstehung brennbarer Gase. Da nicht nur die Zufuhr von Frischluft, sondern auch der Abtransport der Verbrennungs- und Pyrolyseprodukte eingeschränkt oder nicht möglich ist, reichern sich die brennbaren Gase im Raum an. Kommt es zu einer schlagartigen Frischluftzufuhr (Fenster platzt, Fenster wird eingeschlagen, Tür wird geöffnet), können die brennbaren Bestandteile der Rauchgase explosionsartig reagieren (Rauchgasexplosion, siehe auch Bilder 118 a und b).

Bilder 118 a und b ***Simulation eines Backdrafts: Bei einem gut entwickelten Feuer wird die Sauerstoffzufuhr gedrosselt. Die Rauchentwicklung nimmt zu. Bei schlagartiger Zufuhr von Sauerstoff kommt es zum explosionsartigen Abbrand der Rauchgase.***

Der fehlende Sauerstoff verhindert das Abbrennen der brennbaren Gase im Raum bei Erreichen der unteren Explosionsgrenze (UEG). Auf diese Weise können Gaskonzentrationen erreicht werden, die deutlich oberhalb der UEG liegen. Aufgrund der höheren Gaskonzentrationen ist das Gefahrenpotenzial der Rauchgasexplosion deutlich größer als das eines Flash-overs. Durch die deutlich höheren Druckanstiege können Einsatzkräfte in erheblichem Maße gefährdet werden und zusätzliche Schäden entstehen.

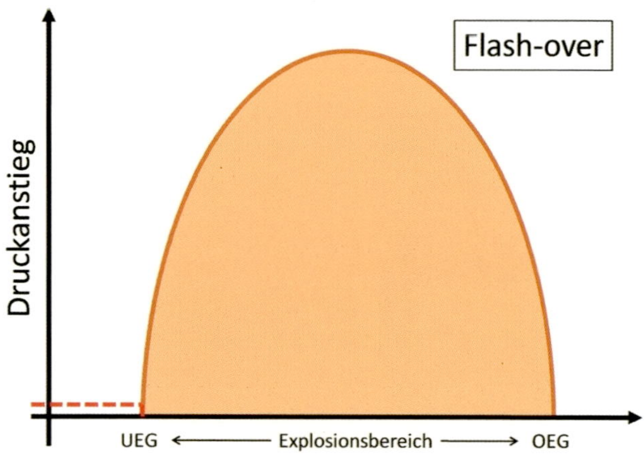


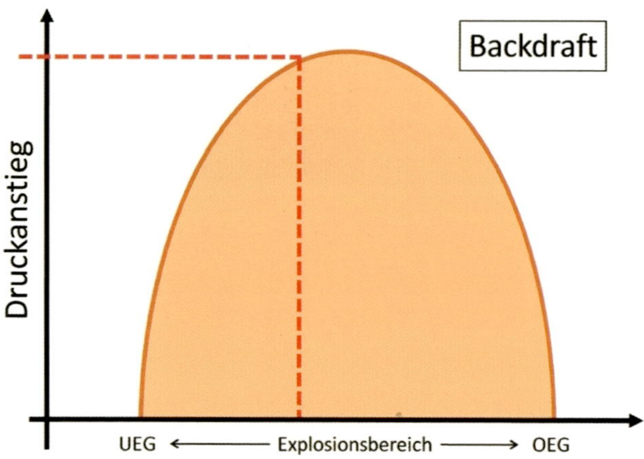


Bilder 119 a und b ***Wenn genügend Luftsauerstoff im Raum vorhanden ist, fackeln die brennbaren Gase mit Erreichen der UEG weitgehend drucklos ab (obere Grafik: Verpuffung/Flash-over). Bei Sauerstoffmangel können Konzentrationen an brennbaren Gasen deutlich oberhalb der UEG erreicht werden. Bei schlagartiger Sauerstoffzufuhr kann es zu einer Rauchgasexplosion (untere Grafik: Backdraft) mit deutlichem Druckanstieg kommen.***

Bild 120 ***Durch die Druckwelle der Rauchgasexplosion können Einsatzkräfte gefährdet und Gebäude zerstört werden.***

Bei einem Backdraft hat sich im Raum eine instabile und äußert ungünstige Konstellation eingestellt. Im Raum befinden sich eine Zündquelle und brennbare Gase in ausreichend hoher Konzentration, die bei Sauerstoffzutritt explodieren werden. Diese Situation ist im Ernstfall kaum beherrschbar, da es in der Regel kaum möglich ist, die Zündquellen zu beseitigen oder die brennbaren Gase zu verdrängen, ohne dass dabei Sauerstoff in den Raum eindringt (siehe auch Bild 121).

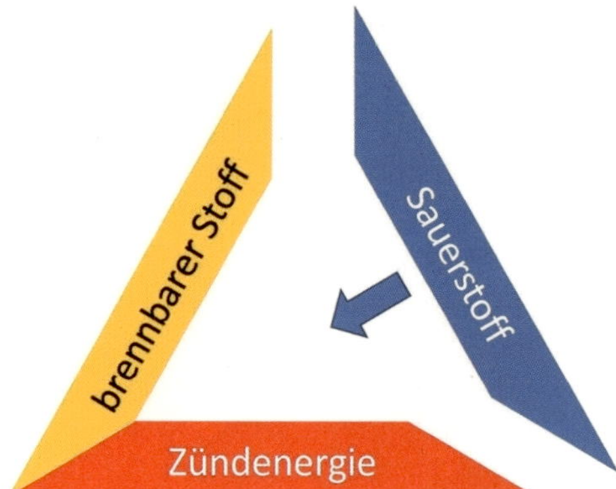


**Bild 121** ***Der Raum ist gefüllt mit brennbaren Gasen. Zündenergie ist in Form von Glutnestern und/oder offenem Feuer vorhanden. Kommt nun Sauerstoff hinzu, sind alle Zutaten für eine Verbrennungsreaktion vorhanden, es kommt zur Explosion.***

In Situationen, in denen die drohende Gefahr eines bevorstehenden Backdrafts erkannt wurde, bleibt unter Umständen nur die Möglichkeit, die Explosion bewusst auszulösen und so zu steuern, dass die zu erwartenden Auswirkungen möglichst gering bleiben. Hierzu können beispielsweise Fenster aus der Deckung heraus zerstört werden, um den Druck über die Außenfassade entweichen zu lassen, bevor Einsatzkräfte im Innenangriff vorgehen.

Um nicht von einem Backdraft überrascht zu werden, ist es im Rahmen der Erkundung wichtig, etwaige Hinweise auf einen drohenden Backdraft zu erkennen. Hinweise können sein:

- geschlossener Raum,
- lange Vorbrennzeit,
- modernes oder modernisiertes Gebäude (Niedrigenergie-/Passivhaus),
- ungewöhnliche Rauchfärbung,
- pulsierender Rauchaustritt,
- rußgeschwärzte Fenster,
- hohe Temperatur im Raum obwohl kein oder nur kleines Feuer sichtbar,
- ungewöhnliche Geräusche,
- Luft wird beim Öffnen der Tür angesaugt,
- durch Öffnung (undichte Fenster o. Ä.) austretende Rauchgase geraten bei Kontakt mit Luft in Brand.

Bild 122 ***Der Rauch wird mit hohem Druck aus dem Raum gepresst. Sobald der Rauch mit Luft in Kontakt kommt, entzündet er sich. Ein solches Szenario lässt eindeutig auf einen Sauerstoffmangel im Raum schließen und eine heftige Reaktion bei Luftzutritt erwarten.***



## 6.4.3.3 Ausbreitung von Rauch

Im Brandfall ist neben der Ausbreitung des Feuers auch die Ausbreitung des Rauches zu betrachten. Brandrauch enthält hochgiftige Bestandteile wie Kohlenstoffmonoxid, Kohlenstoffdioxid, Salzsäuredämpfe, Nitrose Gase, Ammoniak, Schwefeldioxid, Blausäure und so weiter. Durch die Ausbreitung von Brandrauch werden Menschen gefährdet, sofern sie nicht rechtzeitig flüchten können oder durch ein geeignetes Atemschutzgerät geschützt sind. Diese vom Brandrauch ausgehenden Gefahren werden innerhalb der Gefahrenmatrix unter dem Stichwort »Atemgifte« behandelt.

Rauch ist bei der Lageerkundung jedoch nicht nur als Atemgift zu betrachten, sondern vielmehr als ein Gemisch verschiedener Gase, Aerosole und Feststoffe, von dem eine erhebliche Gefahr für Sachwerte ausgeht. Die Gefahr ergibt sich durch den Ruß, der sich auf Einrichtungsgegenständen, Maschinen und Werkzeugen niederschlagen und einen hohen Sanierungsaufwand verursachen kann. Die Rußpartikel haben meistens gesundheitsschädliche Stoffe mit krebserregendem Potenzial absorbiert. Stark kontaminierte Wohnbereiche müssen in der Regel für nicht bewohnbar erklärt und saniert werden. In gewerblichen Bereichen können die Rauchschäden Betriebsausfälle verursachen. Verstärkt wird das Problem der Kontamination durch

Bild 123 ***Rußablagerungen führen zu erheblichen Schäden. Aufwändige Sanierungsmaßnahmen sind notwendig, um derart geschädigte Bereiche wieder nutzen zu können. Unter anderem zur Erreichung des Zieles »Schutz von Sachwerten« ist es wichtig, die Ausbreitung von Rauch als Gefahr zu betrachten und so gut wie möglich zu unterbinden.***

die sauren Bestandteile des Brandrauches, die bei ausbleibenden Gegenmaßnahmen in kurzer Zeit zu Korrosionsschäden an Stahlträgern, entblößten Armierungen, Maschinen und Werkzeugen sowie elektronischen Bauteilen führen können. Tatsächlich überwiegen in der Regel die Schäden durch Brandrauch die Schäden durch den thermischen Einfluss des Feuers und des Löschwassers bei weitem.

Brandrauch schränkt zudem die Sicht erheblich ein. Die Sichtbehinderung führt zu Verunsicherung, Angst und Fehlverhalten bei den Betroffenen. Auch die Einsatzabläufe werden schwieriger, zeitaufwändiger und gefährlicher, weil die Übersicht und die Orientierung verloren gehen. Insofern kann es ein wichtiger Bestandteil der Erkundung sein, zwischen verrauchten und nicht verrauchten Bereichen unterscheiden zu können und Hinweise auf Möglichkeiten zu erhalten, die die Gefahr der Rauchausbreitung in bislang noch nicht verrauchte Bereiche reduzieren. Bereiche, in denen sich Menschen aufhalten, Rettungswege, Wohnbereiche und Bereiche, in denen hohe materielle, ideelle oder besonders sensible Werte untergebracht sind, sind besonders gegen eine Verrauchung zu schützen. Grundsätzlich gilt: Je kleiner der verrauchte Bereich gehalten werden kann, umso leichter lassen sich die Einsatzziele erreichen.

Da die Rauchausbreitung großen Einfluss auf die Gefährdung von Menschen und Sachwerten hat, verfügen viele Gebäude über bauliche Einrichtungen, die eine Rauchausbreitung verhindern können und/oder eine Rauchableitung ins Freie er-

Bild 124 ***Rauchschutztüren sollen eine Rauchausbreitung aus den Fluren auf den Treppenraum verhindern. Sie können diese Funktion natürlich nur erfüllen, wenn sie im Brandfall geschlossen sind.***

Bild 125 ***Brandrauch kann auch außerhalb des Gebäudes zu einer Gesundheitsgefährdung und Sichtbehinderung führen.***

möglichen. Im Rahmen der Erkundung gilt es, diese zu erkennen und zu kontrollieren. Die Tatsache, dass ein Rauchabschluss (Tür o. Ä.) vorhanden ist und eigentlich geschlossen sein müsste, macht Hoffnung. Es gilt jedoch auch hier: »Vertrauen ist gut, Kontrolle ist besser.«

Je nach gewähltem Angriffsweg lässt sich eine ungewollte Rauchausbreitung mehr oder minder gut verhindern. Dieser Aspekt ist bei der Erkundung potenzieller Angriffswege zu berücksichtigen.

Eine Rauchausbreitung kann auch durch falsche Angriffs- und Lüftungsmaßnahmen der Feuerwehr verursacht werden. Um dies zu verhindern, ist auch eine etwaige Be- oder Entlüftungsmaßnahme durch eine entsprechende Erkundung auf eine fundierte Grundlage zu stellen. Gerade wenn leistungsfähige Belüftungsgeräte eingesetzt werden sollen, muss man im Vorfeld prüfen, ob die Voraussetzungen für eine erfolgversprechende Durchführung der geplanten Maßnahme gegeben sind und ob mit unerwünschten Nebenwirkungen zu rechnen ist. Eine Druckbelüftung funktioniert nur unter bestimmten Voraussetzungen. Sie kann erst angeordnet werden, wenn die Erkundung ergeben hat, dass die Voraussetzungen erfüllt sind.

Im Umfeld des vom Brand betroffenen Objektes sind normalerweise keine akut toxischen Schadstoffkonzentrationen durch Brandrauch zu erwarten. Trotzdem kann es erforderlich sein, eine mögliche Gefährdung der Gesundheit von Lebewesen oder eine Schädigung von Sachwerten im Umfeld der eigentlichen Schadenstelle zu berücksichtigen. Auch im Außenbereich kann es zudem zu einer Gefährdung in Folge von Sichtbeeinträchtigungen kommen (siehe auch Bild 125).

### 6.4.3.4 Ausbreitung von Gefahrstoffen

Die Gefahr der Ausbreitung spielt auch bei Gefahrstofffreisetzungen eine entscheidende Rolle. Die Ausbreitung kann dabei grundsätzlich über die Luft, in das Erdreich, das Grundwasser, ein offenes Gewässer oder das Kanalsystem erfolgen.

Bei Gasen hängt das Ausbreitungsverhalten entscheidend von deren Dichte in Relation zur Dichte der Luft ab. Gase, deren Dichte größer ist als die der Luft, werden

Bild 126 ***Die Nebelwolke (kondensierte Luftfeuchtigkeit) zeigt nur vermeintlich die tatsächliche Ausbreitung des unsichtbaren Gases.***

als »schwere Gase« bezeichnet. Sie breiten sich wie Flüssigkeiten am Boden aus und können Kellerräume, Schächte und Gräben fluten.

Die meisten Gase und alle Dämpfe sind schwerer als Luft. Ihre Molmasse ist größer als 29 g/mol (»Luftzahl«). Für Laien sind sie leichter anhand der sicherheitstechnischen Kennzahl der relativen Dampfdichte zu identifizieren, die bei schweren Gasen größer als »1« ist. Zu den bekanntesten Vertretern der leichten Gase gehören Erdgas, Wasserstoff, Kohlenstoffmonoxid, Acetylen, Ammoniak und Stickstoff.

Viele Gase sind farb- und geruchlos. Ihre Ausbreitung lässt sich nur mithilfe von Messtechnik erfassen, sofern ihnen nicht Odorierungsstoffe (gut wahrnehmbare Geruchsstoffe) beigemischt wurden. Eine gefährliche Täuschung kann sich bei unsichtbaren, tiefkalten Gasen ergeben. Diese entziehen bei ihrer Freisetzung der Umgebungsluft Energie. In der erkalteten Luft kommt es zur Kondensation der Luftfeuchtigkeit, sodass sich ein sichtbarer Nebel bildet. Dieser markiert jedoch nur den Bereich der durch den Wärmeaustausch abgekühlten Luft und keinesfalls die tatsächliche Ausbreitung der Gaswolke (siehe auch Bild 126).

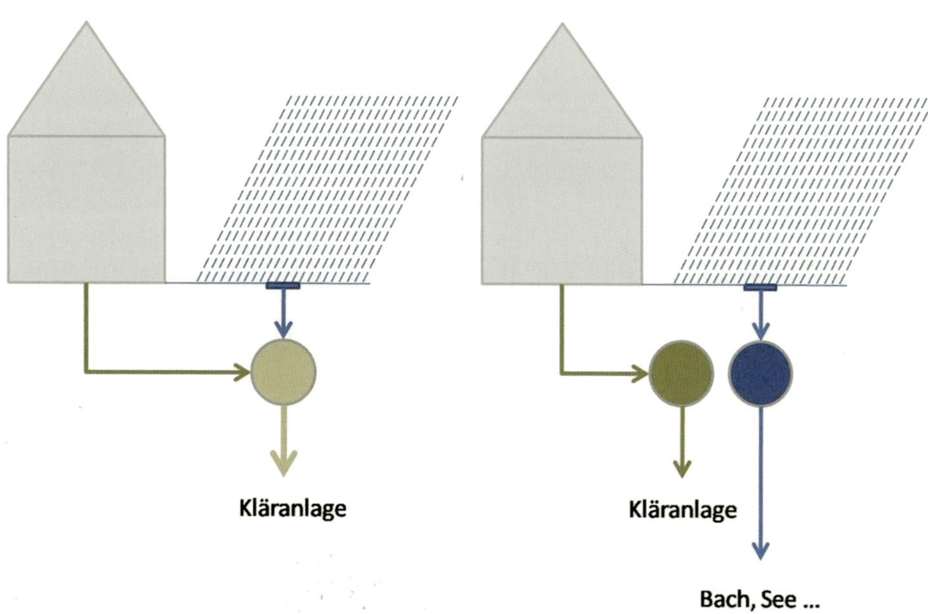


Bilder 127 a und b *Während bei einem Mischsystem (linkes Bild) auf die Straße auslaufende Stoffe in die Kläranlage gelangen, kommt es beim Trennsystem (rechtes Bild) darauf an, die Kanaleinläufe genau zuzuordnen. Je nach Einlauf gelangt das Gefahrgut in die Kläranlage oder ungeklärt in ein Gewässer.*

Die Gefahrstoffausbreitung ins Erdreich beziehungsweise ins Grundwasser wird in erster Linie durch die Zusammensetzung des Erdreichs an der Schadenstelle bestimmt. Sandige Böden lassen die Flüssigkeit wesentlich schneller versickern als schwere Lehmböden.

Bei einer Ausbreitung in das Kanalsystem ist zu prüfen, ob das System an die Kläranlage oder direkt an ein offenes Gewässer angeschlossen ist. Bei Mischsystemen werden die Abwässer der Haushalte und des Gewerbes zusammen mit dem Oberflächenwasser der Kläranlage zugeführt. Bei einem getrennten System wird das Oberflächenwasser über einen Regenwasserkanal in ein offenes Gewässer geleitet, während die Abwässer der Haushalte und des Gewerbes über einen gesonderten Schmutzwasserkanal der Kläranlage zugeführt werden (siehe auch Bilder 127 a und b). Bei getrennten Systemen gilt es im Rahmen der Erkundung zu klären, in welches der beiden Kanalsysteme der Schadstoff eingedrungen ist.



### 6.4.4 Atomare Strahlung

Radioaktive Stoffe kommen in vielen Bereichen zum Einsatz. Atomare Gefahren sind daher in weit mehr Bereichen zu berücksichtigen, als allgemein angenommen. Radioaktive Präparate werden in der Medizin, der Industrie und der Forschung in Apparaten, Messgeräten und Medikamenten vielfältig eingesetzt. Atomare Gefahren können bei entsprechender Ladung auch bei Verkehrsunfällen mit Lkw und Kleintransportern auftreten.

Bei der Beurteilung der atomaren Gefahr ist zwischen »offenen« und »umschlossenen« Strahlern zu unterscheiden. Während sich bei einem offenen Strahler der radioaktive Stoff in fester, flüssiger oder gasförmiger Form in der Umgebung ausbreiten, inkorporiert und verschleppt werden kann, ist das radioaktive Material bei einem umschlossenen Strahler so ummantelt oder eingebettet, dass ein Austritt von radioaktiven Stoffen bei üblicher, betriebsmäßiger Beanspruchung mit hinreichender Sicherheit verhindert wird. Die Ummantelung eines Strahlers kann auch einen definierten Feuerwiderstand (F30, F60, F90) aufweisen.

**Anmerkung:**

**Da bei einem Feuerwehreinsatz nicht immer von einer üblichen, betriebsmäßigen Beanspruchung ausgegangen werden kann (z. B. Verkehrsunfall, Brand, Sabotage), ist im Einzelfall zu prüfen, inwieweit ein vor dem Ereignis als »umschlossen« geltender Strahler auch nach dem Ereignis noch als umschlossen eingestuft werden kann.**

Bei den atomaren Gefahren sind drei Strahlenarten zu unterscheiden:

- α-Strahlung: Teilchenstrahlung (Heliumkerne), Reichweite in Luft: 4-6 cm;
- β-Strahlung: Teilchenstrahlung (Elektron), Reichweite in Luft: einige Meter;
- γ-Strahlung: elektromagnetische Wellenstrahlung, Reichweite: theoretisch unendlich mit abnehmender Intensität.

Die Teilchenstrahlungen (α- und β-Strahlung) sind sehr energiereich und von daher als besonders gefährlich einzustufen. Teilchenstrahlungen haben allerdings eine geringe Reichweite und lassen sich relativ gut abschirmen. Sie können die (unverletzte) Haut eines Menschen nicht durchdringen.

Einige radioaktive Stoffe emittieren zudem hochenergetische Wellenstrahlung (γ-Strahlung). Die γ-Strahlen haben sehr große Reichweiten und durchdringen die Schutzkleidung und menschliche Haut. Mit γ-Strahlung ist im Umfeld radioaktiver Stoffe immer zu rechnen.

Bei Einsätzen mit radioaktiven Stoffen ist zwischen drei Gefährdungsarten zu unterscheiden:

- Inkorporation (Aufnahme radioaktiver Stoffe in den Körper),
- Kontamination (Verschmutzung der Kleidung/Haut mit radioaktiven Stoffen),
- Ionisation (der Körper ist γ-Strahlung ausgesetzt).

Die größte Gefahr besteht bei der Aufnahme radioaktiver Stoffe in den Körper (Inkorporation). Gelangen radioaktive Stoffe über die Atemwege, Wunden oder mit Nahrungsmitteln in den Körper, so können sie sich in den inneren Organen anreichern. Beim Zerfall der radioaktiven Stoffe können die dabei entstehenden α- und β-Teilchen dann aus kürzester Distanz auf die Organe einwirken und diese beschädigen oder zerstören. Die Gefahr der Inkorporation ist durch das Tragen von Atemschutz in Verbindung mit geeigneter Schutzkleidung zwingend auszuschließen.

Neben der Gefahr der Inkorporation gilt es, der Gefahr der Kontamination (Verschmutzung, hier mit radioaktiven Partikeln) so weit wie möglich zu begegnen. Eine Kontamination birgt die Gefahr der Inkorporation zu einem späteren Zeitpunkt und die Gefahr der Verschleppung radioaktiver Stoffe (Gefahr der Ausbreitung). Zur Vermeidung einer Kontamination sind bei Einsätzen mit atomarer Gefahr eine besondere Schutzkleidung (Kontaminationsschutzanzug) zu tragen und beim Verlassen des Gefahrenbereichs ein Kontaminationsnachweis durchzuführen.

Die dritte Gefahr geht von der ionisierenden Strahlung aus, gegen die der Atemschutz und die Einsatzkleidung keinen Schutz bieten. Insbesondere die vom

Körper aufgenommene Dosis, gemessen in Sievert (Sv), entscheidet letztlich über die schädigende Wirkung der ionisierenden Strahlung. Die Dosis ergibt sich aus der Strahlungsintensität multipliziert mit der Einwirkzeit der Strahlung:

**Dosisleistung [Sv/h] × Zeit [h] = Dosis (Sv).**

Die Strahlungsintensität, die pro Zeiteinheit auf den Körper einwirkt, lässt sich durch die Vergrößerung des Abstands und eine möglichst gute Abschirmung verringern. In Bezug auf die Strahlungsintensität gilt der Strahlensatz, der besagt, dass die Intensität der Strahlung mit dem Quadrat des Abstandes zur Strahlenquelle abnimmt. Bei doppelter Entfernung zur Strahlenquelle wird ein Körper somit nur noch mit einem Viertel der bisherigen Strahlungsintensität beaufschlagt. Die Abschirmung lässt sich im Einsatzfall nur schwer quantifizieren, da die abschirmende Wirkung von der Art und Dicke des abschirmenden Materials abhängig ist. Grundsätzlich bringt aber jede Art der Abschirmung zumindest einen kleinen Vorteil.

Um die vom Körper aufgenommene Dosis im Einsatzfall zu minimieren, ist die so genannte »3-A-Regel« zu beachten. Die drei »A« stehen für:

- Abstand – so groß wie möglich (Reduzierung der Dosisleistung),
- Abschirmung – so gut wie möglich (Reduzierung der Dosisleistung),
- Aufenthaltszeit – so kurz wie möglich (Reduzierung der Einwirkzeit).

Radioaktive Stoffe und Bereiche, in denen mit radioaktiven Stoffen umgegangen wird, sind zu kennzeichnen.

Versandstücke mit radioaktivem Inhalt sind in Kategorien von 1 bis 3 eingeteilt und entsprechend gekennzeichnet. Die Kategorie bezieht sich auf die Strahlung, die von dem Versandstück in unbeschädigtem Zustand ausgeht. Das Gefährdungspotenzial steigt von 1 nach 3 an.

Bilder 128 a–c ***Versandstücke mit radioaktivem Inhalt sind in die Kategorien 1 bis 3 eingeteilt und entsprechend gekennzeichnet.***

Räume und Anlagen, in denen mit radioaktiven Stoffen umgegangen wird, sind in Gefahrengruppen von 1 bis 3 unterteilt und entsprechend gekennzeichnet. Das Gefährdungspotenzial nimmt auch bei den Gefahrengruppen mit ansteigender Zahl zu. Für die einzelnen Gefahrengruppen gelten unterschiedliche Einsatzgrundsätze (siehe FwDV 500).

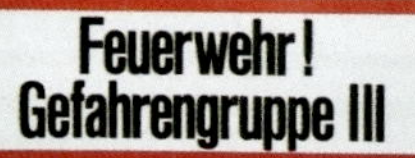


Bilder 129 a–c ***Bereiche, in denen mit radioaktiven Stoffen umgegangen wird, sind in Gefahrengruppen eingeteilt und entsprechend gekennzeichnet.***

Atomare Strahlung kann mit den menschlichen Sinnesorganen nicht wahrgenommen werden. Bei Hinweisen auf atomare Gefahren sind die Vorgaben der FwDV 500 zu beachten. Spezielle Messgeräte sind erforderlich, um die Strahlungsintensität und die Strahlendosis zu erfassen. Sofern keine Messtechnik vorhanden ist, ist gemäß FwDV 500 ein Sicherheitsabstand von mindestens 50 m einzuhalten. Unter bestimmten Umständen kann gemäß FwDV 500 die Grenze des Gefahrenbereichs bis auf 5 m an das Schadenobjekt herangezogen werden. Zur Rettung von Menschenleben sind weitere Ausnahmen möglich (siehe FwDV 500).

Die Grenze des Absperrbereichs kann bei vorhandener Messtechnik auf der Grundlage der gemessenen Dosisleistung bestimmt werden. Außerhalb des Gefahrenbereichs darf die Dosisleistung 25 µSv/h nicht übersteigen. Die maximale Einsatzdauer der Einsatzkräfte richtet sich nach der aufgenommenen Dosis. Je nach Einsatzauftrag gelten dabei unterschiedliche Grenzwerte (Tabelle 12).

Tabelle 12 ***Grenzwerte für den A-Einsatz nach FwDV 500***

| Einsatzanlass | Dosisrichtwert |
|---|---|
| Einsätze zum Schutz von Sachwerten | 15 mSv je Einsatz |
| Einsätze zur Abwehr von Gefahren für Menschen und zur Verhinderung einer wesentlichen Schadenausweitung | 100 mSv je Einsatz und Kalenderjahr |
| Einsätze zur Rettung von Menschenleben | 250 mSv je Einsatz und Leben |

Um eine etwaige Kontamination zu ermitteln, werden Kontaminationsnachweisgeräte eingesetzt, die die Zerfälle in Becquerel messen (1 Bq = 1 Zerfall/Sekunde). Eine

Kontamination gilt als festgestellt, wenn mindestens das Dreifache der üblichen Nullrate angezeigt wird.

### 6.4.5 Chemische Stoffe

Chemische Stoffe sind überall anzutreffen. Der Mensch selbst besteht aus chemischen Stoffen wie Wasser, Eiweiß und Fett und benötigt zum Leben Sauerstoff, Wasser und sonstige chemische Stoffe, die er als Nahrung zu sich nimmt. Die Anwesenheit von chemischen Stoffen ist daher nicht automatisch als besondere Gefahr zu benennen und zu berücksichtigen. Dies gilt in der Regel auch dann, wenn es sich um chemische Stoffe in haushaltsüblichen Mengen handelt, die als Gefahrstoffe eingeordnet sind (z. B. Alkohol, Lösungsmittel, Kraftstoff, Reinigungsmittel).

Inwieweit von chemischen Stoffen eine Gefahr ausgeht, hängt unter anderem von der Art des Stoffes und von dessen Menge oder Konzentration ab.

*Satz des Paracelsus:*
*»Alle Dinge sind Gift und nichts ist ohne Gift. Allein die Dosis macht, dass ein Ding kein Gift ist.«*

Gefahren durch chemische Stoffe können in sehr vielfältiger Weise und grundsätzlich an allen Orten auftreten. Mit besonderen Gefahren durch chemische Stoffe ist beispielsweise zu rechnen in/bei: Industrie und Gewerbe, Forschungseinrichtungen, Laboratorien, Schulen und Hochschulen, Gefahrstofflagern, Apotheken, Wäschereien und Gefahrguttransporten.

Nach dem Chemikaliengesetz (ChemG) sind gefährliche Stoffe oder gefährliche Gemische Stoffe oder Gemische, die

- explosionsgefährlich,
- brandfördernd,
- hochentzündlich,
- leichtentzündlich,
- entzündlich,
- sehr giftig,
- giftig,
- gesundheitsschädlich,
- ätzend,
- reizend,
- sensibilisierend,

- krebserzeugend,
- fortpflanzungsgefährdend,
- erbgutverändernd oder
- umweltgefährlich sind.

Gefahrstoffe wurden bis Juni 2015 europaweit durch orange Gefahrensymbole gekennzeichnet, die sich insbesondere auch auf Versandstücken und Verpackungseinheiten befanden. Inzwischen wurden diese Symbole durch Piktogramme des »Globally Harmonized System of Classification, Labelling and Packaging of Chemicals« (GHS) der Vereinten Nationen (UN) abgelöst (Tabelle 13).

Bild 130 ***Mit Gefahren durch chemische Stoffe ist in vielen Bereichen zu rechnen, in Ausnahmefällen selbst in Wohngebäuden.***

Tabelle 13 *Kennzeichnung von Gefahrstoffen gemäß EU (links) und nach GHS (rechts)*

| Gefahrenbezeichnung | Kennbuchstabe | Symbol | Bezeichnung | Piktogramm GHS |
|---|---|---|---|---|
| Explosionsgefährlich | E | | Explodierende Bombe | |
| Hochentzündlich | F+ | | Flamme | |
| Leichtentzündlich | F | | | |
| Brandfördernd | O | | Flamme über einem Kreis | |
| Gase unter Druck | keine Entsprechung | | Gasflasche | |
| Ätzend | C | | Ätzwirkung | |
| Sehr giftig | T+ | | Totenkopf mit gekreuzten Knochen | |
| Giftig | T | | | |
| Gesundheitsschädlich | Xn | | keine Entsprechung | |
| Reizend | Xi | | | |
| Warnung | keine Entsprechung | | Ausrufezeichen | |
| Gesundheitsgefahr | keine Entsprechung | | Gesundheitsgefahr | |
| Umweltgefährlich | N | | Umwelt | |

Auf der Straße, der Schiene, dem Wasser und in der Luft erfolgt die Kennzeichnung von Gefährlichen Stoffen und Gütern durch so genannte Gefahrzettel. Die Kennzeichnung im Straßen- und Schienenverkehr sowie in der Binnenschifffahrt ist in der ADR (Accord européen relatif au transport international des marchandises Dangereuses par Route) festgelegt, welche mit der Gefahrgutverordnung Straße, Eisenbahn und Binnenschifffahrt (GGVSEB) in nationales Recht übertragen worden ist (Tabelle 14).

**Tabelle 14** ***Gefahrzettel nach GGVSEB/ADR***

| Großzettel (Placards) | Gefahrzettel | ADR-Klasse | Unterklasse | Art und Eigenschaft des Gefahrguts |
|---|---|---|---|---|
| | | 1 | | Explosible Stoffe und Gegenstände |
| Nr. 1 | Nr. 1 | | 1.1 | Stoffe und Gegenstände, die massenexplosionsfähig sind |
| Nr. 1 | Nr. 1 | | 1.2 | Stoffe und Gegenstände, die Gefahr der Bildung von Splitter, Spreng- und Wurfstücken aufweisen (nicht massenexplosionsfähig) |
| Nr. 1 | Nr. 1 | | 1.3 | Stoffe und Gegenstände, die eine Feuergefahr besitzen |
| 1.4 Nr. 1.4 | 1.4 Nr. 1.4 | | 1.4 | Stoffe und Gegenstände, die im Falle einer Entzündung oder Zündung nur eine geringe Explosionsgefahr darstellen |
| 1.5 Nr. 1.5 | 1.5 Nr. 1.5 | | 1.5 | Sehr unempfindliche massenexplosionsfähige Stoffe |
| 1.6 Nr. 1.6 | 1.6 Nr. 1.6 | | 1.6 | Extrem unempfindliche Gegenstände, die nicht massenexplosionsfähig sind |
| Nr. 2.1 | Nr. 2.1 | 2 | | Gase<br>Entzündbare Gase (Symbol »Flamme« schwarz oder weiß) |
| Nr. 2.2 | Nr. 2.2 | | | Nicht entzündbare, nicht giftige Gase (Symbol »Gasflasche« schwarz oder weiß) |
| Nr. 2.3 | Nr. 2.3 | | | Giftige Gase |
| Nr. 3 | Nr. 3 | 3 | | Entzündbare Flüssigkeiten (Symbol »Flamme« schwarz oder weiß) |
| Nr. 4.1 | Nr. 4.1 | 4.1 | | Entzündbare feste Stoffe |

Tabelle 14 ***Gefahrzettel nach GGVSEB/ADR – Fortsetzung***

| Großzettel (Placards) | Gefahrzettel | ADR-Klasse | Unterklasse | Art und Eigenschaft des Gefahrguts |
|---|---|---|---|---|
| Nr. 4.2 | Nr. 4.2 | 4.2 | | Selbstentzündliche Stoffe |
| Nr. 4.3 | Nr. 4.3 | 4.3 | | Stoffe, die in Berührung mit Wasser entzündliche Gase bilden (Symbol »Flamme« schwarz oder weiß) |
| Nr. 5.1 | Nr. 5.1 | 5.1 | | Entzündend (oxidierend) wirkende Stoffe |
| Nr. 5.2 | Nr. 5.2 | 5.2 | | Organische Peroxide |
| Nr. 6.1 | Nr. 6.1 | 6.1 | | Giftige Stoffe |
| Nr. 6.2 | Nr. 6.2 | 6.2 | | Ansteckungsgefährliche Stoffe |
| Nr. 7D | Nr. 7A Nr. 7B Nr. 7C Nr. 7E | 7 | | Radioaktive Stoffe |
| Nr. 8 | Nr. 8 | 8 | | Ätzende Stoffe |
| Nr. 9 | Nr. 9 | 9 | | Verschiedene gefährliche Stoffe und Zubereitungen |

Versandstücke (z. B. Kartons, Tanks) sind für den Transport mit Labeln gekennzeichnet. Zusätzlich können Warntafeln an den Lkw und Waggons angebracht sein, um eine gefährliche Ladung kenntlich zu machen.

Einsätze, bei denen mit Gefahren durch chemische Stoffe zu rechnen ist, sind auf der Grundlage der FwDV 500 abzuwickeln. Für die Einsatzabwicklung sind in der

Regel besondere Schutzkleidung, Spezialgeräte und Messtechnik erforderlich. Sofern der freigesetzte Stoff bekannt ist, können mit Hilfe der Literatur und diverser Datenbanken Informationen eingeholt werden, die helfen, das tatsächliche Gefährdungspotenzial in der jeweiligen Lage besser einschätzen zu können. Betriebe, die mit gefährlichen Stoffen umgehen, können Informationen in Form von stoffspezifischen Sicherheitsdatenblättern zur Verfügung stellen und in der Regel den Einsatzleiter auch bei der Einschätzung der Gefahr beraten. Die Leitstelle kann als Führungsmittel des Einsatzleiters unterstützend tätig werden und ebenfalls Informationen aus Datenbanken zur Verfügung stellen.

### 6.4.5.1 Sicherheitstechnische Kennzahlen

Wichtige Informationen, die sich in der Literatur und in Datenbanken finden lassen, ergeben sich aus sicherheitstechnischen Kennzahlen und Grenzwerten. Einige dieser Kennwerte werden in ihrer Bedeutung im Folgenden kurz vorgestellt.

**Relative Dampfdichte**

*Verhältnis der Dichte eines gasförmigen Stoffes zu der Dichte eines Bezugsstoffes bei gleicher Temperatur und gleichem Druck. Bezugsstoff bei Gasen ist trockene Luft (relative Dampfdichte = 1).*

Anhand der relativen Dampfdichte lässt sich schnell erkennen, ob ein Gas leichter oder schwerer als Luft ist. Ist die relative Dampfdichte <1, so ist das Gas leichter als Luft. Gase mit einer relativen Dampfdichte >1 sind schwerer als Luft und sinken zu Boden. Dämpfe sind immer schwerer als Luft.

**Anmerkung:**

**Anhand der Summenformel lässt sich bei Kenntnis der Atommassen die Molmasse des Gases errechnen und mit der »Luftzahl« 29 (Molmasse der Luft: 29 g/mol) vergleichen. Leichte Gase haben eine Molmasse kleiner 29 g/mol, schwere Gase eine Molmasse von über 29 g/mol.**

| | | | |
|---|---|---|---|
| **Kohlenstoffmonoxid – Summenformel:** | **$CO$** | **12 g/mol + 16 g/mol** | **= 28 g/mol** |
| **Kohlenstoffdioxid – Summenformel:** | **$CO_2$** | **12 g/mol + 2 × 16 g/mol** | **= 44 g/mol** |

In der Praxis ist es für Laien leichter und sicherer, durch einen Blick in die Literatur die relative Dampfdichte abzulesen, als mit Hilfe der Summenformel Berechnungen anzustellen.

Die oben gemachten Angaben zur Vergleichbarkeit der Dichte von Gasen basieren auf der Annahme, dass alle Gase die gleiche Temperatur haben. Kohlenstoffdioxid steigt als Bestandteil der heißen Brandgase beispielsweise auf, obwohl es mit 44 g/mol eine deutlich größere Molmasse als Luft hat.

### Flammpunkt

*Der Flammpunkt ist die niedrigste Temperatur bei einem Luftdruck von 1013 mbar, bei der sich aus einer Flüssigkeit Dämpfe in solchen Mengen entwickeln, dass sie mit der über dem Flüssigkeitsspiegel stehenden Luft ein durch Fremdzündung entflammbares Gemisch ergeben.*

Hat eine brennbare Flüssigkeit ihren Flammpunkt nicht erreicht, so lassen sich unter normalen Umständen die Dämpfe über der Flüssigkeit nicht entzünden. Dieselkraftstoff, der einen relativ hohen Flammpunkt hat, lässt sich beispielsweise bei den üblichen Umgebungstemperaturen nicht einfach anzünden. Benzin hat einen Flammpunkt deutlich unter 0 °C und ist deswegen bei einer Freisetzung zu jeder Jahreszeit problemlos in Brand zu setzen.

Bei entsprechend feiner Verteilung (Versprühen als Nebel) oder in Verbindung mit saugfähigen Materialien ist eine Zündung auch bei Temperaturen möglich, die deutlich unter dem in der Literatur genannten Flammpunkt liegen.



### Arbeitsplatzgrenzwert (AGW)

Der Arbeitsplatzgrenzwert (AGW) hat den Grenzwert der Maximalen Arbeitsplatzkonzentration (MAK) und die Technische Richtkonzentration (TRK) abgelöst. Der AGW ist der Grenzwert für die zeitlich gewichtete, durchschnittliche Konzentration eines Stoffes in der Luft am Arbeitsplatz in Bezug zu einem gegebenen Referenzzeitraum. Er gibt an, bis zu welcher Konzentration eines Stoffes akute oder chronisch schädliche Auswirkungen auf die Gesundheit im Allgemeinen nicht zu erwarten sind.

Bei der Festlegung des AGW wird von einer in der Regel achtstündigen Exposition an fünf Tagen in der Woche während der Lebensarbeitszeit ausgegangen. Zu beachten ist dabei allerdings, dass bei der Betrachtung von gesunden Menschen mittleren Alters ausgegangen wird. Der AGW lässt sich damit nur bedingt bei alten Menschen, Asthmatikern, schwangeren Frauen, Säuglingen und Kleinkindern zur Gefährdungsbeurteilung anwenden.

Die Tatsache, dass sich der AGW auf eine Expositionszeit von acht Stunden bezieht, bedeutet keinesfalls, dass eine kürzere Expositionszeit automatisch eine höhere Konzentration des Stoffes erlaubt. Jede Überschreitung des AGW sollte grundsätzlich als Risiko für ungeschützte Personen gewertet werden, sofern keine anderen Grenzwerte, wie beispielsweise der Einsatztoleranzwert (ETW), zur Verfügung stehen. Bei Risikogruppen (z. B. alte Menschen, Säuglinge) ist auch schon unterhalb des AGW ein Risiko nicht auszuschließen.

### 6.4.6 Erkrankung/Verletzung

Die Gefahr der Erkrankung/Verletzung ist zu beachten, wenn davon auszugehen ist, dass eine Erkrankung beziehungsweise Verletzung bereits eingetreten ist. Dies ist immer dann gegeben, wenn die Erkrankung/Verletzung

- selbst für Laien offenkundig,
- durch Fachpersonal (Notarzt, Rettungsdienst) festgestellt oder
- aufgrund der aktuellen Lage mit hoher Wahrscheinlichkeit zu erwarten ist.

**Erläuterung:**
Wenn eine gesunde, unverletzte Person am Fenster steht und in die Tiefe zu springen droht, ist keine Gefahr der Erkrankung/Verletzung gegeben. Gelingt es nämlich, die

Bild 131 ***Der Dialog zwischen Feuerwehr und Rettungsdienst ist wichtig, um die tatsächliche Gefährdung in Bezug auf die Verletzungen abschätzen und daraus die Maßnahmen ableiten zu können, die für eine patientengerechte Rettung des Verunfallten die besten Erfolgsaussichten bieten (lebend mit möglichst wenig Verletzungen, Folgeschäden, Schmerzen).***

tatsächliche Gefahr (Angstreaktion) zu beseitigen und die Person vom Sprung abzuhalten, so bleibt sie unverletzt.

Wird eine Person in einer Brandwohnung vermisst, so ist davon auszugehen, dass die Person bereits Verletzungen (Brandverletzungen und/oder Rauchgasintoxikation) erlitten hat oder aus anderem Grund hilflos ist, da sie ansonsten die Wohnung verlassen hätte oder sich an einem Fenster bemerkbar machen würde. In diesem Fall ist die Gefahr der Erkrankung/Verletzung gegeben. Gleiches gilt, wenn die Person in einem völlig verrauchten Raum am Fenster steht und offensichtlich Rauchgase einatmet.

Bei Verletzungen gilt es oft zu entscheiden, ob die Verletzung an Ort und Stelle zu behandeln ist oder ob die Person zunächst aus dem Wirkungsbereich einer anderen Gefahr gebracht werden muss. In der Regel macht es keinen Sinn, eine Verletzung zu behandeln, solange die Ursache der Verletzung noch auf die Person einwirkt. So ist eine Person zunächst aus einem toxischen Umfeld in Sicherheit zu bringen, bevor mit Reanimationsmaßnahmen begonnen wird.

Die Art und Schwere der Erkrankung/Verletzung sollte nach Möglichkeit durch einen Notarzt oder durch Fachpersonal des Rettungsdienstes festgestellt werden. Der Befund kann sich entscheidend auf die Dringlichkeit der Maßnahmen auswirken. Um zu einem Befund zu kommen, kann es erforderlich sein, Maßnahmen der Feuerwehr vorzuschalten, die das Ziel verfolgen, den Patienten zum Arzt oder den Arzt zum Patienten zu bringen.

Sofern technische Maßnahmen zur Befreiung einer Person aus einer Zwangslage erforderlich sind, ist je nach Befund zu entscheiden, ob Maßnahmen zum Schutz der Person eher unter dem Aspekt einer schonenden Rettung oder eines schnellstmöglichen Abschlusses der Rettung durchzuführen sind. Zur Entscheidungsfindung bedarf es bei solchen Lagen eines intensiven Informationsaustauschs zwischen Rettungsdienst/Notarzt und Einsatzleiter. Primäres Ziel ist es, das Leben der verunglückten Person zu erhalten.

**Anmerkung:**

Die Feuerwehr darf ihr Ziel nicht aus den Augen verlieren. Das Ziel ist, den Betroffenen so gut wie möglich zu schützen, sein Leben zu retten und seine Gesundheit möglichst zu bewahren. Je nach Lage kann es erforderlich sein, ihn schnellstmöglich zu befreien (Crash-Rettung). Dabei muss unter Umständen billigend in Kauf genommen werden, dass ihm dabei Schmerzen oder gar weitere Verletzungen zugefügt werden, um ihn überhaupt retten zu können. Umgekehrt gibt es viele Fälle, in denen keine Eile geboten ist. Hier gilt es, mit Rücksicht auf

**Schmerzen, weitere Verletzungen oder mögliche Folgeschäden zu arbeiten. In beiden Fällen wird die Maßnahme dem Interesse des Patienten gerecht, das Ereignis mit möglichst geringen Schäden zu überleben. In beiden Fällen handelt es sich somit bei richtiger Anwendung um eine patientengerechte Rettung. Experten sind sich sicher, dass viele Personen gerade bei Verkehrsunfällen zu Tode kommen, weil Rettungsmaßnahmen nicht schnell und energisch genug vorgetragen worden sind.**

Manche Verletzungen oder Erkrankungen zeigen ihre Wirkung nicht sofort. Vielmehr gibt es Verletzungen, Krankheitserreger und Stoffe, die erst nach einiger Zeit ihre Wirkung entfalten. Es kommt immer wieder zu Situationen, bei denen die Gefahr besteht, dass die Einschätzung der gesundheitlichen Lage durch Laien oder durch die Betroffenen selbst fehlerhaft ist. Treten die Symptome erst nach einiger Zeit auf, kann es für eine Behandlung schon zu spät sein. Aus diesem Grund ist schon bei Verdacht (Rußspuren im Gesicht deuten beispielsweise auf die Inhalation von Rauchgasen hin) die betroffene Person nach Möglichkeit dem Rettungsdienst vorzustellen.

Zu beachten ist allerdings, dass die betroffene Person grundsätzlich das Recht hat, die Inanspruchnahme dieser Hilfe zu verweigern. Es empfiehlt sich, eine etwaige Weigerung zu dokumentieren (Zeuge oder Unterschrift) und im Einsatzbericht zu vermerken.

Eine Erkrankung/Verletzung kann zum Tod des Betroffenen führen. Der Tod kann bereits vor dem Eintreffen der Feuerwehr eingetreten sein oder während des laufenden Einsatzes eintreten. Dabei ist zu beachten:

1. Ein Mensch gilt als tot, wenn ein Arzt den Tod festgestellt hat oder sichere Todeskennzeichen vorliegen (Leichenstarre ist eingetreten, Leichenflecken sind erkennbar, der Rumpf ist durchtrennt, der Kopf abgetrennt o. Ä.).
2. Sobald der Tod eines Menschen festgestellt ist, können Maßnahmen zu seiner Befreiung nicht mehr als Menschenrettung deklariert werden. Mit Feststellung des Todes handelt es sich um eine Leichenbergung, die absolut zeitunkritisch ist und unter strikter Einhaltung aller Sicherheitsvorschriften zu erfolgen hat.
3. Im Zusammenhang mit Todesfällen besteht grundsätzlich ein staatsanwaltschaftliches Interesse zur Ermittlung der Todesumstände. Mit Feststellung des Todes und dem damit verbundenen Ende der Menschenrettung überwiegt in der Regel das staatsanwaltschaftliche Interesse. Die weiteren Maßnahmen, die nicht zur Abwehr einer Gefahr im Sinne des Feuerwehrgesetzes erforderlich sind, sind mit der Polizei abzustimmen.
4. Die Würde des Menschen ist unantastbar. Dieser Artikel des Grundgesetzes gilt auch für Verstorbene. Auch Leichen sind mit Würde zu

behandeln. Unnötige »Verletzungen« und »Entwürdigungen« haben zu unterbleiben. Sollte es zur Rettung von anderen Menschen jedoch erforderlich sein, die Würde einer toten Person zu verletzen, so ist dies im unbedingt notwendigen Umfang im Sinne der Verhältnismäßigkeit der Mittel zulässig.

Bei Erkrankungen ist schnellstmöglich zu prüfen, ob es sich um eine ansteckende Erkrankung handelt und damit eine Gefährdung für die Helfer gegeben ist. Sollte dies der Fall sein, sind entsprechende Schutzmaßnahmen zu ergreifen. Bei direktem Kontakt mit Verletzten oder erkrankten Personen sind geeignete Handschuhe zu tragen, um Blutkontakt zu vermeiden und Ansteckungsrisiken zu minimieren.

Sollte die Möglichkeit einer einsatzbedingten Übertragung von Krankheitserregern gegeben sein, so ist dies im Einsatzbericht zu vermerken. Bei konkretem Verdacht oder offensichtlichem Befund ist ein Unfallbericht zu erstellen. Dies ist auch notwendig, um später etwaige Schadenersatz- und Rentenansprüche geltend machen zu können.



### 6.4.7 Explosion

Der Begriff »Explosion« bezieht sich auf unterschiedliche Szenarien. Eine Explosion kann sein:

- eine schnell verlaufende Verbrennungsreaktion,
- das Versagen eines Gefäßes infolge eines Druckanstiegs (Zerknall),
- das Versagen eines Körpers aufgrund der auf ihn wirkenden Fliehkräfte (Fliehkraftzerknall).

Die Gefahr geht dabei von der Druckwelle, unter Umständen verbunden mit einer Stichflamme, umherfliegenden Teilen und – in der Folge – möglichen Einstürzen aus.

Explosionsgefahr ist gegeben, wenn brennbare Gase oder Dämpfe unkontrolliert und unverbrannt freigesetzt, Stäube aufgewirbelt oder Druckgasbehälter mit viel Wärme beaufschlagt werden. Explosionsgefahr besteht natürlich auch, wenn Sprengstoffe zur Zündung gebracht werden könnten. Eine Explosion in Form eines Fliehkraftzerknalls droht bei Materialermüdung oder atypischer Belastung rotierender Teile (zu hohe Rotationsgeschwindigkeit).

Bei brennbaren Gasen und Dämpfen sind die Zündfähigkeit und die zu erwartende Reaktionsgeschwindigkeit von dem Mischungsverhältnis des Stoffs mit Luft oder Sauerstoff abhängig. Gas- und Dampf-Luft-Gemische sind nur in einem

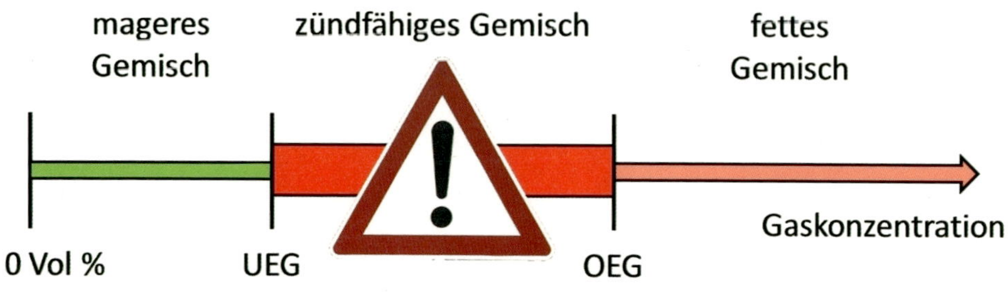


Bild 132 *UEG und OEG grenzen den Explosionsbereich ab.*

bestimmten, stoffspezifischen Mischungsverhältnis zündfähig, das als Explosionsbereich bezeichnet wird. Der Explosionsbereich ist eingegrenzt durch die untere und obere Explosionsgrenze (UEG/OEG). Bei vorhandener Zündquelle kommt es bei Erreichen der UEG zur Zündung des Gemischs. Bei nicht vorhandener Zündquelle kann sich das Gemisch weiter anreichern, sodass sich Konzentrationen oberhalb der UEG einstellen können.

Wird eine Konzentration erreicht, die oberhalb der OEG liegt, so ist das Gemisch zu fett und somit nicht zündfähig. Ein zu fettes Gemisch wird bei Luftzufuhr verdünnt und bei Unterschreiten der OEG zündfähig. Sofern sich ein zu fettes Gemisch eingestellt hat, muss daher gewährleistet sein, dass keine Zündquellen vorhanden sind, bevor mit den Lüftungsmaßnahmen begonnen wird.

Die bei den Feuerwehren vorhandenen Ex-Messgeräte sind für stoffspezifische Konzentrationsmessungen nicht vorgesehen und weisen zudem große Toleranzen auf. Eine exakte Bestimmung der Konzentration eines Gases ist mit ihnen nicht möglich. Die Anzeige (10 % UEG o. Ä.) auf dem Display des Messgerätes ist ohne gesonderte Eichung auf das zu messende Gas zudem nicht stoffspezifisch. Insofern sollte die Interpretation des Ergebnisses einer Ex-Messung mit den üblichen Geräten der Feuerwehr auf die Aussage beschränkt werden, ob überhaupt ein brennbares Gas in der Atmosphäre vorhanden ist. Spätestens wenn die Warnschwelle des Messgerätes überschritten ist und der akustische Alarm ertönt, sollte von einer bestehenden Explosionsgefahr ausgegangen werden.

Neben Gasen und Dämpfen neigen auch brennbare Stäube dazu, bei entsprechender Vermischung mit Luft explosionsartig zu reagieren. Dieses Risiko wird häufig unterschätzt. Das Risiko einer Staubexplosion ist beispielsweise bei Silobränden, aber auch in sonstigen Betrieben mit hoher Staubbelastung gegeben.

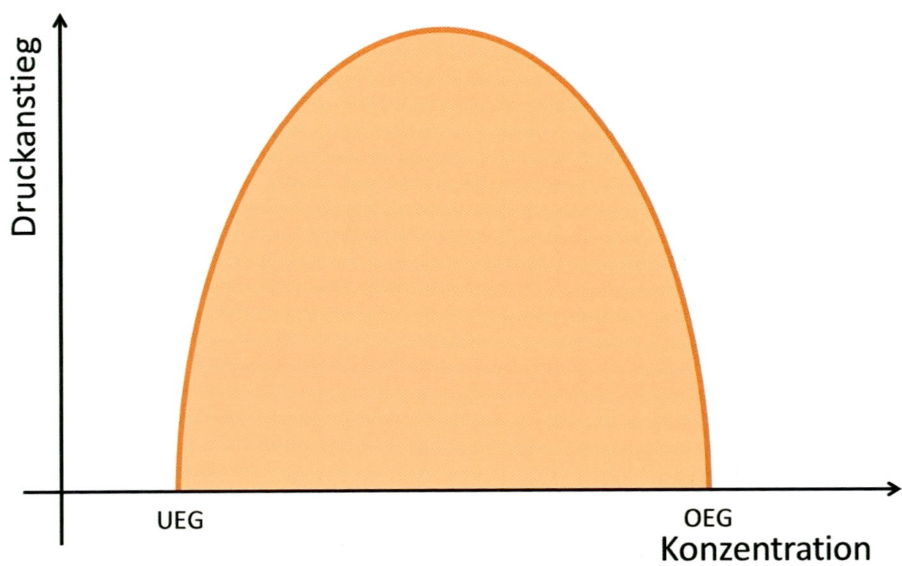




Bild 133 ***Das Mischungsverhältnis des brennbaren Stoffs mit Luft zum Zeitpunkt der Zündung hat großen Einfluss auf die Reaktionsgeschwindigkeit und auf die Heftigkeit der Explosion.***

Bei der Explosion im Sinne einer schnell verlaufenden Verbrennungsreaktion wird in drei Arten unterschieden:

**Verpuffung**
Schnell verlaufende Verbrennungsreaktion mit geringem Druckanstieg. Die Druckwelle reicht lediglich aus, um Fensterscheiben zu zerstören und Türen aus dem Rahmen zu drücken. Die Ausbreitungsgeschwindigkeit der Reaktion bewegt sich im Bereich zwischen einem Zentimeter und einem Meter pro Sekunde. Verpuffungen treten auf, wenn die Zündung im Bereich der unteren Explosionsgrenze erfolgt. Als Beispiel für eine Verpuffung ist der Flash-over zu nennen.

**Deflagration**
Sehr schnell verlaufende Verbrennungsreaktion mit deutlichem Druckanstieg. Die Druckwelle reicht aus, um schwere Gebäudeschäden zu verursachen. Schwere und tödliche Verletzungen sind möglich. Die Ausbreitungsgeschwindigkeit liegt unter-

halb der Schallgeschwindigkeit (343 m/s). Der Backdraft kann die Dimension einer Deflagration erreichen.

**Detonation**
Eine sich mit Überschallgeschwindigkeit ausbreitende Verbrennungsreaktion. Die Fortpflanzung der Reaktion erfolgt dabei nicht durch Wärmeübertragung, sondern durch den Impuls der Druckwelle. Detonationen führen zu tödlichen Verletzungen und schwersten Zerstörungen im Umfeld. Sie treten insbesondere bei der Zündung von Sprengstoffen auf.

Bei Bränden in Wohngebäuden kann eine Explosionsgefahr gegeben sein, wenn sich aufgrund der Wärmeentwicklung Lötstellen an Gasleitungen oder Gasuhren gelöst haben und Erdgas unkontrolliert austritt. Eine vergleichbare Situation kann auch durch unsachgemäße oder vorsätzliche Manipulationen (Suizid o. Ä.) an Gasanschlüssen, Gasherden und so weiter entstehen.

**Anmerkung:**

**Erdgas besteht fast ausschließlich aus Methangas ($CH_4$). Dieses Gas ist geruchlos und leichter als Luft. Dem Erdgas wird ein Geruchsstoff (Odorierungsstoff) beigemischt, damit ausströmendes Gas für den menschlichen Geruchssinn wahrnehmbar wird. Bei den meisten Häusern mit Gasanschluss wird lediglich die im Keller befindliche Heizung mit Gas betrieben. Nicht selten wird aber auch mit Gas gekocht und warmes Wasser in Gasthermen aufbereitet, sodass Leitungen auch bis in die Wohnungen geführt sein können. Bei modernen Gebäuden befinden sich Gas-Brennwert-Öfen häufig im Dachgeschoss.**

Im gewerblichen Bereich können Explosionsgefahren aus dem Umgang mit Stoffen mit entsprechendem Gefährdungspotenzial resultieren (siehe auch »chemische Stoffe«). Gleiches gilt für Transporte auf der Straße, der Schiene und so weiter. Hinweise auf mögliche Explosionsgefahren finden sich möglicherweise in den Einsatzplänen oder können durch eigene Wahrnehmungen (Warnhinweise auf Behälter und Leitungen) und durch Befragung der Betriebsangehörigen oder Fahrer gewonnen werden.

Explosionen können unter Umständen auch durch die Freisetzung von Dämpfen brennbarer Flüssigkeiten im Gemisch mit Luft verursacht werden. Im privaten Bereich treten solche Fälle mitunter im Zusammenhang mit einer vorsätzlichen Brandstiftung, durch unsachgemäßen Umgang mit brennbaren Flüssigkeiten oder der Verwendung von lösungsmittelhaltigen Klebstoffen in größeren Mengen in unzureichend gelüfteten Räumen auf.

Bild 134 ***Bei Bränden in Werkstätten, Gartenhäusern o. Ä. ist mit einer Gefahr durch explodierende Gasflaschen zu rechnen.***

In vielen Fällen geht eine Explosionsgefahr von Gasflaschen und Druckgasbehältern aus. Mit der Gefahr eines Druckgefäßzerknalls ist an vielen Orten zu rechnen, da sich Gasflaschen häufig in Gartenhütten, Verkaufsbuden (z. B. auf Weihnachtsmärkten), in Wohnwagen und Wohnmobilen, in Werkstätten, auf Baustellen und gelegentlich in Kellerräumen und Garagen, in Einzelfällen sogar in Wohnungen befinden. Von Gasflaschen und Druckgasbehältern, die dem Feuer ausgesetzt sind, geht grundsätzlich eine sehr ernst zu nehmende Gefahr der Explosion aus.

In einem Druckgasbehälter wird eine vorgegebene Gasmenge gespeichert. Durch gesetzliche Vorgaben ist gewährleistet, dass die Behälter dem Gasdruck standhalten und über genügend Sicherheitsreserven für den Normalfall verfügen. Dieser sieht die Lagerung einer bestimmten Menge eines Gases in einem bestimmten Temperaturbereich vor. Für Notfälle (Überfüllung, starke Sonneneinstrahlung und so weiter) verfügen Druckgasbehälter über Volumenreserven oder Sicherheitseinrichtungen. So sind die Böden bei Spraydosen nach innen gewölbt. Bei Erwärmung wölbt sich der

Boden nach außen, wodurch sich das Volumen des Behälters vergrößert. Gasflaschen mit Flüssiggas (Gemisch aus Propan und Butan) verfügen über eine Berstscheibe, die bei zu starkem Druckanstieg bricht und das Gas entweichen lässt. Große Gastanks und Kesselwagen haben entweder entsprechende Volumenreserven oder sind mit Überdruckventilen ausgerüstet.

**Anmerkung:**

**Der sich im Behälter entwickelnde Druck ist linear von der Temperatur abhängig und nimmt bei Erwärmung zu. Der Druckanstieg erklärt sich aus der Eigenschaft der Gase, sich bei Erwärmung auszudehnen. Ist dies in einem vorgegebenen Volumen (Behältergröße) nicht möglich, so steigt der Druck innerhalb des Behälters. Näherungsweise lässt sich die Abhängigkeit von Temperatur, Druck und Volumen aus dem idealen Gasgesetz ableiten:**

$$pV = nRT$$

**mit p = Druck; V = Volumen; n = Stoffmenge; R = Gaskonstante und T = Temperatur**

**Gelingt es, die Wärmezufuhr auf den Behälter zu stoppen und/oder ihn durch geeignete Maßnahmen hinreichend zu kühlen, so sinkt der Druck im Behälter aufgrund der gleichen Gesetzmäßigkeit wieder ab. Sofern dies nicht gelingt und der Druck im Behälter die Schwelle übersteigt, für die der Behälter ausgelegt ist, kommt es zum Bersten des Behälters (Druckgefäßzerknall).**

Die Sicherheitseinrichtungen von Druckgasbehältern sind nicht für den Brandfall und eine direkte Beflammung ausgelegt! Im Brandfall kann daher ein Druckgasbehälter so stark mit Wärme beaufschlagt werden, dass der hieraus resultierende Druckanstieg nicht über die Sicherheitseinrichtung ausgeglichen werden kann. Deswegen besteht bei Bränden und gerade auch bei ansprechender Sicherheitseinrichtung Explosionsgefahr.

Befindet sich in dem Behälter ein brennbares Gas, so tritt dieses bei Ansprechen der Sicherheitseinrichtung (Berstscheibe, Ventil) unkontrolliert aus. Das ausströmende Gas kann in Brand geraten und als brennende Fackel über dem Tank stehen. Dieses brennend austretende Gas darf auf keinen Fall als Entwarnung verstanden werden (im Sinne von: Sicherheitsventil funktioniert). Vielmehr wird durch die über dem Tank stehende Fackel die Lage weiter verschärft, da der Tank nun auch noch von oben mit Wärmestrahlung beaufschlagt wird. Da gleichzeitig davon auszugehen ist, dass das Sicherheitsventil schon den vom ursprünglichen Brand verursachten Druckanstieg nicht ausgleichen kann, muss in dieser Situation mit dem Zerknall des Behälters gerechnet werden.

Bild 135 ***Die über dem Tank stehende Fackel darf keinesfalls als Entwarnung verstanden werden. Durch die von ihr ausgehende Wärmestrahlung wird die Gefahr eines Druckgefäßzerknalls sogar noch erhöht. (Das Bild entstand auf dem Trainingsgelände der DMT in Dortmund.)***



Bei einem Druckgefäßzerknall wird der Behälter zerstört. Der Behälter oder Teile davon werden weggeschleudert und können Verletzungen und Schäden hervorrufen. Von dem freigesetzten Gas können weitere chemische Gefahren ausgehen (siehe »chemische Stoffe«).

Durch den Zerknall des Behälters wird der Inhalt schlagartig freigesetzt. Dabei kommt es zur schlagartigen Verdampfung des Inhalts. Das freiwerdende Gas vermischt sich mit Luft. Brennbare Gase zünden explosionsartig durch. Solche Explosionen werden als Bleve (boiling liquid expanding vapor explosion) bezeichnet. Es kommt zu einem Feuerball, der bei großen Behältern (Kesselwagen, Flüssiggastanks) riesige Ausmaße annehmen kann.

Eine besondere Situation ist bei Gasflaschen gegeben, die Acetylen enthalten. Acetylen ist ein sehr energiereiches und instabiles Gas. Durch eine starke Erwärmung von außen, einen Flammenrückschlag oder auch einen heftigen Schlag (z. B. Sturz von der Ladefläche eines Lkw) kann eine Zersetzungsreaktion im Inneren der Gasflasche ausgelöst werden. Die Zersetzung des Acetylens ist exotherm (Wärme wird freigesetzt) und kann sich in Form einer Kettenreaktion fortsetzen. Durch die chemische Reaktion im Inneren der Flasche können die Temperatur und damit der Druck in der Flasche weiter ansteigen. Die Kettenreaktion kann relativ langsam verlaufen, wenn die Flasche nicht bewegt wird. Bei Bewegung der Flasche kann Acetylen der Reaktionszone zugeführt werden, wodurch die Reaktion und damit der

Druckanstieg wesentlich beschleunigt werden kann. Das gleiche kann passieren, wenn die Flasche aufgedreht und damit eine Strömung des Acetylens in der Flasche ausgelöst wird.

Acetylenflaschen sind nach DIN EN 1089-3 kastanienbraun (RAL 3009) gefärbt. Auch wenn die farbliche Markierung in Folge einer Beflammung nicht mehr sichtbar sein sollte, so sind Acetylenflaschen an ihrem einzigartigen Ventil (ellipsenförmiger Drehknopf und Bügelverschluss) eindeutig zu erkennen.

Wegen der im Innern der Flasche ablaufenden exothermen Zersetzungsreaktion ist die Gefahr bei Acetylenflaschen keineswegs gebannt, wenn die Energiezufuhr von außen gestoppt worden ist. Diese Flaschen sind über mehrere Stunden zu kühlen und dürfen nicht bewegt werden. Das Ventil darf nicht geöffnet werden, da durch das Aufdrehen der Flasche unverbranntes Acetylen in die Reaktionszone strömt, wodurch die Reaktionsgeschwindigkeit erhöht und der Gefäßzerknall ausgelöst werden kann.

Eine Explosionsgefahr stellt für die Helfer eine große, oftmals nicht kalkulierbare Gefahr dar und muss in aller Regel beseitigt werden, bevor weitergehende Maßnahmen ergriffen werden können. Auch nach einer erfolgten Explosion kann die Gefahr einer Explosion gegeben sein, wenn beispielsweise brennbare Gase weiterhin unverbrannt austreten und sich in gefährlichen Konzentrationen anreichern können. Um dieser Gefahr vorzubeugen, werden Gasbrände nur gelöscht, wenn die Möglichkeit besteht, die Gaszufuhr zu unterbrechen.

Bis die Explosionsgefahr beseitigt ist, ist der Schutz für Menschen und Tiere durch die Einhaltung entsprechender Sicherheitsabstände zu gewährleisten. Nicht selten kommt es allerdings zu Situationen, bei denen unter Beachtung der Sicherheitsabstände Maßnahmen zur Beseitigung der Explosionsgefahr gar nicht möglich sind. In diesem Fall ist zwischen zu rettendem Gut und Eigenschutz genau abzuwägen.

**Anmerkung:**

**Relativ einfach ist die Entscheidung, wenn eine Explosion auf freiem Feld droht. In diesem Fall kann man sich zurückziehen, weiträumig absperren und die Explosion aus sicherer Entfernung erwarten. Sehr viel schwieriger ist es, wenn durch die drohende Explosion Menschen gefährdet werden, eine rechtzeitige Räumung kaum möglich und zudem mit Risiken für alle Beteiligten verbunden ist. In solchen Fällen lässt sich der Schutz der gefährdeten Personen oftmals nur durch die Beseitigung der Explosionsgefahr realisieren. Die in einem solchen Fall zu treffende Entscheidung kann dem Einsatzleiter niemand abnehmen. Fällt die Entscheidung für einen Angriff, so sollte dieser schnell und energisch vorgetragen werden (klotzen statt kleckern). Die Zahl der Einsatzkräfte im Gefahrenbereich ist dabei auf das unbedingt notwendige Maß zu beschränken.**

Bild 136 ***Wenn dieser Flüssiggastank bei einem Brand des Gewächshauses massiv gefährdet sein sollte und möglicherweise kurz vor der Explosion steht, so dürfte der sofortige Rückzug die wohl beste Variante sein. Das Risiko für die Einsatzkräfte bei einem Angriff stünde in keinem Verhältnis zu den zu rettenden Werten.***



### 6.4.8 Elektrizität

Die Gefahr der Elektrizität ist bei vielen Einsätzen gegeben und grundsätzlich zu beachten. Selbst von einer normalen Hausinstallation gehen Gefahren aus, die nicht zu unterschätzen sind. Unter normalen Umständen kann davon ausgegangen werden, dass die elektrischen Installationen fachmännisch durchgeführt wurden und damit die notwendige Sicherheit gegeben ist. Normale Umstände sind jedoch dann nicht gegeben, wenn spannungsführende Teile, die normalerweise isoliert sind, beispielsweise in Folge eines Brandes blank liegen oder wenn spannungsführende Teile unter Wasser stehen. Deswegen sollte im Zweifelsfall selbst bei einer normalen Hausinstallation am Sicherungskasten der komplette Arbeitsbereich stromlos gemacht werden. Dies erfolgt bei vielen Feuerwehren routinemäßig, ohne dass hierzu die Gefahr der Elektrizität explizit benannt wird.

**Bild 137** ***Bei Brandeinsätzen können blanke Elektrokabel die Einsatzkräfte gefährden.***

Gesondert zu erwähnen ist die Gefahr der Elektrizität beispielsweise

- in Hochspannungsanlagen (> 1000 V). In diesen Bereichen kann die Feuerwehr erst tätig werden, wenn die Anlage spannungsfrei ist.
- bei Arbeiten auf dem Dach, wenn die Stromeinspeisung über Dachständer erfolgt und ein Kontakt mit der Leitung nicht ausgeschlossen werden kann. Dabei ist auch ein möglicher Kontakt mit einer Leiter zu berücksichtigen.
- bei Frei- und Fahrleitungen, die über dem Brandobjekt verlaufen, thermisch beansprucht oder aus zu kurzer Distanz mit Löschwasser angespritzt werden.
- bei Einsätzen auf und an Schienenwegen, wenn die Leitungen nicht abgeschaltet und beidseitig geerdet sind.
- bei vorhandenen Photovoltaikanlagen, die unabhängig von der Hauseinspeisung Strom produzieren und sich nicht abschalten lassen.

Sofern eine elektrische Anlage nicht spannungsfrei ist, müssen die Einsatzkräfte gemäß DIN VDE 0105-100 die in der Tabelle 15 genannten Sicherheitsabstände einhalten, um eine Gefährdung zu vermeiden.

Tabelle 15 ***Sicherheitsabstände nach DIN VDE 0105-100***

| Nennspannung [Volt] | Sicherheitsabstand [m] |
|---|---|
| bis 1000 V | 1 |
| über 1 kV bis 110 kV | 3 |
| über 110 kV bis 220 kV | 4 |
| über 220 kV bis 380 kV | 5 |
| bei unklarer Nennspannung | 5 |

Lassen sich die Abstände nicht einhalten, so hat die Einsatzmaßnahme zu unterbleiben, bis die Spannungsfreiheit gewährleistet ist.

**Anmerkung:**

**Selbst wenn es bereits einen Kurzschluss gegeben hat, bedeutet dies nicht zwingend, dass die Leitung stromlos ist. Viele Systeme sind so ausgelegt, dass sie sich nach einem Kurzschluss automatisch wieder einschalten. Damit soll verhindert werden, dass nach einer kurzzeitigen, nur vorübergehenden Störung kein Strom mehr fließt.**

Besondere Vorsicht ist geboten, wenn

- hohe Fahrzeuge (Kesselwagen und andere Waggons, Lokomotiven, verunglückte Lkw oder Ähnliches) auf elektrifizierten Strecken der Bahn bestiegen werden.
- Einsatzfahrzeuge unter Elektroleitungen oder Fahrdrähten stehen und das Dach bestiegen wird, um tragbare Leitern oder andere Geräte zu entnehmen.
- Leiter- oder Kranbewegungen zu einer Annäherung an eine spannungsführende Leitung führen.
- eine Stromleitung Kontakt mit elektrisch leitenden Teilen hat und damit eine Gefahr auch in größerer Entfernung gegeben ist (z. B. Fahrdraht liegt auf dem verunfallten Zug, hochstehende Wagenteile berühren den Fahrdraht).

- eine Stromleitung massiv mit Wärme beaufschlagt wird und herabfallen kann.
- eine Starkstromleitung Kontakt mit dem Boden hat.

Bild 138 *Gefahren durch elektrischen Strom drohen bei allen Arten von Einsätzen, bei denen eine Annäherung an stromführende Teile erfolgt.*

Von herunterhängenden Leitungen ist ein Sicherheitsabstand von 20 m einzuhalten. Hat die Leitung Kontakt zu leitfähigen Teilen (z. B. Lokomotive), so ist zu diesen Teilen entsprechend Abstand zu halten (siehe auch Bild 139).

Sollen Strahlrohre zum Einsatz kommen, so gelten für CM-Strahlrohre bei maximal 5 bar Fließdruck gemäß DIN VDE 0132 die in Tabelle 16 genannten Sicherheitsabstände.

Tabelle 16 *Sicherheitsabstände nach DIN VDE 0132*

| | Niederspannung (bis 1000 V) | Hochspannung (> 1000 V) |
|---|---|---|
| Sprühstrahl | 1 m | 5 m |
| Vollstrahl | 5 m | 10 m |

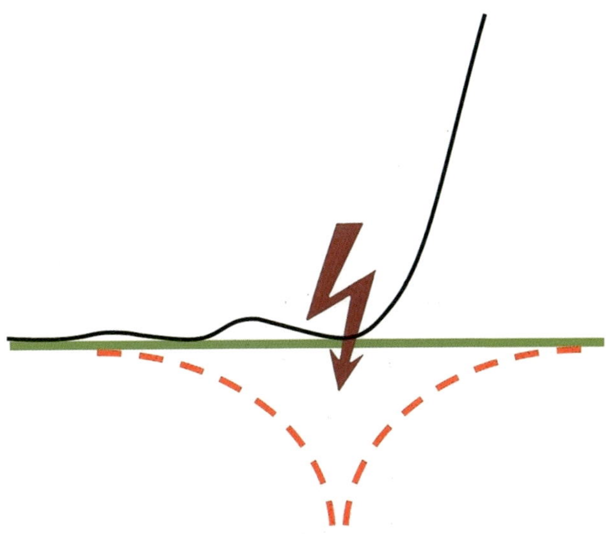

Bild 139 ***Wenn eine Stromleitung gerissen ist und auf dem Boden liegt, kann sich ein Spannungstrichter ausbilden. Das elektrische Potenzial im Boden ist dort am größten, wo die Leitung den Boden berührt und nimmt mit zunehmender Entfernung ab. Nähert sich jemand der Leitung, so überbrückt er mit seinen Beinen zwei Punkte mit unterschiedlichem Potenzial. Die resultierende »Schrittspannung« kann lebensgefährlich sein.***

**Anmerkung:**

Diese Abstände lassen sich auch bei einem normalen Zimmerbrand im Innenangriff nicht gewährleisten, sofern die Wohnung zuvor nicht spannungsfrei gemacht wurde. In jedem Zimmer befinden sich Steckdosen, an denen Spannung anliegt. Aufgrund der Sichtverhältnisse lässt sich die Einhaltung der genannten Sicherheitsabstände nicht garantieren. Der vorgehende Trupp läuft ständig Gefahr, mit dem Löschwasserstrahl eine Steckdose aus weniger als 1 m Entfernung anzuspritzen. Tatsächlich ist jedoch davon auszugehen, dass bei normaler Vorgehensweise auch bei nicht spannungsfreier Einsatzstelle hieraus keine nennenswerte Gefahr für die Einsatzkräfte resultiert. Dies gilt gemäß einer Empfehlung der AGBF (Arbeitsgemeinschaft der Leiter der Berufsfeuerwehren in der Bundesrepublik Deutschland) übrigens auch bei der Verwendung von Hohlstrahlrohren.

### 6.4.9 Einsturz

Die Gefahr des Einsturzes ergibt sich aus einem Missverhältnis von der Tragfähigkeit und der zu tragenden Last eines Bauteils. Einsturzgefahr besteht demzufolge, wenn entweder die Tragfähigkeit einer Konstruktion zu sehr geschwächt oder die auf der Konstruktion lastende Kraft zu groß ist.

Bild 140 ***Ohne etwas über die Standfestigkeit des noch stehenden Baukörpers sagen zu können, besteht im dargestellten Fall zumindest die Gefahr des Einsturzes in Form des Absturzes einzelner Beton- und Mauerteile.***

Die Belastung, der ein Bauteil ausgesetzt ist, ergibt sich aus der Summe von:

- dem Eigengewicht des Bauwerks,
- den Verkehrslasten (Möbel, Maschinen, Fahrzeuge, Personen),
- den Schnee- und Eislasten,
- den Windlasten (Druck und Sog).

Die Tragfähigkeit kann beeinträchtigt werden durch:

- thermische Belastungen (Ausdehnung, Veränderung der Stoffeigenschaften),
- Reduzierung der Querschnitte (Abbrand),
- dynamische Belastungen (Erschütterung, Schlag, Druckwelle),
- Setzungen und Spannungen durch Bewegungen des Untergrundes (Erdbeben, Setzung des Bodens, Unterspülung des Fundamentes).

Die Gefahr des Einsturzes bezieht sich auch auf einzelne Teile, die herabzustürzen drohen (Bild 140).

Normalerweise wird ein Bauwerk in Deutschland so errichtet, dass es den üblichen Belastungen gut standhält und darüber hinaus noch Reserven bietet. Die üblichen Belastungen orientieren sich dabei auch an den regionalen Gegebenheiten. So wird beispielsweise ein Haus im Alpenvorland für eine andere Schnee- und Eislast ausgelegt, als ein Haus in der Rheinebene. In der Regel kann davon ausgegangen werden, dass ein Gebäude oder Bauteil eine hinreichende Standfestigkeit hat, solange keine nennenswerte Beeinträchtigung der Konstruktion gegeben ist und keine ungewöhnliche Last auf das Bauwerk einwirkt. Allerdings ist es für einen Laien nicht immer einfach zu beurteilen, ob eine nennenswerte Beeinträchtigung gegeben ist und ob die aktuell einwirkende Last für die Konstruktion ein Problem darstellt.

In der Vergangenheit gab es immer wieder spektakuläre Einsätze, die gezeigt haben, dass die Gefahr des Einsturzes nicht zu unterschätzen ist. Da ist zunächst eine Reihe von Hallen zu nennen, die unter einer zu hohen Schneelast zusammengebrochen sind. Als bekanntestes Beispiel ist hier die Eislaufhalle von Bad Reichenhall zu nennen, bei deren Einsturz im Jahr 2006 15 Menschen ihr Leben verloren. Sehr dramatisch verlief auch der Einsturz einer Tiefgarage 2004 in der Schweiz, die im Verlauf eines normalen Brandereignisses einstürzte, weil bauliche Mängel (Schwächung der Konstruktion) vorlagen und gleichzeitig eine deutlich zu hohe Belastung durch den auf der Decke der Tiefgarage befindlichen Boden gegeben war. So reichte schon eine relativ geringe thermische Beanspruchung aus, um die gesamte Konstruktion zum Einsturz zu bringen. Ein weiteres Beispiel ist der Einsturz des Stadtarchivs in Köln im Jahr 2009 (Ursache: unterhöhltes Fundament). Erwähnenswert sind auch Dachstühle mit Nagelbinder-Konstruktionen (oft bei Discount-Märkten zu finden), die bei thermischer Beanspruchung ungewöhnlich schnell einstürzen.

Mit Einstürzen ist an Einsatzstellen zu rechnen, wenn atypische Belastungen vorhanden sind. Dies kann durch natürliche Ereignisse wie starke Schneefälle und Winde gegeben sein. In vielen Fällen ist aber auch menschliches Versagen als Ursache zu nennen. Zum Beispiel, wenn zulässige Lasten nicht berücksichtigt oder normalerweise flächig verteilte Lasten (Kiesschüttung auf einem Flachdach) an einem Punkt zentriert werden.

Mit einer Schwächung der Konstruktion als Ursache für einen Einsturz ist bei Bränden und nach Explosionen ebenso wie nach Erschütterungen (durch Erdbeben oder als Folge des Aufpralls eines Fahrzeugs) zu rechnen. Mitunter werden Konstruktionen auch falsch dimensioniert oder versehentlich zu sehr geschwächt, wodurch es auch auf Baustellen zu Einstürzen kommen kann.

Hinweise auf einen bevorstehenden Einsturz können Rissbildungen in bzw. Verformungen von Bauteilen, Senkungen, Geräusche sowie starker Abbrand bei Holzkonstruktionen sein. Während der Baustoff Holz versagt, wenn sein Querschnitt durch Abbrand zu sehr verjüngt wurde, verliert Stahl seine Tragfähigkeit bei zu starker Erwärmung. Man spricht vom »Nudeleffekt«, wenn die Stahlträger sich unter der Einwirkung der Wärme verziehen. Die hierzu erforderlichen Temperaturen werden im Brandfall schnell erreicht. Wenn das Verhalten der Stahlkonstruktion aufgrund der Verrauchung mit bloßem Auge nicht wahrnehmbar ist, kann eine Wärmebildkamera eingesetzt werden, um sich ein Bild über den Zustand der Stahlkonstruktion zu verschaffen.

**Anmerkung:**

**Tragende Bauteile aus Holz werden häufig überdimensioniert. Auf diese Weise können die Bauteile einen hohen Feuerwiderstand erreichen. Der Kern des Holzes, der eine definierte Zeit im Feuer übersteht, reicht dann noch aus, um die vorgesehenen Lasten zu tragen.**

**Die Tragfähigkeit von Stahl ist sehr stark temperaturabhängig. Stahl verliert bei 500 °C etwa die Hälfte seiner Tragfähigkeit. Bei Überschreiten der kritischen Temperatur besteht die Gefahr des Versagens der Konstruktion.**

Stahl dehnt sich bei Erwärmung aus. Ein Stahlträger, der mit Wärme beaufschlagt wird, kann dabei ein Bauteil wegdrücken und so zum Einsturz bringen. Es ist auch möglich, dass der ausgedehnte Stahlträger seine Auflager auseinandergedrückt hat und in der Abkühlungsphase, wenn er wieder seine ursprüngliche Form annimmt, von den nun zu weit auseinander stehenden Auflagern rutscht. Eine ungeschützte Stahlkonstruktion birgt daher im Brandfall ein erhebliches Risiko, welches sowohl bei Lösch- als auch bei Nachlöscharbeiten berücksichtigt werden muss.

Die Gefahr des Einsturzes ist unbedingt auch dann zu berücksichtigen, wenn es bereits zu einem Einsturz gekommen ist. Der Einsturz bedingt, dass eine Konstruktion in der normalen Konstellation nicht mehr vorhanden ist. Damit muss die Stabilität aller noch stehenden Bauteile in Frage gestellt werden. Mit Folgeeinstürzen ist beispielsweise zu rechnen, wenn ein Bauteil (Kamin, Giebelwand), das normalerweise von einer Dachkonstruktion gehalten wird, nach Einsturz des Dachs frei steht.

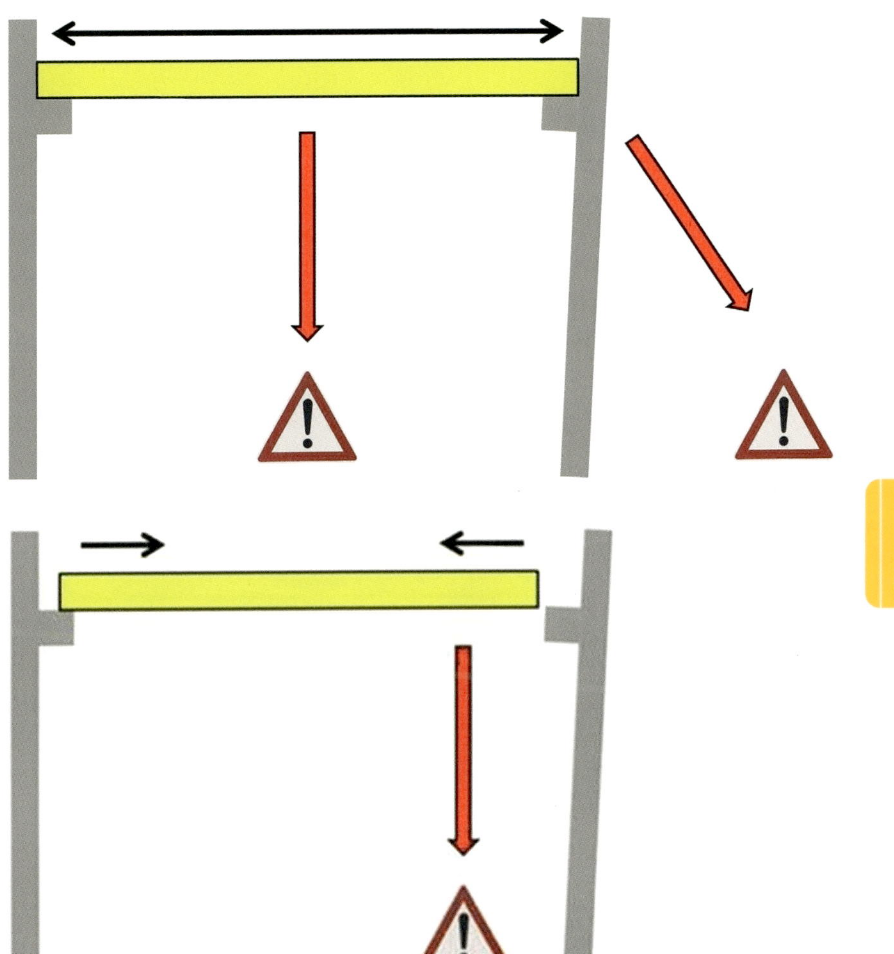

Bilder 141 a und b *In der heißen Brandphase besteht die Gefahr, dass der sich ausdehnende Stahlträger die Wand nach außen drückt und so zum Einsturz bringt (oberes Bild). Beim Erkalten zieht sich der Stahlträger wieder zusammen. Folgt die Wand dieser »Rückwärtsbewegung« nicht, kann der Träger von seiner Auflage rutschen und abstürzen (unteres Bild).*

**Bild 142** ***Diese Giebelwand wird normalerweise durch das Gebälk des Dachstuhls gestützt. Da der Dachstuhl nicht mehr vorhanden ist, fehlt ein stabilisierendes Teil der Konstruktion. Es besteht die Gefahr des Einsturzes. Der Einsturz kann in einer solch instabilen Lage schon durch geringe Krafteinwirkung (z. B. Windlast oder Erschütterungen) ausgelöst werden. Derartige Gefahren bestehen oftmals auch bei Aufräumarbeiten.***

Es gilt auch zu prüfen, ob die Ursache, die zum Einsturz geführt hat, noch vorhanden ist oder auch auf andere, noch stehende Bauteile eingewirkt haben kann. Ist beispielsweise ein Reihenmittelhaus in Folge einer Explosion eingestürzt, so muss der Zustand der noch stehenden Nachbarhäuser ebenfalls begutachtet werden, da nicht ausgeschlossen werden kann, dass die Druckwelle auch diese Gebäude in ihrer Standfestigkeit geschädigt hat und deren Einsturz unmittelbar bevorsteht.

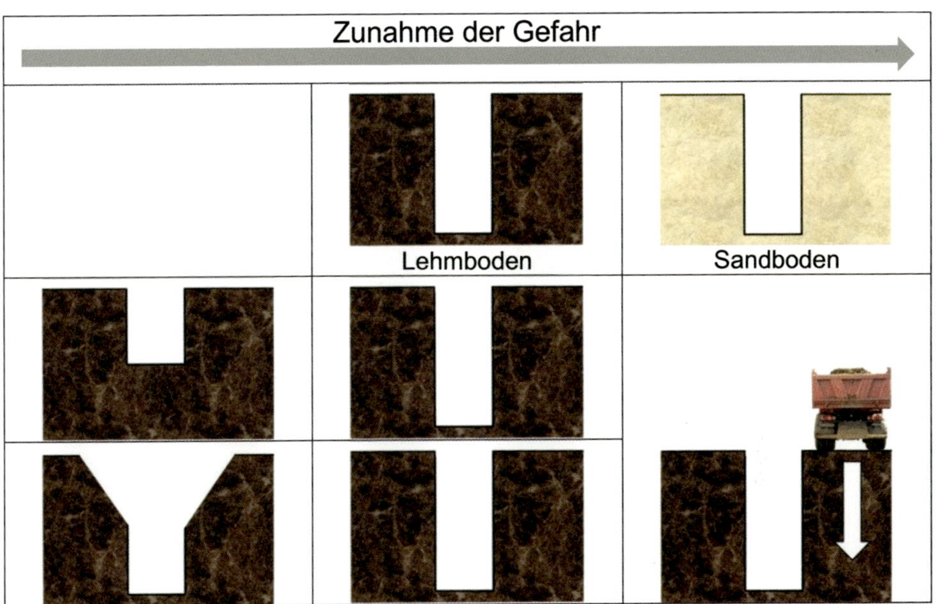


Bild 143 ***Bodenbeschaffenheit, Tiefe der Grube, Winkel der Seitenwände sowie auf den Wänden ruhende Lasten wirken sich auf die Standsicherheit von Baugruben aus.***

Einsturzgefahr kann auch bei Einsätzen in Baugruben und Silos gegeben sein, bei denen die Feuerwehr zum Einsatz kommt, um verschüttete Personen zu retten. Das Risiko bei solchen Tiefbauunfällen ist abhängig von

- der Material-/Bodenbeschaffenheit im Umfeld der Unglücksstelle,
- der Tiefe der Grube,
- dem Böschungswinkel und
- etwaig auf die Flächen neben der Grube wirkenden Kräfte.

Sowohl für die verschüttete Person als auch für die Einsatzkräfte bestehen bei derartigen Einsätzen erhebliche Risiken durch Folgeeinstürze und nachrutschende Massen. Diese Gefahr lässt sich oft nur durch aufwändige Abstütz- und Sicherungsmaßnahmen beseitigen.

Bild 144 *Sicheres Arbeiten bei Tiefbauunfällen erfordert oft umfangreiche Sicherungsmaßnahmen.*

**Anmerkung:**

Bei Tiefbauunfällen besteht häufig eine sehr akute und zeitkritische Gefährdungslage für die verschüttete Person. Die Bedrohungslage für das Unfallopfer ergibt sich nicht nur durch die Massen, die über ihm liegen und die direkte Luftzufuhr behindern. Sie ergibt sich auch aus den Massen, die auf dem Brustkorb lasten und diesen daran hindern, sich zu heben und zu senken. Genau diese Bewegungsfreiheit ist jedoch erforderlich, um eine Atemfunktion zu ermöglichen.

Neben Bauwerken können auch Bäume, Zäune, Gerüste und so weiter ein- bzw. umstürzen. Gerade von Bäumen geht dabei eine große Gefahr aus, da sie aufgrund ihrer Länge und ihrer Masse in einem weiten Umfeld großen Schaden anrichten können. Hinzu kommt, dass sich durch die Einwirkungen des Windes im Holz Spannungen aufgebaut haben können, die im Zuge der Fällarbeiten zu schlagartigen, kaum vorhersehbaren Bewegungen des Baumes führen können. Diese Gefahr ist bei Sturmeinsätzen in Waldgebieten sehr ernst zu nehmen.

Auch bei Bäumen ist nach Stürmen mit Folgeeinstürzen zu rechnen. Erstens muss bei anhaltendem Sturm damit gerechnet werden, dass auch andere Bäume der

Belastung auf Dauer nicht gewachsen sind. Zweitens gilt es zu berücksichtigen, dass oftmals ganze Bäume oder große Äste auf noch stehende Bäume gefallen sind und jederzeit von dort zu Boden fallen können. Nicht ohne Grund warnen die Forstbehörden auch noch Tage nach schweren Stürmen vor dem Betreten des Waldes.

Da die Problematik der Statik sehr komplex und von vielen Faktoren abhängig ist, ist eine laienhafte Beurteilung der Einsturzgefahr mit erheblichen Risiken verbunden. Bei Verdacht ist daher ein Fachmann (Statiker bei Gebäuden bzw. Forstwirt bei Sturmschäden) hinzuzuziehen, um die Lage beurteilen zu lassen. Eine bestehende oder vermeintliche Einsturzgefahr ist in der Regel zu beseitigen, bevor Feuerwehrangehörige im Gefahrenbereich (inklusiv Trümmerschatten) zum Einsatz kommen. Ausnahmen sind – wenn überhaupt – nur zur Menschenrettung vertretbar. Als Trümmerschatten wird der Bereich bezeichnet, in den Trümmer fallen können. Als Faustformel ist hier ein Bereich von 1/3 bis 2/3 der Gebäudehöhe anzunehmen. Ist jedoch damit zu rechnen, dass ein Teil als Ganzes umstürzen kann, so ist der Trümmerschatten auf das Doppelte der Höhe des Bauteils, des Baumes o. Ä. auszudehnen.

Die Gefahr des Einsturzes schließt die Gefahr des Absturzes mit ein. Diese Gefahr ist bei Einsätzen zu berücksichtigen, bei denen Einsatzkräfte in großen Höhen eingesetzt werden. Hierzu gehören Einsätze, bei denen Dächer vom Sturm oder als Folge eines Brandes abgedeckt wurden, bei denen umgestürzte Bäume oder große Schneemassen die Statik von Dächern gefährden oder bei denen Personen in großer Höhe in Not geraten sind. Zu den möglichen Gefahrenbereichen gehören nicht nur Dachkanten, sondern auch Lichtkuppeln und Glasdächer, die unter der Last eines Menschen zusammenbrechen können. Ist eine Absturzgefahr gegeben, so dürfen nur Einsatzkräfte, die entsprechend gegen Absturz gesichert sind, in diesem Bereich tätig werden.

Um eine fallende Person zu fangen, sind spezielle Ausrüstungsgegenstände (Gerätesatz Absturzsicherung) erforderlich. Die Feuerwehrleine ist nicht dazu geeignet, einen Sturz aufzufangen. Sie darf nur zum Halten verwendet werden. Den Unterschied zwischen »Halten« und »Fangen« zeigen die Bilder 145 a und b sowie 146 a und b.

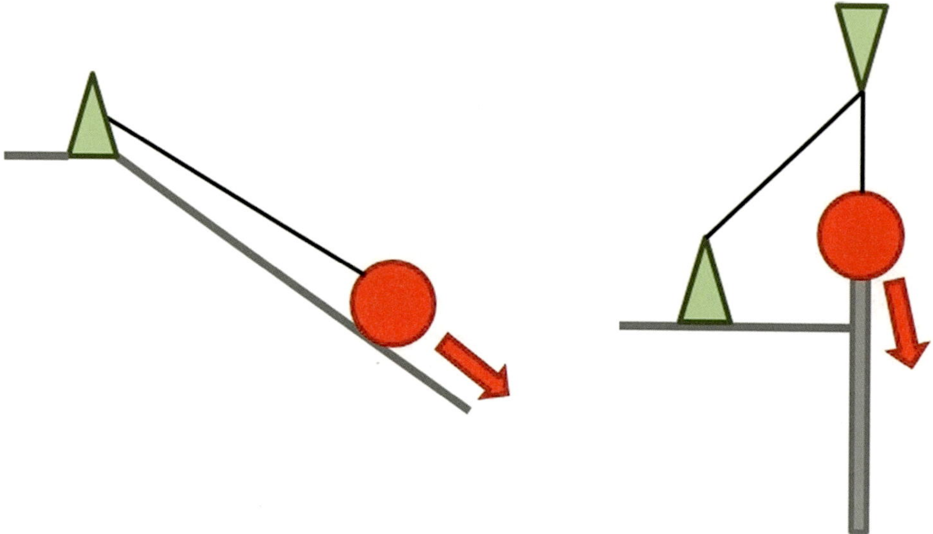

Bilder 145 a und b *Zwei Beispiele für »Halten« (grünes Dreieck = Festpunkt/Haltepunkt; roter Kreis = zu sichernde Person). Entscheidend ist dabei, dass das Halteseil immer auf Spannung ist und der Haltepunkt oberhalb der zu sichernden Person liegt. Damit ist ein Sturz in das Seil nicht möglich. Für diese Einsatzarten ist die Feuerwehrleine zugelassen.*

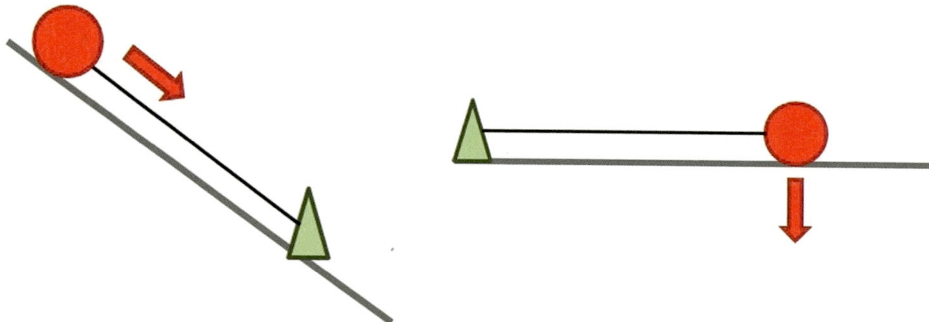

Bild 146 a und b *Zwei Beispiele für »Fangen« (grünes Dreieck = Festpunkt/Haltepunkt; roter Kreis = zu sichernde Person). Rutscht die gesicherte Person ab, fällt sie zunächst einige Meter, bevor sie gefangen wird. Hierbei treten Kräfte auf, denen die Feuerwehrleine nicht gewachsen ist. Auch die Kräfte, die dabei auf den Körper der in das Seil fallenden Einsatzkraft einwirken, sind zu groß und können zu schweren Verletzungen führen. In solchen Situationen muss unbedingt mit einem Gerätesatz Absturzsicherung gearbeitet werden.*

### 6.4.10 Weitere Gefahren

Gemäß der aktuellen Gefahrenmatrix sind nun alle Gefahren dargestellt und kurz erläutert worden. In der Folge wird auf weitere Gefahren eingegangen, die in der Gefahrenmatrix (noch) keine Berücksichtigung finden. Dies sind:

- Gefahren durch den fließenden Verkehr,
- Biogefahren,
- Gefahren, die von gewaltbereiten Menschen ausgehen.

#### 6.4.10.1 Gefahren durch den fließenden Verkehr

Diese Gefahr tritt bei Einsätzen auf und an Verkehrswegen auf, sofern der Verkehr nicht mit absoluter Sicherheit komplett zum Erliegen gekommen ist. Die Gefahr ist auf allen Verkehrswegen zu Lande (Straße und Schiene), zu Wasser und auch auf Flughäfen und bei Hubschrauberlandungen zu beachten. Die Gefahr resultiert dabei aus der Bewegungsenergie (kinetische Energie) der auf die Unfallstelle zufahrenden Fahrzeuge.

Mit Blick auf die Einsatzzahlen tritt die Gefährdung überwiegend im Straßenverkehr auf. Die Gefahr ist sehr stark von den im Bereich der Unfallstelle gefahrenen Geschwindigkeiten abhängig und tritt somit insbesondere auf Autobahnen, Schnellfahrstraßen und Landstraßen auf. Besonders groß ist die Gefahr in der Phase des Auf- und Abbaus der Einsatzstelle, wenn die Maßnahmen zur Absicherung noch nicht abgeschlossen oder bereits wieder zurückgenommen worden sind.

Mit der Absicherung der Unfallstelle werden zwei Ziele verfolgt:

1. die Absicherung der Einsatzkräfte gegen den fließenden Verkehr,
2. die Absicherung des fließenden Verkehrs gegen die von der Einsatzstelle ausgehenden Gefahren.

Grundsätzlich ist es die Angelegenheit der Polizei, für die Absicherung zu sorgen. Tatsächlich ist diese beim Eintreffen der Feuerwehr häufig noch nicht vor Ort oder personell (noch) nicht in der Lage, die Absicherung in vollem Umfang zu erledigen. In diesen Fällen obliegt es der Feuerwehr, die Einsatzstelle mindestens den Vorgaben der Straßenverkehrsordnung (StVO) entsprechend abzusichern.

Auf Autobahnen und Schnellfahrstraßen beginnt die Absicherung bereits 800 Meter vor der Einsatzstelle. Im Abstand von 200 Metern wird die Fahrbahn spitzwinkelig eingeengt und der Verkehr auf diese Weise an der Unfallstelle vorbeigeführt.

Bild 147 *Mit einer weiträumigen Absperrung wird der Gefahr durch den fließenden Verkehr begegnet. Die Dimensionen des Absperrbereichs orientieren sich an den zulässigen Geschwindigkeiten und den daraus resultierenden Anhaltewegen.*

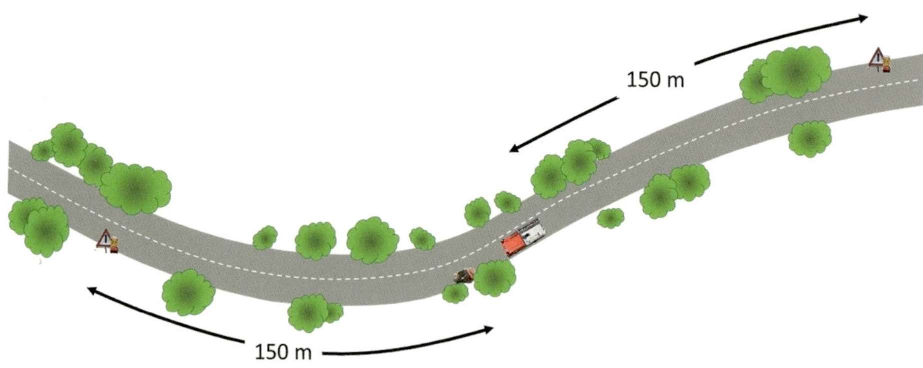


Bild 148 *Außerhalb geschlossener Ortschaften ist die Unfallstelle beidseitig in 100 bis 150 Metern Entfernung abzusichern.*

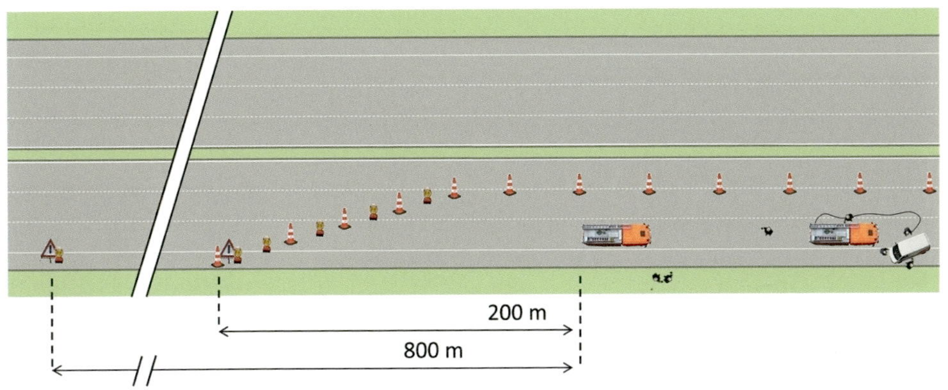


Bild 149 ***Bereits 800 m vor der Unfallstelle muss der Verkehr auf die Gefahrensituation hingewiesen werden. 200 m vor der Unfallstelle beginnt die Verengung der Fahrbahn. Ein schweres Einsatzfahrzeug dient als »Prellbock«. Die Besatzung hat sich hinter der Leitplanke in Sicherheit gebracht.***



Die hierzu erforderlichen Gerätschaften sind in der benötigten Anzahl auf normalen Löschfahrzeugen nicht vorhanden, sodass allein zur Absicherung oftmals weitere, teilweise auf die Absicherung von Unfallstellen spezialisierte Fahrzeuge benötigt werden.

Zur zusätzlichen Absicherung der Einsatzkräfte kann ein schweres Fahrzeug als »Prellbock« aufgestellt werden (dieser Prellbock muss natürlich entsprechend abgesichert sein – die Abstände nach StVO gelten in Bezug auf den Standort des »Prellbocks«). Die Besatzung dieses Fahrzeugs hat das Fahrzeug unbedingt zu verlassen und sich in sicherer Entfernung aufzuhalten.

Das klassische Instrument zur Absicherung einer Gefahrenstelle ist das Warndreieck, welches unbedingt in der entsprechenden Entfernung aufgestellt werden muss. Darüber hinaus sind ergänzende Maßnahmen (weitere Warndreiecke, Leitkegel, Warnleuchten) empfehlenswert. Das Einschalten des blauen Blinklichts und der Warnblinkanlage gehört ebenfalls zu den Möglichkeiten zur Absicherung einer Einsatzstelle, reicht in den meisten Fällen allein jedoch nicht aus.

Ziel der Absicherung ist es, die Verkehrsteilnehmer rechtzeitig auf die Gefahrenstelle aufmerksam zu machen und ihnen zu helfen, die Gefahrenstelle sicher umfahren zu können. Durch geschicktes Aufstellen der Fahrzeuge und Warnzeichen, eventuell ergänzt durch zulässige Lichtsignale, ist eine möglichst einfache und unmissverständliche Verkehrsführung anzustreben.

Bild 150 ***An Einsatzstellen auf und an Verkehrswegen ist zu berücksichtigen, dass blinkende Lichter und Arbeitsstellenscheinwerfer andere Verkehrsteilnehmer irritieren und blenden können.***

Es ist wichtig, den Autofahrer in seinen Möglichkeiten der Wahrnehmung nicht zu überfordern und auf verwirrende Lichtspiele zu verzichten. Insbesondere bei Nacht und regennasser Fahrbahn ist zu berücksichtigen, dass sich die Lichteffekte durch Spiegelung auf der Fahrbahn noch zusätzlich verstärken. Nicht alles was blinkt und blitzt ist in solchen Situationen hilfreich und zulässig.

**Anmerkung:**

Grundsätzlich darf die Feuerwehr eine Einsatzstelle nur absichern oder komplett sperren. Ein steuernder Eingriff in den Verkehr (Verkehrslenkung) ist Sache der Polizei und steht der Feuerwehr nicht zu. Auch wenn die Regelung des Verkehrs durch Feuerwehrleute von den Autofahrern gerne als Service angenommen wird, so fehlt der Feuerwehr hierzu die rechtliche Grundlage. Die Feuerwehr sollte es deswegen den Autofahrern überlassen, wie sie die Einsatzstelle passieren. Sollte dies aufgrund der örtlichen Gegebenheiten nicht gefahrlos möglich sein, so bleibt als Option nur: Absperren bis die Polizei eingetroffen ist.

Trotz aller Maßnahmen zur Absicherung muss im fließenden Verkehr damit gerechnet werden, dass die Einsatzstelle von einem Verkehrsteilnehmer nicht rechtzeitig wahrgenommen wird. Deswegen sind zusätzlich folgende Möglichkeiten zum Eigenschutz zu nutzen:

- Tragen von Kleidung mit hinreichender Warnwirkung,
- Reduzierung der Personen im Gefahrenbereich (Straße) auf das notwendige Maß,
- Reduzierung der Fahrbahnüberquerungen durch Einsatzkräfte durch geschickte Fahrzeugaufstellung auf das notwendige Maß,
- Verlassen der Fahrzeuge, die im Gefahrenbereich stehen – soweit dies möglich ist.

Bei Einsätzen im Bereich der Eisenbahn sind die Gefahren besonders hoch zu bewerten. Aufgrund des geringen Haftreibungskoeffizienten von Metall (Rad) auf Metall (Schiene) haben die schweren Züge bei entsprechender Geschwindigkeit auch bei einer Gefahrenbremsung Bremswege, die mehrere Kilometer lang sein können. Der Lokführer hat keine Möglichkeit, rechtzeitig auf ein plötzlich auftauchendes Hindernis zu reagieren. Aus diesem Grund muss die Sicherung von Seiten der im Schienenbereich tätigen Personen äußerst gewissenhaft und in enger Abstimmung mit der Bahn betrieben werden.

Zu den Sicherungsmaßnahmen gehört, dass Arbeiten im Schienenbereich nur möglich sind, wenn der Zugverkehr auf dem Gleis eingestellt ist. Bei mehrspurigen Gleisanlagen sind nach Möglichkeit auch die übrigen Gleise zu sperren. Sollte dies nicht möglich sein, sind Maßnahmen zu ergreifen, die ein versehentliches Betreten nicht gesperrter Gleise ausschließen.

An Einsatzstellen, die von Zügen passiert werden, sind auf beiden Seiten in hinreichender Entfernung Beobachtungsposten zu stellen, die bei Herannahen eines Zuges ein gut hörbares Warnsignal geben. Zu beachten ist auch, dass Hochgeschwindigkeitszüge eine Sogwirkung erzeugen, die auch im Umfeld der eigentlichen Gleisanlage erhebliche Gefahren birgt.

#### 6.4.10.2 Gefahren durch biologische Stoffe

Neben atomaren und chemischen Gefahren sind auch biologische Gefahren zu berücksichtigen. Diese Gefahren können von

- Krankheitserregern (Viren) oder
- gentechnisch veränderten Stoffen ausgehen.

**Bild 151** *Kennzeichnung einer Gefahr durch biologische Stoffe*

Von biologischen Gefahrstoffen können Gefahren für Menschen (humanpathogen), Tiere (tierpathogen) und Pflanzen (pflanzenpathogen) ausgehen. Die besondere Gefahr bei biologischen Stoffen ist in der Tatsache begründet, dass es sich um lebende Organismen handelt, die sich unter bestimmten Voraussetzungen vermehren und ausbreiten können. Eine Verschleppung oder Übertragung besonders gefährlicher Viren kann selbst in geringen Dosen erhebliche Folgen haben.

Analog zu den Bereichen, in denen mit radioaktiven Stoffen umgegangen wird, werden Bereiche, in denen mit biologischen Gefahren zu rechnen ist, in drei Klassen eingeteilt und entsprechend mit »Bio I«, »Bio II« und »Bio III« gekennzeichnet. Das Gefährdungspotenzial ist dabei von 1 nach 3 ansteigend. Bei der Einstufung werden neben der schädigenden Wirkung und der Übertragbarkeit auf Menschen auch die Fähigkeit des Überlebens und der Ausbreitung außerhalb des Laboratoriums berücksichtigt.

### 6.4.10.3 Gefahren, die von gewaltbereiten Menschen ausgehen

In zunehmendem Maße kommt es bei Einsätzen zu Bedrohungen der Einsatzkräfte durch Menschen, die aus unterschiedlichen Motiven heraus gewalttätig reagieren und damit ein erhebliches Risiko für Menschen und Sachwerte darstellen. Die Gewalt richtet sich dabei mitunter auch gegen die Feuerwehr, sodass eine Gefährdung der Einsatzkräfte gegeben sein kann. Dabei muss die Feuerwehr nicht selbst das Ziel der Aggression sein. Die Aggression kann auch ganz allgemein gegen eine Einrichtung gerichtet sein, die als Teil der staatlichen Gewalt gesehen wird.

Die Gewalt kann spontan auftreten (Affekthandlung) oder geplant sein. Sie kann sich zufällig oder gezielt gegen andere Menschen und gegen die Einsatzkräfte richten. Nicht immer gibt es im Vorfeld Hinweise auf diese Art von Gefahr. Sind jedoch Hinweise vorhanden, so sind sie sehr ernst zu nehmen. Beispiele für derartige Lagen können sein:

- Terroranschläge,
- Demonstrationen mit Gewaltpotenzial,

- Amokläufe,
- Situationen, in denen sich Menschen durch die Feuerwehr gestört oder bedroht fühlen.

Ein besonderes Risiko geht von terroristischen Anschlägen aus, die in der Regel darauf abzielen, das normale gesellschaftliche Gefüge zu stören. Gibt es Hinweise auf einen derartigen Anschlag, ist zu prüfen, ob es neben den offenkundigen Schäden und Problemen zusätzliche Gefahren gibt, die nicht sofort offensichtlich sind. Beispiele hierfür können sein:

- die so genannte »dirty bomb«, die sich dadurch auszeichnet, dass neben der Sprengwirkung durch Beimengung radioaktiver Stoffe eine Gefahrenlage erzeugt wird, die ohne Messtechnik nicht wahrnehmbar ist. Terroristen spekulieren bei der Verwendung einer solchen Bombe darauf, dass sich die Helfer zunächst auf die konventionellen Auswirkungen der Explosion konzentrieren, im Zuge der Gefahrenabwehr selbst Schäden erleiden und das Problem durch eine unbemerkte Verschleppung weitertragen.
- eine zweite Bombe, die zeitlich verzögert aktiviert wird. Damit verfolgen die Terroristen das Ziel, möglichst viele Helfer und Schaulustige zu verletzen oder zu töten.

Mit der Beurteilung der Gefahr durch Gewalteinwirkung ist der Einsatzleiter der Feuerwehr häufig überfordert, da ihm die hierzu erforderliche Ausbildung fehlt. In aller Regel ist die Feuerwehr gut beraten, sich bei Anzeichen von Gewalt zurückzuziehen und die Sache der für solche Lagen zuständigen Polizei zu überlassen. Je nach Einschätzung der Lage durch die Polizei kann dann über die weitere Vorgehensweise entschieden werden. Die Polizei ist für derartige Lagen geschult und kann sich gegebenenfalls auch legal und dennoch wirkungsvoll zur Wehr setzen. Letzteres ist der Feuerwehr untersagt, da das Gewaltmonopol des Staates in Friedenszeiten ausschließlich von der Polizei ausgeübt wird. Ausnahmen sind nur zulässig, sofern es sich um Notwehr handelt. Notwehr ist gegeben, wenn ein rechtswidriger Angriff nicht anders abgewehrt werden kann.

# 6.5 Gefahren priorisieren – Welche Gefahr muss zuerst und an welcher Stelle bekämpft werden?

Die Feuerwehr trifft bei ihren Einsätzen häufig auf eine Vielzahl von Gefahren, die unterschiedliche Objekte bedrohen können. In vielen Fällen ist es nicht möglich, allen Gefahren zeitgleich zu begegnen. Es reicht daher nicht aus, eine Gefahr nur zu erkennen. Vielmehr gilt es, auch die Größe der Gefahr abzuschätzen, um die unterschiedlichen Gefahren nach Prioritäten einordnen zu können und damit die Grundlage für eine möglichst effektive Gefahrenabwehr zu schaffen. Ziel ist es, bei größtmöglicher Sicherheit für die Einsatzkräfte eine möglichst gute Schadenbilanz zu erzielen.

**Anmerkung:**

**Um ein möglichst gutes Ergebnis zu erzielen, muss das vorhandene Potenzial mitunter auf die Abwehr einzelner Gefahren fokussiert werden. Der Versuch, alle Ziele zeitgleich anzugehen, kann am Ende zu einem schlechteren Ergebnis führen.**

## 6.5.1 Einflussgrößen für die Vergabe von Prioritäten

Bei der Vergabe von Prioritäten sind folgende Faktoren von Bedeutung:

- die Wahrscheinlichkeit eines Schadeneintritts,
- die zu erwartende Schadenhöhe,
- die Dringlichkeit der Maßnahmen zur Vermeidung des Schadens.

### Die Größe einer Gefahr

Die Größe einer Gefahr wird im Allgemeinen wie folgt definiert:
Größe der Gefahr = Eintrittswahrscheinlichkeit x zu erwartendes Schadenausmaß

Ist beispielsweise ein Menschenleben gefährdet, so ist das zu erwartende Schadenausmaß sehr groß. Selbst bei einer relativ geringen Eintrittswahrscheinlichkeit ergibt sich eine erhebliche Größe der Gefahr. Ist umgekehrt eine relativ wertlose Sache bedroht, so ergibt sich auch bei hoher Eintrittswahrscheinlichkeit keine große Gefahr. Für die Gefahrenabwehr ergibt sich hieraus, dass sich ein Risiko reduzieren lässt, indem die Eintrittswahrscheinlichkeit und/oder das zu erwartende Schadenausmaß reduziert werden.

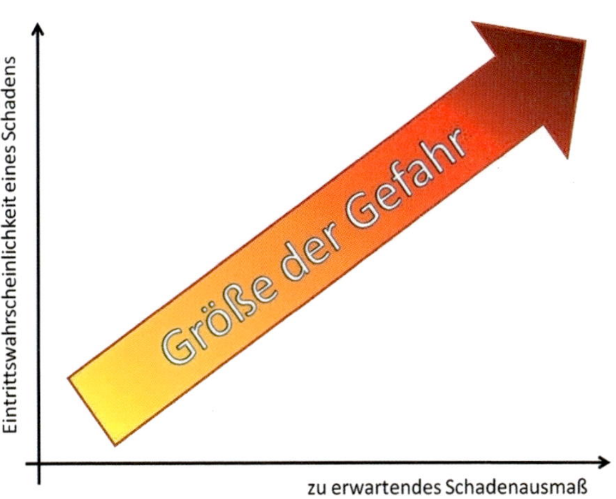


Bild 152 ***Die Größe der Gefahr ergibt sich als Produkt aus der Eintrittswahrscheinlichkeit und dem zu erwartenden Schadenausmaß.***

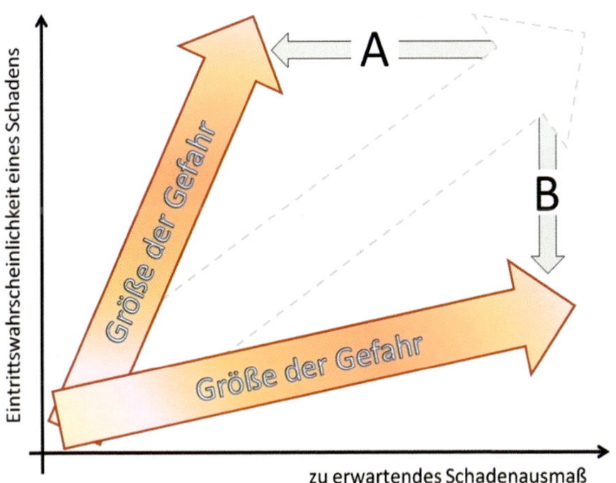


Bild 153 ***Die Gefahr lässt sich reduzieren, indem die Eintrittswahrscheinlichkeit und/oder das zu erwartende Schadenausmaß verringert werden.***

6

**Anmerkung:**

Fachleute machen im Rahmen von Gefährdungsanalysen eine worst-case-Betrachtung, indem sie überlegen, mit welchem Schadenausmaß im ungünstigsten Fall zu rechnen ist. Vom Ergebnis dieser Betrachtung hängt dann ab, ob und mit welcher Wahrscheinlichkeit ein derartiges Szenario hingenommen werden kann.

Dieser mathematische Denkansatz erscheint sehr wissenschaftlich und vielleicht sogar weltfremd. Tatsächlich wird er selbst im täglichen Leben unbewusst immer wieder angewendet. Einem Familienvater wird jede Gefahrensituation, die ein Mitglied seiner Familie bedroht, schlaflose Nächte bereiten, selbst wenn die Eintrittswahrscheinlichkeit sehr gering ist. Der Vater wird nicht ruhen, um die Eintrittswahrscheinlichkeit weiter abzusenken, im Idealfall bis auf Null. Wird umgekehrt ein Gegenstand bedroht, der seinem Besitzer nicht viel bedeutet und keinen großen Wert darstellt, so wird dieser selbst dann relativ gelassen reagieren, wenn er erkennen muss, dass dieser Gegenstand mit hoher Wahrscheinlichkeit im nächsten Moment zerstört oder gestohlen werden wird.

**Beispiel:**

**Für den Weg vom Bahnhof zum Arbeitsplatz nutzen viele Menschen alte Fahrräder, die über Nacht am Bahnhof verbleiben. Die Fahrräder haben einen geringen Wert (geringe Schadenhöhe bei Verlust) und sind für potenzielle Diebe relativ uninteressant (geringe Eintrittswahrscheinlichkeit). Das Alter des Fahrrads beeinflusst damit gleichzeitig beide Faktoren, die für die Größe der Gefahr maßgeblich sind.**

Ergänzend ist noch anzumerken, dass die mathematische Formel auch erkennen lässt, dass keine Gefahr gegeben ist (Größe der Gefahr = Null), wenn einer der beiden Faktoren den Wert Null annimmt. Ist beispielsweise kein Schaden mehr zu erwarten, weil der Totalschaden bereits eingetreten ist oder der Tod eines Menschen durch einen Arzt festgestellt wurde, so besteht an dieser Stelle keine Gefahr. Gleiches gilt, wenn der Eintritt eines Ereignisses ausgeschlossen werden kann. Für den Einsatzleiter der Feuerwehr stellt sich automatisch die Frage nach der Zuständigkeit, sobald feststeht, dass keine Gefahr (mehr) gegeben ist.

**Beispiele:**

1. **Ein Pkw brennt in voller Ausdehnung. Der Totalschaden ist eingetreten. Für den inzwischen wertlosen Pkw besteht somit keine Gefahr (mehr). Durch die Rauchgase und auslaufende Betriebsstoffe besteht allerdings eine Gefahr für die Umwelt, sodass der Einsatz der Feuerwehr erforderlich ist und die Bekämpfung des Brandes als Feuerwehraufgabe im Sinne des Feuerwehrgesetzes zu sehen ist.**
2. **Bei einem Verkehrsunfall wurde eine Person schwer verletzt in ihrem Fahrzeug eingeklemmt. Der Notarzt stellt nach einigen Minuten den Tod der Person fest. Für die Person besteht somit keine Gefahr mehr. Die Bergung der Leiche ist damit auch keine Feuerwehraufgabe, da sich die Person offenkundig nicht mehr in einer lebensbedrohlichen Situation**

befindet, aus der sie befreit werden muss. Die Polizei kann in diesem Moment die weiteren Tätigkeiten der Feuerwehr unterbinden, um zunächst Beweise für die Unfallaufnahme zu sichern.

**Anmerkung:**

Es ist üblich, dass die Feuerwehr nach Abschluss der Unfallaufnahme auch die Bergung der Leiche übernimmt – auch wenn es sich dabei streng genommen aus den oben genannten Gründen nicht um eine Pflichtaufgabe nach dem Feuerwehrgesetz handelt.

### 6.5.1.1 Die Wahrscheinlichkeit eines Schadeneintritts

Die Wahrscheinlichkeit eines Schadeneintritts (zunehmend von rechts nach links) drückt sich beispielsweise in der Formulierung »sehen – hören – vermuten« aus. Bezogen auf die Menschenrettung sind demnach zuerst die Menschen zu retten, die man sieht, bevor Maßnahmen ergriffen werden, um Menschen zu helfen, die man lediglich hört oder die sich nur vermutlich in einem gefährdeten Bereich aufhalten. Grundsätzlich macht diese Staffelung Sinn. Es wäre taktisch falsch, einen Schaden in Kauf zu nehmen, um einen vergleichbaren Schaden abzuwenden, von dem man gar nicht weiß, ob mit seinem Eintreten überhaupt zu rechnen ist.

Eine weitere Regel, die auf die Wahrscheinlichkeit des Schadeneintritts abzielt, kann helfen, die Sprungbereitschaft einer am Fenster befindlichen Person zu bewerten: »Person steht im Zimmer – sitzt auf der Fensterbank – steht auf der Fensterbank«. Erfahrungsgemäß ist davon auszugehen, dass eine Person, die noch im Zimmer steht, weniger sprungbereit ist, als eine Person, die sich bereits auf die Fensterbank geflüchtet hat. Steht die Person gar auf der Fensterbank, lässt dies auf eine große Verunsicherung und Angst schließen. Gleiches gilt für den Fall, wenn Kinder aus dem Fenster gehalten werden.

Auch das sonstige Verhalten einer Person lässt unter Umständen auf deren psychische Verfassung schließen. Reagiert eine Person noch auf Ansprache, befolgt sie Anweisungen und beantwortet sie Fragen, so ist eine spontane und unüberlegte Reaktion eher unwahrscheinlich. Sofern sich die Person jedoch in einem Zustand befindet, in dem sie sich nicht mehr beeinflussen und führen lässt, so ist die Wahrscheinlichkeit größer, dass die Person sich nicht mehr unter Kontrolle hat und zu einer unkontrollierten Reaktion neigt.

**Anmerkung:**

**Menschen sind Individuen, die in unterschiedlichen Situationen völlig verschieden reagieren können. Insofern ist es gerade in extremen, oft sehr komplexen Ausnahmesituationen sehr schwierig, verlässliche und allgemeingültige Aussagen zu treffen. Nicht immer ist der am stärksten gefährdet, der am lautesten schreit. Nicht selten gilt es gerade die Personen im Auge zu behalten, die sich besonders ruhig verhalten.**

In Bezug auf die Gefahr einer Brandausbreitung hängt die Wahrscheinlichkeit des Schadeneintritts von folgenden Faktoren ab:

- Position des bedrohten Objektes in Bezug auf die Brandstelle
    - oben – seitlich – unterhalb
    - in Windrichtung – entgegen der Windrichtung
- bauliche Abtrennung
    - offene Verbindung – normale Wand – Brandwand
- Abstand des bedrohten Objektes zur Brandstelle
- Oberflächenbeschaffenheit des bedrohten Objektes
    - Reetdach – feste Bedachung/Holzwand – Mauer
- Intensität des Brandes
- Dynamik des Brandverlaufs
- Hinweise auf einen einsetzenden Wärmeübergang
    - platzende Fensterscheibe, Verziehen von Material, Schmelzen von Kunststoff
    - einsetzende Pyrolyse/Verkohlung, beginnende Rauchentwicklung/Sekundärbrände

### 6.5.1.2 Die zu erwartende Schadenhöhe

Bei der zu erwartenden Schadenhöhe gilt primär die Regel »Menschen – Tiere – Sachwerte/Umwelt«, die klar besagt, dass die Rettung beziehungsweise der Schutz von Menschen höchste Priorität haben muss.

Zu berücksichtigen sind bei der zu erwartenden Schadenhöhe aber nur Schäden, die noch nicht eingetreten sind oder sich definitiv ohnehin nicht mehr vermeiden lassen. Grundsätzlich gilt: Die (noch) zu erwartende Schadenhöhe ist gleich Null, wenn Tod oder Totalschaden bereits eingetreten sind! Eine Gefahr ist (bezogen auf das betrachtete Objekt) dann nicht mehr gegeben. Von entscheidender Bedeutung sind deswegen die Fragestellungen »Was ist bereits vernichtet?« und »Was gibt es noch zu retten?«.

**Menschenleben in Gefahr**

Höchstes Gut ist gemäß unserer Rechtsauffassung das menschliche Leben, dessen Schutz bei der Einsatzabwicklung immer höchste Priorität hat. Diese Aussage gilt uneingeschränkt auch für alle Einsatzkräfte, deren Leben nicht weniger Wert ist als das irgendeiner gefährdeten Person. Auch die Einsatzkräfte haben einen Anspruch auf Schutz. Wenn notwendig und erfolgversprechend, kann eine wohl überlegte und begründete Reduzierung der sehr hohen Sicherheitsstandards gerechtfertigt sein. Ein unkalkulierbares Risiko für die Einsatzkräfte ist jedoch in keinem Fall hinnehmbar. Eine Menschenrettung um jeden Preis darf es daher nicht geben!

Zu berücksichtigen ist auch, dass die Feuerwehr nur handlungsfähig ist und anderen Menschen helfen kann, solange ihre eigene Sicherheit gewährleistet ist. Auch aus diesem Grund muss die Sicherheit der Einsatzkräfte bei allen Maßnahmen an erster Stelle stehen.



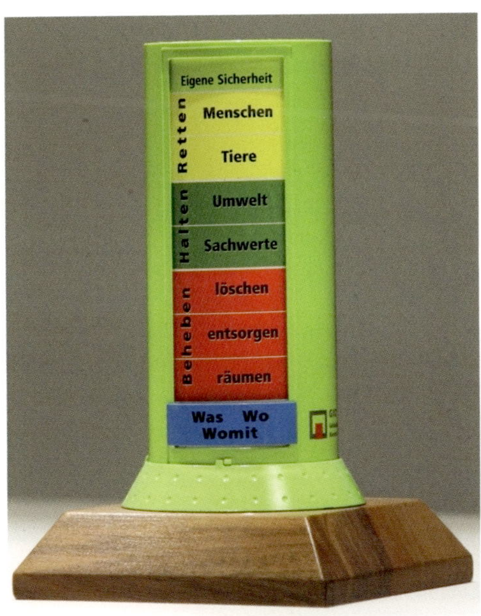


Bild 154 ***Diese dekorative Säule, herausgegeben von der Gebäudeversicherung des Kantons Zürich in der Schweiz, zeigt eindrucksvoll die Prioritäten, die an Einsatzstellen zu beachten sind. Besonders bemerkenswert an dieser Säule: Die eigene Sicherheit steht über allen anderen Zielen.***

Sind Menschenleben in Gefahr, so müssen sich die Maßnahmen der Feuerwehr in erster Linie auf die Rettung dieser Menschen konzentrieren. Maßnahmen, die dem

Schutz von Tieren, Sachwerten usw. dienen, sind in solchen Fällen nur durchzuführen, wenn hierdurch die Menschenrettung nicht beeinträchtigt wird. Wenn alle verfügbaren Kräfte zur Menschenrettung erforderlich sind, können demzufolge keine weiteren Ziele verfolgt werden, solange die Menschenrettung nicht abgeschlossen oder Verstärkung eingetroffen ist. Genauso klar ist damit aber auch, dass zum Schutz von Tieren, Sachwerten usw. kein unnötiges Risiko für die Einsatzkräfte in Kauf genommen werden darf. Ein Risiko für die Einsatzkräfte stünde dabei in keinem vernünftigen Verhältnis zu dem zu erreichenden Ziel.

Eine Differenzierung innerhalb der Gruppe der Menschen nach Alter, Geschlecht oder Ähnlichem ist grundsätzlich nicht möglich. Regeln wie »Frauen und Kinder zuerst« sind rechtlich nicht vertretbar und taktisch somit nicht relevant. Eine Abstufung nach der Schadenhöhe ist innerhalb der Gruppe nur über die Anzahl der zu rettenden Personen möglich. Wenn vier Personen bedroht sind und je nach taktischer Variante eine oder drei Personen gerettet werden können, so ist die Variante, bei der drei Personen gerettet werden können, natürlich zu bevorzugen. Auch im Zuge der Menschenrettung gelten

- die Unfallverhütungsvorschriften (UVV),
- die Feuerwehr-Dienstvorschriften (FwDV) sowie
- der Grundsatz der Verhältnismäßigkeit (geeignet, erforderlich und angemessen).

Nur wenn es zur Menschenrettung notwendig ist, kann von einzelnen Vorgaben – in dem zur Rettung notwendigen Umfang – abgewichen werden. Eine Menschenrettung um jeden Preis darf es nicht geben, die Maßnahmen müssen angemessen sein (vernünftiges Verhältnis von Nutzen und Risiko).

»Zur Menschenrettung notwendig« heißt in diesem Fall, dass durch die Abweichung von den Vorschriften die Wahrscheinlichkeit einer erfolgreichen Rettung erhöht wird (die Maßnahmen müssen geeignet sein, das Ziel zu erreichen oder ihm näher zu kommen) und auf andere Weise – im Idealfall unter Einhaltung aller Vorgaben – nicht möglich gewesen wäre (die Maßnahmen müssen erforderlich sein, das Ziel lässt sich mit weniger Risiko nicht erreichen).

**Merke:**

**Die Tatsache, dass Menschenleben in Gefahr sind, entbindet die Einsatzkräfte keinesfalls pauschal von den geltenden Vorschriften.**

**Erläuterungen:**

1. Gemäß FwDV 7 »Atemschutz« muss bei einem Brandeinsatz unter Atemschutz im Innenangriff mindestens ein Sicherheitstrupp gestellt werden. Setzt der Einsatzleiter alle verfügbaren Atemschutzgeräteträger zur Menschenrettung ein und erhöht dadurch die Überlebenswahrscheinlichkeit der durch den Brand gefährdeten Menschen, so ist diese Abweichung von der FwDV 7 im Einzelfall grundsätzlich in Ordnung. Sofern dem Einsatzleiter jedoch noch Atemschutzgeräteträger zur Verfügung stehen, die nicht zur Rettung von Menschenleben eingesetzt werden, so ist er verpflichtet einen Sicherheitstrupp zu stellen. Der Einsatzleiter hat zudem alles in seiner Macht Stehende zu veranlassen, um die Phase des erhöhten Risikos für seine Einsatzkräfte auf das unbedingt notwendige Maß zu beschränken. Hieraus folgt, dass er zwingend Verstärkung anfordern muss, wenn er zur Menschenrettung auf die Stellung des Sicherheitstrupps verzichtet hat.
   Sobald die Situation geklärt ist, beispielsweise weil die Menschenrettung abgeschlossen werden konnte oder festgestellt wurde, dass sich entgegen erster Angaben doch keine Personen mehr im Gefahrenbereich aufhalten, ist die Menschenrettung beendet und unverzüglich gemäß FwDV 7 ein Sicherheitstrupp zu stellen. Ist dies nicht möglich, so ist der Innenangriff, der erkennbar nur noch dem Schutz von Sachwerten dient, sofort abzubrechen.
2. Auch wenn der Schutz von Sachwerten in der Priorität deutlich hinter dem Schutz von Menschenleben anzusiedeln ist, bedeutet dies nicht, dass zur Rettung von Menschenleben ohne Rücksicht auf andere Werte gearbeitet werden darf. Selbstverständlich gilt der Grundsatz der Verhältnismäßigkeit auch bei der Menschenrettung in Bezug auf andere Werte. Wenn es einen Weg gibt, die bedrohten Menschen retten zu können, ohne dabei unnötige Schäden an Sachwerten zu verursachen, so ist dieser Weg zu wählen.

Besonders kritisch ist eine Lage, bei der mehr Menschen in Gefahr sind, als mit den verfügbaren Kräften augenblicklich gerettet werden können. Genauso schwierig sind Lagen, bei denen eine Menschenrettung mit erkennbaren Risiken für die Einsatzkräfte verbunden ist. In diesen Fällen gilt es, den Schutz verschiedener Menschen mit unterschiedlichen Prioritäten zu belegen.

Das Ziel ist auch in diesen Fällen, möglichst alle Menschen zu retten, ohne dass dabei eigene Kräfte verletzt oder gar getötet werden. Sollte dies nicht möglich sein, so ist das Ziel, so viele der gefährdeten Personen wie möglich zu retten, ohne dass dabei eigene Kräfte verletzt oder gar getötet werden.

### Tiere in Gefahr

Grundsätzlich gibt es innerhalb der Gruppe »Tiere« keine Abstufung. Allerdings kommt man in der Praxis nicht umhin, in einigen Lagen zu differenzieren und bestimmte Tiere/Tierarten bevorzugt zu retten, da deren Verlust höher einzuschätzen ist. Insbesondere ist bei Tieren auch deren ideeller Wert zu berücksichtigen.

Bild 155 ***Die Rettung von Tieren hat nach der Menschenrettung höchste Priorität.***

**Anmerkung:**

Die Tierrettung ist eine Sache für sich. Grundsätzlich sind Tiere Lebewesen, die es zu schützen gilt. Hieran lässt auch das Grundgesetz keinen Zweifel. Umgekehrt muss man sich im Einsatz jedoch auch bewusst machen, dass in unserer Gesellschaft viele Tiere nur für den Verzehr gezüchtet und gezielt getötet werden. Ebenso werden für Mäuse Fallen aufgestellt, Ratten und Tauben oftmals gezielt vergiftet. Bei der Tierrettung gilt es, unter Beachtung der berechtigten Interessen des Tieres, Maß zu

**halten. Ist beispielsweise ein Schwein auf dem Weg zum Schlachthof entlaufen, so führt eine erfolgreiche Tierrettung lediglich dazu, dass das Schwein lebend den Schlachthof erreichen wird. Maßhalten ist insbesondere wichtig, wenn von dem Tier eine Gefahr ausgeht und daraus ein Risiko für die Helfer resultiert.**

**Bei Tieren gibt es zudem die Variante der gezielten Tötung, um ihnen ein unnötiges Leiden zu ersparen. Es kann demnach auch eine taktische Maßnahme sein, einen Tierarzt, Jäger oder Metzger zur Einsatzstelle zu holen, um dem Leiden ein Ende zu setzen.**

### Sachwerte in Gefahr

Der Wert einer Sache kann von verschiedenen Faktoren abhängig sein:

- Wiederbeschaffungswert,
- ideeller Wert,
- funktionale Bedeutung innerhalb eines komplexen Systems,
- Ausfallzeit (Dauer bis zur Ersatzbeschaffung/Reparatur/Sanierung).



Der Wiederbeschaffungswert ist eine zu beziffernde Größe in Euro, die es unbedingt zu berücksichtigen gilt. Wie der Begriff schon erkennen lässt, handelt es sich um eine Art des Schadens, der sich mit Geld beheben lässt. Den ungefähren Wiederbeschaffungswert sieht man einer Sache mitunter an und kann ihn aufgrund eigener Erfahrung oftmals auch recht gut einschätzen. Dies gilt insbesondere für Werte aus dem privaten Bereich, mit denen man selbst auch umgeht.

Der ideelle Wert ist hingegen ein Wert, der oftmals nicht zu beziffern ist. Er ist sehr stark von einem subjektiven Empfinden abhängig und deswegen nicht immer gleich erkennbar. So kann eine Sache für einen Menschen unbezahlbar und für einen anderen Menschen völlig wertlos sein. Klassische Beispiele hierfür sind Erinnerungs- und Sammlerstücke, Fotoalben und ähnliche Dinge. Aber auch Kunstwerke und Gegenstände von historischer Bedeutung sind hier zu nennen.

Die funktionale Bedeutung einer Sache in einem komplexen System ist im Zusammenhang mit möglichen Ausfallzeiten zu sehen. Im privaten Bereich kann die Bewohnbarkeit als Beispiel für die funktionale Bedeutung einer Wohnung genannt werden. Selbst wenn durch die Versicherung der Schaden komplett ersetzt wird, ist eine Beeinträchtigung der Lebensqualität durch den zeitweisen Verlust der vertrauten Umgebung gegeben. Der Erhalt der Bewohnbarkeit einer Wohnung ist ein hoher Wert, der auch im Fokus der Einsatzplanung stehen sollte.

Noch größere Bedeutung haben funktionale Auswirkungen und Ausfallzeiten im gewerblichen Bereich sowie in der öffentlichen Infrastruktur. Wird im gewerblichen Bereich durch einen Schaden eine Prozesskette unterbrochen, kann dies zu einer

Bild 156 ***Fotoalben, Videos und »Wunderwerke« aus kindlicher Hand sind Beispiele für ideelle Werte im häuslichen Bereich.***

Kettenreaktion führen, an deren Ende riesige Schäden bis hin zur Firmenschließung drohen. Im öffentlichen Bereich können Schäden an der Infrastruktur erhebliche Auswirkungen auf ganze Regionen haben. Wird eine Schule in Folge eines Brandes vorübergehend nicht nutzbar, so ergeben sich für Lehrer, Schüler und deren Familien erhebliche Veränderungen. Gleiches gilt, wenn die Energie-, Wasser- oder Lebensmittelversorgung, die öffentliche Verwaltung, der Verkehr oder die medizinische Versorgung tangiert sind.

Viele Maschinen, Werkzeuge und Geräte im gewerblichen Bereich sind Unikate, die sich nicht ohne weiteres ersetzen lassen. Es kann Wochen und Monate dauern, bis ein Ersatz geliefert wird. Der hierdurch bedingte Betriebsausfall kann einen Betrieb langfristig deutlich härter treffen, als der Verlust der eigentlichen Maschine.

Natürlich kann die Feuerwehr die komplexen Abhängigkeiten im Detail nicht erkennen. Hier sind die Betreiber gefordert, entweder geeignete Pläne vorzuhalten oder entsprechend Auskunft zu geben. Der Einsatzleiter ist jedoch gehalten, das Gespräch mit dem Betreiber zu suchen und Informationen zu nutzen, sofern diese vom Betreiber in geeigneter Weise und rechtzeitig zur Verfügung gestellt werden.

### Umwelt in Gefahr

Das Umweltbewusstsein hat in der Bevölkerung zu Recht erheblich an Bedeutung gewonnen. Die gestiegene Sensibilität spiegelt sich auch in der Gesetzgebung wieder und nimmt zunehmend Einfluss auf taktische Überlegungen. Dies gilt generell für alle Arten von Feuerwehreinsätzen.

Immer schärfere Grenzwerte und sinkende Toleranzen führen dazu, dass im Nachgang zu Feuerwehreinsätzen häufig Umweltschäden festgestellt werden. Moderne Messverfahren machen auch kleinste Verschmutzungen offenkundig. Festgestellte Schäden erfordern zum Teil aufwändige und kostenintensive Sanierungsmaßnahmen, die sich in der Gesamtbilanz in ganz erheblichem Umfang niederschlagen und wie Sachschäden zu betrachten sind.

Umweltgefahren können sich auf den Boden, die Luft und das Wasser auswirken. Neben der akuten Toxizität sind auch Langzeitwirkungen zu berücksichtigen. Um Umweltgefahren beurteilen zu können, ist häufig viel Sachverstand erforderlich. Bei Bedarf sind daher Fachleute hinzuzuziehen, um das tatsächliche Gefährdungspotenzial abschätzen zu können. Fachleute können aus den Reihen der Feuerwehr (Fachberater, Analytische Task Force – ATF), von Fachämtern (Untere Wasserbehörde, Umweltamt o. Ä.), Ingenieurbüros oder der chemischen Industrie (Transport-Unfall-Informations- und Hilfeleistungssystem – TUIS) hinzugezogen werden. Der Einsatzleiter ist gut beraten, insbesondere die zuständigen Fachämter frühzeitig einzubinden, da er damit nicht nur Unterstützung erwarten darf, sondern oftmals auch die Verantwortung an die zuständigen Stellen abgeben kann.

Zunehmend kommt es bei Umweltschäden nach Feuerwehreinsätzen zu kritischen Nachfragen bis hin zu juristischen Überprüfungen. Einsatzleiter und Gemeinden sehen sich insbesondere nach Großbränden, bei denen im großen Stil Schaummittel zum Einsatz kamen, mit kritischen Fragen konfrontiert. Dies macht deutlich, wie wichtig es ist, einsatztaktische Fragen auch unter ökologischen Gesichtspunkten zu beleuchten. Die bewusste Auswahl umweltverträglicher Löschmethoden und Löschmittel kann hier helfen, Schäden zu vermeiden. In Einzelfällen kann auch der Verzicht auf Löschmaßnahmen eine durchaus sinnvolle Alternative sein.

#### 6.5.1.3 Die Dringlichkeit der Maßnahmen

Die Dringlichkeit von Maßnahmen zur Vermeidung eines Schadens ist ein ganz wichtiger Faktor, den es insbesondere dann zu berücksichtigen gilt, wenn offenkundig ist, dass nicht alle notwendigen Maßnahmen gleichzeitig durchgeführt werden können. In solchen Fällen gilt es zu überlegen, welche Maßnahmen einen zeitlichen Aufschub gestatten oder vielleicht von nachrückenden Kräften bewältigt werden können und welche Maßnahmen sofort durchgeführt werden müssen.

**Anmerkung:**

**Die Differenzierung von Maßnahmen, die sofort ergriffen werden müssen und Dingen, die man zunächst liegen lassen kann, wird im privaten wie im gewerblichen Bereich tagtäglich angewendet und mit dem Begriff »Zeitmanagement« beschrieben. Ein gutes Zeitmanagement hilft nicht nur die Effizienz zu steigern, sondern dient auch der Stressbewältigung.**

Die Dringlichkeit einer Maßnahme wird im Zuge der Menschenrettung mit der Fragestellung »*Wer stirbt zuerst?*« thematisiert. Diese makaber klingende Frage lässt erkennen, welche der betroffenen Personen aktuell tatsächlich oder vermeintlich am stärksten bedroht ist. Ähnlich verhält es sich mit der »*10-Minuten-Regel*«, bei der sich der Einsatzleiter bewusst macht, was sich wohl in den nächsten 10 Minuten verändern wird, sofern keine Maßnahmen ergriffen werden. Mit dieser Fragestellung lässt sich abschätzen, wer oder was innerhalb dieser Zeit gerettet sein muss, und wer oder was eventuell in der aktuellen Situation noch ausharren kann, ohne Schaden zu nehmen.

Auch die Frage »*Was ändert sich pro Zeiteinheit?*« kann helfen, besonders zeitkritische Probleme aufzuspüren und dynamische von statischen Prozessen zu unterscheiden. Die Schweizer Feuerwehren hinterfragen die Dynamik der Lage innerhalb des Führungsvorgangs gezielt mit der Fragestellung »*Was passiert, wenn ich nichts unternehme?*«.

**Grundsätzlich gilt:**

**Die Dringlichkeit der Maßnahmen zur Vermeidung des Schadens ist gleich Null, wenn der Schaden bereits eingetreten ist!**

**Beispiel:**

Bei einem Verkehrsunfall sind die Fahrer beider Fahrzeuge schwer verletzt worden. Sie sitzen bewusstlos in ihren Fahrzeugen. Eines der Fahrzeuge brennt. Das Feuer droht sich in Kürze auf den Fahrgastraum auszubreiten. Unabhängig von der Schwere der Verletzungen ist unter dem Aspekt der Dringlichkeit und mit Blick auf das Feuer zunächst der Fahrer des brennenden Fahrzeugs aus seinem Auto zu retten oder unverzüglich der Brand zu bekämpfen (Menschenrettung durch Brandbekämpfung).

## 6.5.2 Unterscheidung von dynamischen und statischen Lagen

Der Zeitfaktor hängt ganz entscheidend von der Dynamik der Lage beziehungsweise einzelner Teilbereiche ab. Sachverhalte, die in Bezug auf den Schadenverlauf weitgehend statisch sind, können in der Regel später bearbeitet werden. Sie werden sich im Laufe der Zeit nicht entscheidend verändern. In der Tabelle 17 werden Beispiele für dynamische und statische Lagen dargestellt.

Tabelle 17 ***Beispiele für dynamische und statische Lagen***

| Dynamische Lagen | Statische Lagen |
|---|---|
| Baum droht zu fallen | Baum liegt auf der Straße |
| Keller droht vollzulaufen | Keller steht unter Wasser |
| Person lebensbedrohlich verletzt | Person wurde vom Arzt für Tod erklärt |
| Feuer und Rauch breiten sich aus | Vollbrand ohne Gefahr einer weiteren Ausbreitung |

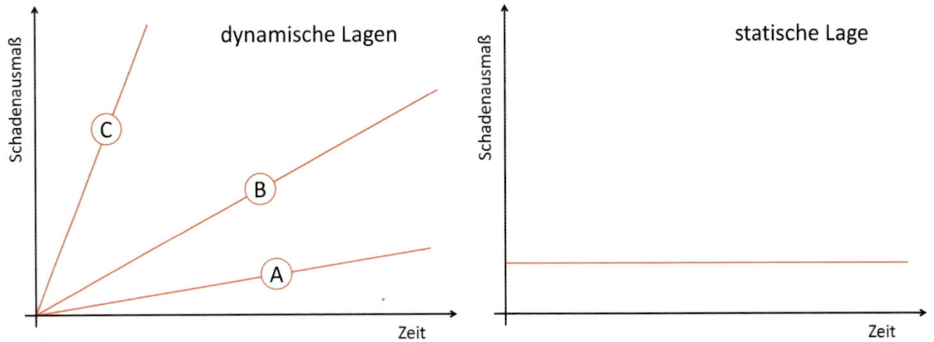


Bilder 157 a und b ***Schadenverläufe bei unterschiedlich dynamischen (linkes Bild) und absolut statischen Lagen (rechtes Bild)***

An der Einsatzstelle hat es die Feuerwehr in der Regel mit einer Mischung von Problemen zu tun, die einer unterschiedlichen Dynamik unterworfen sind. Durch die Differenzierung zwischen sehr dynamischen und eher statischen Prozessen kann die Feuerwehr ihr Potenzial auf die Dinge konzentrieren, die einem starken Wandel unterliegen. Sie konzentriert ihre Maßnahmen auf Gefahren, die ein schnell anwachsendes Schadenausmaß erwarten lassen.

Je nach Lage kann es im Laufe des Einsatzes zu Veränderungen in Bezug auf die Dynamik kommen. So kann eine zuvor noch statische Lage eine gewisse Dynamik erfahren. Umgekehrt kann sich eine dynamische Lage durch Maßnahmen der Feuerwehr (Baum wird gesichert) oder die Eigenentwicklung (Baum fällt um) in eine statische Lage verwandeln. Insofern kann es erforderlich sein, im Verlauf des Einsatzes die getroffene Einschätzung der Dynamik immer wieder kritisch zu hinterfragen.

Ein besonders drastischer Wandel einer dynamischen zu einer statischen Lage ergibt sich, wenn der Notarzt im Laufe einer Rettungsaktion den Tod der verunglückten Person feststellt. Schlagartig wandelt sich damit die hochdynamische Menschenrettung zu einer weitgehend statischen Leichenbergung, die ohne Zeitdruck durchgeführt werden kann.

In absolut statischen Lagen ergibt sich auf die Fragen *»Was ändert sich pro Zeiteinheit?«* und *»Was passiert, wenn ich nichts unternehme?«* die einfache und mitunter überraschende Antwort: *»Nichts!«*

Wie unschwer zu erkennen ist, ist die Beurteilung der Lage sehr stark davon abhängig, wie schnell sich Veränderungen im negativen Sinne vollziehen. Weitgehend statische Zustände unterliegen geringer Veränderungen pro Zeiteinheit, sodass mehr Zeit für die Planung und Durchführung der Gefahrenabwehr zur Verfügung steht. Es muss ein wesentliches Ziel sein, statische Lagen statisch zu lassen und dynamische Lagen in statische oder zumindest weniger dynamische Lagen zu überführen.

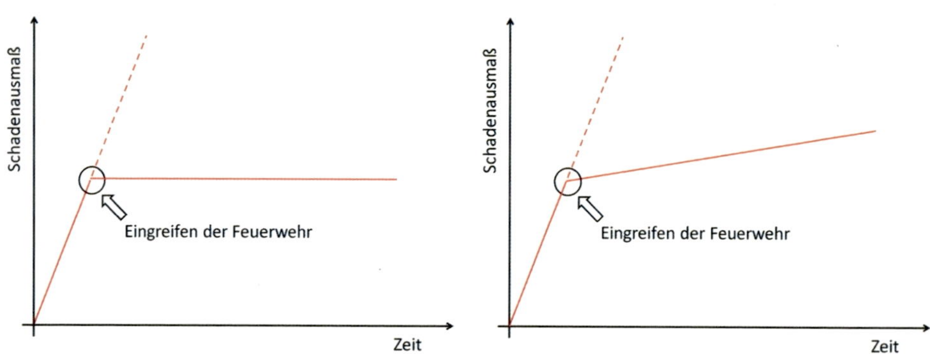


**Bilder 158 a und b** ***Beispiele für eine erfolgreiche Intervention der Feuerwehr. Die getroffenen Maßnahmen führen dazu, die weitere Zunahme des Schadenausmaßes zu stoppen und damit einen absolut statischen Zustand zu erreichen (linkes Bild) oder die Dynamik zu reduzieren und somit zumindest die Geschwindigkeit der Schadenausweitung zu drosseln (rechtes Bild).***

Ein taktischer Fehler liegt in der Regel vor, wenn sich die Dynamik als Folge von Einsatzmaßnahmen entwickelt oder verstärkt. Maßnahmen, die zu einer zunehmenden Dynamik führen, können nur gut geheißen werden, wenn die verstärkte Dynamik an dieser Stelle billigend in Kauf genommen werden muss, um an anderer Stelle ein wertvolleres Gut schützen bzw. erhalten zu können.

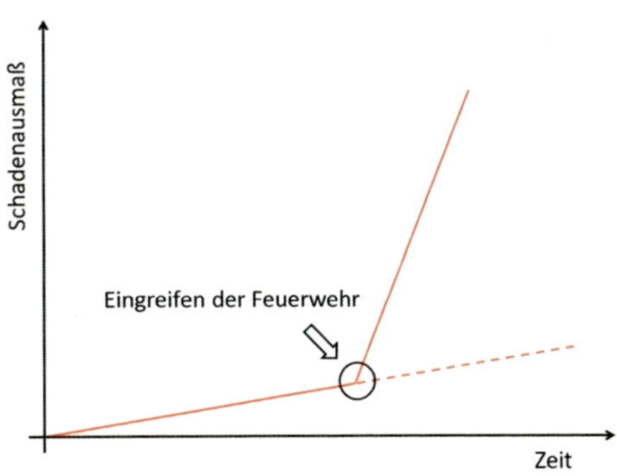


**Bild 159** ***Beispiel für (in der Regel) unglückliche Intervention der Feuerwehr. Die getroffenen Maßnahmen führen zu einer verstärkten Dynamik. In der Folge sind höhere Schäden zu erwarten.***



Die Überführung einer dynamischen in eine statische Lage kann als »Stabilisierung« bezeichnet werden. Im Rettungsdienst gehört die Stabilisierung der Vitalfunktionen zu den Standardmaßnahmen, die an der Unfallstelle durchgeführt werden. Mit der Stabilisierung der Vitalfunktionen wird der Zeitdruck genommen und die Möglichkeit für einen schonenden Transport, bei Bedarf auch in eine weiter entfernt liegende Spezialklinik, geschaffen.

Klassische Beispiele für die Stabilisierung im Feuerwehreinsatz sind

- das rauchfrei Halten der baulichen Rettungswege,
- die Verhinderung der weiteren Ausbreitung eines Brandes,
- das Eingrenzen des Szenarios auf das vorgefundene Ausmaß,
- das Auffangen und Eindeichen einer auslaufenden Flüssigkeit,
- das Kühlen einer Druckgasflasche, die aufgrund des Druckanstiegs zu zerknallen droht,
- die Sicherstellung des Brandschutzes nach Verkehrsunfällen,
- das Abstützen von einsturzgefährdeten Gebäudeteilen.

Mit der Stabilisierung schützt die Feuerwehr nicht nur irgendwelche Werte. Vielmehr wird die gesamte Einsatzabwicklung vereinfacht, indem die Lage überschaubar und beherrschbar bleibt. Damit erhöht sich auch die Sicherheit der Einsatzkräfte. Gerade für kleine Wehren, die in der Anfangsphase möglicherweise wenige Einsatzkräfte zur

Bild 160 ***»Kühlen – Stabilisieren« ist eine zentrale Devise bei RISC in Rotterdam. Beseitigung der Explosionsgefahr sowie der Gefahr der Ausbreitung und erst dann der eigentliche Angriff auf das Feuer.***

Verfügung haben, kann dieses Bewusstsein der gut überlegten Schritte, der Arbeit in Phasen von größter Bedeutung sein. »Den Ball flach zu halten« ist oftmals ihre einzige Chance, wenn sie nicht als Verlierer vom Platz gehen wollen. Im Gegensatz zu großen taktischen Einheiten können sie Fehler oftmals nicht kompensieren. Einer ausufernden Lage haben sie nichts entgegenzusetzen.

**Anmerkung:**

Die oben gemachten Äußerungen richten sich nicht gegen kleine Feuerwehren. Sie beschreiben vielmehr die einfache Tatsache, dass eine kleine taktische Einheit versuchen muss, mit einfachen Mitteln und kleinen Schritten zu operieren. Große Sprünge sind nur mit großen taktischen Einheiten möglich. Ob solche großen Sprünge immer sinnvoll sind, sei dahingestellt.

**Beispiel:**

Ein ausgewachsener Tiger befindet sich in einem Wohnzimmer. Laut Auskunft des Wohnungsinhabers, der die Feuerwehr alarmiert hat, befinden sich keine Personen in dem Zimmer. Die Zimmertür ist geschlossen.

Bild 161 ***Eine sicherlich nicht alltägliche Lage, die sich hochdramatisch anhört, bei genauerer Betrachtung und richtiger Fragestellung jedoch keinen Grund zur Aufregung liefert.***

Der Einsatzleiter erkennt, dass der Tiger in dem Zimmer keinen Menschen gefährden kann und sich auch mögliche Sachschäden in Grenzen halten. Die Lage wird in Bezug auf die Schadenhöhe als weitgehend statisch eingestuft. Der Tiger kann zunächst verbleiben, wo er ist. Akuter Handlungsbedarf besteht nicht.

Pro Zeiteinheit ändert sich im Wohnzimmer nicht viel – auch wenn nichts unternommen wird. Solange sichergestellt ist, dass der Tiger das Wohnzimmer nicht verlassen kann, handelt es sich um eine weitgehend statische Lage (vgl. Bild 157 b). Diese gilt es unbedingt zu erhalten, indem die Tür geschlossen bleibt.

In einer weiteren Phase gilt es dann zu klären, wie der Tiger überwältigt und aus dem Wohnzimmer entfernt werden kann. Die notwendigen Überlegungen und Maßnahmen können in aller Ruhe getätigt werden. Zur Lösung des Problems können auch Experten hinzugezogen werden, die noch nicht vor Ort sind und erst aus größerer Entfernung herangeführt werden müssen. Es besteht kein Zeitdruck, da die Lage stabil ist.

Völlig anders stellt sich die Lage jedoch dar, wenn die Tür im Übereifer und unbedacht geöffnet werden sollte.

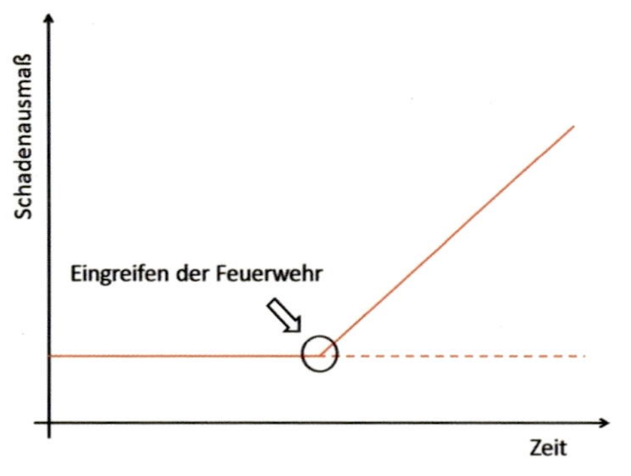


Bild 162 ***Der Eingriff führt zu einer dramatischen Verschärfung der Lage. Durch die geöffnete Tür kann der Tiger entweichen. Augenblicklich wandelt sich die bisher statische Lage in eine hoch dynamische Lage, mit erheblichen Risiken für Menschenleben.***

**Beispiel:**

Die Feuerwehr wird alarmiert, da ein freilaufender Tiger in einem Wohngebiet gesichtet wurde. Die Lage ist äußerst dynamisch, da von dem Tiger eine große Gefahr für die Menschen in der Siedlung ausgeht.

Der Feuerwehr gelingt es, den Tiger in eine Gartenhütte zu treiben und dort einzusperren. Damit wird der kritische und dynamische Zustand »freilaufender Tiger in Wohnsiedlung« in einen statischen Zustand »Tiger in Gartenhütte« überführt (vgl. Bild 158 a). Der Einsatzleiter kann nun in aller Ruhe überlegen, wie es weiter geht.

Es gehört nicht viel Fantasie dazu, den Tiger im Wohnzimmer als eine Art Metapher für einen voll entwickelten Brand in einem geschlossenen Raum zu erkennen. Wie der Tiger, kann auch das Feuer innerhalb des Raumes keinen großen Schaden mehr anrichten. Wird jedoch die Tür geöffnet, können sich Feuer und Rauch ausbreiten und (wie der entwichene Tiger) außerhalb des Raumes Menschen gefährden und größere Schäden anrichten.

## 6.5.3 Vergabe der Prioritäten

Wie unschwer zu erkennen ist, liefern die unterschiedlichen Fragestellungen, die sich mit der Eintrittswahrscheinlichkeit und der Dringlichkeit auseinandersetzen, nicht unbedingt Ergebnisse, die sich auf wundersame Weise ergänzen und in der Summe zu einem eindeutigen Ergebnis führen. In der Praxis ist es nicht selten der Fall, dass die Bewertung je nach angewandter Fragestellung zu unterschiedlichen, mitunter widersprüchlichen Ergebnissen führen kann. Der Einsatzleiter ist gefordert, die unterschiedlichen Ergebnisse zu bewerten und daraus die richtige Priorität der Gefahren abzuleiten.

**Beispiel:**

| Beschreibung der Lage | Bewertung/Einstufung |
|---|---|
| Wir haben einen Bereich, in dem sich nur mit einer geringen Wahrscheinlichkeit Menschen aufhalten. | sehen – hören – vermuten:<br>→ geringe Priorität |
| Für die eventuell in diesem Bereich befindlichen Personen, so erkennen wir, bestünde akute Lebensgefahr. | Wer stirbt zuerst?<br>10-Minuten-Regel<br>→ hohe Priorität |
| | |
| Wir sehen Personen in einem anderen Bereich. | sehen – hören – vermuten:<br>→ hohe Priorität |
| Diese Personen sind aktuell nicht akut gefährdet. | Wer stirbt zuerst?<br>10-Minuten-Regel<br>→ geringe Priorität |

Der Einsatzleiter muss in solchen Fällen abwägen und unter dem Aspekt »Wie muss ich mich aufstellen, damit ich möglichst viele Menschen retten kann?« zu einer Entscheidung kommen.

Grundsätzlich gilt: Der Schutz von Menschenleben (eigene Kräfte und betroffene Personen) hat oberste Priorität bei allen Einsätzen. Die Sorge um die Menschen muss immer im Vordergrund stehen!

Das Setzen der Prioritäten ist relativ einfach, wenn nur ein Mensch in Gefahr ist und gerettet werden kann, ohne dass Einsatzkräfte dabei einem besonderen Risiko ausgesetzt werden müssen. Sind jedoch mehrere Menschen in Gefahr oder müssen Einsatzkräfte im Zuge der Menschenrettung erheblichen Gefahren ausgesetzt werden, so ist der Einsatzleiter gefordert, Prioritäten zu setzen, Schwerpunkte zu bilden und klare Entscheidungen zu treffen. Ziel ist es natürlich auch in diesen Fällen, alle Menschen zu retten und dabei Verluste bei den eigenen Kräften zu vermeiden. Sollte dies nicht möglich sein, gilt es zu versuchen, möglichst viele Menschen zu retten und dabei die Sicherheit der eigenen Kräfte so weit als möglich zu gewährleisten. Sofern mehrere Menschen bedroht sind, bedarf es der schon vorgestellten Instrumente und Denkansätze, um zu einer fundierten und nachvollziehbaren Entscheidung zu kommen.

**Anmerkung:**

**Kein Mensch ist in der Lage, eine solche Gefährdungsabschätzung unter Zeitdruck mit absoluter Sicherheit korrekt treffen zu können. Unter Umständen wird es erforderlich sein, die getroffene Entscheidung im Nachgang zu begründen. Eine zeitnahe Dokumentation getroffener Entscheidungen mit Begründung ist daher empfehlenswert.**

In seltenen Fällen kommt es vor, dass Personen derart gefährdet sind, dass eine Rettung sehr unwahrscheinlich ist und Kräfte binden würde, die für eine Rettung an anderer Stelle dringend und mit größeren Erfolgsaussichten gebraucht werden. In solchen Fällen ist es mitunter notwendig, Maßnahmen zur Rettung eines Menschenlebens zurückzustellen und damit eine sehr unangenehme Entscheidung zu treffen, um das gesteckte Ziel »Rettung von möglichst vielen Menschen« zu erreichen. Gleiches gilt für den Fall, in dem eine Rettungsaktion unverhältnismäßig große oder unkalkulierbare Risiken für die Helfer birgt.

**Anmerkung:**

**Nach deutschem Recht ist ein Mensch erst dann für tot zu erklären, wenn ein Arzt den Tod festgestellt hat oder sichere Todeskennzeichen vorliegen. Überlegungen im Sinne von »der ist bestimmt schon tot« oder »der ist ohnehin nicht mehr zu retten« sind mit äußerster Vorsicht zu genießen und können nur als Grundlage für Entscheidungen unter Berücksichtigung von Wahrscheinlichkeiten dienen. Sie reichen jedoch nicht aus, um ohne erkennbaren Grund (Gefährdung eigener Einsatzkräfte/anderer Menschen) eine Menschenrettung nicht durchführen zu lassen und gar nicht erst zu versuchen. Vorsicht also bei der Aufgabe von Menschenleben!**

Die im Bild 163 dargestellte Grafik zeigt an einem fiktiven Beispiel die Komplexität, die bei der Priorisierung von Gefahren zu berücksichtigen sein kann. Vermeintlich gilt es in dieser Lage, insgesamt vier Gefahren (1 bis 4) zu bewerten.

Bei genauer Betrachtung muss die erste Gefahr (1) gar nicht bekämpft werden, da hier kein Wert mehr zu retten und der Totalverlust bereits eingetreten ist (stationärer

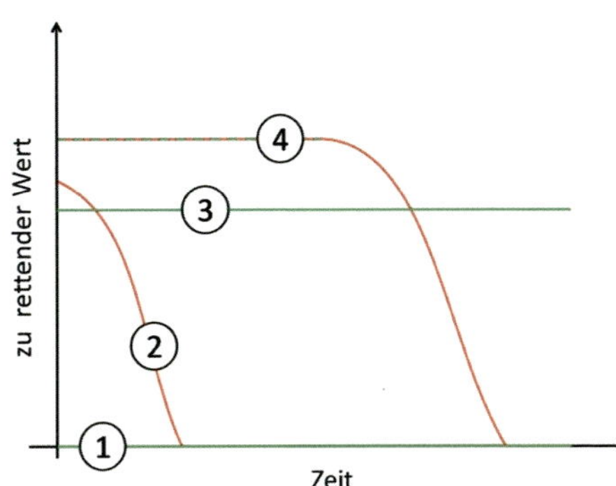


Bild 163 ***Bei richtiger Betrachtung fällt das Setzen der Prioritäten mitunter leichter, als zunächst vermutet.***

Zustand). Auch die dritte Gefahr (3) entpuppt sich als vermeintliche Gefahr, da hier kein Wertverlust zu erwarten ist (stationärer Zustand).

Es verbleiben zwei Gefahren (2 und 4), die einen tatsächlichen Wertverlust erwarten lassen. Der größere Wertverlust droht dabei durch die vierte Gefahr (4). Die Bekämpfung dieser Gefahr kann allerdings zurückgestellt werden, da mit dem Einsetzen des Wertverlustes erst in einigen Minuten zu rechnen ist. Die zweite Gefahr (2) erfordert hingegen ein sofortiges Einschreiten. Jede Verzögerung führt hier zu einem Wertverlust.

Ein optimales Ergebnis lässt sich somit erzielen, wenn es gelingt, zunächst die zweite Gefahr zu beseitigen und anschließend auch noch die vierte Gefahr zu

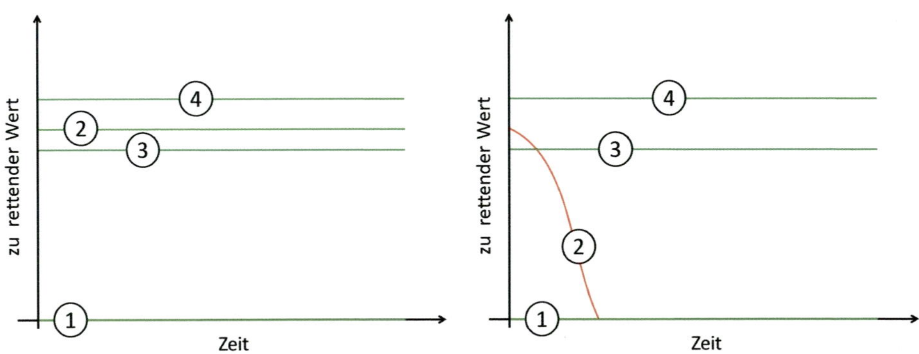


Bilder 164 a und b ***Der maximale Erfolg stellt sich ein, wenn es gelingt, die zweite Gefahr (2) sofort und anschließend auch die vierte Gefahr (4) zu beseitigen (linkes Bild). Sollte dies nicht machbar sein, ist der größere Erfolg zu erzielen, indem die vierte Gefahr (4) bekämpft wird (rechtes Bild).***

bekämpfen, bevor diese einen Schaden verursacht. Obwohl der durch die zweite Gefahr bedrohte Wert geringer ist, macht es in diesem Fall Sinn, diese Gefahr zuerst zu bekämpfen.

Sollte sich abzeichnen, dass sich innerhalb der verfügbaren Zeit nur eine der beiden Gefahren bekämpfen lässt, ist die Bekämpfung der vierten Gefahr sinnvoller, da hier von einem größeren zu erhaltenden Wert auszugehen ist. Der kleinere Schaden, der durch die Gefahr 2 verursacht wird, ist in diesem Fall billigend in Kauf zu nehmen.

**Beispiel 1:**

Bei einem Kellerbrand in einem Mehrfamilienhaus macht sich eine vierköpfige Familie am Fenster einer Wohnung im 2. OG bemerkbar. Die Familie ist sehr erregt. Die Wohnung ist offenkundig völlig verraucht, die Familie hat massive Atemprobleme und droht zu springen. Die Erkundung ergibt zudem, dass der Treppenraum des Hauses völlig verraucht ist. Im Dachgeschoss wohnt eine Mutter mit einem Kind. Mutter und Kind sind vermutlich zu Hause, jedoch an keinem Fenster zu sehen.

**Bild 165** ***Lage Beispiel 1***

**Prioritäten:**
Gemäß der Regel »sehen – hören – vermuten« müsste die Familie im 2. OG (Tatsache) mit der höchsten Priorität belegt werden. Gleiches gilt auch unter dem Aspekt des größten Schadens, da die Personengruppe vier Personen umfasst. Die Frage nach der Dringlichkeit (»Wer stirbt zuerst?« bzw. »Was ist in zehn Minuten passiert, wenn ich nichts unternehme?«) liefert in diesem Beispiel kein eindeutiges Ergebnis, führt aber zu der Erkenntnis, dass die Familie sehr stark gefährdet ist und akuter Hilfe bedarf, die keinen Aufschub duldet. Gleichzeitig befindet sich die Mutter mit dem Kind (Vermutung) möglicherweise in akuter Lebensgefahr, sofern sie versucht haben sollte, über den verrauchten Treppenraum zu flüchten.

**Entscheidung:**
Im Zusammenhang betrachtet ergeben die Kriterien »Eintrittswahrscheinlichkeit«, »Schadenhöhe« und »Dringlichkeit«, dass die Gefahr durch Atemgifte und Angstreaktion für die Familie am Fenster als größte Gefahr einzustufen ist. Die notwendigen Rettungsmaßnahmen – beispielsweise über eine Leiter – werden unverzüglich eingeleitet.

**Begründung:**
Bei einer Verzögerung der Rettung der offensichtlich akut bedrohten Familie am Fenster wird billigend in Kauf genommen, dass eine vierköpfige Familie, die definitiv einer großen Gefahr ausgesetzt ist, mit sehr hoher Wahrscheinlichkeit zu Schaden kommt. Mit der Kontrolle eines Treppenraumes, in dem sich möglicherweise eine Mutter mit ihrem Kind befindet, lässt sich diese Verzögerung nicht rechtfertigen.

**Hinweis:**
Die Kontrolle des Treppenraums wird selbstverständlich unverzüglich durchgeführt, sobald das vor Ort verfügbare Potenzial dies zulässt. Ansonsten erfolgt die Kontrolle unmittelbar nachdem die Rettung der Familie abgeschlossen ist.

**Beispiel 2:**

Bei einem Kellerbrand in einem Mehrfamilienhaus macht sich eine vierköpfige Familie am Fenster einer Wohnung im 2. OG bemerkbar. Die Familie wirkt ruhig und informiert den Einsatzleiter auf entsprechende Anfrage, dass die Wohnung rauchfrei ist. Die Erkundung ergibt, dass der Treppenraum des Hauses hingegen völlig verraucht ist. Im Dachgeschoss wohnt eine Mutter mit einem Kind. Mutter und Kind sind vermutlich zu Hause, jedoch an keinem Fenster zu sehen.

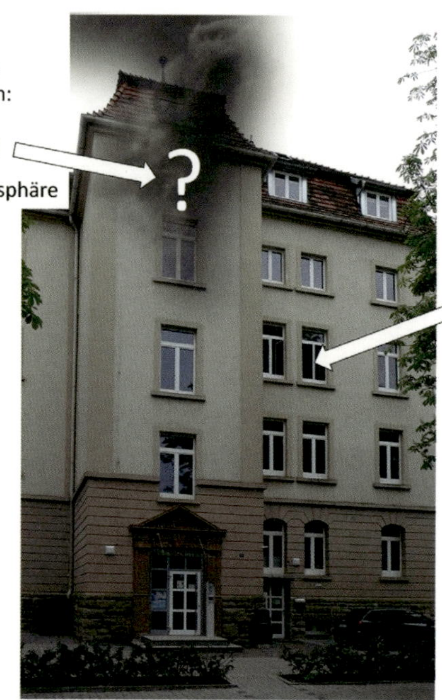


Bild 166 *Lage Beispiel 2*

**Prioritäten:**
Gemäß der Regel »sehen – hören – vermuten« müsste die Familie im 2. OG mit der höchsten Priorität belegt werden. Gleiches gilt auch unter dem Aspekt des größten Schadens, da die Personengruppe vier Personen umfasst. Umgekehrt führt die Frage nach der Dringlichkeit und die Anwendung der Zehn-Minuten-Regel zu der Erkenntnis, dass die Familie in der rauchfreien Wohnung derzeit sicher ist und keiner akuten Hilfe bedarf. Im Gegensatz dazu befindet sich die Mutter mit dem Kind möglicherweise in akuter Lebensgefahr, wenn sie versucht haben sollte, über den verrauchten Treppenraum zu flüchten.

**Entscheidung:**
Im Zusammenhang betrachtet ergeben die Kriterien »Eintrittswahrscheinlichkeit«, »Schadenhöhe« und »Dringlichkeit«, dass die – wenn auch nur vermeintliche – Gefahr durch Atemgifte für die Mutter mit dem Kind, die sich möglicherweise im Treppenraum befindet, als größte Gefahr einzustufen ist. Als Erstmaßnahme wird daher ein Atemschutztrupp zur Menschenrettung in den Treppenraum befohlen. Die Familie am Fenster wird lediglich betreut.

**Begründung:**
Die relativ stabile Situation der Familie am Fenster erlaubt es, deren Rettung hinauszuzögern und zunächst den Treppenraum zu kontrollieren, um nach der Mutter mit dem Kind zu schauen. Durch diese Vorgehensweise kann die vermeintliche Gefahr für eine bewusstlos im Treppenraum liegende Mutter mit Kind beseitigt werden, ohne dabei die Familie im 2. OG zu gefährden.

**Hinweis:**
Da die Situation für die Familie am Fenster als stabil eingestuft wird und keine akute Gefahr erkennbar ist, sind etwaige Maßnahmen zur Rettung dieser Familie nicht geeignet, um den Verzicht auf einen Sicherheitstrupp zu begründen.

Der Erhalt von Sachwerten erfolgt grundsätzlich nach dem gleichen Prinzip. Auch hier geht es darum, möglichst große Anteile der bedrohten Sachwerte zu erhalten. Trotzdem ergeben sich bei der Umsetzung im Einsatzfall gravierende Unterschiede:

1. Da der Schutz von Sachwerten dem Schutz von Menschenleben nachgeordnet ist, sind Maßnahmen zum Zwecke des Sachschutzes nur möglich, wenn hierdurch die Wahrscheinlichkeit einer erfolgreichen Menschenrettung nicht verringert wird und keine Menschen unverhältnismäßig gefährdet werden. Wie schon mehrfach erwähnt, gilt dieser Grundsatz auch für die Einsatzkräfte.
2. Die Bewertung der Sachwerte ist komplexer, da im Gegensatz zu Menschenleben den bedrohten Sachen unterschiedliche Werte zugeordnet werden können. Dabei sind grundsätzlich
   - reale Werte,
   - ideelle Werte sowie
   - Funktionalitäten

   zu berücksichtigen.
3. Die Aufgabe einer Sache ist rechtlich relativ einfach zu vertreten. Etwaige Fehlentscheidungen lassen sich moralisch besser verkraften und führen in der Regel nicht zu juristischen Untersuchungen. Außerdem kann der Verlust eines Sachwertes zumindest formal durch Wiederbeschaffung, Ersatzleistungen oder Zahlung einer Entschädigung (Verursacher, Versicherer, Regresszahlung durch die Gemeinde als Träger der Feuerwehr) ausgeglichen werden. Insofern ist die Möglichkeit der Aufgabe einzelner Teilbereiche zum Schutz von anderen (höherwertig eingestuften) Sachwerten sicherlich leichter zu vertreten.

4. Der Schutz der Umwelt ist dem Schutz von Sachwerten in etwa gleichgestellt. Insofern sind Maßnahmen zum Erhalt der Sachwerte auch in Relation zum Umweltschutz zu betrachten. Die Aufgabe eines Sachwertes unter Umweltaspekten ist durchaus möglich und kommt in der Praxis auch immer wieder zur Anwendung (beispielsweise bei der Abwägung bezüglich der Anwendung von umweltschädlichen Löschmitteln).

**Beispiel:**

In einer Küche brennt es offenkundig seit einigen Minuten. Es ist fraglich, ob die Küche zumindest in Teilen noch zu retten ist. Beim Öffnen der Küchentür können Rauchgase in die bis dahin unversehrten Teile der Wohnung gelangen.

Durch das vorherige Schließen von Zimmertüren, das Setzen eines mobilen Rauchverschlusses vor der Küchentür und dem Stellen eines Hochleistungslüfters können Schäden in anderen Bereichen der Wohnung minimiert oder vermieden werden. Derartige Maßnahmen sind in der Regel sinnvoll, weil sie die Schadenbilanz der Gesamtlage verbessern. Keine oder nur geringe zusätzliche Schäden in der bereits brennenden Küche stehen erhebliche Werte in den anderen Zimmern gegenüber, die erhalten werden konnten.

# 7 Welche Möglichkeiten der Gefahrenabwehr gibt es?

Während in den vorangegangenen Schritten nur die Gefahren und die durch sie bedrohten Objekte betrachtet wurden, gilt es in dieser Phase des Führungsvorgangs die unterschiedlichen Möglichkeiten zur Gefahrenabwehr in Bezug auf deren Machbarkeit und Wirksamkeit zu vergleichen. Da die Machbarkeit sehr stark vom zur Verfügung stehenden Potenzial abhängt, ist dabei die eigene Lage zu berücksichtigen. Die aus der Lage resultierende Aufgabenstellung und die für die Aufgabenbewältigung verfügbaren Mittel werden nun erstmals gemeinsam betrachtet.

Neben den Faktoren

- Wahrscheinlichkeit eines Schadeneintritts,
- zu erwartende Schadenhöhe,
- Dringlichkeit der Maßnahmen zur Vermeidung des Schadens,

die für die Vergabe der Prioritäten von Bedeutung sind, gilt es bei der Betrachtung der Möglichkeiten zusätzlich zu berücksichtigen:

- das vorhandene Potenzial (Mannschaft und Gerät),
- die Sicherheit aller Beteiligten (etwaige Risiken für Helfer und zu Rettende),
- den zur Gefahrenabwehr erforderlichen Aufwand,
- die Dauer der Maßnahme (Schnelligkeit),
- die Erfolgsaussichten der Maßnahme,
- positive und negative Nebeneffekte.

Unter diesen Aspekten gilt es, alle erkannten Möglichkeiten in Bezug auf ihre Vor- und Nachteile zu prüfen, um sich abschließend für die vermeintlich beste Möglichkeit zu entscheiden. Dabei kommen grundsätzlich nur Möglichkeiten in Betracht, die mit den aktuell vorhandenen Mitteln bewältigt werden können.

Die Anzahl der Möglichkeiten ist schier unendlich, weswegen es unmöglich ist, an dieser Stelle alle Varianten in Abhängigkeit von der jeweiligen Lage darzustellen und zu bewerten. Einige grundsätzliche Denkansätze können hier aber aufgezeigt werden.

Damit der Führungsvorgang in sich schlüssig ist, sind bei der Betrachtung der Möglichkeiten die bisher gewonnenen Erkenntnisse zu beachten:

1. Was haben die bisherigen Überlegungen bezüglich der Gefahrenlage ergeben?
   - Welche Gefahren wurden erkannt?
   - Welche Prioritäten wurden vergeben?
   - Welche Gefahren müssen sofort bekämpft werden, welche Maßnahmen können warten?
2. Welches Potenzial steht zur Gefahrenabwehr vor Ort zur Verfügung?
   - Mannschaft und deren Fähigkeiten,
   - Fahrzeuge und Geräte,
   - Löschmittel und sonstige Materialien.

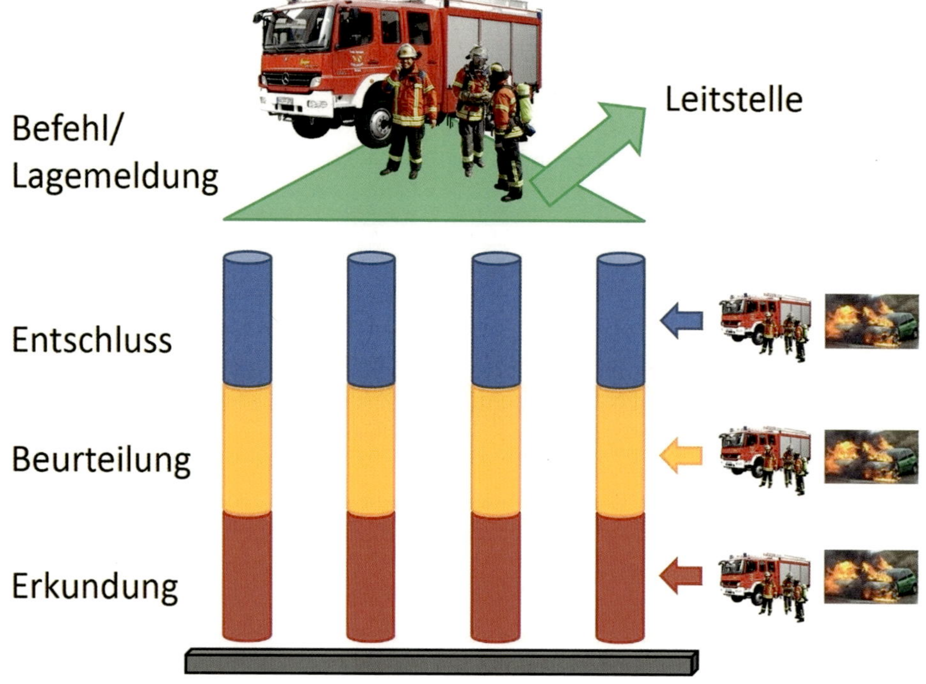


**Bild 167** *Damit sich ein durchgängiger Denkprozess ergibt, müssen die bisher gewonnenen Erkenntnisse berücksichtigt werden.*

Gleichzeitig müssen die in dieser Phase anzustellenden Überlegungen die Ergebnisse liefern, die den Einsatzleiter in die Lage versetzen, einen Entschluss fassen und einen Befehl formulieren zu können. Hierzu benötigt er Antworten auf folgende Fragen:

- *Wo soll das Wasser entnommen werden?* (Wasserentnahmestelle),
- *Wo soll der Verteiler liegen?* (Lage des Verteilers),
- *Wer soll etwas machen?* (Einheit),
- *Was soll gemacht werden?* (Auftrag),
- *Womit soll etwas gemacht werden?* (Mittel),
- *Wo soll etwas gemacht werden?* (Ziel),
- *Welcher Weg soll genommen werden?* (Weg).

Sofern sich ein Bedarf ergibt, der aktuell nicht bedient werden kann, muss dies ebenfalls zu einem Entschluss führen, den es dann in Form einer Nachforderung umzusetzen gilt.

## 7.1 Grundsätzliche Überlegungen

Grundsätzlich gibt es drei Möglichkeiten, eine Gefahr abzuwehren:

- In-Sicherheit-bringen des bedrohten Objektes,
- Beseitigung der Gefahrenursache (Angriff),
- Abschirmen des bedrohten Objektes (Verteidigung).

Daneben gibt es noch die Möglichkeit der Aufgabe des Objektes (Rückzug).

**Anmerkung:**

**Die Aufgabe eines Objekts ist keine Gefahrenabwehr im eigentlichen Sinne, muss aber als wichtige Handlungsoption in Betracht gezogen werden. Der rechtzeitige Rückzug schützt die Einsatzkräfte vor unnötigen Risiken und gibt dem Einsatzleiter die Möglichkeit, das verfügbare Potenzial zur Erreichung anderer Ziele einzusetzen.**

Nicht selten führt eine gleichzeitige oder zeitlich versetzte Kombination mehrerer Möglichkeiten zum Erfolg. So kann beispielsweise zunächst eine Strategie gefahren werden, mit der das Objekt abgeschirmt wird, um Zeit zu gewinnen und die Lage zu stabilisieren. Parallel oder im zweiten Schritt erfolgt der Angriff, mit dem versucht wird, das Objekt aus der Gefahrenzone zu retten oder zu bergen.

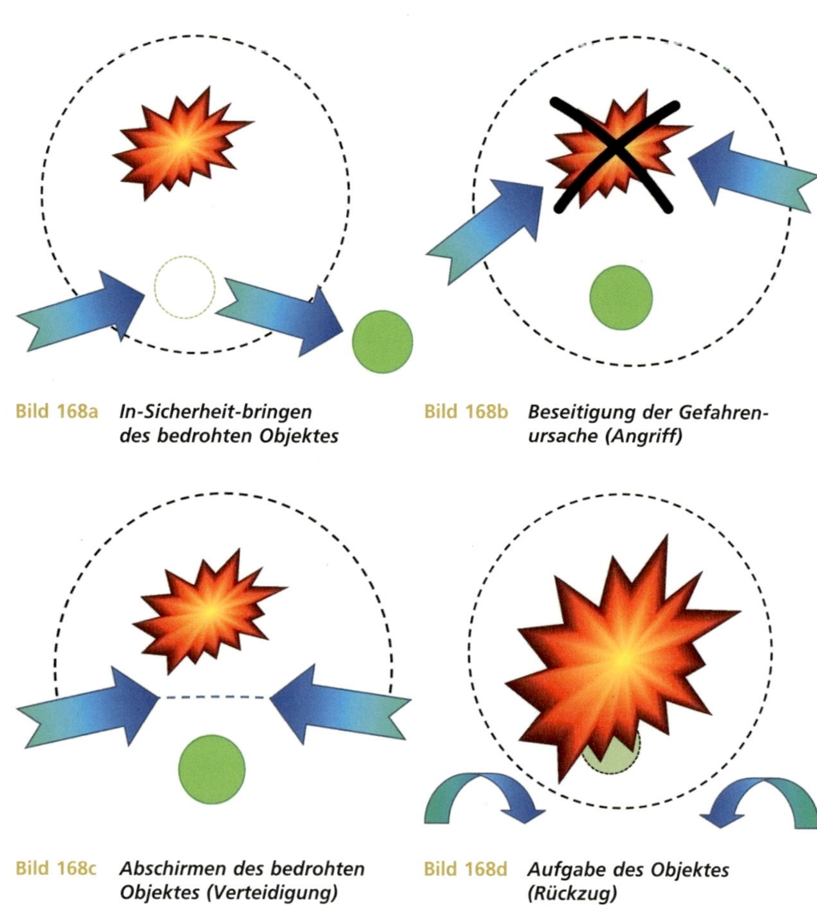

**Bild 168a** ***In-Sicherheit-bringen des bedrohten Objektes***

**Bild 168b** ***Beseitigung der Gefahrenursache (Angriff)***

**Bild 168c** ***Abschirmen des bedrohten Objektes (Verteidigung)***

**Bild 168d** ***Aufgabe des Objektes (Rückzug)***

# 7.2 Möglichkeiten bei Brandeinsätzen

## 7.2.1 Menschenrettung

Die besondere Bedeutung des Schutzgutes »Menschenleben« wurde schon mehrfach betont. Die Sicherheit der Einsatzkräfte sowie die Rettung bedrohter Menschen haben immer Vorrang. Daneben gilt es Tiere zu retten sowie Sachwerte und die Umwelt vor Schaden zu bewahren.

Ziel der Menschenrettung ist es, ein Menschenleben möglichst unversehrt zu erhalten. Dies kann grundsätzlich geschehen, indem bedrohte Menschen

- aus dem Gefahrenbereich gebracht werden (In-Sicherheit-bringen) oder
- gegen die Gefahr abgeschirmt werden (Betreuung in der eigenen Wohnung o. Ä.).

Alternativ kann auch die Gefahrenursache beseitigt werden.

Bei Bränden in Gebäuden können Menschen durch Feuer und Rauch bedroht werden. Die größere Bedrohung geht dabei fast immer vom Brandrauch aus. Fast alle Brandopfer erliegen einer Rauchgasvergiftung. Sofern sie überhaupt mit dem Feuer direkt in Kontakt kommen, sind sie zu diesem Zeitpunkt meistens schon verstorben. Nur in wenigen Fällen verbrennen Menschen bei lebendigem Leib.

Brandrauch ist gut sichtbar und durch seinen starken und unangenehmen Geruch für den Menschen auch gut wahrnehmbar. Der Mensch kann mit seinen Sinnesorganen die drohende Gefahr eines Brandes in der Regel erkennen und entsprechend reagieren. Insofern ist es nicht verwunderlich, dass sich die meisten Menschen vor Eintreffen der Feuerwehr längst in Sicherheit gebracht haben und bei der überwiegenden Anzahl der Brandeinsätze keine Menschenrettung durchzuführen ist.

Schlafende Menschen nehmen den Brandrauch jedoch trotz seines intensiven Geruchs oftmals nicht oder erst mit deutlicher Verspätung wahr. Sofern keine Warnung durch einen Rauchwarnmelder oder einen Räumungsalarm erfolgt, sind sie nicht oder erst spät in der Lage zu reagieren. Eine Gefährdung von Menschenleben tritt daher mit größerer Wahrscheinlichkeit bei Bränden zur Nachtzeit auf.

Vielen Menschen in der modernen Gesellschaft fehlt die Erfahrung im Umgang mit Feuer. Sie sind nicht mehr mit den Eigenschaften des Feuers vertraut. Sie können die vom Brandrauch ausgehende tödliche Gefahr ebenso wenig einschätzen wie die ungeheure Dynamik, die ein Feuer entwickeln kann. Sie sind im Brandfall überfordert und neigen mitunter zu völlig falschem und oftmals nicht nachvollziehbarem Verhalten. Einige Menschen unterschätzen die drohende Gefahr und versäumen damit die Chance der rechtzeitigen Flucht. Andere Menschen überschätzen die Gefahr und bringen sich selbst durch ihr unangepasstes Verhalten unnötig in Gefahr. Die Feuerwehr darf keinesfalls immer von einem vernünftigen und der jeweiligen Lage angepassten Verhalten ausgehen.

Erschwerend kommt hinzu, dass ein außer Kontrolle geratenes Feuer bei vielen Menschen ein ganz natürliches Gefühl der Angst auslöst. Die Ungewissheit über die eingetretene oder noch zu erwartende Situation erzeugt Stress und löst Hormonausschüttungen aus, die dem Betroffenen wie in Urzeiten helfen sollen, drohende Gefahren bestehen zu können. Besonders bekannt ist dabei die Ausschüttung von

Adrenalin, welches kurzfristig die Energiebereitstellung beschleunigt. Damit schafft der Organismus die Voraussetzungen, um sich gegen eine Bedrohung zu schützen. Diese automatisch ablaufende körperliche Reaktion hat die unangenehme Folge, dass logisches Denken erschwert und mitunter durch intuitives Verhalten ersetzt wird. Die vermeintlichen Möglichkeiten werden in solchen Situationen von den unter Stress stehenden Betroffenen auf nur noch zwei grundsätzliche Verhaltensmuster reduziert: Angriff oder Flucht.

Nicht umsonst steht die Formulierung »Bewahren Sie Ruhe« an erster Stelle der Empfehlungen für das Verhalten im Brandfall. In einigen Situationen stellt allein das Beruhigen bedrohter Menschen schon eine Form der Menschenrettung dar. In anderen Situationen kann Beruhigen auch eine der eigentlichen Menschenrettung vorgeschaltete Maßnahme sein, die das Ziel verfolgt, Zeit zu gewinnen und die zu rettende/n Person/en besser einschätzen und führen zu können.

Bekannte Beispiele für Fehlverhalten im Brandfall sind:

- Aufenthalt in verrauchten Bereichen trotz vorhandener Fluchtmöglichkeiten,
- Verbleib im Raum trotz wahrgenommenem Brand,
- Flucht aus sicheren Bereichen in oder durch völlig verrauchte Bereiche,
- Flucht in die falsche Richtung,
- Sprung aus dem Fenster ohne echte Bedrohungslage,
- Verstecken unter Betten, in Schränken und Nischen,
- Benutzung von Aufzügen,
- offenlassen von Türen auf der Flucht,
- Lösch- und Rettungsversuche mit erheblicher Selbstgefährdung,
- unsachgemäße Lösch- und Rettungsversuche, die einen Anstieg der Schäden begünstigen.

»Menschen retten« bedeutet nicht zwingend, sie aus einem Objekt herauszuholen, sie in Sicherheit zu bringen. Oftmals reicht es völlig aus, beruhigend auf die Personen einzuwirken und sie in ihrer Wohnung zu betreuen. Dies ist insbesondere dann erfolgversprechend, wenn keine echte Bedrohungslage gegeben ist. Der Verzicht auf nicht unbedingt erforderliche Rettungsmaßnahmen kann helfen, Unfallrisiken zu vermeiden, Ressourcen zu schonen und den zu betreibenden Aufwand zu reduzieren. Gleichzeitig bleiben den Betroffenen Unannehmlichkeiten (im Nachthemd vor den Augen der Nachbarn eine Leiter herabsteigen usw.) und Stress erspart. Voraussetzung ist natürlich, dass die erkannten, real existierenden Gefahren für die Personen auf diese Weise abgewendet werden können und die Betroffenen sich auf diese Lösung einlassen.

Maßnahmen zur Menschenrettung stehen im Brandfall häufig unter hohem Zeitdruck. Bei einer realen Gefährdung durch Feuer oder Rauch sinkt die Überlebenswahrscheinlichkeit im Laufe der Zeit rapide. Dabei hat der Aufenthaltsort einer Person erhebliche Auswirkungen auf die aktuelle Bedrohungslage, die Dringlichkeit und die Erfolgsaussichten der Maßnahmen. Besonders zeitkritische Zustände sind gegeben, wenn Menschen toxischen Rauchgasen oder thermischen Einflüssen (hohe Temperaturen, Flammen) direkt ausgesetzt oder konkrete Hinweise auf einen unmittelbar bevorstehenden Sprung oder Absturz gegeben sind.

Der Feuerwehr stehen im Brandfall zur Durchführung einer Menschenrettung eine ganze Reihe unterschiedlicher Möglichkeiten zur Verfügung. Variationsmöglichkeiten gibt es in Bezug auf den Personaleinsatz, die gewählten Gerätschaften und Materialien, die Arbeitsweisen und Angriffswege.

#### 7.2.1.1 Aufenthaltsort vermisster/bedrohter Personen

Bei der Einschätzung der Gefährdungslage und der Abwägung der unterschiedlichen Möglichkeiten zur Abwehr der Gefahr kommt dem vermeintlichen oder tatsächlichen Aufenthaltsort bedrohter Personen eine große Bedeutung zu. Es gibt Bereiche, in denen eine akute Gefährdung gegeben ist. Umgekehrt gibt es aber auch Aufenthaltsorte, an denen aktuell keine konkrete Gefahr für die dort befindlichen Menschen besteht.

Die Bestimmung des Aufenthaltsortes gestaltet sich aufgrund unpräziser Angaben, unklarer Ortsverhältnisse und schlechter Sicht mitunter schwierig. Unter Berücksichtigung des Ziels, möglichst alle (viele) Menschen im Brandfall vor Schaden zu bewahren, ist die Reihenfolge der Kontrolle möglicher Aufenthaltsbereiche unter Beachtung folgender Kriterien zu treffen:

- Wahrscheinlichkeit des Aufenthalts,
- Ausmaß der Bedrohungslage am jeweiligen Aufenthaltsort,
- Aufwand für die Kontrolle,
- Erfolgsaussicht einer Rettung,
- Eigengefährdung.

In der Regel sollte die Suche am vermeintlichen Aufenthaltsort beginnen, schnellstmöglich aber auch andere Bereiche einschließen, die als mögliche Aufenthaltsorte in Frage kommen. Hierzu sollten, sofern machbar, mehrere Trupps parallel zum Einsatz kommen. Ausnahmen von der Regel machen Sinn, wenn keine verlässlichen

Hinweise zum Aufenthaltsort vorliegen oder andere der oben aufgezählten Kriterien dies sinnvoll erscheinen lassen. Das folgende Beispiel beschreibt ein solches Szenario.

**Beispiel:**

Kinder wurden beim Spielen in einem leer stehenden Gebäude beobachtet. Zwei Stunden später brennt es in dem Haus. Aufgrund von Zeugenaussagen ist zu vermuten, dass die Kinder mit hoher Wahrscheinlichkeit zu Hause sind. Gewissheit liefern die Zeugenaussagen jedoch nicht. Die Bewertung der Lage ergibt nun folgendes Bild:

| Möglicher Aufenthaltsort | im Brandobjekt | zu Hause |
|---|---|---|
| Wahrscheinlichkeit: | gering | hoch |
| Bedrohungslage: | lebensbedrohlich | ungefährlich |
| Priorität: | höchste Priorität | geringe Priorität |
| Maßnahme: | zur Menschenrettung vorgehen | parallel klären |

Da nicht mit hinreichender Sicherheit ausgeschlossen werden kann, dass die Kinder das Haus verlassen haben, wird unter dem Aspekt »Ausmaß der Bedrohungslage am jeweiligen Aufenthaltsort« sofort mit der Kontrolle des Gebäudes begonnen. Gleichzeitig erfolgt über die Leitstelle oder die Polizei die Kontaktaufnahme mit den Eltern, um auch den Ort mit der höchsten Aufenthaltswahrscheinlichkeit (die elterliche Wohnung) zu überprüfen.

### Wahrscheinlichkeit des Aufenthalts

Bei Erkennen einer Gefahrenlage versuchen die meisten Menschen, sich in Sicherheit zu bringen. Die Wahrscheinlichkeit, dass die Menschen sich bereits vor Eintreffen der Feuerwehr in Sicherheit gebracht haben und sich außerhalb des Gefahrenbereichs befinden ist sehr hoch und stellt den Regelfall dar. In diesem Fall befinden sich die Menschen vor dem Gebäude oder am definierten Sammelpunkt des Objektes. Menschen, die nicht außerhalb des Gefahrenbereichs anzutreffen sind und sich auch nicht am Sammelplatz eingefunden haben, können sich auch bei Nachbarn aufhalten, sich möglicherweise im Gewahrsam der Polizei befinden oder vor Ort vom Rettungsdienst behandelt werden.

Bei allen anderen Personen, die sich bei Eintritt der Gefahrensituation möglicherweise im betroffenen Bereich aufgehalten haben und deren Aufenthalt im sicheren Bereich nicht abschließend festgestellt werden kann, ist grundsätzlich zunächst von einer Gefährdung auszugehen.

Für diese Personen gilt es möglichst schon im Rahmen der Erkundung den Aufenthaltsort zu bestimmen oder einzugrenzen, da unkoordinierte Suchmaßnahmen viel Zeit in Anspruch nehmen und Personalkapazitäten binden. Zur Ermittlung/Eingrenzung des Aufenthaltsortes kommen neben Erfahrungswerten insbesondere Zeugenaussagen in Betracht. Bei Zeugenaussagen ist jedoch zu bedenken, dass sich die Auskunft gebende Person irren kann. Zudem kann eine vermisste Person bei entsprechender Mobilität ihren Standort verändert haben, ohne dass die Auskunft gebende Person hiervon Kenntnis hat.

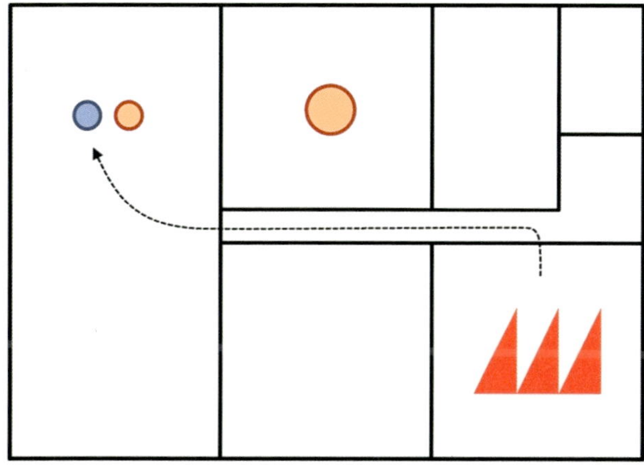

Bild 169 ***Zwei Kinder haben im Kinderzimmer mit Feuer gespielt. Als das Feuer außer Kontrolle gerät, begeben sich die Kinder in das Wohnzimmer. Als die Mutter das Feuer bemerkt, brennt das Kinderzimmer bereits in voller Ausdehnung. Die Mutter nennt dem Einsatzleiter das Kinderzimmer als Aufenthaltsort der Kinder. Die Einsatzkräfte dehnen die Suche auf die gesamte Wohnung aus und finden die Kinder unverletzt auf der Couch im Wohnzimmer und bringen sie in Sicherheit.***

Personen, die sich vom Feuer bedroht fühlen, versuchen in der Regel zu flüchten. Deswegen sind Flucht- und Rettungswege immer potenzielle Aufenthaltsorte vermisster Personen. Der Mensch ist ein Gewohnheitstier und benutzt bei einer Flucht in der Regel die Wege, die er kennt und üblicherweise im täglichen Leben nimmt. Er wird insbesondere unter Stress versuchen, ein Gebäude über den Weg zu verlassen, über den er es auch betreten hat. Ungewohnte und unbekannte Wege werden gemieden. Daher kann nicht zwingend davon ausgegangen werden, dass vorhandene Notausgänge, Fluchttreppenräume usw. genutzt werden. Vielmehr muss damit gerechnet werden, dass Menschen durch verrauchte Treppenräume flüchten, trotz aller Warnungen Aufzüge benutzen und große Menschenmassen versuchen, über genau den Weg zu flüchten, über den sie zuvor den Raum betreten haben.

Indem die Einsatzkräfte über mögliche Fluchtwege vorgehen, werden diese Wege gleichzeitig kontrolliert. Der Regelangriff erfolgt deswegen über Treppenräume und Flure, zumindest bis zur Rauchgrenze.

Sofern das Gebäude über Aufzüge verfügt, sind diese möglichst frühzeitig zu kontrollieren. Dazu werden alle Fahrstühle ins Erdgeschoss geholt und dort gegen weitere Benutzung gesichert. Sollte ein Aufzug nicht ins Erdgeschoss geholt werden können, so muss dessen Kabine lokalisiert und vor Ort kontrolliert werden.

Wenn eine Flucht nicht mehr möglich ist, wird sich eine Person in der Regel an ein Fenster begeben und dort bemerkbar machen. Die Kontrolle der Fenster an allen Seiten des Gebäudes führt daher bei der Suche nach vermissten Personen ebenfalls häufig zu einem schnellen Erfolg. Der Aufenthaltsort am Fenster gilt unter normalen Umständen als relativ sicher.

Insbesondere bei Nacht haben beim Eintreffen der Feuerwehr betroffene Personen die Gefahr oftmals noch gar nicht wahrgenommen. In diesem Fall befinden sie sich mit hoher Wahrscheinlichkeit dort, wo sie zuletzt gesehen wurden oder wo sie sich üblicherweise um diese Zeit aufhalten (Schlafzimmer, Kinderzimmer).

Zusammenfassend kommen folgende Aufenthaltsorte in Betracht.

Bei erfolgreicher Flucht:

- vor dem Gebäude,
- am Sammelplatz,
- bei Nachbarn und Angehörigen,
- im Gewahrsam der Polizei,
- in medizinischer Behandlung (Rettungsdienst, Krankenhaus),
- Sonstiges (Person hat sich entfernt, war gar nicht vor Ort …).

Bei erfolgloser Flucht:

- am Fenster (Vorder-, Rückseite …),
- auf dem Flur, im Treppenraum (auf der Flucht zusammengebrochen), im Aufzug,
- in der Wohnung (nicht mehr entkommen),
- in der Wohnung
  - versteckt im Schrank,
  - unter dem Bett,
  - in einer Nische,
  - schutzsuchend im Nebenraum;

- in der Wohnung (Feuer noch gar nicht bemerkt)
  - schlafend im Bett,
  - auf der Couch,
  - im Kinderzimmer;
- in vermeintlich oder tatsächlich sicheren Bereichen
  - Wohnung des Nachbarn,
  - andere Geschosse des Gebäudes,
  - Schutzräume (z. B. in unterirdischen Verkehrsanlagen und Industrieanlagen).

**Ausmaß der Bedrohungslage am jeweiligen Aufenthaltsort**

Eine Gefährdung bei Bränden ist gegeben, wenn Menschen extremen Temperaturen oder giftigen Rauchgasen ausgesetzt sind. Daneben kann es zu einer Gefährdung in Folge einer Angstreaktion und durch bereits erlittene Verletzungen kommen.

Gefahren durch extreme Temperaturen sind im unmittelbaren Umfeld des Brandes, im Brandraum, aber auch im Abgasstrom des Brandes gegeben. Diese Gefahr führt in der Regel innerhalb kürzester Zeit zu schwersten Verletzungen bis hin zum Tod.

Mit giftigen Rauchgasen ist normalerweise überall zu rechnen, wo sichtbarer Rauch vorhanden ist. In nicht verrauchten Bereichen droht in der Regel keine Gefahr durch Atemgifte. Ausnahmen sind jedoch möglich, da viele Atemgifte farblos und ohne Beimischung von Ruß o. Ä. unsichtbar sind. Die Gefährdung durch Rauchgase ist abhängig von der Konzentration der darin enthaltenen Giftgase. Je dichter der sichtbare Rauch ist, desto größer ist die zu erwartende Konzentration der Giftgase.

Rauchgase führen in entsprechender Konzentration schnell zur Bewusstlosigkeit. Berücksichtigt man die Vorlaufzeit vom Brandausbruch bis zum Eintreffen der Feuerwehr an der Einsatzstelle, so verbleiben für eine erfolgreiche Rettung einer im Brandrauch liegenden Person nur wenige Minuten.

Die Gefahr in Folge einer Angstreaktion ist insbesondere an Fenstern gegeben. Dort befindliche Personen können durch das Szenario derart gefährdet oder verunsichert sein, dass sie sich durch einen Sprung aus dem Fenster der Gefahr entziehen wollen. Das Ausmaß der Gefahr ist nur schwierig zu erfassen, da die augenblickliche Verfassung der bedrohten Menschen nur zu erahnen und oft nur anhand von Erfahrungswerten einzuschätzen ist. Solange die Person noch im Zimmer steht und keine Anstalten macht, die Fensterbrüstung zu erklimmen oder zu überwinden, gilt sie im Allgemeinen als relativ ruhig. Sitzt oder steht sie hingegen auf der Fensterbrüstung, ist die Wahrscheinlichkeit eines unmittelbar bevorstehenden Sprungs höher einzuschätzen.

**Aufwand für die Kontrolle**

Je nach Lage lassen sich Bereiche mit unterschiedlich großem Aufwand kontrollieren. Insbesondere eine starke Verrauchung erhöht den Aufwand ohne technische Hilfsmittel (Wärmebildkamera) erheblich. Nicht verrauchte Bereiche können hingegen in der Regel sehr schnell und mit wenig Aufwand kontrolliert werden.

**Anmerkung:**

**Bereiche, die im Zuge der nachfolgenden Maßnahmen verraucht werden könnten, sollten zuvor unbedingt kontrolliert und geräumt werden. Gefährdungen von Personen, Zeitverluste und Stress können auf diese Weise vermieden werden.**

**Erfolgsaussicht einer Rettung**

Die Erfolgsaussicht für eine Rettung aus lichterloh brennenden Räumen ist sehr gering. Die hohen Temperaturen sowie Sauerstoffmangel und hohe Schadstoffkonzentrationen machen ein Überleben fast unmöglich. Insofern kann es bei nicht eindeutiger Bestimmung des Aufenthaltsortes Sinn machen, zunächst vom Brand noch nicht direkt betroffene Bereiche zu kontrollieren, bevor der eigentliche Brand attackiert und der betroffene Bereich durchsucht wird. Sollte die Person sich außerhalb des Brandraumes befinden, wird sie möglicherweise durch Atemgifte erheblich gefährdet. Die Aussicht auf eine erfolgreiche Rettung ist jedoch ungleich größer.

**Eigengefährdung**

Bereiche, in denen eine Gefährdung für die Einsatzkräfte gegeben ist, können mitunter erst nach umfangreichen Sicherungsmaßnahmen betreten werden. Je nach Lage kann es Sinn machen, die Bereiche mit geringerer Eigengefährdung zuerst zu kontrollieren, um die Zeit bis zum Abschluss der Sicherungsmaßnahmen nutzen zu können. Dies gilt insbesondere in den Fällen, in denen die vor Ort befindlichen Kräfte personell oder technisch nicht in der Lage sind, die notwendigen Rettungs- oder Sicherungsarbeiten durchführen zu können.

### 7.2.1.2 Menschenrettung im Innenangriff

Wenn nicht ausgeschlossen werden kann, dass sich bei einem Brand in einem Gebäude noch Personen im Gefahrenbereich befinden und diese sich an keinem Fenster bemerkbar machen, muss im Innenangriff zur Kontrolle bzw. zur Menschenrettung vorgegangen werden. Ausnahmen sind möglich, wenn erhebliche Risiken für die Einsatzkräfte bestehen, die ein Vorgehen im Innenangriff unvertretbar erscheinen lassen. Es versteht sich von selbst, dass im Innenangriff unter umluftunabhängigem Atemschutz und unter Einhaltung der FwDV 7 vorgegangen wird.

Ziel der Maßnahmen im Innenangriff ist es, die gefährdeten Menschen schnell zu lokalisieren, zu ihnen vorzudringen und sie bei Bedarf gegen etwaige Gefahren zu schützen. Hierzu sind Maßnahmen erforderlich, die direkt der Menschenrettung dienen. Häufig sind aber auch begleitende Maßnahmen notwendig, die indirekt zur Menschenrettung beitragen. Zu diesen Maßnahmen gehören

- Maßnahmen, die nötig sind, um ein Vorgehen zur Menschenrettung zu ermöglichen und die der Sicherheit der vorgehenden Trupps dienen,
- die Unterstützung des vorgehenden Trupps durch das Verlegen von Angriffsleitungen,
- die Sicherstellung der Wasserversorgung,
- die Vorbereitungen zur medizinischen Erstversorgung geretteter, verletzter Personen,
- die Betreuung von Personen bis zu deren Rettung.

In aller Regel führt der vorgehende Trupp im Innenangriff eine Angriffsleitung mit. Diese benötigt er, um sich bei Bedarf

- den Zugang zu der zu rettenden Person freikämpfen zu können (Menschenrettung durch Brandbekämpfung),
- den eigenen Rückzug sichern zu können.

Ausnahmen in Bezug auf das Mitführen einer Angriffsleitung sind möglich, wenn mehrere Trupps im Innenangriff zum Einsatz kommen und die Anzahl der mitgeführten Rohre ausreichend ist, um das angestrebte Ziel bei hinreichender Eigensicherung zu erreichen. Durch die Reduzierung der Rohre auf das notwendige Maß kann die Bewegungsfreiheit der Trupps verbessert und eine Entlastung der vorgehenden Einsatzkräfte erzielt werden.

Um der Wärmefreisetzung bei einem aktiven Zimmerbrand gewachsen zu sein, sollte dem Trupp eine Wassermenge von mindestens 100 l/min zur Verfügung stehen. Von kleineren Schläuchen, beispielsweise vom Typ D, ist aus diesem Grund beim Vorgehen im Innenangriff abzuraten. Gleiches gilt auch für die formfesten Schläuche, die sich häufig in Wandhydranten befinden. Sie liefern nur 25 bis 50 l/min und sind lediglich für die Bekämpfung von Entstehungsbränden durch Laien konzipiert. Die Feuerwehr sollte beim Vorgehen von Wandhydranten/Steigleitungen grundsätzlich C-Schläuche verwenden.

**Anmerkung:**

**Die Verwendung des Schnellangriffs im Innenangriff hat sich nicht bewährt und wird normalerweise nicht mehr praktiziert.**

Sofern in Erwägung gezogen wird, die Personen durch verrauchte Bereiche in Sicherheit zu bringen, ist die Ausrüstung des vorgehenden Trupps durch Brandfluchthauben zu ergänzen.

**Anmerkung:**

**Brandfluchthauben gehören zu der Gruppe der Filtergeräte. Sie halten Atemgifte sehr wirkungsvoll zurück, können einen etwaigen Sauerstoffmangel jedoch nicht kompensieren. Die eingebauten Filter schützen die Träger gegen die im Brandrauch vorkommenden Atemgifte einschließlich Kohlenstoffmonoxid. Brandfluchthauben sind reine Fluchtgeräte und nicht für den Angriff konzipiert.**

### Gedanken zur Personalverteilung

Eine wichtige Entscheidung, die verschiedene Optionen eröffnet, ist die Frage nach der Personalverteilung. Ausgehend von einer kompletten Gruppe, die über vier Atemschutzgeräteträger und entsprechend viele Atemschutzgeräte verfügt, ergeben sich im Zuge einer Menschenrettung grundsätzlich zwei Möglichkeiten:

- Variante A (Bild 170 a):
  - ein Trupp im Innenangriff (PA),
  - ein Trupp als Sicherheitstrupp (PA),
  - ein Trupp für Zuarbeiten (Verlegen der Angriffsleitung, Reserve für Zusatzaufgaben – z. B. Leitern stellen, Verletzte versorgen/betreuen).
- Variante B (Bild 170 b):
  - zwei Trupps im Innenangriff (PA),
  - ein Trupp für Zuarbeiten (Verlegen der Angriffsleitung, Reserve für Zusatzaufgaben – z. B. Leitern stellen, Verletzte versorgen/betreuen).

Bild 170a ***Variante A – ein Trupp im Innenangriff (PA), ein Trupp als Sicherheitstrupp (PA), ein Trupp für Zuarbeiten***

Bild 170b ***Variante B – zwei Trupps im Innenangriff (PA), ein Trupp für Zuarbeiten***

Die Vor- und Nachteile der beiden Varianten sind in der Tabelle 18 dargestellt.

Tabelle 18 ***Vor- und Nachteile der Varianten A und B***

| Variante | Vorteile | Nachteile |
|---|---|---|
| **A** | ▪ hoher Sicherheitsstandard<br>– Sicherheitstrupp<br>– Übersichtlichkeit<br>▪ schnelles Vorgehen des 1. Trupps bei Unterstützung durch den 3. Trupp<br>▪ hohe Flexibilität durch den 3. Trupp (Reserve für besondere Vorkommnisse) | ▪ geringer Personaleinsatz im Innenangriff<br>– keine Verteilung von Aufgaben möglich<br>– höherer Zeitbedarf zum Auffinden einer Person<br>– hohe körperliche Beanspruchung durch Materialtransport<br>– hohe körperliche Beanspruchung beim Transport der Person |
| **B** | ▪ hoher Personaleinsatz im Innenangriff<br>– Verteilung von Aufgaben möglich<br>▪ 1 Trupp blockt Feuer*/ 1 Trupp rettet<br>▪ Raum 1/Raum 2<br>– schnelles Auffinden einer Person<br>– gegenseitige Unterstützung beim Materialtransport und Transport der Person möglich<br>▪ schnelles Vorgehen der Trupps bei Unterstützung durch den 3. Trupp<br>▪ hohe Flexibilität durch den 3. Trupp (Reserve für besondere Vorkommnisse) | ▪ reduzierter Sicherheitsstandard<br>– fehlender Sicherheitstrupp |

* Menschenrettung durch Brandbekämpfung – die Löschmaßnahme dient der Vorbereitung, Unterstützung und Absicherung der eigentlichen Maßnahmen zur Menschenrettung.

Die Abwägung der Vor- und Nachteile dürfte in den meisten Fällen (Menschenrettung!) zu einer Entscheidung zu Gunsten der Variante B führen. Mit dieser Variante verschaffen sich die Einsatzkräfte im Innenangriff die für eine Menschenrettung erforderliche Schlagkraft und Flexibilität. Gleichzeitig kann der Angriff zügig vorgetragen werden, indem der 3. Trupp unterstützend tätig wird. Das gesamte Potenzial ist auf die Menschenrettung fokussiert, womit der vorübergehende Verzicht auf den Sicherheitstrupp gerechtfertigt ist.

Durch den Verzicht auf den Sicherheitstrupp kommt es zu einer Reduzierung des Sicherheitsniveaus für die Einsatzkräfte. Der Einsatzleiter muss dafür Sorge tragen, dass die Sicherheitslücke schnellstmöglich geschlossen wird. Hierzu hat er unverzüglich Kräfte nachzufordern, sofern diese sich nicht in ausreichender Zahl bereits auf der Anfahrt befinden.

**Zur Erinnerung:**

Der Verzicht auf den Sicherheitstrupp ist nur zu rechtfertigen, wenn sich hieraus ein Vorteil für die Rettung von Menschenleben ergibt. Durch den Verzicht auf die Stellung eines Sicherheitstrupps muss sich die Wahrscheinlichkeit einer erfolgreichen Rettung erhöhen. Alle verfügbaren Kräfte (Atemschutzgeräteträger) müssen mit Aufgaben betraut sein, die direkt oder indirekt der Menschenrettung zuzuordnen sind.

Der Verzicht auf den Sicherheitstrupp muss verhältnismäßig sein. Bei erkennbarem, besonderem Risiko für die Einsatzkräfte und/oder sehr geringen Erfolgsaussichten der Menschenrettung sollte die Tendenz zur Stellung eines Sicherheitstrupps ansteigen.

Der Verzicht auf einen Sicherheitstrupp ist auf Dauer nicht tolerabel. Die Stellung eines Sicherheitstrupps ist umgehend zu realisieren, sobald die Möglichkeit hierzu gegeben ist.

**Anmerkung:**

Um eine Menschenrettung im Innenangriff sicher durchführen zu können, ist der Personalbedarf relativ hoch. Da bei Bränden in Wohngebäuden zum Zeitpunkt der Alarmierung die Notwendigkeit einer Menschenrettung nicht mit hinreichender Sicherheit ausgeschlossen werden kann, sind gemäß der Qualitätskriterien der AGBF (Arbeitsgemeinschaft der Leiter der Berufsfeuerwehren) und diverser Bundesländer grundsätzlich entsprechend dimensionierte Einheiten zu Bränden in Wohngebäuden zu entsenden. Gerade in ländlich strukturierten Bereichen ist es nicht immer einfach, die erforderliche Anzahl an Einsatzkräften innerhalb der verfügbaren Zeit vor Ort zu bringen. Um das gesteckte Ziel zu erreichen, sind mitunter mehrere Feuerwehren parallel zu alarmieren und rechtzeitig Kräfte nachzufordern. Reserven für unvorhergesehene Ereignisse sind grundsätzlich vorzusehen. Personalmangel reduziert die Chancen, die Menschenrettung erfolgreich durchführen zu können und erhöht gleichzeitig das Risiko für die Einsatzkräfte.

Trotz aller Bemühungen wird es aufgrund der Gegebenheiten aber nicht immer möglich sein, das erforderliche Personal rechtzeitig vor Ort zu haben. Um trotzdem ein möglichst gutes Ergebnis erzielen zu können, kommt es bei Personalknappheit entscheidend darauf an, dass vorhandene Potenzial optimal zu nutzen. Nicht selten ergeben sich Situationen, in denen insgesamt zwar genügend Kräfte verfügbar sind, jedoch ein Mangel an Atemschutzgeräteträgern besteht. Die Anzahl der verfügbaren Atemschutzgeräteträger wird damit zur qualitätsbestimmenden Größe (Nadelöhr) der Einsatzmaßnahmen. Bei einem Mangel an Atemschutzgeräteträgern kommt es entscheidend darauf an, die Atemschutzgeräteträger ausschließlich mit Aufgaben zu betrauen, die unter Atemschutz durchzuführen sind. Ziel muss es sein, die Atemschutzgeräteträger zu nahezu 100 Prozent in den Bereichen arbeiten zu lassen, in denen Einsatzkräfte ohne Atemschutz nicht tätig werden können. Durch die geschickte Verteilung der Aufgaben wird der einsatztaktische Wert der Einsatzkräfte ohne Atemschutz erhöht und die Schlagkraft der gesamten Einheit optimiert.

Zu den Maßnahmen, die ohne Atemschutz durchgeführt werden können, gehören neben dem Verlegen von Schlauchleitungen bis zur Rauchgrenze die Übernahme von geretteten Personen an der Rauchgrenze sowie die Versorgung geretteter Personen außerhalb des Gefahrenbereichs. Werden Atemschutzgeräteträger in Bereichen eingesetzt oder mit Aufgaben betraut, die auch ohne Atemschutz erledigt werden könnten, geht wertvolles Potenzial verloren.

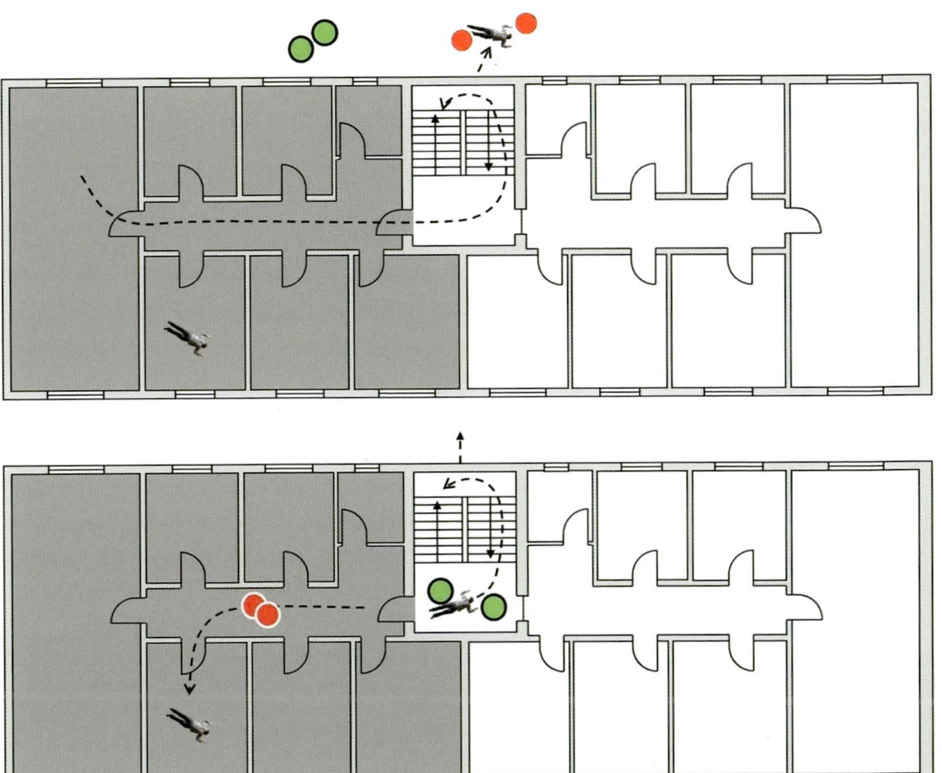

Bilder 171 a und b *Das obere Bild zeigt einen wenig effizienten Einsatz eines Atemschutztrupps, der die gerettete Person durch den rauchfreien Treppenraum ins Freie gebracht hat und diese nun vor dem Gebäude versorgt. Auf dem unteren Bild übernimmt ein Trupp ohne Atemschutz die gerettete Person unmittelbar an der Rauchgrenze. Damit wird der Atemschutztrupp frei und kann sofort zur Rettung der zweiten Person wieder in den verrauchten Bereich vorgehen.*

## Gedanken zur Wahl des Angriffsweges

Eine weitere Frage, die verschiedene Optionen eröffnet, ist die Frage nach dem besten Angriffsweg. Für das Vorgehen über Treppenräume und Flure sprechen Sicherheit, Schnelligkeit und Bequemlichkeit. Gleichzeitig werden dabei potenzielle Fluchtwege kontrolliert. Allerdings ist bei der Abwägung der Vor- und Nachteile möglicher Angriffswege auch zu prüfen, welche Auswirkungen die angedachte Vorgehensweise auf den/die baulichen Rettungsweg/e haben wird. Eine Verrauchung eines baulichen Rettungsweges ist immer als Nachteil zu werten. Beim

Eintreffen des vorgehenden Trupps an der Rauchgrenze stellt sich daher grundsätzlich die Frage nach der weiteren Vorgehensweise.

Treppenräume und Flure sind bauliche Rettungswege und haben als solche einen besonderen Stellenwert. Der bauliche Rettungsweg ist der Weg, über den die meisten Nutzer das Gebäude üblicherweise begehen und in der Regel im Notfall verlassen. Treppenräume und Flure sind zudem die Wege, über die sich eine Rettung schnell, sicher und leicht durchführen lässt. Dies gilt insbesondere für größere Personengruppen sowie für Kinder, ältere Menschen und Menschen mit eingeschränkter Mobilität.

Auch in Bezug auf die Schadenshöhe und die Ausdehnung der Lage ist der Aspekt der Rauchausbreitung bei der Bewertung der Angriffswege zu berücksichtigen. Dies gilt insbesondere, wenn sich dadurch eine mögliche Gefährdung anderer Personen ergibt oder eine im weiteren Verlauf des Einsatzes noch durchzuführende Rettungsmaßnahme erschwert wird.

Sofern es die Lage erlaubt oder sogar gebietet, sind aus den genannten Gründen Möglichkeiten zu prüfen und ggf. zu nutzen, um einer unkontrollierten Rauchausbreitung entgegenzuwirken und insbesondere die baulichen Rettungswege gegen Raucheintritt zu schützen. Dies gilt grundsätzlich auch im Zuge der Menschenrettung. Als Möglichkeiten kommen in Betracht:

- der alternative Angriffsweg, bei dem die bauliche Abtrennung (Tür) an der Rauchgrenze umgangen wird und auf diese Weise geschlossen bleibt,
- die Verwendung eines Hochleistungslüfters, um den Raucheintritt in den Treppenraum durch Überdruck zu vermeiden,
- der Einsatz eines mobilen Rauchverschlusses, ggf. in Verbindung mit einem Hochleistungslüfter, um den Raucheintritt in den Treppenraum zu reduzieren oder zu vermeiden.

Manchmal lässt sich eine Verrauchung des baulichen Rettungsweges im Zuge der Menschenrettung nicht vermeiden. Allerdings muss sich der Einsatzleiter bewusst machen, dass Niemandem damit gedient ist, wenn bei dem Versuch, einen Menschen zu retten, andere Menschen in Gefahr geraten. Selbst für die zu rettende Person ist es von Vorteil, wenn eine unnötige Eskalation durch eine unkontrollierte Rauchausbreitung vermieden wird. Nur so kann das vorhandene Potenzial weiterhin zur Rettung der ursprünglich bedrohten Person eingesetzt werden.

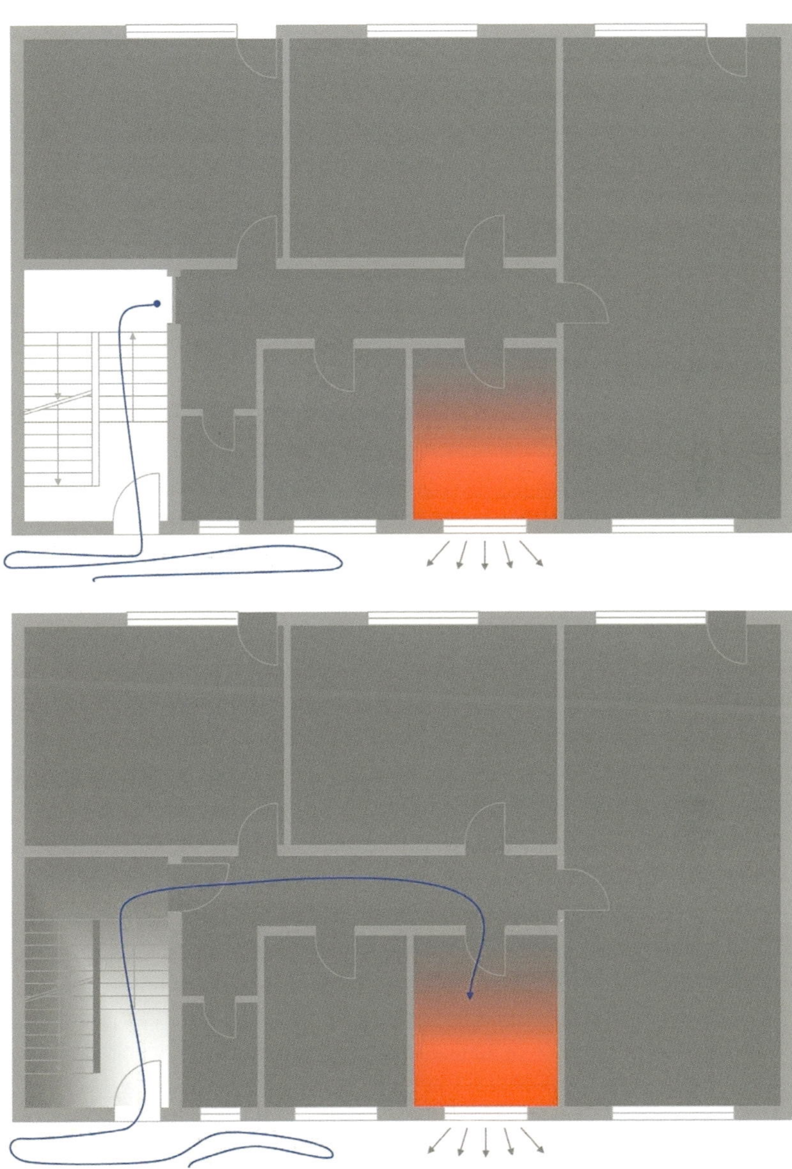

Bilder 172 a und b *An der Rauchgrenze fällt die Entscheidung über die weitere Vorgehensweise. Eine drohende Rauchausbreitung, insbesondere auf Rettungswege, ist als Nachteil zu werten.*

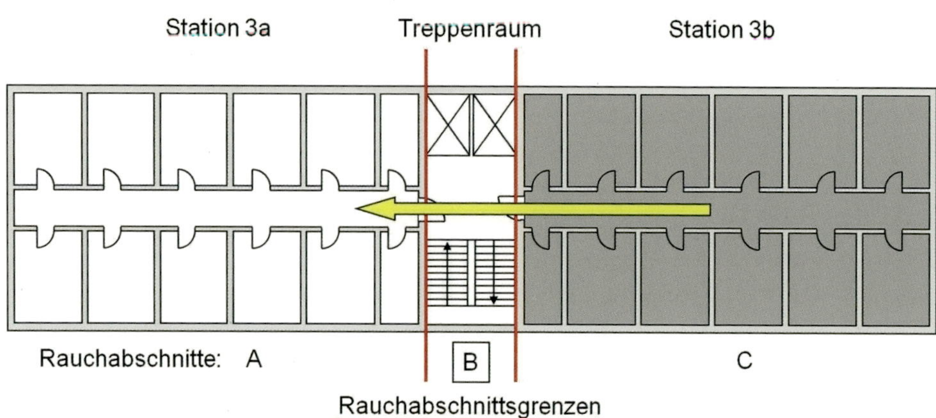


Bild 173 ***Die horizontale Rettung sieht die Menschenrettung in Form des In-Sicherheit-bringens innerhalb eines Geschosses vor. Insbesondere die Rettungskonzepte in Krankenhäusern und Altenheimen favorisieren diese Variante, da bettlägerige und in der Mobilität eingeschränkte Personen mit Betten, Rollstühlen usw. gerettet werden können, ohne dass dabei Treppen überwunden werden müssen. Die Rauchfreiheit des zentralen Treppenraums spielt dabei eine wichtige Rolle.***

Besonders große Probleme können sich in Krankenhäusern und Altenheimen ergeben, wenn die Konzepte des Vorbeugenden Brandschutzes beim Vorgehen im Brandfall nicht berücksichtigt werden. Das Sicherheitskonzept solcher Einrichtungen sieht in der Regel die horizontale Rettung als Mittel der Wahl vor (vgl. Kapitel 5.1.1.6). Dabei ist konzeptionell vorgesehen, die Patienten und Bewohner innerhalb einer Ebene – von einem Rauchabschnitt in einen anderen – zu verlegen. Dies kann bei bettlägerigen Personen auch durch das Verschieben der Betten geschehen. Die Verrauchung eines zentralen Treppenraumes kann dieses Konzept zu Nichte machen.

Sofern sich die Führungskraft dazu entschließt, mehrere Trupps gleichzeitig in einen Raum, eine Wohnung oder Halle eindringen zu lassen, steht die Frage an, ob der Angriff aller Einheiten von einer Seite, über einen Zugang erfolgen soll, oder ob die Einheiten von unterschiedlichen Seiten vorgehen sollen.

Aufgrund der Überlegung, dass ein im Raum befindlicher Mensch versucht haben könnte, den Raum auf einem der möglichen Wege zu verlassen, spricht auf den ersten Blick einiges dafür, von verschiedenen Seiten anzugreifen. Erfolgt der Angriff aus allen potenziellen Fluchtrichtungen des Vermissten, so erhöht dies die Wahrscheinlichkeit, ihn schnell zu finden.

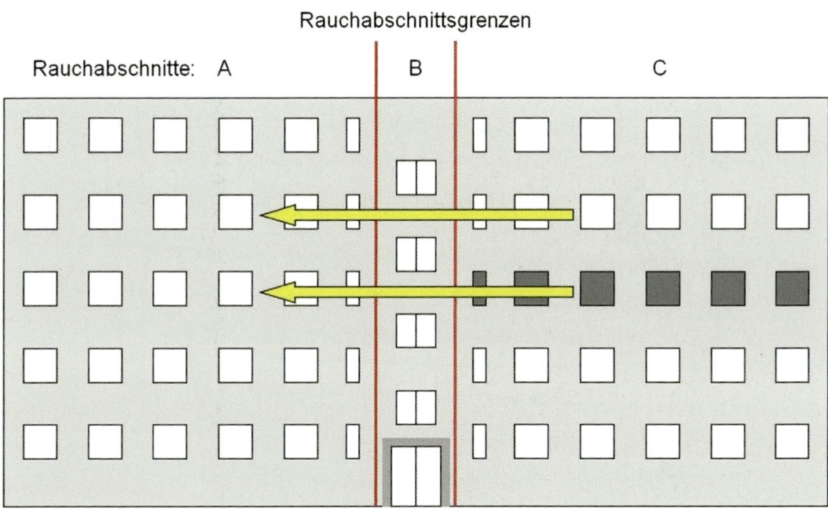


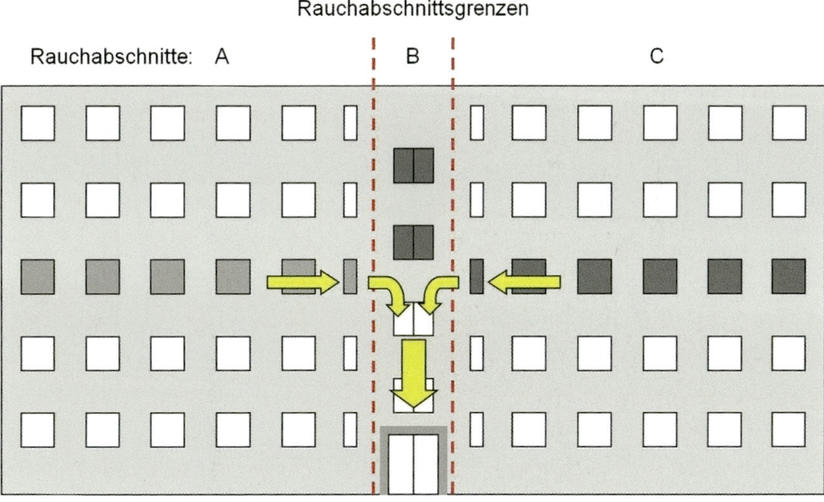


Bilder 174 a und b *Werden die Rauchabschnittsgrenzen auch im Brandfall gehalten, können die Personen im Brandgeschoss und den darüber liegenden Geschossen durch horizontales Verschieben in Sicherheit gebracht werden. Kommt es jedoch zu einer Verschleppung des Brandrauchs über Rauchabschnittsgrenzen hinweg, so bleibt nur die wesentlich arbeits- und zeitintensivere vertikale Rettung über den Treppenraum oder die Leitern der Feuerwehr.*

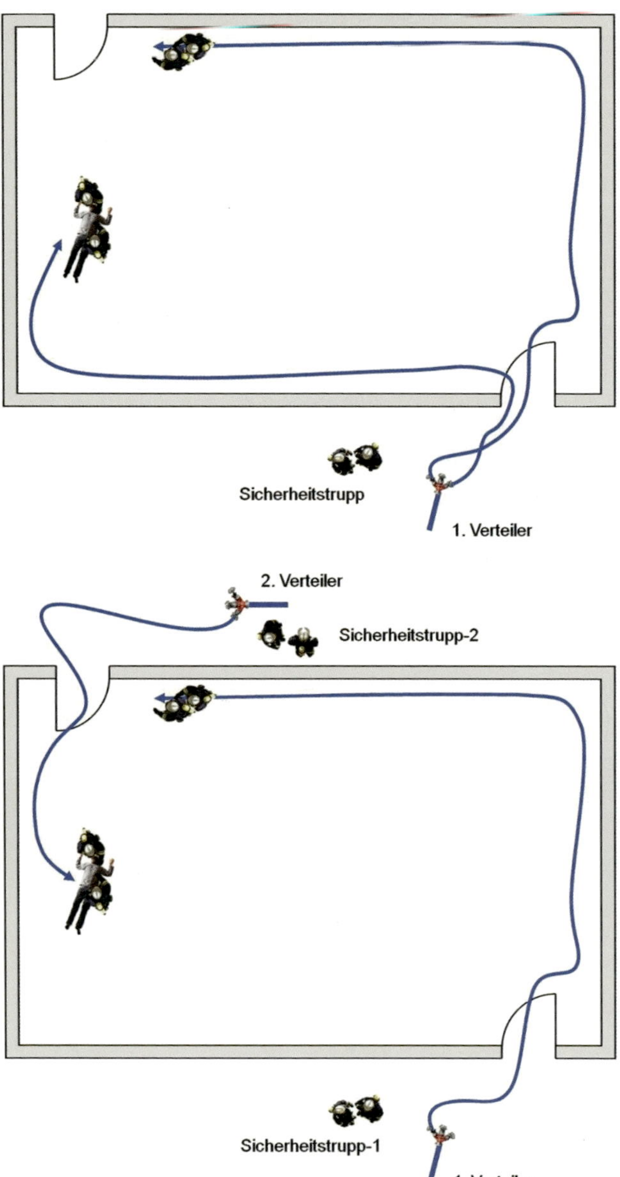


**Bilder 175 a und b** *Der Angriff von mehreren Seiten kann dazu führen, dass die vermisste Person schneller gefunden wird.*

Durch den Angriff über verschiedene Zugänge ergeben sich jedoch auch diverse Nachteile, die es zu berücksichtigen gilt:

**Übersichtlichkeit:**
Durch den Angriff von zwei Seiten wird der Angriff unübersichtlicher, der Führungsaufwand nimmt zu. Die fehlende Übersicht erhöht die Gefahr von Missverständnissen, Kommunikations- und Abstimmungsproblemen. Dies gilt sowohl für die Abstimmung des Gruppenführers mit den Trupps, als auch für die Abstimmung der Trupps untereinander.

**Aufwand:**
Gemäß FwDV 7 sollte an jedem Eingang, über den vorgegangen wird, ein Sicherheitstrupp gestellt werden. Auch wenn von dieser Vorschrift im Zuge der Menschenrettung in begründeten Fällen vorübergehend abgewichen werden kann, so ist es doch eine Forderung, die es in die Überlegungen einzubeziehen gilt.

Es macht in den meisten Fällen Sinn, einen zweiten Verteiler zu setzen, wenn über verschiedene Wege vorgegangen wird. Dies hilft die Übersichtlichkeit zu verbessern.

Neben dem zusätzlichen Personal, welches benötigt wird, ist auch der erforderliche Zeitaufwand zu berücksichtigen. Gehen die Trupps über verschiedene Eingänge vor, wird der zweite Trupp voraussichtlich mehr Zeit aufwenden müssen, bis er den Raum betritt. Neben dem Setzen eines zweiten Verteilers und dem Verlegen einer längeren Schlauchleitung ist oftmals auch die Zeit für das Schaffen eines Zugangs (Aufbrechen einer Tür) einzukalkulieren. Nur wenn dieser Zeitverlust bei der Suche und Rettung im Raum wieder kompensiert werden kann, ergibt sich insgesamt ein Zeitvorteil.

**Risiken:**
Das Betreten eines Raumes im Brandfall ist mit Risiken verbunden. Die Risiken nehmen zu, wenn mehrere Öffnungen unabhängig voneinander geschaffen werden. Die dabei möglicherweise einsetzende Ventilation (Durchzug) stellt eine Gefährdung dar, die insbesondere den gegen die Luftströmung angreifenden Trupp bedroht. Ein Vorgehen durch die Abluftöffnung gilt es möglichst zu vermeiden.

Da diese Problematik durch den Einsatz eines Drucklüfters erheblich verschärft wird, verbietet sich der Einsatz eines Drucklüfters beim Vorgehen über mehrere Eingänge aus Gründen des Eigenschutzes.

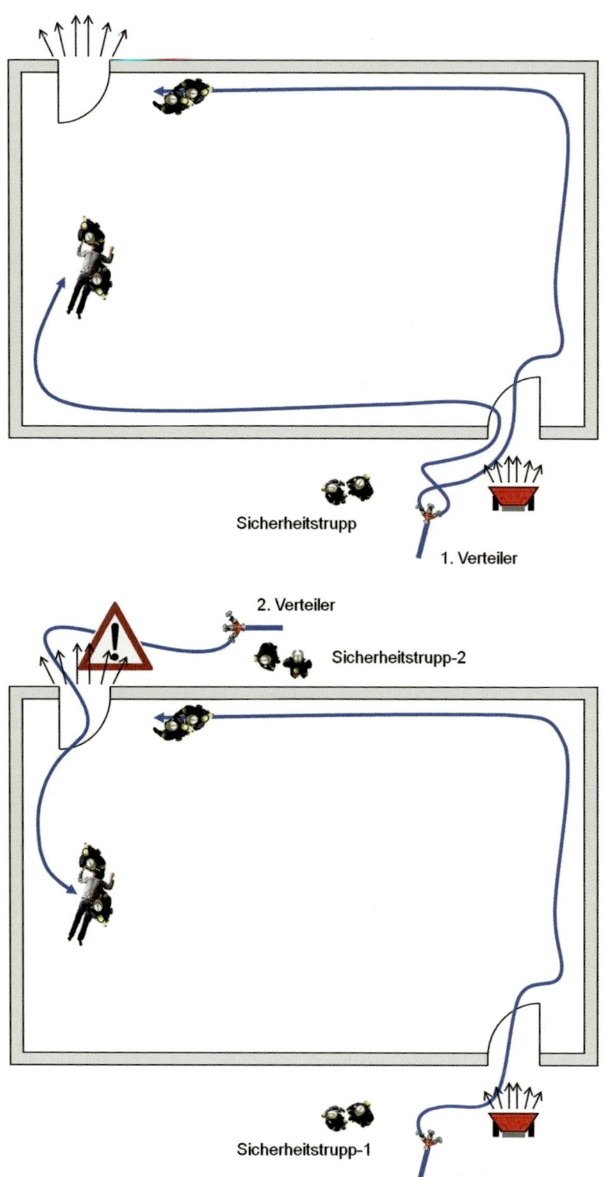


Bilder 176 a und b ***Der Zutritt über eine Abluftöffnung birgt erhebliche Risiken und ist nach Möglichkeit zu vermeiden. Der Einsatz eines Drucklüfters verbietet sich in solchen Fällen.***

### Menschenrettung durch Brandbekämpfung

Die Menschenrettung durch Brandbekämpfung wird in ihrer Bedeutung oft unterschätzt. Zunehmend setzt sich jedoch die Erkenntnis durch, dass eine Menschenrettung ohne parallel laufende Bekämpfung des Brandes oftmals nicht oder nicht ohne Risiken durchführbar ist. Von einer Menschenrettung durch Brandbekämpfung spricht man, wenn ein Trupp die Brandbekämpfung durchführt, um sich Zugang zu gefährdeten Personen zu verschaffen oder um einen zur Menschenrettung vorgehenden Trupp abzusichern. Menschenrettung durch Brandbekämpfung wird auch praktiziert, wenn eine erfolgreiche Menschenrettung nur möglich ist, indem das Feuer als Quelle der Gefahr möglichst schnell gelöscht wird.

Die Menschenrettung erfordert oftmals ein zügiges Vorgehen. Hierzu kann der parallele Einsatz von zwei Trupps im Innenangriff notwendig sein. Dringt ein Trupp beispielsweise in Bereiche vor, die oberhalb des Brandortes liegen, muss durch geeignete Maßnahmen ausgeschlossen werden, dass der Trupp durch ein sich unter ihm ausbreitendes Feuer oder durch den aufsteigenden Wärmestrom gefährdet wird. Dies gilt auch im Rahmen der Menschenrettung.

**Anmerkung:**

**Eine geschlossene Tür ohne definierten Feuerwiderstand kann jederzeit versagen und durchbrennen. Auch ein mobiler Rauchverschluss ist für derartige Szenarien weder geschaffen noch ausgelegt und bietet somit keine ausreichende Sicherheit. Die notwendige Sicherheit kann nur ein zweiter Trupp gewährleisten, der das Feuer permanent beobachtet und es bei Bedarf mit geeigneten Mitteln attackiert. Vorrangige Aufgabe dieses Trupps ist es, den Eintritt des Wärmestroms in den Treppenraum sicher zu verhindern.**

Der gleichzeitige Einsatz von zwei Trupps im Innenangriff trägt in solchen Fällen dazu bei, ein sicheres Vorgehen zu gewährleisten und reduziert die Wahrscheinlichkeit, dass es zu einem Notfall kommt. Damit schafft der zweite Trupp die Voraussetzung für die sichere Durchführung der Menschenrettung. Sein Einsatz ist damit als Teil der Maßnahmen zur Menschenrettung zu werten. Bei Bedarf können in solchen Fällen auch dann zwei Trupps im Innenangriff eingesetzt werden, obwohl kein Sicherheitstrupp gestellt werden kann. Vorrangiges Ziel ist es, die Eintrittswahrscheinlichkeit eines Notfalls zu reduzieren. Dies ist sinnvoller, als einen Sicherheitstrupp zu stellen und dafür beim Vorgehen ein hohes Risiko in Kauf zu nehmen. Wie üblich in solchen Fällen, ist der Einsatzleiter natürlich verpflichtet, dafür Sorge zu tragen, dass dieser Ausnahmezustand so schnell wie möglich beendet wird.

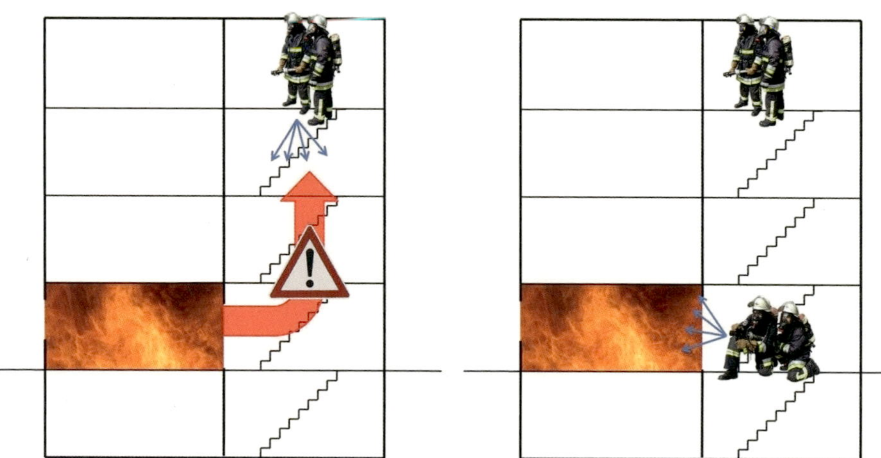

Bilder 177 a und b ***Der parallele Einsatz eines zweiten Trupps im Brandgeschoss ist erforderlich, um den Wärmeeintritt in den Treppenraum sicher zu unterbinden. Sofern der Einsatz der Rettung eines Menschenlebens dient, sind beide Trupps formal an dieser Menschenrettung beteiligt. Ein solches Vorgehen kann somit kurzzeitig auch ohne Sicherheitstrupp zulässig sein.***

**Anmerkung:**

Grundsätzlich begibt sich ein im Innenangriff vorgehender Trupp in einen Bereich, in dem lebensbedrohliche Zustände vorherrschen können. Er ist dabei durch seine Schutzkleidung und sein Atemschutzgerät geschützt. Allerdings hat dieser Schutz insbesondere in Bezug auf den Schutz gegen thermische Einwirkungen seine Grenzen. Die Einsatzkleidung ist nach Norm darauf ausgelegt, den Träger bei direktem Kontakt mit Feuer über einen Zeitraum von acht Sekunden zu schützen. Bei einer länger andauernden massiven Einwirkung von Wärme ist trotz Schutzkleidung mit schwerwiegenden Verletzungen zu rechnen.

Auch die Atemschutzgeräte und selbst das Schlauchmaterial sind den hohen Temperaturen des Feuers auf Dauer nicht gewachsen. Insofern muss der vorgehende Trupp darauf achten, sich, seine Schutzkleidung, das Atemschutzgerät und die Schlauchleitungen gegen eine zu hohe thermische Belastung zu schützen. Anders als in manchen Actionfilmen dargestellt, kann der Trupp keinesfalls in lichterloh brennende Räume eindringen. Er muss vielmehr zuvor die Wärme abziehen lassen (Öffnen von Fenster oder Rauch-/Wärmeabzugsanlagen) und/oder durch die Abgabe von Löschwasser (Brandbekämpfung) die Temperaturen soweit absenken, dass ein gefahrloses Vorgehen möglich ist.

Bild 178 ***Das hält die beste Schutzkleidung auf Dauer nicht aus. Der Test auf dem »Thermo-Man« prüft die Beständigkeit der Schutzkleidung für den absoluten Notfall. Einer solchen Beflammung hält die Schutzkleidung maximal acht Sekunden Stand.***

Wie gefährlich der Aufenthalt oberhalb des Brandraumes ist, sei anhand der Unfälle von Paris (2002), Berlin (2004) sowie Tübingen (2005) dargestellt. Die drei Unfälle weisen neben einer Reihe von Unterschieden eine Gemeinsamkeit auf. In allen Fällen hielten sich die Unfallopfer oberhalb des Brandgeschosses auf, während die Bekämpfung des Brandes nicht oder nur unzureichend erfolgte.

- Paris, 15. September 2002: Bei einem normalen Zimmerbrand im 6. OG eines Appartementhauses kommt im Brandgeschoss ein Schnellangriff zum Einsatz. Offensichtlich reicht die verfügbare Wassermenge dieser Schnellangriffsleitung jedoch nicht aus, um die aus dem brennenden Appartement austretende Wärme zu binden. Fünf Feuerwehrleute, welche die Etagen oberhalb des Brandgeschosses kontrollieren, erleiden tödliche Verbrühungen und Verbrennungen.
  Die Feuerwehr von Paris hat die Konsequenzen gezogen. Im Innenangriff kommen inzwischen Hohlstrahlrohre mit größeren Durchflussmengen zum Einsatz.

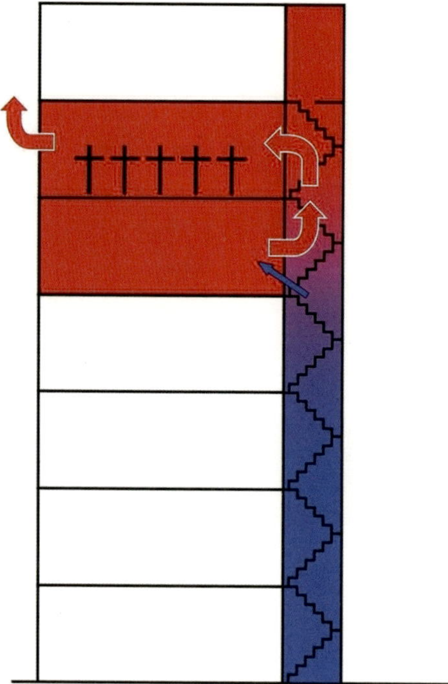

**Bild 179** ***Paris (2002) – fünf getötete Feuerwehrleute***

- Berlin, 2. April 2004: Ein Zimmerbrand im 1. OG wird im Zuge einer Menschenrettung nicht bekämpft. Ein Trupp, der im Treppenraum Scheiben einschlägt, um Abluftöffnungen zu schaffen, wird den aufsteigenden heißen Brandgasen ausgesetzt. Die beiden Feuerwehrleute springen aus

einem Fenster im 4. OG und erleiden schwerste Brand- und Sprungverletzungen.
Wegen des fehlenden Rohres im Brandgeschoss und der durch den vorgehenden Trupp geschaffenen Abluftöffnungen im Treppenraum kommt es zum Kamineffekt. Das Feuer wird auf diese Weise zusätzlich angefacht. Die freigesetzte Wärme gelangt mit den heißen Rauchgasen in den Treppenraum, verletzt den dort befindlichen Trupp und zwingt ihn zum Sprung aus dem Fenster.
Die Berliner Feuerwehr hat die Konsequenzen gezogen. Der Aufenthalt oberhalb des Brandgeschosses ist nur noch zulässig, wenn durch Maßnahmen im Brandgeschoss gewährleistet wird, dass eine Gefährdung von Einsatzkräften oberhalb dieses Geschosses durch die aufsteigende Wärme ausgeschlossen ist. Diese Regelung gilt auch bei Maßnahmen zur Menschenrettung.

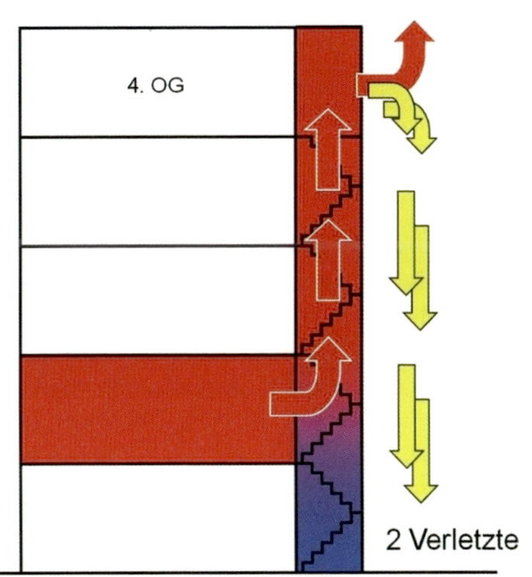


Bild 180 ***Berlin (2004) – zwei schwer verletzte Feuerwehrleute***

- Tübingen, 17. Dezember 2005: Ein Trupp, der das Feuer im 1. OG bekämpfen soll, begibt sich aus im Nachhinein nicht mehr nachvollziehbaren Gründen in das Dachgeschoss des Brandobjekts. Damit wird das Risiko gleichzeitig auf zweierlei Arten dramatisch erhöht. Während das Feuer im 1. OG ungehindert wirken kann, befindet sich nun, noch dazu ohne Wissen der Einsatzleitung, ein Trupp oberhalb der Brandstelle.
  Als die Tür im 1. OG durchbrennt, versperren Flammen und Wärme dem Trupp im Dachgeschoss den Rückzugsweg. Kurz darauf versagt die

Schlauchleitung unter der massiven Wärmeeinwirkung. Bis sich der Sicherheitstrupp zu den eingeschlossenen Feuerwehrleuten vorkämpfen kann, ist deren Luftvorrat verbraucht. Sie ersticken im Dachgeschoss.

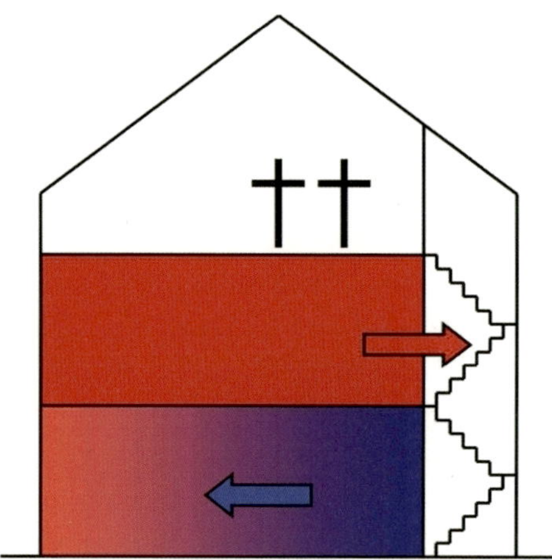

**Bild 181** ***Tübingen (2005) – zwei getötete Feuerwehrleute***

**Anmerkung:**

In Bad Harzburg kommt es 2009 zu einem weiteren Zwischenfall, der ebenfalls fast ein tragisches Ende gefunden hätte. Wieder befindet sich ein Trupp oberhalb der Brandstelle. Er ist damit beschäftigt, zwei Kinder für die Rettung über die Drehleiter vorzubereiten. Als die Tür der Brandwohnung durchbrennt, eskaliert die Situation im Dachgeschoss schlagartig. Nur dem glücklichen Umstand, dass die Drehleiter in diesem Moment das Fenster erreicht, ist es zu verdanken, dass die Feuerwehrleute und die beiden Kinder in einer dramatischen Rettungsaktion gerade noch der aufsteigenden Wärme entkommen können.

Der Versuch, die Wärmefreisetzung im Fall eines Durchbrennens der Wohnungstür durch einen mobilen Rauchverschluss zu verhindern, scheiterte kläglich. Somit zeigt auch der Einsatz von Bad Harzburg, dass die Sicherung des vorgehenden Trupps und dessen Rückzugswegs durch einen Trupp mit entsprechend dimensioniertem Rohr durch nichts zu ersetzen ist.

Der Grundsatz, sich nicht an einem unkontrollierten Feuer vorbei zu bewegen, ist auch in der Horizontalen zu berücksichtigen. Die notwendige Sicherheit kann auch dabei von einem Trupp gewährleistet werden, der mit seinem Rohr das Feuer in Schach hält, während der zweite Trupp die eigentliche Menschenrettung durchführt. Sofern die Absicherung durch den ersten Trupp hinreichend ist, kann beim zweiten

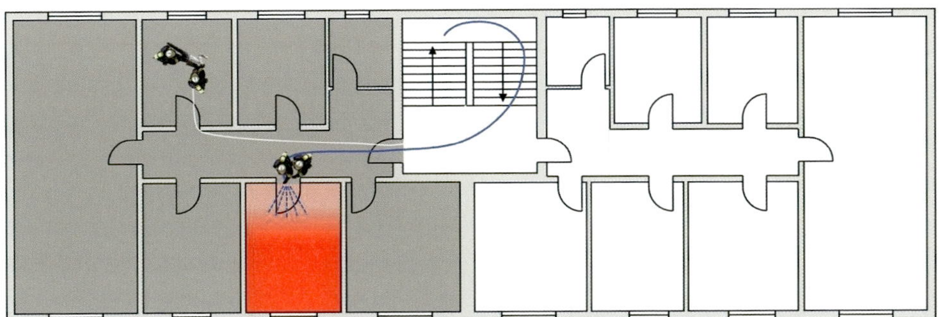

Bild 182 ***Auch beim Passieren des Feuers in der Horizontalen muss der Brandherd unter Kontrolle sein. Die Kombination zweier Trupps reduziert das Risiko für die Einsatzkräfte im Zuge der Menschenrettung.***

Trupp unter Umständen auf die Mitnahme eines Rohres verzichtet werden. Gesichert mit seiner Leine, ist dieser Trupp beweglicher und kann somit schneller vordringen.

Menschenrettung durch Brandbekämpfung ist auch bei Lagen anzuwenden, bei denen eine Rettung der Menschen durch In-Sicherheit-bringen nicht oder nur bedingt möglich ist. Beispiele hierfür können sein:

- Person ist verschüttet oder eingeklemmt,
- Anzahl der gefährdeten Personen ist innerhalb der verfügbaren Zeit nicht aus dem Gefahrenbereich zu retten.

Klassisches Beispiel für Einsätze, bei denen mit einer großen Anzahl an betroffenen Personen zu rechnen ist, sind Brände in unterirdischen Verkehrsanlagen. Mit der Methode des In-Sicherheit-bringens können in solchen Fällen mit hohem Personalaufwand nur wenige Menschen gerettet werden. Daher gehen die Feuerwehren bei solchen Einsätzen dazu über, zunächst Einheiten in den Tunnel zu entsenden, die die Lage erkunden (1. Einheit) und versuchen, die Gefahrenquelle zu beseitigen, indem sie den Brand löschen (2. Einheit). Erst die 3. Einheit geht mit dem Ziel vor, die Menschen aus dem Gefahrenbereich zu holen.

Auch in Altenwohnheimen, Krankenhäusern und Häusern mit hoher Belegungsdichte kann es effektiver sein, zunächst den Brand entschlossen zu attackieren, um auf diese Weise zeitgleich viele Menschenleben zu schützen bzw. zu retten.

### 7.2.1.3 Menschenrettung über Leitern

Die Bauordnungen der Länder sehen vor, dass der zweite Rettungsweg über Leitern der Feuerwehr sichergestellt werden kann. Hierzu bedarf es mindestens eines zu öffnenden Fensters pro Nutzungseinheit und Geschoss, welches mit einer Leiter der Feuerwehr erreichbar sein muss. Als Leitern kommen neben Drehleitern auch tragbare Leitern in Betracht.

Die Leitern der Feuerwehr sind Rettungsgeräte, die es der Feuerwehr ermöglichen, den zweiten Rettungsweg zu stellen. Über diesen können Menschen im Brandfall planmäßig in Sicherheit gebracht werden. Die Rettung über Leitern kommt in Betracht, wenn sich tatsächlich oder vermeintlich bedrohte Personen am Fenster, auf Balkonen oder Dächern bemerkbar machen.

Der entscheidende Vorteil bei der Rettung über eine Leiter ist, dass die Person über das Fenster schnell und direkt aus dem Gefahrenbereich geholt werden kann. Damit erfüllt die Rettung über die Leiter auch die Erwartungshaltung einer am Fenster wartenden Person. Mit dem Abstieg über die Leiter entfernt sich die zu rettende Person in der selbst gewählten Fluchtrichtung weg von der Gefahr. Als weiterer Vorteil ist zu nennen, dass die bedrohte Person die zu ihrer Rettung eingeleiteten Maßnahmen vom Fenster aus verfolgen kann und somit wahrnimmt, dass Hilfe unterwegs ist. Auch die verantwortliche Führungskraft kann den Fortgang der Maßnahme von außen leicht verfolgen.

**Anmerkung:**

**Die Tatsache, dass die Maßnahmen zur Rettung über eine Leiter von der zu rettenden Person zu sehen sind, ist als Vorteil zu werten. Kommt es im Zuge der Rettung jedoch zu einer Panne, weil die Drehleiter zu dicht am Haus steht oder die gewählte Leiter zu kurz ist, verkehrt sich die Sache schnell zu einem Nachteil, der nicht nur peinlich ist, sondern sicherheitsrelevant sein kann.**

Die Rettung über eine Drehleiter stellt in der Regel eine sehr gute Möglichkeit dar. Die moderne Technik ermöglicht eine schnelle und sichere Rettung, die auch älteren Menschen durchaus zugemutet werden kann. Die Drehleiter ist damit für die Rettung über Leitern der Feuerwehr die erste Wahl. Sie bedingt allerdings die zum Einsatz der Drehleiter erforderliche Stellfläche.

Alternativen bieten die tragbaren Leitern, die dann zum Einsatz kommen, wenn eine Drehleiter nicht verfügbar ist oder aufgrund der örtlichen Gegebenheiten nicht zum Einsatz kommen kann. Tragbare Leitern kommen auch zum Einsatz, wenn die

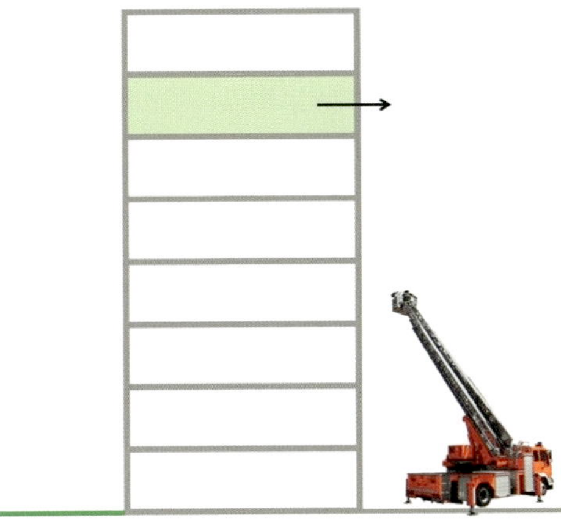

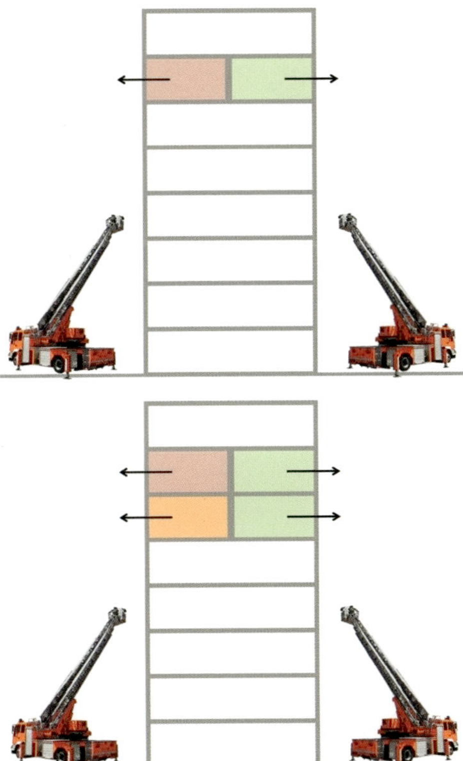

**Bild 183 a-c** *Zulässige Realisierung des zweiten Rettungswegs über eine Drehleiter (geeignete Zufahrt und Stellfläche müssen vorhanden sein):*
*oben: durchgehende Nutzungseinheit mit einem anleiterbaren Fenster*
*Mitte: getrennte Nutzungseinheiten mit jeweils einem anleiterbaren Fenster*
*unten: drei Nutzungseinheiten mit anleiterbaren Fenstern, eine davon als Nutzungseinheit, die sich über zwei Geschosse erstreckt – mit je einem anleiterbaren Fenster pro Geschoss*

Kapazität der Drehleiter/n nicht ausreicht/en, um innerhalb der verfügbaren Zeit alle bedrohten Personen in Sicherheit bringen zu können.

In vielen Fällen sind tragbare Leitern nicht oder nur bedingt als Rettungsgerät geeignet. So ist die Rettung über eine tragbare Leiter nicht jedem Menschen ohne weiteres zuzumuten. Auch die Rettung größerer Personengruppen (z. B. Schulklassen) lässt sich über tragbare Leitern nicht mit der notwendigen Sicherheit und Schnelligkeit realisieren.

Die Aspekte der Sicherheit und der Realisierbarkeit spielen bei der Rettung über tragbare Leitern eine große Rolle. Sie sind im Einzelfall und mit Blick auf die zu rettende/n Person/en intensiv zu bewerten. Insbesondere bei älteren und in der Mobilität eingeschränkten Menschen ist die Einsetzbarkeit tragbarer Leitern sehr

Bild 184 ***Die Rettung über tragbare Leitern ist für Ungeübte eine echte Herausforderung. Sie ist mit Risiken verbunden und sicherlich nicht Jedermann zuzumuten.***

kritisch zu hinterfragen. Gleiches gilt für Menschen, die offensichtlich verängstigt oder aus anderen Gründen keinesfalls geneigt und in der Lage sind, über die Leiter mit der notwendigen Sicherheit herabzusteigen. Mit zunehmender Rettungshöhe gewinnen die genannten Aspekte an Bedeutung.

Der Einsatz von tragbaren Leitern ist zudem relativ personalintensiv. Der Einsatz der Steckleiter erfordert mindestens drei Einsatzkräfte, der Einsatz der Schiebleiter bindet sogar zwei komplette Trupps. Auch dies ist im Zuge der Bewertung der Rettungsmittel zu berücksichtigen.

Im Vergleich ergeben sich für die verschiedenen Leitern die in Tabelle 19 genannten Vor- und Nachteile.

Tabelle 19 ***Vor- und Nachteile der verschiedenen Leitern***

| Vorteile | Nachteile |
|---|---|
| *Drehleiter*<br>▪ Rettungshöhe maximal 23 m<br>▪ Sicherheit, Schnelligkeit<br>▪ geringer Personalbedarf (2 Feuerwehrangehörige)<br>▪ Personen können im Korb transportiert werden | *Drehleiter*<br>▪ geeignete Zufahrt erforderlich<br>▪ geeignete Stellfläche erforderlich<br>▪ Drehleiter ist nicht überall verfügbar |
| *Dreiteilige Schiebleiter*<br>▪ Rettungshöhe maximal 12 m<br>▪ geringer Platzbedarf<br>▪ keine Zufahrt erforderlich | *Dreiteilige Schiebleiter*<br>▪ aufwändig zu stellen<br>▪ hoher Personalbedarf (4 Feuerwehrangehörige)<br>▪ Personen müssen selbst steigen<br>▪ schwierig zu Steigen<br>– Sicherheit<br>– Schnelligkeit<br>– nicht jedem Menschen zumutbar |
| *Vierteilige Steckleiter*<br>▪ geringer Platzbedarf<br>▪ keine Zufahrt erforderlich<br>▪ leicht zu stellen<br>▪ relativ gut zu Steigen (Sicherheit) | *Vierteilige Steckleiter*<br>▪ Rettungshöhe maximal 7 m<br>▪ Personen müssen selbst steigen<br>▪ mittlerer Personalbedarf (3 Feuerwehrangehörige) |

*Anmerkung: Die Hakenleiter wird von einigen Feuerwehren noch mitgeführt. Sie ist jedoch nicht als Rettungsgerät zu sehen und wird deswegen an dieser Stelle nicht berücksichtigt.*

**Bild 185** ***Sofern es die Platzverhältnisse erlauben, ist die Drehleiter das Mittel der Wahl, um eine Rettung über die Fassade durchzuführen.***

Bei der Rettung über eine tragbare Leiter ist die zu rettende Person beim Abstieg von einer Einsatzkraft zu begleiten und zudem mit einer Leine gegen Absturz zu sichern. In zeitkritischen Lagen kann von der Sicherungsleine abgesehen werden.

Ob der zur Rettung über die tragbare Leiter aufsteigende Trupp unter Atemschutz vorgeht, ist von der verantwortlichen Führungskraft zu entscheiden. Gleiches gilt grundsätzlich auch für die im Korb einer Drehleiter befindlichen Einsatzkräfte. Atemschutz ist zwingend erforderlich, wenn der Trupp durch das Fenster in möglicherweise verrauchte Räume einsteigen muss, um die Rettung zu unterstützen.

Das Tragen von Atemschutzgeräten eröffnet dem vorgehenden Trupp zudem die Option, auf plötzliche Lageänderungen reagieren zu können. Bricht beispielsweise die Person am Fenster im Rauch zusammen oder entfernt sie sich vom Fenster, kann ein entsprechend ausgerüsteter Trupp sofort reagieren. Ein ohne Atemschutz vorgehender Trupp hingegen muss in solchen Situationen unverrichteter Dinge umkehren, wenn er sich nicht selbst in Gefahr bringen will.

Der Verzicht auf Atemschutzgeräte erhöht umgekehrt die Mobilität des vorgehenden Trupps, erleichtert die Verständigung und spart in der Regel Zeit. Auf Atemschutz kann verzichtet werden, wenn es in zeitkritischen Situationen einzig darum geht, eingeschlossenen Personen mit der Leiter einen Rettungsweg zu stellen und man davon ausgehen kann, dass eine Unterstützung von außen ausreichend ist. Ebenso kann auf Atemschutz verzichtet werden, wenn Personen aus Bereichen gerettet werden, in denen nicht mit Atemgiften zu rechnen ist.

Wird von einer Rettung über Leitern abgesehen oder ist diese (noch) nicht möglich, so sind am Fenster wartende Personen unbedingt zu betreuen. Es muss für die Personen ersichtlich sein, dass sie wahrgenommen wurden und Maßnahmen laufen, um ihnen zu helfen. Sofern eine verbale Verständigung möglich ist, sind die Personen über die veranlasste Maßnahme in Kenntnis zu setzen. Die zu rettenden Personen selbst sollen am Fenster verbleiben und dort auf die Hilfe warten.

**Anmerkung:**

**Fast alle Leitern bestehen heute aus Aluminium. Sie sind damit elektrisch leitfähig und dürfen nur mit ausreichendem Sicherheitsabstand zu stromführenden Leitungen eingesetzt werden. Leitern sind zudem nicht wärmebeständig. Sie dürfen keinen heißen Rauchgasen oder gar Stichflammen ausgesetzt werden. Soll ein Fenster oberhalb des Brandraumes angeleitert werden, sind vorab Maßnahmen zum Schutz der Leiter und der auf der Leiter befindlichen Personen erforderlich.**

### 7.2.1.4 Anleiterbereitschaft zur Sicherung des Rückzugsweges

Die Sicherung der baulichen Rettungswege, die gleichermaßen als Fluchtweg für die bedrohten Personen als auch als Rückzugsweg für die eigenen Einsatzkräfte vorgesehen sind, hat oberste Priorität. Die Sicherheit kann weiter erhöht werden, indem eine Drehleiter in Anleiterbereitschaft vorgehalten wird, um im Notfall und bei Versagen des baulichen Rettungsweges schnellstmöglich als zweiter Rettungsweg zur Verfügung zu stehen.

Zu berücksichtigen ist, dass je nach Ausführung der Anleiterbereitschaft (ausgefahrene Abstützung, aufgerichteter Leiterpark) der Standort der Drehleiter fixiert wird. Sofern nicht alle potenziellen Einsatzbereiche (Fenster) von diesem Standort aus erreicht werden können, ist die Sinnhaftigkeit der Maßnahme kritisch zu prüfen. In solchen Fällen ist die Anleiterbereitschaft darauf zu beschränken, die Stellflächen frei- und das für die unverzügliche Inbetriebnahme der Drehleiter erforderliche Personal am Fahrzeug vorzuhalten.

### 7.2.1.5 Rettung im Innenangriff oder über Leitern – Abwägung der Vor- und Nachteile

Kommt sowohl eine Rettung im Innenangriff als auch eine Rettung über eine Leiter in Betracht, so sind die Vor- und Nachteile der beiden Varianten abzuwiegen.

**Pro Rettung im Innenangriff (mit Fluchthaube):**

- Abstieg über die Leiter wird vermieden,
- geringe Unfallgefahr durch Nutzung des baulichen Rettungsweges,
- unabhängig von der Gebäudehöhe,
- mit älteren Menschen durchführbar,
- mit größeren Gruppen zu realisieren,
- für Außenstehende nicht einsehbar (Diskretion).

**Pro Rettung im Außenangriff:**

- Rettung in »Fluchtrichtung« – weg von der Gefahr,
- Rettungsmaßnahme ist gut zu beobachten (»es geht was«),
- Schnelligkeit,
- kein baulicher Rettungsweg erforderlich,
- keine Anforderungen an die Zusammensetzung der Luft,
- keine Hindernisse (Feuer, verschlossene Türen).

Sofern es die vorhandenen Kapazitäten ermöglichen, sollten bei unklaren Lagen beide Varianten parallel eingeleitet werden, um sich bis zuletzt beide Optionen offen zu halten und die Erfolgsaussicht der Menschenrettung zu erhöhen.

### 7.2.1.6 Menschenrettung mit Sprungrettungsgeräten

Neben Leitern werden auf einigen Löschfahrzeugen Sprungrettungsgeräte mitgeführt. Diese kommen zum Einsatz, wenn damit zu rechnen ist, dass die Zeit zum Stellen einer Leiter nicht mehr ausreicht, um einen Sprung oder Absturz zu vermeiden oder wenn die verfügbaren Leitern nicht ausreichend lang sind, um den zweiten Rettungsweg stellen zu können.

Theoretisch ist die Rettungshöhe eines Sprungretters mit unendlich anzugeben. Tatsächlich sind schon Sprünge aus relativ geringen Höhen mit Verletzungsrisiken verbunden. Das Risiko nimmt mit zunehmender Höhe dramatisch zu. Bei entsprechenden Höhen ist ein Sprung in den Sprungretter fast immer mit Verletzungen verbunden. Wenn es keine andere Möglichkeit gibt, die Person zu retten und sich ein Sprung als einziger Ausweg abzeichnet, kann der Sprungretter auch in solchen Lagen nach dem Motto »besser als nichts« zum Einsatz kommen.

Der entscheidende Vorteil des Sprungretters ist die Schnelligkeit, mit der er zum Einsatz gebracht werden kann. Um diesen Vorteil nutzen zu können, ist allerdings entschlossenes Handeln aller Beteiligten gefordert. Ergibt sich an der Einsatzstelle eine Lage, die darauf schließen lässt, dass ein Sprung, ein Absturz oder der Abwurf eines Kindes unmittelbar bevorsteht, so ist der Einsatz des Sprungretters in einem Schnelldurchlauf binnen Sekunden zu prüfen. In solchen Fällen ist nur zwischen zwei Szenarien abzuwägen:

- Es wird ein Sprungrettungsgerät gestellt, um einen möglichen Sturz zumindest einigermaßen abfangen zu können. Man nimmt dabei das Risiko einer schweren, möglicherweise sogar tödlichen Verletzung in Kauf, um das Risiko eines völlig ungebremsten Aufschlags auf den Boden schnellstmöglich zu reduzieren.
- Es wird kein Sprungrettungsgerät gestellt, um die damit verbundenen Risiken zu meiden. Stattdessen wird versucht, die Rettung mit einer Leiter zu realisieren. Sollte die Zeit für das In-Stellung-bringen der Leiter nicht ausreichen, kommt es bei einem Sprung oder Absturz zum ungebremsten Aufschlag der Person.



Da es den ungebremsten Aufschlag auf den Boden unbedingt zu vermeiden gilt, wird in solchen Fällen die Entscheidung in der Regel zu Gunsten des Sprungretters fallen. Das hohe Risiko wird dabei durch den ungeheuren Zeitdruck in der akuten Notlage gerechtfertigt. Dies bedeutet zwangsläufig, dass jeder weitere Zeitverlust das Vorhaben gefährdet und ad absurdum führt. Sobald die Entscheidung gefallen ist, muss der Befehl zur sofortigen Umsetzung der angestrebten Maßnahme klar und deutlich erteilt werden: »…-trupp zur Menschenrettung mit Sprungretter auf die rechte Gebäudeseite vor!«

Beim Einsatz des Sprungretters ist die Perspektive der zu rettenden Person zu berücksichtigen. Sie kann von ihrem Standpunkt aus nicht erkennen, in welchem Zustand sich der Sprungretter befindet. Die Person steht zudem unter Stress und verfügt nicht über das notwendige Fachwissen, um die Einsatzbereitschaft des Rettungsgerätes zu erkennen. Deswegen ist ein Sprungretter grundsätzlich außerhalb des Sprungbereichs der bedrohten Person aufzubauen. Erst wenn das Gerät voll aufgeblasen und einsatzbereit ist, wird es in den Sprungbereich der Person gestellt.

**Bild 186** ***Der Einsatz des Sprungretters ist mit erheblichen Risiken verbunden. Um in dieser Extremlage den Fall der Person abzufangen, stellt er die schnellste und möglicherweise einzige echte Rettungsmöglichkeit dar.***

Damit soll verhindert werden, dass eine Person in einen noch nicht einsatzbereiten Sprungretter springt.

Sobald der Sprungretter in Position ist, muss mit dem Sprung bzw. dem Absturz gerechnet werden. Es kann keinesfalls davon ausgegangen werden, dass die Person wartet, bis das Kommando zum Sprung erteilt wird.

Sprungretter kommen auch bei Suizidversuchen zum Einsatz. Von Vorteil ist dabei die Mobilität des Rettungsgerätes, die es erlaubt, bei einem Stellungswechsel (auf

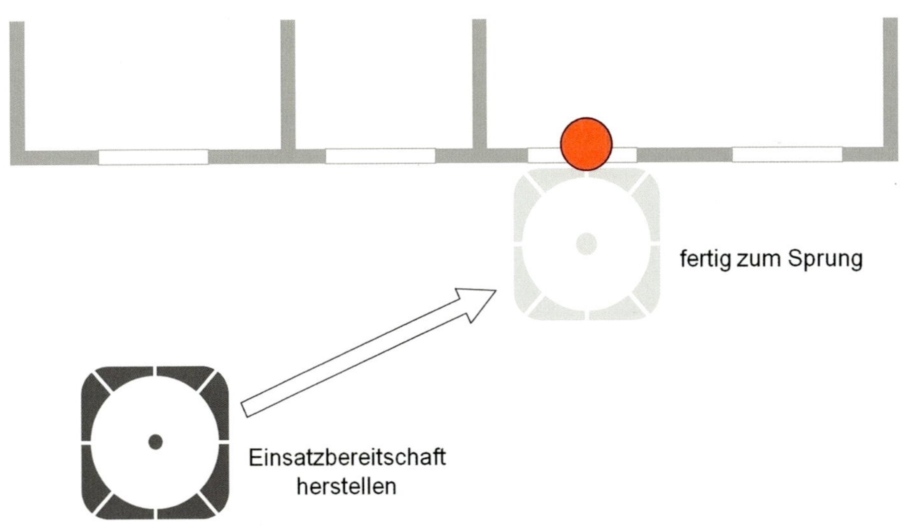


Bild 187 ***Der Sprungretter wird außerhalb des Sprungbereichs aufgebaut und erst im einsatzbereiten Zustand zum eigentlichen Einsatzort getragen.***

dem Dachfirst laufend) der gefährdeten Person zu folgen. Neben den bereits genannten Problemen kommt bei solchen Einsätzen erschwerend hinzu, dass davon ausgegangen werden muss, dass die Person vermutlich kein Interesse daran hat, den Sprungretter zu treffen.

## 7.2.2 Tierrettung

Ziel der Tierrettung ist es, ein Tier möglichst unversehrt zu retten. Dies kann wie bei der Menschenrettung grundsätzlich geschehen, indem bedrohte Tiere

- aus dem Gefahrenbereich gebracht werden (In-Sicherheit-bringen),
- gegen die Gefahr abgeschirmt werden (Betreuung am jeweiligen Standort o. Ä.) oder
- indem die Gefahrenursache beseitigt wird.

Die Aufgabe eines Tieres kann in Ausnahmefällen unter bestimmten Bedingungen eine Option sein. Die Voraussetzung hierzu ist in jedem Fall gegeben, wenn wegen der Rettung eines Tieres Menschen nicht gerettet werden oder in Gefahr geraten können. Insbesondere in Bezug auf eine mögliche Gefährdung der Helfer durch das Tier selbst sind dessen Eigenarten, Körperdimensionen und Kräfte unbedingt zu berücksichtigen.

Die Aufgabe eines Tieres ist auch möglich, wenn absehbar ist, dass die Rettungsaussichten gering sind oder wenn das Tier bereits schwerste gesundheitliche Schäden davongetragen hat. In solchen Fällen ist im Rahmen der Betrachtung vorhandener Möglichkeiten auch die Option zu prüfen, die Rettungsbemühungen einzustellen und das Tier von seinem Leiden zu erlösen. Die gezielte Tötung von Tieren sollte dabei Fachleuten überlassen bleiben (Tierarzt, Metzger, Jäger o. Ä.). Sie kann in Ausnahmefällen auch mit Schusswaffen der Polizei erfolgen, sofern die Lage keine anderen Möglichkeiten zulässt.

### 7.2.3 Erhalt von Sachwerten

**Anmerkung:**

**Die als Überschriften der vorangegangenen Kapitel gewählten Begriffe »Menschenrettung« und »Tierrettung« haben das jeweils angestrebte Ziel benannt. Analog dazu ist es nur konsequent, dieses Kapitel mit »Erhalt von Sachwerten« zu benennen. Damit wird verdeutlicht, dass es in diesem Kapitel um den Erhalt von Sachwerten und nicht um die Bekämpfung eines Brandes geht. Gleichzeitig wird bewusst gemacht, dass – wie bei der Menschen- und Tierrettung – zur Erreichung des gesetzten Ziels neben der Brandbekämpfung auch andere Maßnahmen geeignet sein können. Die Brandbekämpfung ist eben nur eine mögliche Maßnahme, die sowohl im Rahmen einer Menschenrettung als auch zum Erhalt von Sachwerten eingesetzt werden kann.**

Sofern konkrete Hinweise auf eine Gefährdung von Menschenleben vorliegen, muss die Rettung der Menschenleben im zentralen Fokus aller Überlegungen und Maßnahmen stehen. Dabei kann unter Umständen sogar ein maßvolles und vertretbares Risiko für die eigenen Kräfte in Kauf genommen werden. Sind hingegen keine Menschenleben in Gefahr, ist der Einsatz unter weitgehender Ausschaltung aller Risiken für die Einsatzkräfte abzuwickeln. Sachwerte, die nur bei Inkaufnahme einer erkennbaren Eigengefährdung der Einsatzkräfte zu retten wären, müssen aufgegeben werden. Die Option, aufgrund von Personalmangel auf die Stellung eines Sicherheitstrupps zu verzichten, ist zum Schutz von Sachwerten nicht gegeben. Ein Vorgehen ohne Sicherheitstrupp ist in solchen Lagen schlicht nicht zulässig!

**Anmerkung:**

**Diese Tatsache bedingt zwangsläufig, dass ein Innenangriff zum Erhalt von Sachwerten eine Mindeststärke von sechs Einsatzkräften bedingt, von denen mindestens vier Atemschutzgeräteträger sein müssen.**

Auch wenn eine Menschenrettung kein Freibrief für einen völlig rücksichtslosen Umgang mit Sachwerten darstellt, rechtfertigt eine Maßnahme zur Menschenrettung durchaus die bewusste Inkaufnahme von Sachschäden. Liegen umgekehrt jedoch keine Hinweise auf eine Gefährdung von Menschenleben (oder Tierleben) vor, rückt der Erhalt von Sachwerten ins Zentrum der Überlegungen. Eine Sachbeschädigung durch Maßnahmen der Feuerwehr muss in solchen Fällen in einer vernünftigen Relation zu den (noch) zu rettenden Werten stehen (Grundsatz der Verhältnismäßigkeit). Etwaig billigend in Kauf genommene Schäden müssen sich gewissermaßen in Relation zu den erhaltenen Werten »rechnen«.

**Beispiel:**

**Bei einem Brand werden zwei Kinder vermisst. Die Feuerwehr geht mit mehreren Trupps zur Menschenrettung vor. Die Trupps setzen dabei mehrere Rohre ein. Mit großen Wassermengen versuchen sie, dass Feuer möglichst rasch zu bekämpfen, um schneller vordringen zu können und so die Überlebenswahrscheinlichkeit der Kinder zu erhöhen. Sie verursachen dabei einen erheblichen Wasserschaden, der aber angesichts des höheren zu rettenden Gutes (Leben der Kinder) verhältnismäßig ist und billigend in Kauf genommen werden kann.**

Der entscheidende Punkt bei der Bewertung dieser Vorgehensweise ist die Tatsache, dass Menschenleben in Gefahr sind. Nur diese Tatsache rechtfertigt die rücksichtslose Verwendung großer Wassermengen und die dadurch verursachten Wasserschäden. Bei einer vergleichbaren Lage ohne Gefährdung von Menschenleben müsste man angesichts der erheblichen Wasserschäden den massiven Löschwassereinsatz kritisch hinterfragen und käme vermutlich zu einer schlechten Bewertung des Einsatzes.

In der Folge geht es nun um Überlegungen zur Vorgehensweise bei Einsätzen, bei denen weder Menschen noch Tiere in Gefahr sind. Es geht darum, verschiedene Alternativen unter dem Aspekt des Sachwertschutzes zu beleuchten. Dabei ergeben sich naturgemäß Parallelen zu den Überlegungen, die im Zuge der Menschenrettung angestellt wurden. Es sind aber auch deutliche Unterschiede zu erkennen, die sich unter anderem aus der grundsätzlich höheren Wertigkeit von Menschenleben ergeben.

Auch in Bezug auf den Erhalt von Sachwerten hat sich die Bewertung der Möglichkeiten mit ihren Vor- und Nachteilen entscheidend an der Frage zu orientieren, wie nah man dem gesetzten Ziel damit kommen kann (Zielerreichungsgrad). Hieraus ergibt sich zwingend, dass zur Bewertung der unterschiedlichen Möglichkeiten in Bezug auf ihre Vor- und Nachteile die Ziele bekannt sein müssen.

*»Wer das Ziel nicht kennt, wird den Weg nicht finden.«*
*(Christian Morgenstern)*

**Anmerkung:**

**Während es im privaten Bereich oft relativ leicht ist, die Bedürfnisse des »Kunden« zu erkennen oder zu erahnen, ist der Einsatzleiter im gewerblichen Bereich in der Regel auf die Hilfe des Betreibers angewiesen, um die Schwerpunkte im Sinne des »Kunden« richtig setzen zu können.**

Grundsätzlich lässt sich eine Gefahr für Sachwerte ebenfalls mit den schon mehrfach erwähnten taktischen Vorgehensweisen abwenden. Während man bei der Rettung von Menschen und Tieren in den meisten Fällen die Variante des »In-Sicherheitbringens« anwendet, werden Sachwerte in der überwiegenden Zahl der Brandfälle erhalten, indem das Feuer gelöscht und damit die Gefahrenursache beseitigt wird.

Dabei ist diese Präferenz zur Beseitigung der Gefahrenursache nicht immer optimal. Sie wird möglicherweise auch durch die zu einseitige Interpretation des missverständlichen Befehls »Zur Brandbekämpfung« im Sinne von »Wo brennt es? Wie kommen wir am schnellsten dorthin? Wie bekommen wir das Feuer am schnellsten aus?« begünstigt. Zur Erreichung der angestrebten Ziele wäre es jedoch besser, die Fragen wie folgt zu formulieren:

- Wo brennt es?
- Welche Gefahren/Probleme resultieren hieraus? Welche Sachwerte werden bedroht? Wo tut es (dem »Kunden«) richtig weh?
- Was müssen wir tun, um (für den »Kunden«) ein möglichst optimales Ergebnis zu erzielen?

Diese Fragestellung entspricht der Aufgabenstellung, die sich aus den Feuerwehrgesetzen der Länder ergibt und sich auch in der FwDV 100 »Führung und Leitung im Einsatz« findet:

- Welche Gefahren sind für … Sachwerte erkannt?
- Welche Gefahr muss zuerst und an welcher Stelle bekämpft werden?
- Welche Möglichkeiten bestehen für die Gefahrenabwehr?

- Welche Vor- und Nachteile haben die verschiedenen Möglichkeiten?
- Welche Möglichkeit ist die beste?

Der gesetzliche Auftrag der Feuerwehr lässt sich eben nicht auf das Niveau »Wie bekommen wir das Feuer am schnellsten aus?« reduzieren. Nicht immer ist die klassische Brandbekämpfung das einzige und beste Mittel der Wahl, wenn es darum geht, Sachwerte zu erhalten. Der Befehl »Zur Brandbekämpfung« verleitet möglicherweise zu Fehlinterpretationen.

Oftmals ist es wesentlich zielführender, Sachwerte gegen die Gefahr abzuschirmen, indem Türen geschlossen, Lüfter und mobile Rauchverschlüsse eingesetzt oder Möbel abgedeckt werden (zum Schutz gegen durch die Decke tropfendes Löschwasser), als sich ausschließlich auf die Bekämpfung des Brandes zu konzentrieren. Auch die Variante des »In-Sicherheit-bringens« kann helfen, Sachwerte zu erhalten.

Während die Variante des Aufgebens in Bezug auf eine Bedrohungslage für Menschen nur mit erheblichen Einschränkungen und in ganz besonders begründeten Ausnahmefällen in Betracht kommt, ist sie in Bezug auf den Erhalt von Sachwerten oftmals der Schlüssel zum Erfolg. Während die Feuerwehr bei der Menschenrettung verpflichtet ist, (fast) alles zu unternehmen, solange es noch einen Funken Hoffnung gibt, kann und sollte sie bei Sachwerten die Realitäten akzeptieren und auch den Mut haben, Beurteilungen vorzunehmen, auch wenn diese sich lediglich auf Erfahrungswerte und Wahrscheinlichkeitsbetrachtungen stützen.

**Anmerkung:**

**Von jedem Brand gehen irgendwelche Gefahren, nicht zuletzt auch Umweltgefahren aus. Insofern kann die Feuerwehr keinen Brand (Schadenfeuer nach DIN 14011) grundlos brennen lassen. Die Aufgabe eines Sachwertes, eines Objektes bedeutet keinesfalls, es nicht zu löschen. Es ermöglicht dem Einsatzleiter aber, andere Maßnahmen vorzuziehen und personelle und technische Ressourcen an anderen Stellen einzusetzen, um ein insgesamt besseres Ergebnis zu erzielen. Das Löschen des Brandes rückt in der Prioritätenliste nach hinten und kann – je nach Lage – zu einem späteren Zeitpunkt und unter Beachtung aller Sicherheitsvorschriften erledigt werden.**

Vor dem Gesetz sind alle Menschen gleich. Bei Sachwerten gibt es hingegen sehr wohl Unterschiede bei der Wertigkeit. Diese Unterschiede hat der Einsatzleiter zu berücksichtigen, um zu einem optimalen Ergebnis zu kommen. Der Verlust weniger wertvoller Gegenstände kann und muss gegebenenfalls in Kauf genommen werden, um größere Sachwerte erhalten zu können. Neben den reinen Sachwerten (in Euro) sind dabei auch Funktionalitäten, Abhängigkeiten und ideelle Werte so weit wie möglich zu beachten. Der Wert einer bereits völlig zerstörten oder nicht mehr zu rettenden Sache ist bei diesen Betrachtungen mit Null anzusetzen.

Sachwerte werden durch andere Gefahren bedroht als Lebewesen (siehe Gefahrenmatrix). Während Menschen und Tiere durch die toxischen Bestandteile (Atemgifte) des Brandrauchs gefährdet sind, gilt es Sachwerte gegen schadstoffbelastete Rußablagerungen, Korrosion usw. zu schützen. Während Löschwasser für Menschen und Tiere keine Gefahr darstellt, können Sachwerte durch Nässe und hohe Luftfeuchtigkeit Schaden nehmen.

Sachschäden können bei Bränden auf vielfache Weise entstehen. Der Gesamtschaden ergibt sich aus der Summe der Einzelschäden:

| | |
|---|---|
| | Schäden durch die unmittelbare Brandeinwirkung (thermische Schäden) |
| + | Schäden durch die verwendeten Löschmittel (Sach- und Umweltschäden) |
| + | Schäden durch Rauchgase und Ruß (Kontamination, Korrosion) |
| + | Ausfallzeiten (Unbewohnbarkeit der Wohnung, Betriebsunterbrechung) |
| + | Umweltschäden (Boden, Wasser, Luft) |
| + | Kosten für Sanierung und Entsorgung |
| + | ideelle Verluste (Erinnerungsstücke, Sammlungen, Kulturgüter, Forschung) |
| + | Imageverluste (Ruf, Referenzen, Kundenkontakte, Vertrauen, Glaubwürdigkeit) |
| = | Gesamtschaden |

Das Ziel des Einsatzes muss es sein, den Gesamtschaden möglichst gering zu halten. Hierzu können größere Schäden in Teilbereichen billigend in Kauf genommen werden. Die Bewertung von Vor- und Nachteilen verschiedener Möglichkeiten hat sich an dem gesteckten Ziel »Vermeidung oder Minimierung von Schäden aller Art« zu orientieren. Wie aus der Auflistung hervorgeht, sind neben den materiellen Schäden auch ideelle Werte und Funktionalitäten zu berücksichtigen.

Bei Bränden in Wohngebäuden sind die Hausbewohner auch vor Unannehmlichkeiten und Einschränkungen ihrer Lebensqualität zu schützen. Daher ist beispielsweise darauf zu achten, dass

- die baulichen Rettungswege möglichst nicht verraucht werden und begehbar bleiben.
- die Zugangswege zu den Wohnungen möglichst nicht kontaminiert werden und nach dem Brand wieder genutzt werden können.
- möglichst viele Wohnungen sauber und trocken und damit ganz oder in Teilen bewohnbar bleiben.
- ideelle Werte (Fotoalben, Erinnerungsstücke usw.) erhalten bleiben.
- materielle Schäden vermieden werden.

Bei Bränden in gewerblichen Bereichen ist zu berücksichtigen, dass

- die baulichen Rettungswege möglichst nicht verraucht werden und begehbar bleiben.
- Rauch- und Brandabschnitte gehalten werden.
- Prozessabläufe möglichst nicht gestört werden.
- sensible Bereiche, Maschinen, Werkzeuge, Lager usw. gegen Feuer, Löschwasser, Kontamination und Korrosion geschützt werden.
- es zu keinen vermeidbaren Imageverlusten kommt.
- materielle Schäden vermieden werden.

Wesentliches Ziel ist es, das Unternehmen vor Unannehmlichkeiten und Einschränkungen seiner Leistungsfähigkeit zu schützen. Neben der Vermeidung materieller Schäden gilt es, Einschränkungen der Betriebsabläufe und Betriebsunterbrechungen zu vermeiden oder möglichst kurz zu halten. Dabei sind auch Faktoren zu berücksichtigen, die sich nach Abschluss des Einsatzes auswirken (zerstörte und kontaminierte Gebäudeteile, Maschinen und Werkzeuge, Einrichtungen der Infrastruktur, Dateien und Unterlagen).

Die Höhe eines Sachschadens wird von verschiedenen Faktoren beeinflusst. Hierzu gehören:

- Zeitdauer der Einwirkung der Gefahr,
- Größe der betroffenen Bereiche,
- Werte innerhalb der betroffenen Bereiche,
- Art der Nutzung und Bedeutung der betroffenen Bereiche.

Mit der nicht immer zum Ziel führenden Fragestellung »Wie bekommen wir das Feuer am schnellsten aus?« wird primär der erste Faktor berücksichtigt. Die Fragestellung »Wie lassen sich die Schäden minimieren?« bezieht hingegen alle Faktoren gleichwertig mit ein. Sie eröffnet der Feuerwehr zusätzliche Handlungsoptionen. So kann eine längere Brandeinwirkung in einem lokal begrenzten – idealerweise unwichtigen, weniger wertvollen oder bereits zerstörten – Bereich toleriert werden, um eine Ausweitung auf wertvollere/wichtigere Bereiche zu verhindern (Gefahr der Ausbreitung). Der Zeitfaktor verliert dadurch in vielen Fällen an Bedeutung. Aus dem immer wieder gerne zitierten »Kampf um Sekunden« wird ein »Kampf um den Erhalt von Werten«.

Um Einfluss auf die Größe der vom Brand betroffenen Bereiche und das Ausmaß an Schäden nehmen zu können, ergeben sich unterschiedliche Möglichkeiten:

**Angriff, Beseitigung der Gefahrenursache:**

- gezielte Bekämpfung des Brandes im Innen- und/oder Außenangriff,
- gezielte Entrauchung,
- Reduzierung der Löschwassermenge und zeitnahe Aufnahme des überschüssigen Löschwassers,
- schnellstmögliche Beauftragung von Erstmaßnahmen zur Korrosionsvorbeugung durch den Betreiber.

**Verteidigung, Riegelstellung, Abschirmung:**

- Riegelstellung mit Wasser, um eine Wärmeübertragung auf bedrohte Objekte zu unterbinden,
- Nutzung baulicher Einrichtungen, insbesondere der Einrichtungen des Vorbeugenden Brandschutzes, um eine Ausbreitung von Feuer und Rauch im Objekt zu verhindern,
- Vermeidung einer Rauchausbreitung mit technischen Gerätschaften (Druckbelüftung, mobiler Rauchverschluss),
- Abdecken von Einrichtungsgegenständen zum Schutz gegen herabtropfendes Löschwasser.

**In-Sicherheit-bringen, bergen:**

- Bergung von Gegenständen mit hohem materiellen oder ideellen Wert aus dem Gefahrenbereich.

### 7.2.3.1 Möglichkeiten zur Bekämpfung des Brandes

Die Bekämpfung des Brandes erfolgt durch die Durchführung eines gezielten, gegebenenfalls energischen Löschangriffs. Ziel der Brandbekämpfung ist es, die vom Feuer ausgehende Gefahr schnellstmöglich zu beseitigen (Angriff, Beseitigung der Gefahrenursache). Dieses Ziel kann sowohl durch einen Innen- wie auch einen Außenangriff erreicht werden.

Bei Bränden in Gebäuden erfolgt der Angriff in der Regel mit Wasser im Innenangriff. Dabei lässt sich das Wasser aus kurzer Distanz relativ zielgerichtet einsetzen, sodass mit wenig Löschmittel ein guter Löscherfolg erzielt wird. Die Löschwirkung beruht dabei überwiegend auf der Kühlwirkung, der Fähigkeit des Wassers, Wärme zu binden und damit dem System zu entziehen. Dies gilt grundsätzlich auch, wenn dem Wasser Löschmittelzusätze beigemischt sind.

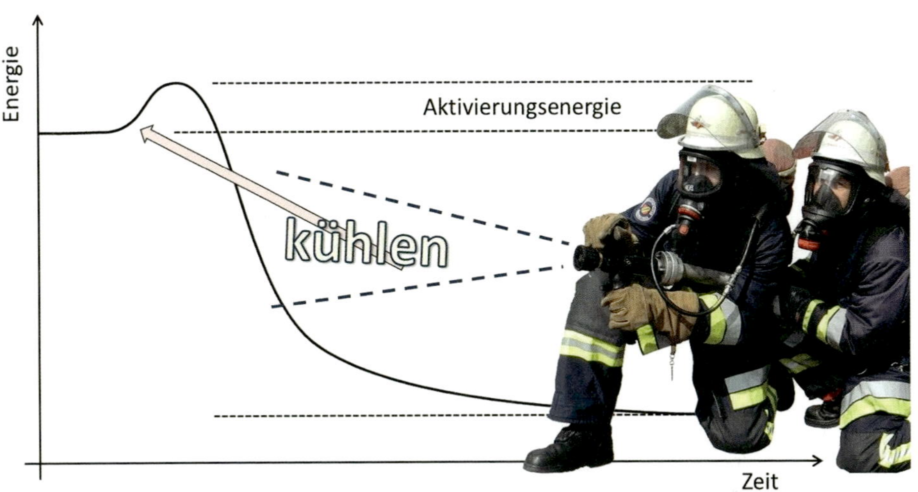


**Bild 188** ***Mit Wasser wird Wärme gebunden, die dem System dann für den Selbsterhalt der exothermen Reaktion nicht mehr zur Verfügung steht. Gleichzeitig sorgt die Bindung der Wärme für eine Absenkung der Raumtemperatur.***

Beim Standard-Innenangriff geht ein Trupp über den Treppenraum und den Flur mit einem Rohr vor. Für diese Variante werden mindestens vier Atemschutzgeräteträger benötigt, da ein Sicherheitstrupp gestellt werden muss. Die Vorgehensweise über den Treppenraum und den Flur ist bequem und sicher und hat zudem den Vorteil, dass die Flucht- und Rettungswege potenziell gefährdeter Menschen auf dem Weg zur Brandstelle kontrolliert werden. Umgekehrt müssen bei dieser Angriffsart mitunter Türen geöffnet werden, wodurch eine Rauchausbreitung in andere Bereiche begünstigt wird. Besonders kritisch ist dabei zu bewerten, wenn im Zuge der Angriffsbemühungen Rettungswege verraucht und damit unpassierbar werden.

Der Innenangriff birgt grundsätzlich ein erhöhtes Risiko für die Einsatzkräfte. Der vorgehende Trupp begibt sich in eine toxische Atmosphäre und muss zudem damit rechnen, gefährlichen Temperaturen ausgesetzt zu werden. Um diese Risiken beherrschbar zu machen, wird der Innenangriff grundsätzlich unter umluftunabhängigem Atemschutz unter Mitführung eines Rohres durchgeführt. Gleichzeitig muss zwingend ein Sicherheitstrupp gestellt werden.

Der energische Angriff mit mehreren Rohren dient dem Ziel, das Feuer schnellstmöglich einzudämmen. Dies kann durchaus Sinn machen, wenn mit einem entsprechend dimensionierten Brand zu rechnen ist.

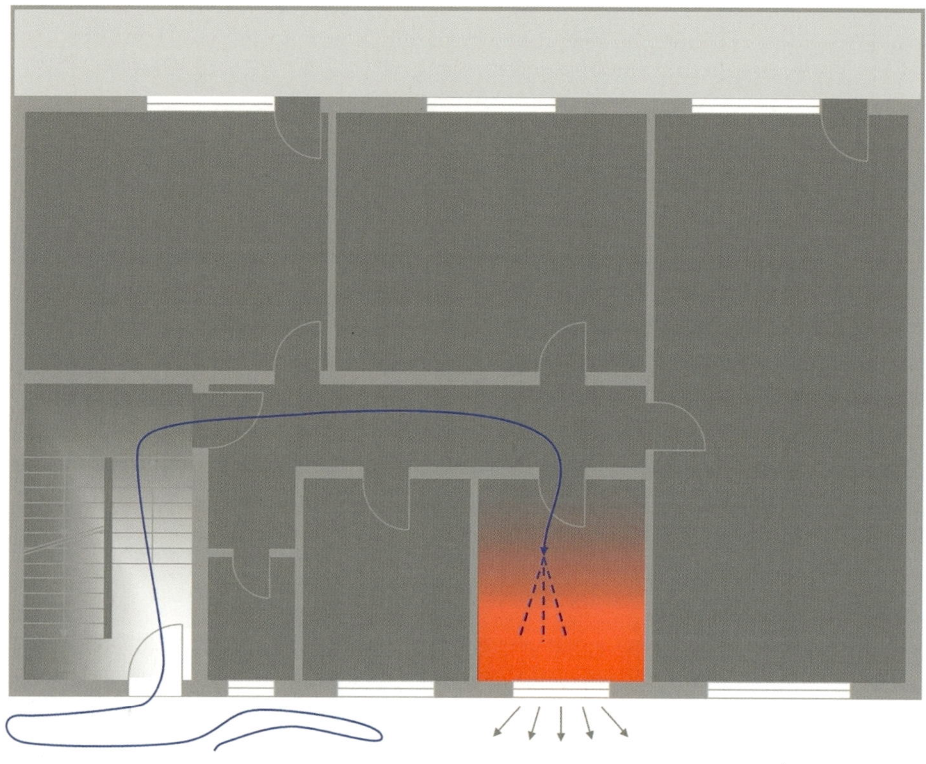

**Bild 189** ***Klassischer Innenangriff mit einem Rohr***

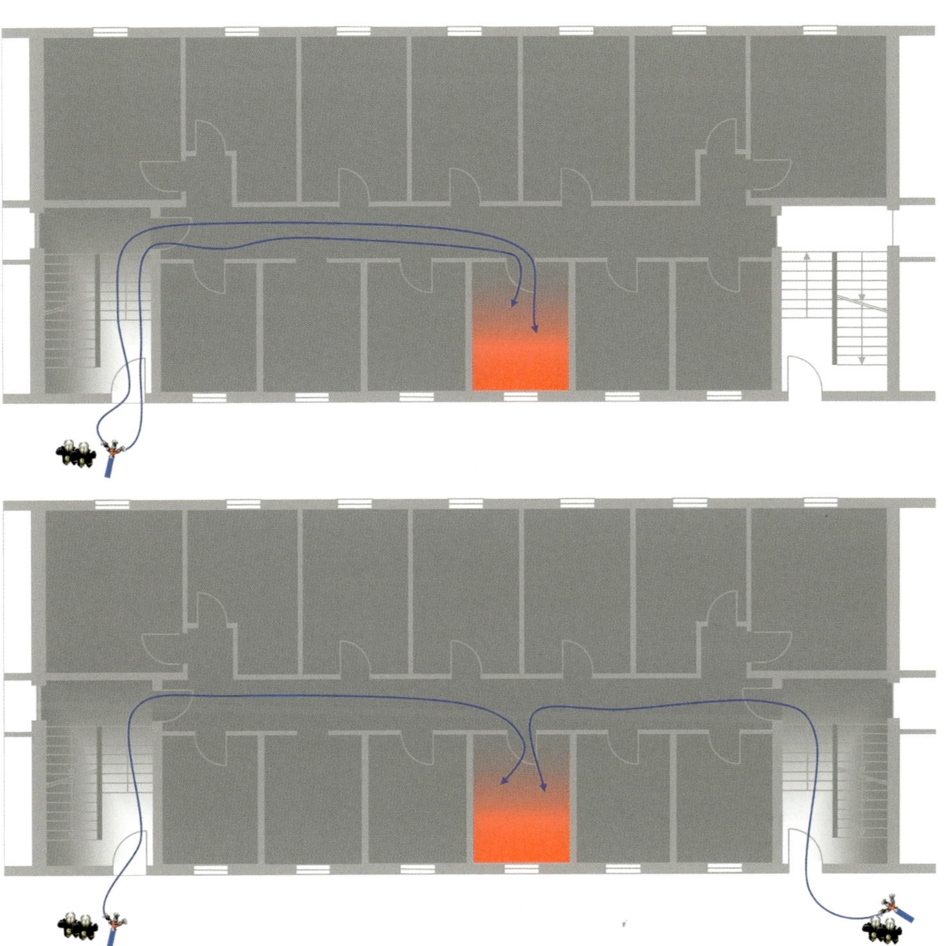

Bilder 190 a und b ***Angriff mit mehreren Rohren im Innenangriff***

Um möglichst schnell zum Feuer zu gelangen, kann es von Vorteil sein, den Angriff parallel über verschiedene Zugänge vorzutragen. In vielen Fällen wird es aber besser sein, nur von einer Seite vorzugehen.

Im Einzelfall ist zu prüfen, ob der Vorteil des schnellen Löscherfolgs nicht mit unverhältnismäßig großen Schäden durch Löschwasser und Rauch einhergeht, was zu einer Verschlechterung der Gesamtbilanz führen würde. Besonders kritisch ist die

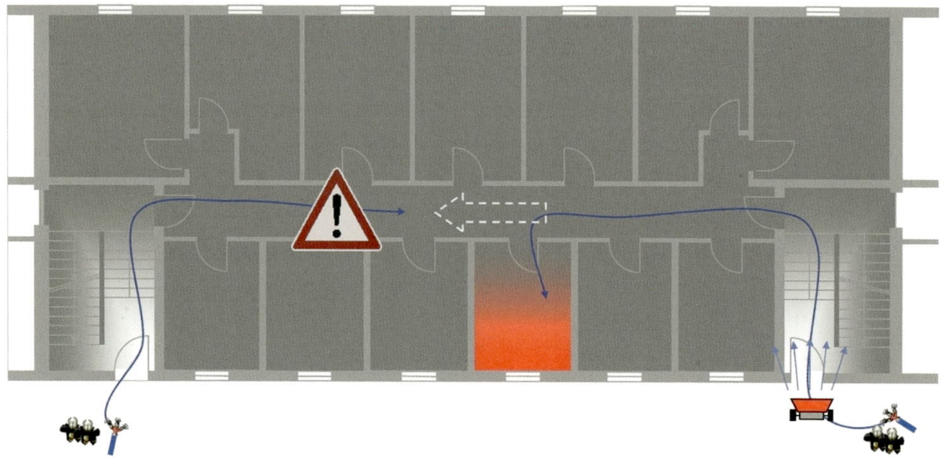

**Bild 191** ***Der Angriff von mehreren Seiten birgt Nachteile und Risiken. Insbesondere gilt es zu vermeiden, dass Trupps im Abluftstrom eingesetzt werden.***

Vorgehensweise zu hinterfragen, wenn gleichzeitig mehrere Treppenräume verraucht werden.

Das Vorgehen über mehrere Eingänge erhöht zudem die Komplexität des Einsatzes. Hierunter leidet die Übersichtlichkeit der Einsatzstelle. Gleichzeitig nimmt der logistische Aufwand zu (zweiter Verteiler, zweiter Sicherheitstrupp usw.).

Beim Vorgehen über mehrere Zugänge ist auch die Sicherheit der vorgehenden Trupps in Bezug auf die Ventilationsverhältnisse (»Durchzug«) zu berücksichtigen. Der Einsatz eines Lüfters kann zu einer zusätzlichen Gefährdung führen, wenn dadurch einer der vorgehenden Trupps dem Abluftstrom ausgesetzt wird.

Neben den bereits genannten Gefahren gilt es auch andere Gefahren der Einsatzstelle, wie beispielsweise die Gefahr des Einsturzes, zu beachten. Sofern die Sicherheit der vorgehenden Trupps nicht gewährleistet werden kann, muss von einem Innenangriff abgesehen werden.

Der Außenangriff kommt zur Anwendung, wenn der Innenangriff nicht möglich ist. Er kann aber auch eingesetzt werden, um die Voraussetzungen für einen Innenangriff zu verbessern. Für den Außenangriff sprechen neben dem Sicherheitsaspekt auch die Schnelligkeit sowie die Möglichkeit, den Brand bekämpfen zu können, ohne Türen öffnen zu müssen.

Bei aktiven Bränden kann es Sinn machen, zunächst einen Außenangriff als Erstmaßnahme durchzuführen. Dabei kann auch die Schnellangriffseinrichtung zum Einsatz

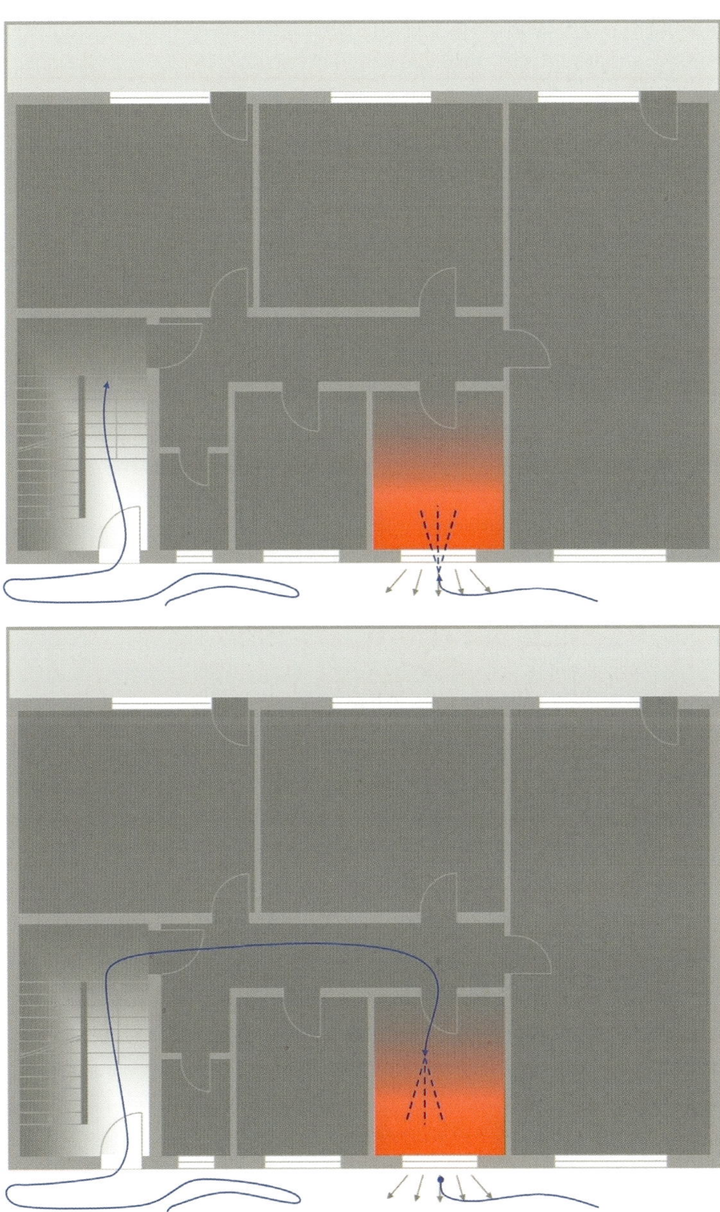

Bilder 192 a und b ***Brandbekämpfung von innen und außen***

kommen. Parallel sind die Vorbereitungen für den Innenangriff zu treffen. Der Außenangriff kann zum Ziel haben, einen Flammenüberschlag auf das über der Brandwohnung liegende Geschoss zu verhindern. Gleichzeitig wird durch den Außenangriff Wärme gebunden und dadurch die Brandintensität gemindert. Durch die Temperaturabsenkung wird die thermische Beanspruchung der Bauteile reduziert und die Gefahr einer Brandausbreitung innerhalb der betroffenen Etage verringert. Der Außenangriff erleichtert zudem das Vorgehen des später im Innenangriff vorgehenden Trupps.

Vorsicht ist geboten, wenn bei einem laufenden Innenangriff Wasser von außen in den Brandbereich gespritzt wird. Hierbei besteht die Gefahr, dass der im Innenangriff vorgehende Trupp durch den sich bildenden Wasserdampf gefährdet wird. Auch ohne Gefährdung kann das Vorgehen zumindest erschwert werden, weil die dabei entstehende »feuchte Wärme« als wesentlich unangenehmer empfunden wird.

Der Außenangriff kann bei aktiven Bränden auch das Mittel der Wahl sein, wenn die Kräfte noch nicht ausreichen, um im Innenangriff vorgehen zu können. Er macht jedoch nur Sinn, wenn das Löschmittel einigermaßen gezielt abgegeben und somit eine gute Löschwirkung erzielt werden kann. Um Wasserschäden zu vermeiden, ist der Außenangriff zu beenden oder vorübergehend einzustellen, wenn die Gewalt des Feuers gebrochen und keine erkennbare Löschwirkung mehr zu erzielen ist.

### 7.2.3.2 Verwendung von Sonderlöschmitteln

Sofern Stoffe brennen, die sich nicht oder nicht optimal mit Wasser löschen lassen, ist die Verwendung von Sonderlöschmitteln zu prüfen. Zu beachten ist, dass diese häufig nicht umweltverträglich sind. Sollen sie in großen Mengen eingesetzt werden, ist eine mögliche Umweltgefährdung zu berücksichtigen. Darüber hinaus erfordert der Einsatz von Sonderlöschmitteln in großem Stil eine Vorplanung, da sie nicht in unbegrenztem Umfang zur Verfügung stehen.

Schaummittel kommt zum Einsatz, wenn brennbare Flüssigkeiten abgedeckt werden sollen oder die Eindringtiefe des Löschmittels Wasser verbessert werden soll. Letzteres gelingt schon bei Zumischung geringer Mengen Schaummittel, da es lediglich darum geht, die Oberflächenspannung des Wassers zu senken. Die Löschmittelabgabe kann in diesem Fall mit normalen Strahlrohren erfolgen.

Bei der Verwendung von Schaum ist eine Entscheidung bezüglich der Schaumart zu treffen. Für Schwerschaum sprechen neben der größeren Wurfweite der bessere Kühleffekt sowie die bessere Haftung des Schaums an Gegenständen. Ebenso ist Schwerschaum beständiger gegen die Einwirkung des Feuers. Für Mittelschaum spricht die größere Schaumausbeute bei gleichem Verbrauch von Schaummittel und Wasser.

Schaum ist nur sehr bedingt wärmebeständig. Deswegen kommt es beim Schaumangriff darauf an, ihn in einem Zug zu Ende zu bringen. Mit dem Löschangriff darf daher erst begonnen werden, wenn genügend Löschmittel (Schaummittel und Wasser) vor Ort verfügbar sind. Der Schaumteppich muss zudem schnellstmöglich aufgebracht werden, um die Abbrandrate möglichst gering zu halten.

Beim Löschmittel Pulver ist zu berücksichtigen, dass es über keinerlei Kühlwirkung verfügt. Da bis zum Eintreffen der Feuerwehr immer von einer längeren Vorbrennzeit ausgegangen werden muss, ist mit der Gefahr einer Rückzündung zu rechnen. Dieser Gefahr kann begegnet werden, indem das Umfeld vor, während und/oder nach dem Pulverangriff mit Wasser gekühlt wird und brennbare Flüssigkeiten mit Schaum abgedeckt werden.

### 7.2.3.3 Möglichkeiten zur Verhinderung der Ausbreitung von Feuer und Rauch

Um Sachwerte gegen die schädigende Wirkung von Feuer (Wärme) und Rauch (Schadstoffe, Kontamination) zu schützen, kommen neben der Brandbekämpfung auch andere Möglichkeiten in Betracht. Der Gefahr einer unkontrollierten Ausbreitung der Wärme kann oftmals schon durch die Reduzierung von Öffnungen im Innenbereich (Türen geschlossen halten, Türen schließen) begegnet werden. Diese Möglichkeit, die im Vorbeugenden baulichen Brandschutz eine wesentliche Bedeutung hat (Bildung von Brandabschnitten), gilt es im Ereignisfall konsequent zu nutzen. Daneben ist in Bezug auf die Ausbreitung der Wärme die gezielte Wärmeabfuhr über geeignete Öffnungen zu nennen (siehe auch Bild 193). Damit der Wärmeabzug funktioniert, müssen unter Umständen auch Zuluftöffnungen geschaffen werden, um frische Luft nachströmen zu lassen.

Eine weitere Möglichkeit, um die Wärmeübertragung zu reduzieren, ergibt sich durch die Riegelstellung mit Wasser (Abschirmung, siehe Bild 194).

Die Möglichkeit der Wärmebindung durch Wasserabgabe (Riegelstellung) gilt es bei Bedarf auch im Innenangriff zu nutzen, um einem unkontrollierten Wärmetransport in das Gebäudeinnere zu begegnen (siehe auch Bild 195).

Um Sachwerte gegen die schädigende Wirkung durch Rauchgase zu schützen, ergeben sich diverse Möglichkeiten. Grundsätzlich gilt es, bei Eintreffen noch nicht verrauchte Bereiche rauchfrei zu halten. Dies gilt insbesondere für Rettungswege und Bereiche, in denen sich Menschen aufhalten. Es gilt aber auch für alle anderen Bereiche, auch wenn sich dort »lediglich« Sachwerte befinden (Bild 196).

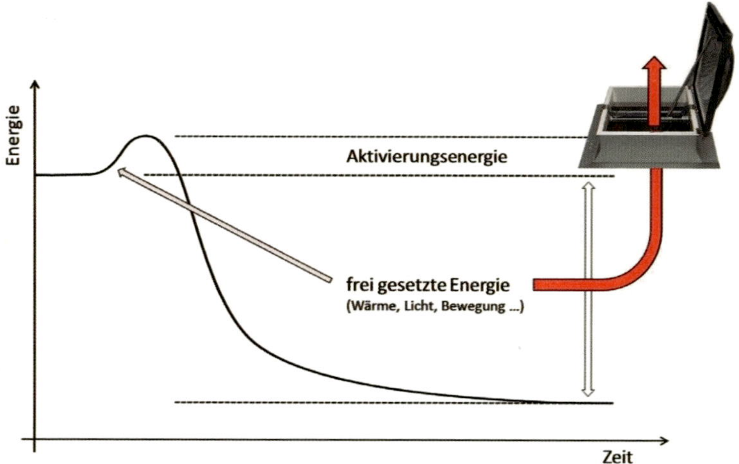


**Bild 193** ***Sofern die Möglichkeit besteht, die Wärme über Fenster, Rauch- und Wärmeabzugsanlagen (RWA) oder Ähnliches entweichen zu lassen, sinkt neben der Brandausbreitungsgeschwindigkeit im Raum auch die thermische Beanspruchung von Bauteilen und Gegenständen im Objekt.***

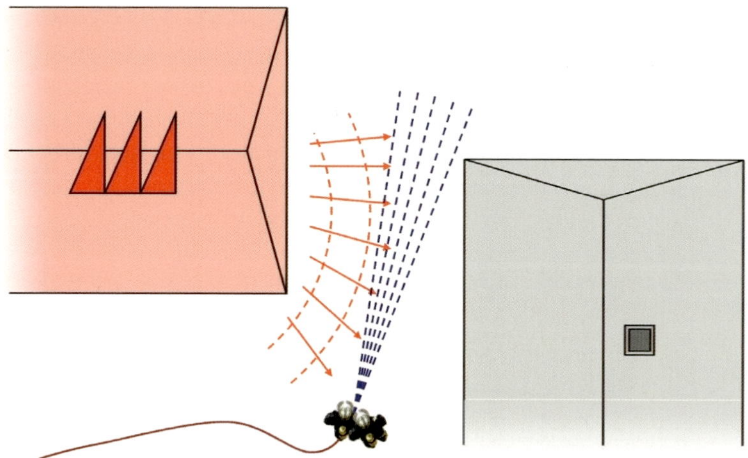

**Bild 194** ***Bei der Riegelstellung wird die vom Brand ausgehende Wärmestrahlung vom Wasser gebunden und die schädigende Einwirkung der Wärme auf angrenzende Objekte reduziert. Für diese Maßnahme kommen Strahlrohre, im Außenbereich auch Wenderohre, Wasserwerfer und Hydroschilder in Betracht.***

Bild 195 *Bei diesem Training wird der aus der Öffnung zum Innenbereich hinaustretende Wärmestrom mit Wasser gebunden. Neben dem Eigenschutz dient diese Maßnahme auch dem Schutz anderer Personen und Gegenstände, die ansonsten durch die Wärme gefährdet würden.*

In Anlehnung an den Vorbeugenden Brandschutz (Bildung von Rauchabschnitten) gilt es zum Schutz gegen eine unkontrollierte Rauchausbreitung innerhalb des Objektes primär, auf die Schaffung unnötiger Öffnungen zu verzichten oder vorhandene Öffnungen zu schließen.

Bild 196 *Sachwerte können durch Rauchgase massiv geschädigt werden. Aufgrund der anhaftenden Schadstoffe müssen die Gegenstände vor dem Wiedergebrauch aufwendig gereinigt oder entsorgt werden. Eine weitere Gefahr ergibt sich aufgrund der korrosiven Eigenschaften für metallische Gegenstände wie Maschinen, Werkzeuge usw. (Foto: Fa. Sprint)*

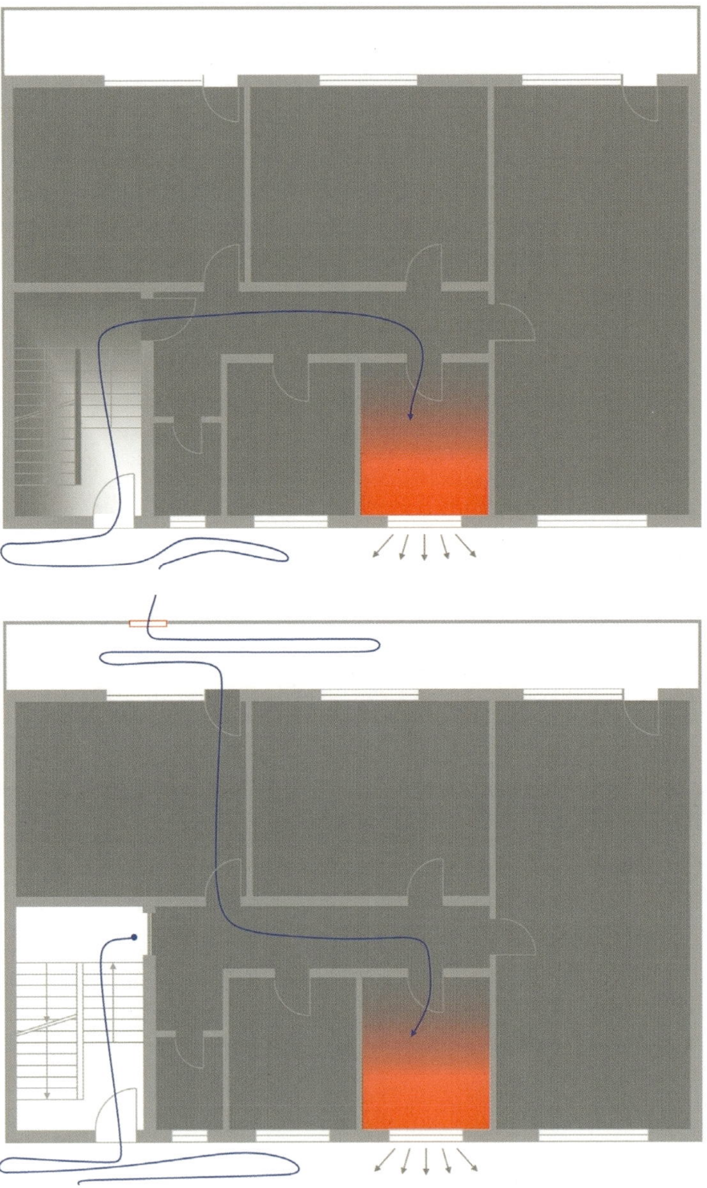

Bilder 197 a und b *Die Verrauchung des Treppenraumes (oberes Bild) kann verhindert werden, wenn der Angriff über einen Umweg vorgetragen wird (unteres Bild).*

Bild 198 ***Durch die Wahl eines alternativen Angriffswegs (Einstieg in das brennende Institut über Balkon und Fenster) konnte diese Brandschutztür geschlossen bleiben. Ein Treppenraum, Fahrstuhlschächte, angrenzende Institute und über dem Brandherd liegende Geschosse blieben dadurch rauchfrei. Sie wurden nicht geschädigt und konnten unmittelbar nach dem Brand wieder genutzt werden.***



Nicht selten muss die Feuerwehr Türen und Tore öffnen, um auf direktem Weg zum Brandherd zu gelangen. Sofern dabei eine Rauchausbreitung auf zuvor rauchfreie Bereiche droht, stellt sich automatisch die Frage nach einem alternativen Angriffsweg, der es der Feuerwehr ermöglicht, den Brandherd zu attackieren, ohne die Verrauchung dieser Bereiche billigend in Kauf nehmen zu müssen. Die hierdurch zu erwartenden Vorteile sind gegen etwaige Nachteile wie Zeitverzug, Arbeitsaufwand und Gefahren abzuwiegen.

Als weitere Möglichkeit ist die Bekämpfung des Brandes durch Türen und Wände hindurch zu nennen. Hierzu sind allerdings spezielle Geräte wie FogNail oder Cobra erforderlich, über die derzeit in Deutschland nur wenige Feuerwehren verfügen.

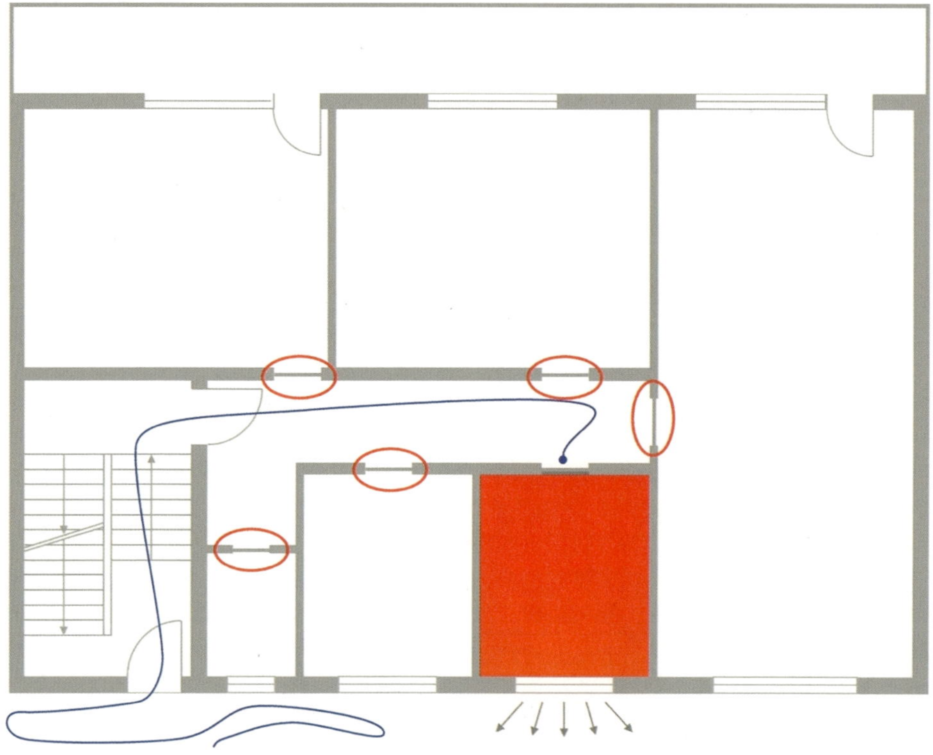

Bild 199 ***Einfach und wirkungsvoll ist es, durch das frühzeitige Schließen von Türen den Bereich, der beim Öffnen der Tür zum Brandraum potenziell verraucht werden kann, zu verkleinern.***

Sofern im Zuge der anstehenden Maßnahme Öffnungen geschaffen werden müssen, sollten im Vorfeld Überlegungen angestellt werden, wie sich die Größe des dann potenziell verrauchten Bereichs minimieren lässt. Wird beispielsweise die Wohnungstür der Brandwohnung geöffnet, sollten zunächst Maßnahmen zur Verhinderung des Raucheintritts in den Treppenraum ergriffen werden und zudem die Wohnungstüren in den darüber liegenden Geschossen geschlossen worden sein.

Mit dem mobilen Rauchverschluss und dem Hochleistungslüfter stehen vielen Feuerwehren inzwischen Geräte zur Verfügung, die den Rauchaustritt durch Türöffnungen wirkungsvoll einschränken können.

**Bild 200** ***Ein mobiler Rauchverschluss kann die Ausbreitung von Rauch deutlich einschränken.***



Der mobile Rauchverschluss ermöglicht ein Vorgehen über die klassischen Angriffswege. Er wird nach Möglichkeit in den Türrahmen eingespannt, bevor die Tür geöffnet wird. Der Verschluss deckt die Öffnung fast vollständig ab. Die vom Brand ausgehende Thermik lässt den Rauch aufsteigen und aus dem Fenster entweichen. Durch den verbleibenden Spalt im Bodenbereich der Tür strömt Frischluft nach. Auf diese Weise wird verhindert, dass Rauch durch die im Bodenbereich befindliche Öffnung des Rauchverschlusses austritt.

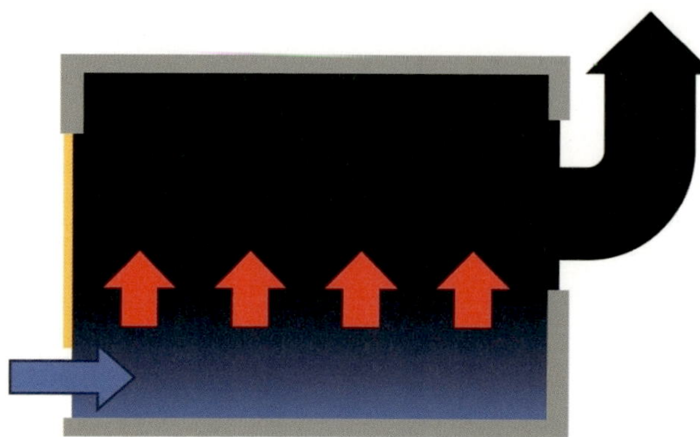

**Bild 201** ***Das Gewebe des mobilen Rauchverschlusses (gelbe Linie) deckt die Türöffnung fast vollständig ab. Die Thermik lässt die Rauchgase über das Fenster entweichen.***

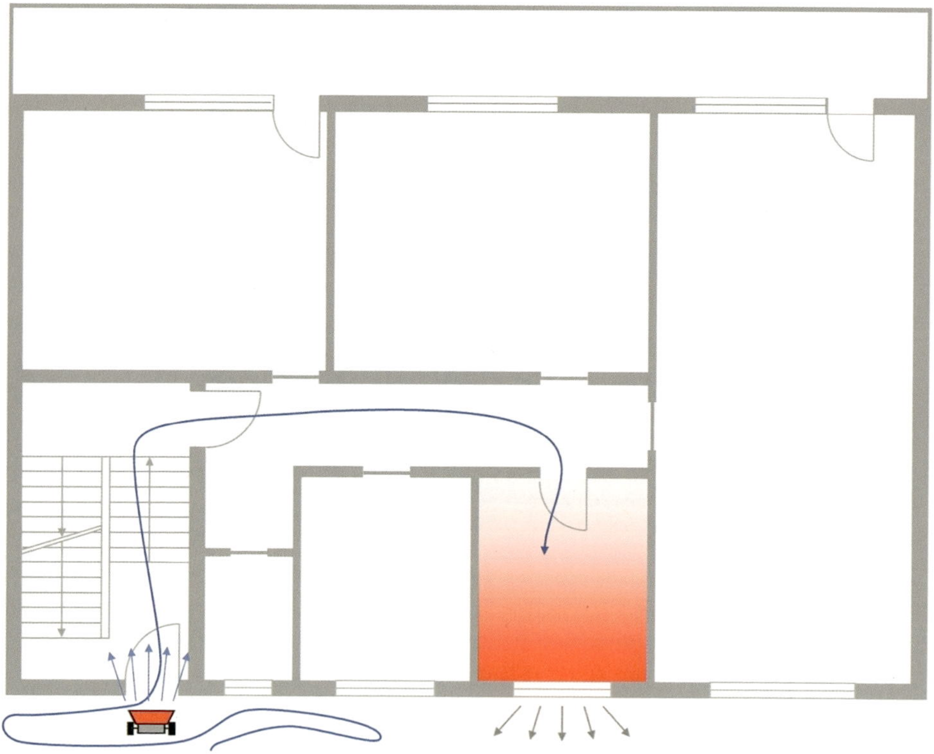

**Bild 202** ***Bei der Druckbelüftung wird ein Druckprofil erzeugt, welches für einen gerichteten Abtransport der Rauchgase sorgt.***

Während beim mobilen Rauchverschluss ein Gewebe den Rauchaustritt verhindert, wird bei der Druckbelüftung der gleiche Effekt durch den Aufbau eines Druckgefälles angestrebt. Dabei wird in dem Bereich, der rauchfrei bleiben soll, ein höherer Druck erzeugt, als im verrauchten Bereich vorhanden ist. Da Gase immer von Bereichen mit hohem Druck zu Bereichen mit niedrigem Druck strömen, wird ein Austreten der Rauchgase verhindert (siehe auch Bild 202).

Für das Verfahren der Druckbelüftung wird ein geeigneter Hochleistungslüfter benötigt. Das Verfahren folgt den physikalischen Gesetzen der Strömungsmechanik und funktioniert nur, wenn die entsprechenden Voraussetzungen gegeben sind. Sind die Voraussetzungen hingegen nicht gegeben, kann die mechanische Zufuhr von Luft zu erheblichen Problemen und Risiken führen. Soll die Überdruckbelüftung angewandt werden, obliegt dem Einsatzleiter vorab die Prüfung, inwieweit die erforderlichen Voraussetzungen gegeben sind oder geschaffen werden können.

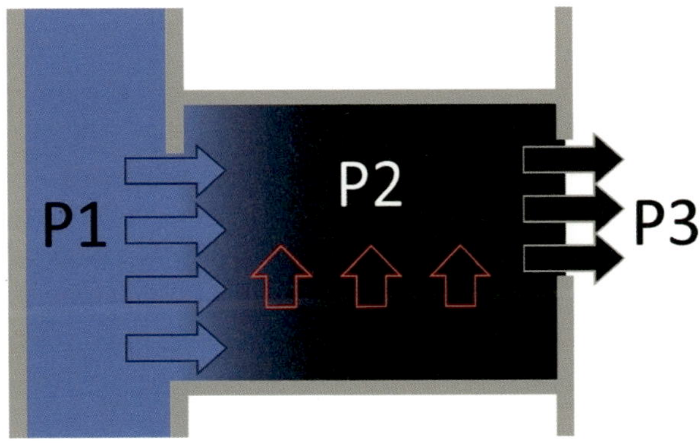


Bild 203 ***Wenn die Voraussetzungen erfüllt sind, stellt sich ein Druckprofil mit P1 > P2 > P3 ein. In der Folge strömt saubere Luft aus dem Treppenraum durch die geöffnete Tür in den verrauchten Bereich und presst den Brandrauch durch das Fenster aus dem Raum. Das Eindringen von Rauch in den Treppenraum wird durch den dort herrschenden höheren Druck (P1) verhindert.***

Damit sich das gewünschte Druckprofil einstellt, sollte die Abluftöffnung etwa 1- bis 1,5-mal so groß wie die Zuluftöffnung sein. Bei zu großer Abluftöffnung strömt die Luft zu schnell ab, sodass sich kein Überdruck aufbauen kann. Dabei werden hohe Strömungsgeschwindigkeiten erreicht, die zu Schäden führen können. Bei fehlender oder zu kleiner Abluftöffnung kommt es zum Rückstau bzw. »Kurzschluss«. Die Gesetzmäßigkeiten der Natur sorgen dann dafür, dass Teile der Zuluftöffnung als Abluftöffnung genutzt werden.

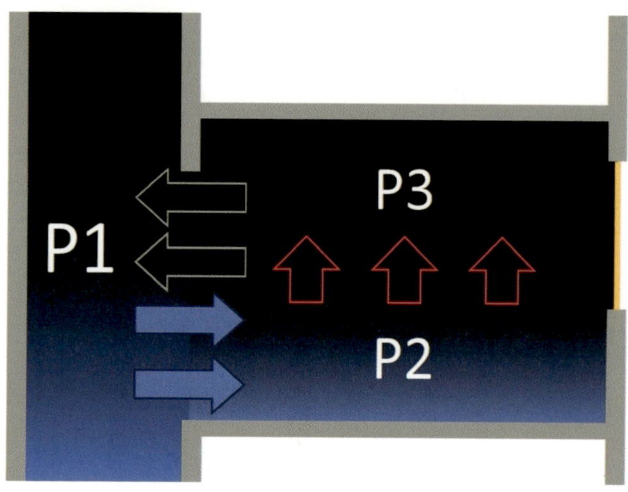


Bild 204 ***Wenn keine Abluftöffnung vorhanden ist, kann sich das angestrebte Druckprofil nicht einstellen. Die Luft strömt im unteren Bereich in den Raum ein, wodurch es zum Druckausgleich kommt. Verstärkt durch die Thermik wird im Deckenbereich des Brandraums ein höherer Druck als im Treppenraum erreicht (P3 > P1). Die Konsequenz ist, dass der Rauch nun sogar mit maschineller Unterstützung in den Treppenraum gepresst wird.***

Sofern der Treppenraum beim Eintreffen bereits verraucht ist, birgt das Verfahren der Druckbelüftung das Risiko, dass Rauch in Bereiche gepresst wird, die bisher noch rauchfrei waren. Diese Gefahr besteht immer, wenn der Druck in einem bereits verrauchten Bereich erhöht wird. In solchen Fällen muss zunächst der Raucheintritt in den Treppenraum unterbunden (Tür schließen oder mobilen Rauchverschluss einsetzen) und der Treppenraum möglichst drucklos entraucht werden (Schaffung möglichst vieler Öffnungen). Erst wenn diese Maßnahme abgeschlossen ist, können die Öffnungen im Treppenraum wieder geschlossen und der Druck im Treppenraum erhöht werden. Der Überdruck verhindert in der Folge den erneuten Raucheintritt in den Treppenraum, sofern eine Abluftöffnung im verrauchten Bereich vorhanden ist.

Bei der Druckbelüftung wird eine gerichtete Strömung erzeugt, um die Rauchgase gezielt abzuführen und deren Eindringen in bisher rauchfreie Bereiche zu verhindern. Da mit den Rauchgasen auch ein Wärmestrom erzeugt wird, ist aus Sicherheitsgründen darauf zu achten, dass sich keine Personen im Bereich der Austrittsöffnung aufhalten.

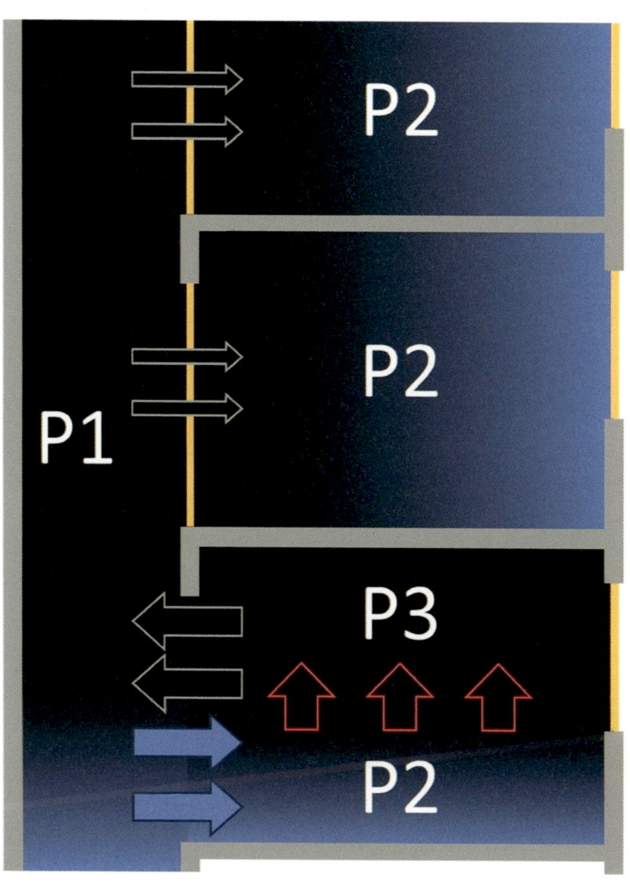


Bild 205 ***Vorsicht ist geboten, wenn der Druck in einem bereits verrauchten Bereich erhöht wird. In diesem Fall besteht die Gefahr, dass Rauch in Bereiche gepresst wird, die bisher noch rauchfrei waren. Der Grund hierfür ist, dass Dichtungen und Türen o. Ä. der durch die Druckbelüftung erhöhten Druckdifferenz von P1 gegenüber P2 nicht mehr standhalten.***

Die Verwendung des mobilen Rauchverschlusses und des Hochleistungslüfters schließen sich gegenseitig nicht aus. Beide Geräte können parallel zum Einsatz gebracht werden.

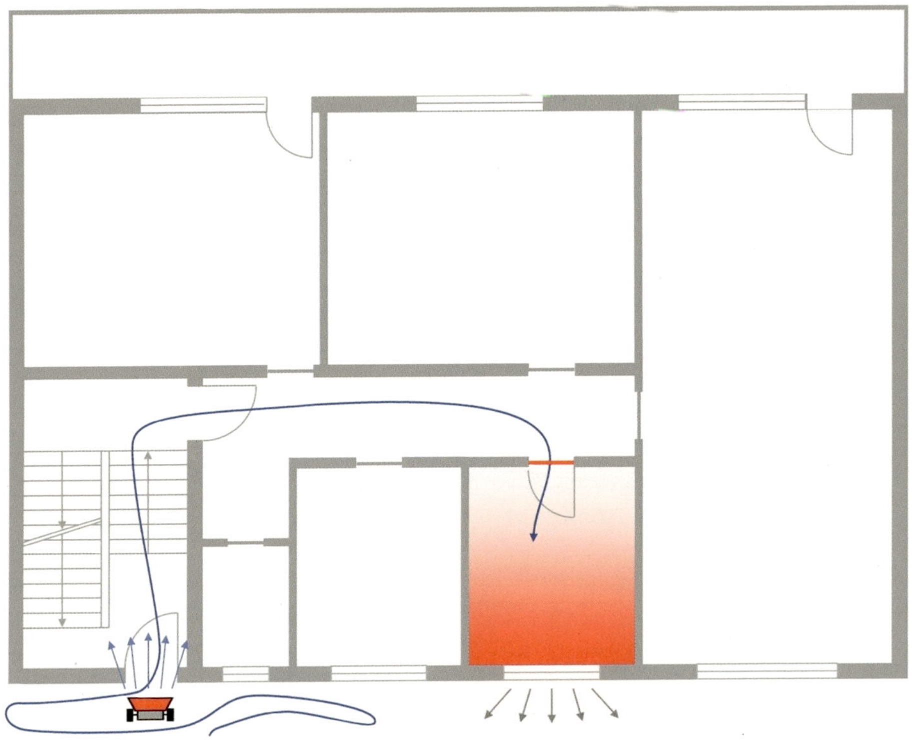

**Bild 206** ***Druckbelüftung und mobiler Rauchverschluss können auch kombiniert zum Einsatz kommen.***

## 7.2.3.4 Möglichkeiten zur Reduzierung von Löschwasserschäden

Neben den Schäden durch Feuer (Wärme) und Rauch gibt es noch eine Reihe weiterer möglicher Ursachen für Folgeschäden bei Bränden. Bekannt sind vor allem Wasserschäden, die in Folge der Löscharbeiten auftreten.

Primär lassen sich Wasserschäden dadurch minimieren, indem die Löschwassermenge auf das notwendige Maß reduziert wird. Dies wird erreicht, indem das Wasser möglichst fein verteilt in die heißen Bereiche gespritzt wird. Ziel ist es, dem Verbrennungsprozess mit möglichst wenig Wasser möglichst viel Energie zu entziehen. Dies gelingt insbesondere, wenn das Wasser verdampft.

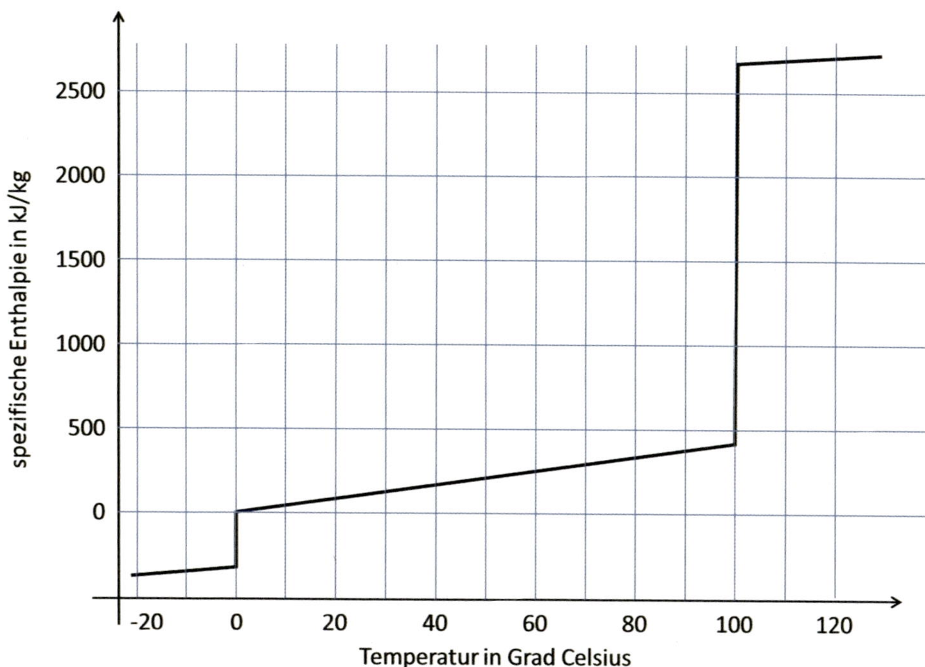


Bild 207 ***Wasser verfügt über ein sehr gutes Wärmebindungsvermögen (Enthalpie) und eignet sich daher hervorragend als Löschmittel. Besonders viel Wärme bindet Wasser beim Verdampfen (Verdampfungsenthalpie).***

Ein Kilogramm Wasser bindet bei einer Erwärmung um ein Grad 4,2 kJ. Beim Verdampfen bindet die gleiche Menge Wasser hingegen 2257 kJ. Die Tabelle 20 veranschaulicht, in welchen Dimensionen sich der Wasserverbrauch zumindest theoretisch optimieren lässt, wenn es darum geht, eine Energie von 5000 kJ zu binden.

Neben der Möglichkeit, die abgegebene Wassermenge zu reduzieren, kann überschüssiges Löschwasser aufgenommen werden (Beseitigung der Ursache), bevor es in angrenzende Bereiche oder in das darunterliegende Geschoss eindringen kann. Darüber hinaus gibt es auch in Bezug auf Wasserschäden die Möglichkeiten der Abschirmung und des In-Sicherheit-bringens. Die Abschirmung kann durch Abdecken mit Folien, das In-Sicherheit-bringen durch den Abtransport aus dem Objekt oder gezieltes Versetzen innerhalb des Objektes erfolgen.

Tabelle 20 ***Energiebindungsvermögen von Wasser***

| zu bindende Energie | 5000 kJ | 5000 kJ | 5000 kJ | 5000 kJ |
|---|---|---|---|---|
| Löschwasser<br>Eintrittstemperatur:<br>Aggregatzustand: | <br>20 °C<br>flüssig | <br>20 °C<br>flüssig | <br>20 °C<br>flüssig | <br>20 °C<br>flüssig |
| Löschwasser<br>Austrittstemperatur:<br>Aggregatzustand: | <br>20 °C<br>flüssig | <br>25 °C<br>flüssig | <br>80 °C<br>flüssig | <br>100 °C<br>gasförmig |
| Energieaufnahme pro kg Wasser | 0 × 4,2 kJ/kg | 5 × 4,2 kJ/kg | 60 × 4,2 kJ/kg | 80 × 4,2 kJ/kg<br>2257 kJ/kg |
| | 0 kJ/kg | 21 kJ/kg | 252 kJ/kg | 2593 kJ/kg |
| benötigte Wassermenge | unendlich | 238 kg | 20 kg | 1,9 kg |
| Faktor | unendlich | 125 | 10 | 1 |

**Anmerkung:**

Der ineffiziente Umgang mit Löschwasser führt zu vermeidbaren Wasserschäden. Gleichzeitig ist er auch ursächlich für einen erhöhten logistischen Aufwand in Bezug auf die Wasserversorgung. Eine qualifizierte Einsatzleitung kann in Verbindung mit gut trainierten Einsatzkräften die Kapazität des verfügbaren Löschwassers deutlich erhöhen, indem die Ressource Wasser effektiv genutzt wird.

Allerdings benötigt ein entsprechend entwickeltes Feuer auch eine Mindestmenge an Wasser, um die durch die Reaktion freigesetzte Energie binden und somit dem System entziehen zu können. Nur mit einer der Lage angepassten Wassermenge lässt sich die angestrebte Löschwirkung erzielen. Ein zu zögerlicher Umgang mit Wasser führt auch nicht zu dem gewünschten Erfolg.

Im Zuge der Löscharbeiten kann das Löschwasser derart mit Schadstoffen belastet werden, dass Umweltschäden drohen und Maßnahmen zur Löschwasserrückhaltung notwendig werden. Die Belastung des Löschwassers kann aus Brandrückständen, aber auch aus umweltunverträglichen Löschmittelzusätzen (Schaummittel) bestehen. Die Problematik steigt naturgemäß mit dem Volumen an aufzufangendem bzw. zu entsorgendem Löschmittel.

Kontaminiertes Löschwasser kann unter Umständen der Kläranlage zugeführt werden, was vorab mit dem Betreiber zu klären ist. Viele Betriebe haben auch die Möglichkeit, kontaminiertes Löschwasser auf dem Firmengelände aufzufangen. Sofern diese Möglichkeiten nicht bestehen, muss das Löschwasser mit Mitteln der Feuerwehr aufgefangen und einer gezielten Entsorgung zugeführt werden. Unter Umständen ergibt sich die Möglichkeit, die zu entsorgende Menge zu reduzieren, indem ablaufendes Löschwasser im Kreislauf wieder zum Löschen verwendet wird. Hierzu sollten jedoch robuste (alte) Pumpen und Armaturen zum Einsatz kommen.

Wird Wasser in großem Maße von im Objekt befindlichen Stoffen aufgenommen, kann hieraus eine Einsturzgefahr resultieren. Dies gilt unabhängig davon, ob es sich bei den Materialien um im Raum gelagertes Gut oder um Baustoffe (Dämmstoffe in Form von Lehm, Stroh oder Papier) handelt. In beiden Fällen erhöht sich die Masse der Stoffe durch das gebundene Wasser um ein Vielfaches. Hierdurch steigt die von der Statik des Gebäudes zu tragende Last. Bei quellfähigen Stoffen kann sich durch die Vergrößerung des Volumens bei Wasseraufnahme eine zusätzliche Einsturzgefahr ergeben.

#### 7.2.3.5 Möglichkeiten zur Reduzierung sonstiger Schäden



Schäden können auch entstehen, indem Betriebsabläufe gestört oder unterbrochen werden. Ursache für solche Schäden kann sein, dass Brandrauch, Schadstoffe oder Löschwasser in die Maschinenhalle gelangt sind und deswegen der Produktionsprozess zum Erliegen kommt. Aber auch andere, teilweise banale Ursachen können für die Störung von Betriebsabläufen verantwortlich sein. Zu nennen sind hier Verkehrswege, die grundlos mit Einsatzfahrzeugen zugestellt oder durch Schlauchleitungen blockiert worden sind. Auch überzogene Absperrbereiche, unnötig lang andauernde Räumungen, überflüssige Abschaltungen der Energieversorgung, der Lüftung usw. können Firmen lahmlegen und zu vermeidbaren Schäden führen. Umgekehrt können Gerätschaften der Feuerwehr zum Einsatz kommen, um unvermeidliche Störungen zu kompensieren. Hier ist als Beispiel das Notstromaggregat zu nennen, mit dem vielleicht der Server der Firma mit Strom versorgt werden kann.

Im privaten Bereich können sonstige Schäden entstehen, wenn im Zuge des Einsatzes vermeidbare Einschränkungen im Bereich der Lebensqualität (Bewohn- und Erreichbarkeit der Wohnung), der Bewegungsfreiheit oder Mobilität (verstellte Ausfahrt der Tiefgarage) verursacht werden.

Derartige Schäden lassen sich oftmals durch eine erhöhte Sensibilität und die Bereitschaft zum Dialog mit den Betroffenen vermeiden.

### 7.2.3.6 Maßnahmen nach Abschluss der Löscharbeiten

Nach Abschluss der Löscharbeiten können nach wie vor Gefahren bestehen, die Menschenleben, Sachwerte oder die Umwelt gefährden. Die Beseitigung dieser Gefahren gehört nach den Feuerwehrgesetzen der Länder oft zu den Aufgaben der Feuerwehr. Teilweise liegt die Zuständigkeit für diese Arbeiten aber auch beim Betreiber, der von der Feuerwehr auf noch bestehende Gefahren hingewiesen werden sollte.

**Wiederaufflammen verhindern**

Der Gefahr des Wiederaufflammens kann begegnet werden, indem die Nachlöscharbeiten mit der notwendigen Sorgfalt durchgeführt werden. Das Risiko, im Zuge der Nachlöscharbeiten, der Brandwache oder Nachschauen Glutnester zu übersehen, lässt sich durch den Einsatz einer Wärmebildkamera deutlich reduzieren.

Kann das Wiederaufflammen nicht mit hinreichender Sicherheit ausgeschlossen werden, so ist eine Brandwache zu stellen oder in geeigneten Abständen eine Nachschau durchzuführen. Für die permanente Brandwache vor Ort spricht das höhere Sicherheitsniveau. Der zu betreibende Aufwand spricht hingegen für eine oder mehrere Nachschauen.

Alternativ kann der gesamte vom Brand betroffene Bereich komplett ausgeräumt und quasi »besenrein« übergeben werden. Dieses Verfahren bietet das Höchstmaß an Sicherheit, wird aber insbesondere in Hinblick auf die Interessen der Strafverfolgungsbehörden (Polizei, Staatsanwaltschaft) an der Ermittlung der Brandursache und des Brandverlaufs normalerweise nicht mehr angewandt. Üblicherweise wird heute der Brandbereich möglichst im Endzustand der Löscharbeiten belassen, um den ermittelnden Beamten ihre Arbeit zu vereinfachen.

Sollte das Ausräumen der Brandstelle ganz oder in Teilen erforderlich sein, so ist zu prüfen, ob der Polizei eine kurzzeitige Begehung der Brandstelle (Erstellung von Fotos zur Beweissicherung) zugestanden werden kann, bevor diese abgeräumt wird. Dabei ist natürlich eine mögliche Gefährdung der Polizeibeamten, beispielsweise durch Atemgifte, Einsturz, hervorstehende Nägel usw., zu berücksichtigen. Einige der Gefahren können durch das Tragen geeigneter Schutzkleidung abgewendet werden. Bezüglich der Atemgifte ergibt sich jedoch oftmals das Problem der nicht nachgewiesenen Atemschutztauglichkeit und -ausbildung der Polizeibeamten, weswegen diese nicht ohne weiteres mit dem erforderlichen Atemschutzgerät ausgestattet werden können. Ein Kompromiss lässt sich möglicherweise bei nur noch mäßiger Rauchentwicklung (vereinzelte Glutnester) finden, indem man die Polizeibeamten über die Gesundheitsgefährdung informiert, ihr Einverständnis einholt und ihre

Aufenthaltsdauer im Brandbereich ohne Atemschutz auf das unbedingt notwendige Maß beschränkt.

**Maßnahmen zur Vermeidung von Folgeschäden durch Löschwasser**
Sofern sich nach Abschluss der Löscharbeiten noch nennenswerte Löschwassermengen im Objekt befinden, kann es Sinn machen, diese mit Tauchpumpen, Industriesaugern, Schwämmen usw. aufzunehmen. Dies macht insbesondere Sinn, wenn das Wasser in tiefer liegende Geschosse, quellfähige Materialien (Holzfußboden usw.) oder Bauteile eindringen kann.

Bild 208 ***Die frühzeitige Aufnahme von Löschwasser mit Industriesaugern kann helfen, Schäden in den unterhalb der Brandwohnung liegenden Geschossen zu verhindern.***

Wertvolle Gegenstände wie Bücher, Dokumente, Gemälde, Maschinen und Instrumente, die bereits nass oder feucht geworden sind und hierdurch Schaden nehmen können, können eventuell durch Spezialfirmen gerettet werden. Auf diese Möglichkeit ist der Betreiber/Besitzer der Gegenstände hinzuweisen.

### Schutz gegen Witterungseinflüsse

Nicht selten wird die Außenhülle eines Gebäudes durch den Brand beschädigt. Damit besteht die Gefahr, dass durch eindringenden Regen oder Frost zusätzliche Schäden entstehen. Insbesondere nach Dachstuhlbränden macht es Sinn, den Dachstuhl provisorisch mit Planen gegen Regen zu schützen.

### Beseitigung von Einsturzgefahren

Eine Einsturzgefahr kann sich im Laufe des Brandes ergeben. Sie kann sich aber auch im Nachgang zu einem Brandereignis einstellen, wenn Regenwasser oder Wasser aus einer beschädigten Leitung fortlaufend in das Gebäude eindringt. Um eine Einsturzgefahr feststellen oder ausschließen zu können, ist bei Bedarf ein Sachverständiger (Statiker) hinzuzuziehen.

Eine mögliche Einsturzgefahr ist zu beseitigen, bevor das Gebäude an Dritte (Polizei, Besitzer usw.) übergeben wird. Ansonsten ist der Gefahrenbereich in geeigneter Weise gegen unbefugten Zutritt zu sichern.

Die Einsturzgefahr kann beseitigt werden, indem die Gebäudestruktur ertüchtigt oder die auf der Konstruktion ruhenden Lasten reduziert werden. Als weitere Möglichkeit kommt das gezielte Einreißen einsturzgefährdeter Bauteile (freistehender Kamin, freistehende Giebelwand usw.) in Betracht. Zur Ertüchtigung der Gebäudestruktur bietet sich der Einsatz des Technischen Hilfswerks (THW) an, welches über Spezialisten, Geräte und Materialien für derartige Arbeiten verfügt. Zur Beseitigung ruhender Lasten und zum Einreißen von Gebäudeteilen kann oftmals auf private Bauunternehmen zurückgegriffen werden.

### Freimessen der Räume

Bei einem Brand entstehen Schadstoffe, die teilweise eine sofort schädigende Wirkung haben (akute Toxizität), teilweise aber auch das Risiko von Gesundheitsschäden erhöhen oder zu Erbgutveränderungen führen können. Einige der Schadstoffe können auch noch nach Abschluss der Löscharbeiten freigesetzt werden oder im Raum verblieben sein. In der Regel kann davon ausgegangen werden, dass diese Schadstofffreisetzung erst drei Stunden nach dem endgültigen Abschluss der Löscharbeiten (»Feuer aus«) beendet ist. Erst dann sind die Gegenstände im Raum derart erkaltet, dass die chemischen Prozesse wieder auf ein normales Maß reduziert sind.

Um ein gefahrloses Arbeiten im Raum zu ermöglichen, ist daher in dem genannten Zeitraum Atemschutz zu tragen. Gleichzeitig ist für eine gute Belüftung der Einsatzstelle zu sorgen, damit ein möglichst großer Anteil der Schadstoffe auf dem Luftpfad den Raum verlassen kann. Auch bei diesen Lüftungsmaßnahmen ist dafür Sorge zu tragen, dass Schadstoffe nicht in bisher saubere Bereiche transportiert werden.

Sollen die Räume vor Ablauf der genannten Frist von drei Stunden für das Betreten ohne Atemschutz freigegeben werden, so sind vorab Schadstoffmessungen durchzuführen. Auf diese Weise sollen Einsatzkräfte der Feuerwehr, aber auch Polizisten, Hausbewohner usw. vor Gesundheitsgefahren geschützt werden.

**Maßnahmen zur Vermeidung der Verschleppung von Schadstoffen**

Viele Schadstoffe verlassen den Brandraum mit den Rauchgasen auf dem Luftpfad. Einige Schadstoffe binden sich jedoch chemisch an den Ruß und können sich an Ruß gebunden auf den Einrichtungsgegenständen niederschlagen. Von der Rußschicht geht somit – je nach Zusammensetzung der brennbaren Stoffe – eine mehr oder minder starke Gesundheitsgefährdung aus. Alle mit einer Rußschicht bedeckten Gegenstände und Bauteile sind somit als kontaminiert einzustufen (Schwarzbereich). Sie sind zu entsorgen oder vor der Wiederverwendung zu reinigen.

Jede Vergrößerung des Schwarzbereichs führt in der Regel zu einer Erhöhung des Sanierungsaufwands bzw. des Schadens. Als Ursache hierfür kommen während und nach Abschluss der Löscharbeiten ungünstige Luftströmungen (Durchzug) und das Betreten sauberer Bereiche mit kontaminierter Kleidung (insbesondere Schuhe) in Betracht. Für die Einsatzkräfte gilt es daher, besondere Sorgfalt walten zu lassen und auf eine möglichst frühzeitige Trennung von Schwarz- und Weißbereich hinzuwirken.

Da die Gefahr der Verschleppung auch nach dem Abrücken der Feuerwehr gegeben ist, sollte der Zugang zum Schwarzbereich gegen unbefugten Zutritt gesichert werden. Ebenso empfiehlt sich die Beratung und Sensibilisierung des Personenkreises, der die Schadenstelle nach Einsatzende planmäßig betreten wird (Polizei, Besitzer, Mieter usw.). Dies kann im Rahmen eines Beratungsgespräches durch den Einsatzleiter oder eine von ihm beauftragte Person erfolgen. Damit die Hinweise ihre Wirkung entfalten können, sollte dieses Gespräch unmittelbar an der Einsatzstelle geführt werden.

**Schutz gegen Korrosion**

Bei Bränden entstehen in der Regel auch Halogen-Wasserstoffverbindungen wie Chlorwasserstoff (HCl) und Bromwasserstoff (HBr). Diese bilden in Verbindung mit Wasser (Luftfeuchtigkeit) Säuren. Bei metallischen Gegenständen führen diese Säuren zu einer stark beschleunigten Korrosion, was insbesondere im gewerblichen Bereich zu erheblichen Problemen und Folgeschäden führen kann.

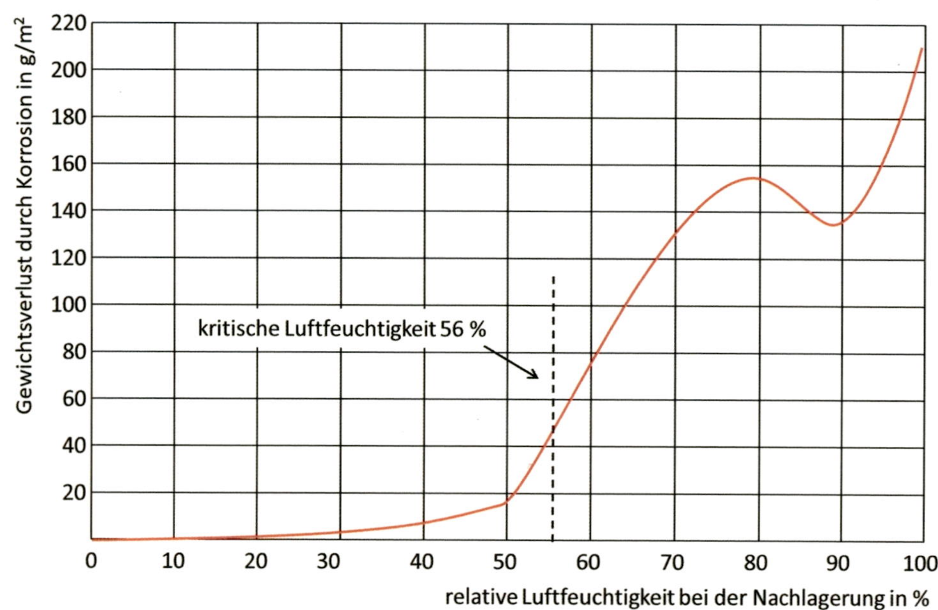


Bild 209 ***Die Grafik zeigt die Korrosionsrate von Stahl durch Salzsäure (HCl) in Abhängigkeit von der Luftfeuchtigkeit. (Quelle: Fa. Belfor)***

Sanierungsfirmen haben sich auf die Beseitigung von Brandschäden spezialisiert. Zu den vordringlichen, da zeitkritischen Aufgaben gehört es dabei, den Korrosionsprozess so schnell wie möglich zu stoppen. Dies gelingt zum einen durch das Absenken der Luftfeuchtigkeit (Trocknung) und zum anderen durch das Einsprühen der metallischen Oberflächen mit Öl.

Obwohl die Erstmaßnahmen, die diesen weiteren Anstieg des bereits entstandenen Schadens verhindern sollen, relativ kostengünstig sind, sollte sich die Feuerwehr darauf beschränken, den Betreiber auf die Problematik und den möglicherweise bestehenden Zeitdruck hinzuweisen. Sie sollte es jedoch dem Betreiber überlassen, nach Rücksprache mit seiner Versicherung, den entsprechenden Auftrag zu vergeben. Die Feuerwehr beugt damit einer möglichen Geldforderung der Sanierungsfirma gegenüber der Gemeinde vor.

## 7.3 Möglichkeiten bei Technischen Hilfeleistungen

Das Spektrum der Technischen Hilfeleistung reicht vom Bagatelleinsatz bis hin zu großen Lagen. Dabei können eine Vielzahl von technischen Geräten und Spezialfahrzeugen benötigt werden. Bei größeren Lagen müssen Spezialgeräte häufig nachgeführt werden. Sofern diese im unmittelbaren Umfeld des eigentlichen Schadenortes eingesetzt werden sollen, kommt der Raumordnung eine besondere Bedeutung zu. Mit dem Schaffen der notwendigen Zufahrten und Stellflächen kann schon ab dem Zeitpunkt der Nachforderung begonnen werden.

Bild 210 ***Das Arbeiten auf engstem Raum erfordert eine frühzeitige Ordnung des Raumes.***

Bei Einsätzen mit Personenschäden sind An- und Abfahrtswege, Stellflächen für die benötigten Rettungsmittel und bei größeren Schadenlagen Bereiche für die Erstversorgung der Verletzten nach Möglichkeit freizuhalten.

Bild 211 ***Nicht selten müssen für eine Vielzahl von Nutzungen (hier Landung eines Rettungshubschraubers) Flächen zugewiesen werden.***

Während bei Brandeinsätzen in der Regel die Chemie die naturwissenschaftliche Grundlage bildet, gilt es bei Technischen Hilfeleistungen überwiegend physikalische Gesetze und Regeln zu beachten und zu nutzen. Konkret geht es in den meisten Fällen darum, Kräfte aufzunehmen, abzuleiten oder auszuüben.

Um einen Körper beschleunigen oder verformen zu können, muss die auf den Körper einwirkende Kraft hinreichend groß sein. Die Kräfte, die auf den Körper wirken und ihn in der augenblicklichen Lage und Form halten, sind dabei zu überwinden. Die Kraft muss hierzu entsprechend gerichtet sein, um die gewünschte Wirkung erzielen zu können. Eine Beschleunigung/Verformung erfolgt nach Überwindung des Kräftegleichgewichts immer in Richtung der stärkeren Kraft.

Grundsätzlich wirken immer mehrere Kräfte auf einen Körper. Das Verhältnis der Kräfte zueinander in Bezug auf Größe und Richtung entscheidet darüber, ob und in welche Richtung sich der Körper in Bewegung setzt oder verformt. Indem die Feuerwehr Kräfte auf den Körper wirken lässt, greift sie bewusst in das Kräfteverhältnis ein.

**Anmerkung:**

**Ganz bewusst wird an dieser Stelle von Kräften gesprochen. Die Kraft ist eine gerichtete physikalische Größe, die auf einen Körper einwirken, ihn beschleunigen oder verformen kann. Die Einheit der Kraft ist Newton (N).**

Daher ist es für die Einsatzkräfte von großer Bedeutung, sich über die wirkenden Kräfte bewusst zu sein. Dies gilt sowohl für die in Folge des Ereignisses auf den Körper wirkenden Kräfte als auch für die Kräfte, die von Seiten der Feuerwehr ausgeübt werden sollen (Bilder 213 und 214). Es gilt, die Kräfte mit schädigender Wirkung zu erkennen und diese zu beseitigen, zu kompensieren oder umzuleiten. Dabei ist wichtig, die Übertragung der Kräfte auf andere Körper im Umfeld zu berücksichtigen. Werden die Kräfteverhältnisse falsch eingeschätzt, kommt es zu unerwünschten Effekten. Hieraus können erhebliche Gefahren sowohl für die verunfallten Personen als auch für die Helfer resultieren. In vielen Fällen gilt es daher, zunächst die herrschenden Kräfte zu erkunden und mögliche Gefahren zu erkennen.

Bild 212 ***Auch beim Gesellschaftsspiel »Mikado« geht es darum, die mögliche Übertragung der Kräfte rechtzeitig zu erkennen. Während im Spiel ein Fehler den Spielzug beendet, kann eine Fehleinschätzung im Ernstfall zu Unfällen mit erheblichen Personen- und Sachschäden führen.***

**Bild 213** *Die Erkundung der Lastaufnahmepunkte gestaltet sich in komplexen Lagen mitunter sehr schwierig.*

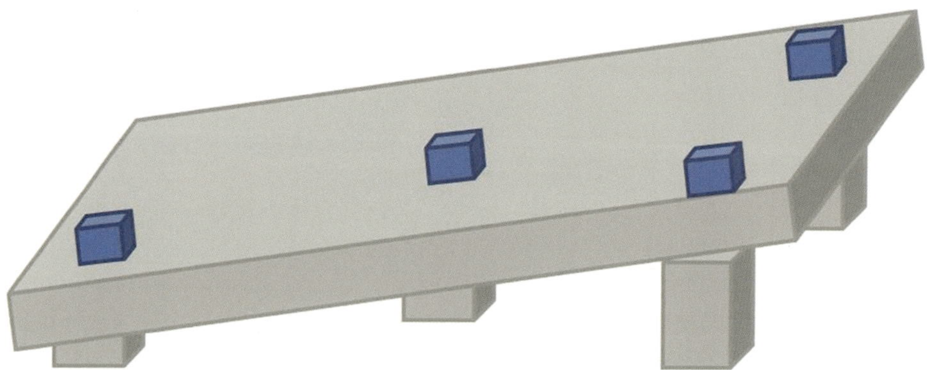

**Bild 214** *Werden die Punkte, auf denen die Last aufliegt, auf der Oberseite der Last mit einfachen Hilfsmitteln (z. B. Steine, Farbmarkierungen) markiert, so hilft dies, die aktuelle Lastverteilung besser zu verstehen. Damit werden Vorhersagen über das zu erwartende Verhalten der Last bei einer Krafteinwirkung vereinfacht.*

Sofern die Erkundung ergeben hat, dass die Lage instabil ist und mit einer ungewollten Bewegung von Lasten zu rechnen ist, ist die vorgefundene Lage zunächst zu stabilisieren (Phase 1), bevor die eigentlichen Maßnahmen zur Rettung eingeleitet werden (Phase 2). Eine ungewollte Bewegung kann durch Maßnahmen der Feuerwehr (Besteigen von instabilen Fahrzeugen, Ausübung von Kräften im Zuge

Bilder 215 a und b *Die Erdanziehungskraft droht den Lkw in den Graben stürzen zu lassen. Jede zusätzliche Belastung auf der Fahrerseite führt zu einer Erhöhung der Kraft und kann den Absturz zur Folge haben. Mit Bandschlingen wird der Lkw an einem Baum fixiert und damit gesichert. Es bedarf nun stärkerer Kräfte, um den Lkw in die Tiefe stürzen zu lassen. Der Lkw kann jetzt zur Rettung des Fahrers bestiegen werden.*

der Rettungsarbeiten, Schwächung von Auflagepunkten, Trennen von unter Spannung stehenden Teilen), aber auch durch äußere Einflüsse (allmähliches Versagen von Kraftaufnahmepunkten, Winddruck, zunehmende Lasten durch Wasser oder Schnee, Nachbeben usw.) ausgelöst werden (Bilder 215 a und b).

Beispielhaft werden in den Bildern 216 bis 222 einige Probleme und Risiken dargestellt, die bei der Technischen Hilfeleistung zu berücksichtigen sind.

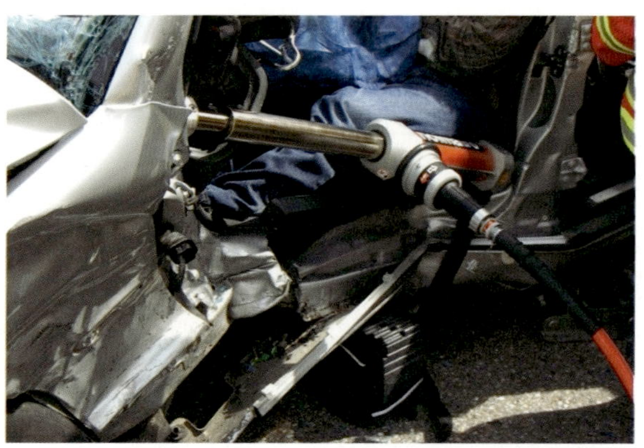

Bild 216 ***Der Stufenkeil unter dem Fahrzeug nimmt einen Teil der während der Rettungsarbeiten auftretenden Kräfte auf. Er schränkt den Federweg des Fahrzeugs ein und schützt das Unfallopfer gegen unnötige Bewegungen und Erschütterungen.***

Bild 217 ***Aufgrund der enormen Kräfte, die beim Aufprall auf diesen Lkw eingewirkt haben, wurde das Führerhaus sowohl aus seiner vorderen wie auch hinteren Verankerung gerissen. Es ist somit nicht mehr auf dem Fahrgestell fixiert. Die Kraft hat sich auch auf den Tankauflieger übertragen, der dabei offenkundig gestaucht wurde und leck geschlagen sein kann.***

**Bild 218** ***Die Haltepunkte der Führerhäuser moderner Lkw sind nicht geeignet, besonders große Kräfte aufzunehmen. Dies gilt es im Rahmen der technischen Rettung zu berücksichtigen. Insbesondere beim Einsatz einer Seilwinde besteht die Gefahr, dass das Führerhaus aus der hinteren Halterung oder aus beiden Halterungen gerissen wird. Es kann dabei ruckartig nach vorne klappen oder komplett vom Fahrgestellt heruntergezogen werden. Um dieser Gefahr vorzubeugen, muss das Führerhaus in geeigneter Weise am Fahrgestellt fixiert werden.***

**Bild 219** ***Das Führerhaus wurde mit einem Spanngurt am Fahrgestell und auf der Ladefläche fixiert. Damit wird erreicht, dass die vom Hydraulikzylinder ausgehenden Kräfte ihre gewünschte Wirkung erzielen.***

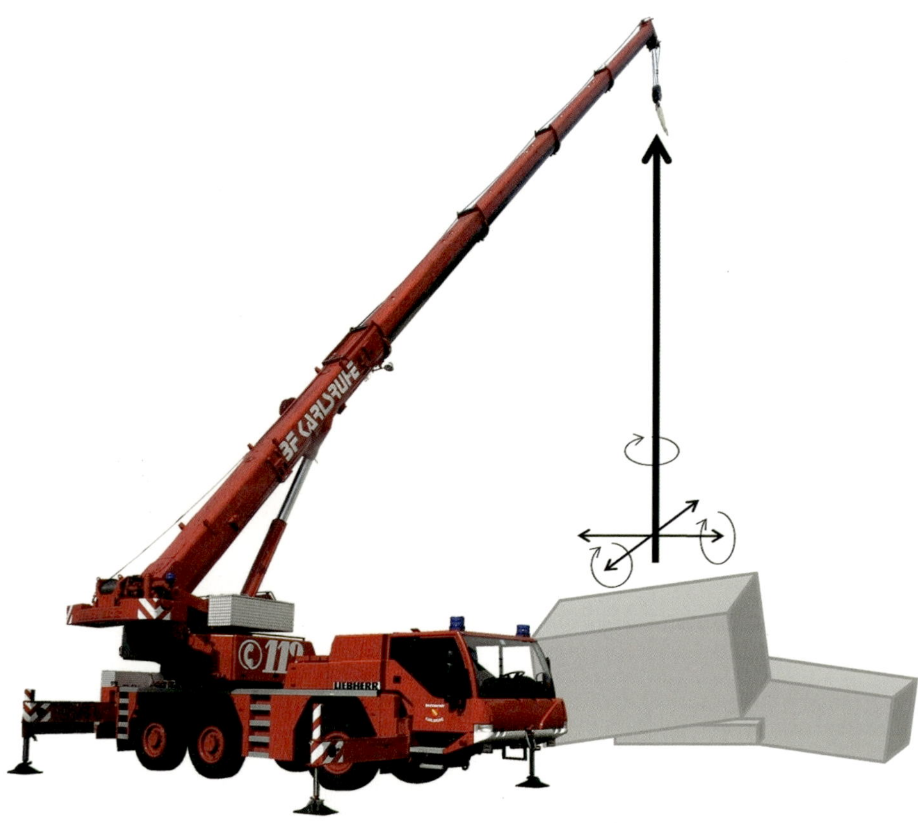

Bild 220 *Beim Anheben einer Last mit Hilfe eines Krans pendelt diese ins Lot, sobald die Reibungskräfte überwunden sind, die die Last am bisherigen Ort gehalten haben. Sofern dies bei der Aufstellung des Krans und dem Anschlagen der Last nicht berücksichtigt wurde, kommt es beim Hebevorgang neben der gewollten Bewegung nach oben zu einer ungewollten Seitwärtsbewegung der Last. Hierdurch können einer unter der Last befindlichen Person zusätzliche Verletzungen und Schmerzen zugefügt werden. Ebenso kann die schwingende Last umstehende Einsatzkräfte gefährden. Zu berücksichtigen sind auch mögliche Drehbewegungen der anzuhebenden Last um jede ihrer drei Achsen. Dies ist insbesondere bei asymmetrischen Körpern zu beachten. Auch aus unkontrollierten Drehbewegungen können Gefahren resultieren.*

Bild 221 *Der umgestürzte Baum befindet sich im Gleichgewicht. Dabei hält der Stamm den Wurzelteller in der Senkrechten. Wird der Stamm abgesägt, stellt sich ein neues Kräftegleichgewicht ein. Dabei droht der schwere Wurzelteller in seinen Wurzelkrater zurückzufallen. Diese Gefahr gilt es rechtzeitig zu erkennen. Der Krater ist entsprechend gegen Zutritt zu sichern.*

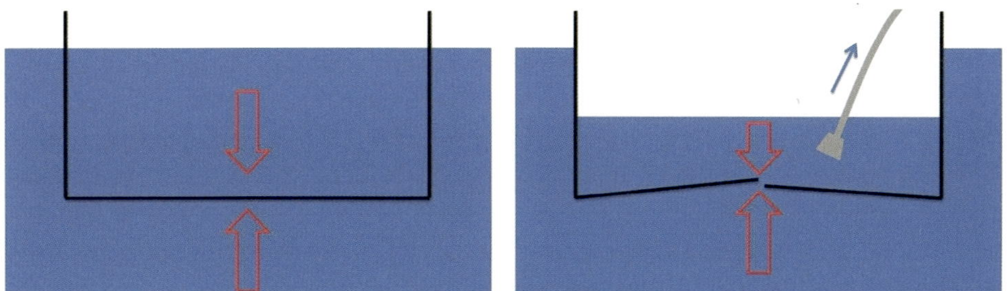

Bilder 222 a und b *Der Grundwasserspiegel ist gestiegen. In der Folge ist Grundwasser in den Keller eingedrungen. Das im Keller stehende Wasser wirkt der von unten gegen die Bodenplatte wirkenden Kraft des Wassers entgegen. Die Kräfte stehen im Gleichgewicht und heben sich in ihrer Wirkung gegenseitig auf (linkes Bild). Das Abpumpen des Wassers aus dem Keller bedeutet eine Schwächung der von oben wirkenden Kraft und somit einen Eingriff in das Kräftegleichgewicht. In der Folge kann es zum Bruch der Bodenplatte kommen (rechtes Bild).*

### 7.3.1 Menschenrettung

Die Aufgabe der Feuerwehr besteht bei einer Technischen Hilfeleistung zur Rettung von Menschenleben in der Regel darin, dem Rettungsdienst einen Zugang zu einer eingeschlossenen Person zu verschaffen, Personen aus schlecht zugänglichen Räumen zu retten oder Kräfte zu beseitigen, die schädigend auf die Person einwirken und/oder ihre Behandlung/ihren Abtransport erschweren bzw. verhindern.

Die Möglichkeiten bei der Technischen Hilfeleistung sind mit Blick auf die Vielzahl unterschiedlicher Lagen schier unendlich. Nicht selten muss mit Hilfe der vorhandenen Mittel improvisiert und probiert werden, da Musterlösungen oftmals nicht zur Verfügung stehen. Entscheidend für die zu treffende Auswahl sind die allgemeinen Entscheidungskriterien wie Sicherheit, Erfolgsaussicht, Aufwand usw.

Wie bei Brandeinsätzen, müssen auch bei Technischen Hilfeleistungen die Möglichkeiten mit Blick auf die zu erreichenden Ziele bewertet werden. Oberstes Ziel ist dabei neben dem Eigenschutz der Einsatzkräfte die Rettung von Menschen und Tieren aus einer lebensbedrohlichen Zwangslage. Diese Art von Technischer Hilfeleistung gehört zu den Pflichtaufgaben nach den Feuerwehrgesetzen der Länder.

Bei einem Brand führt die Feuerwehr die Menschenrettung in der Regel alleine und fast ausschließlich unter feuerwehrtaktischen Erwägungen durch. Die geretteten Personen werden in der Regel erst im Anschluss an die Rettung aus dem Gefahrenbereich dem Rettungsdienst zugeführt. Im Gegensatz hierzu kommt es bei der Technischen Hilfeleistung fast immer zu einem engen Zusammenwirken von Feuerwehr und Rettungsdienst noch bevor oder während die Maßnahmen der Feuerwehr laufen.

Die technische Rettung läuft in diesen Fällen parallel zur medizinischen Rettung, was bedeutet, dass es neben den feuerwehrtaktischen Belangen auch notfallmedizinische Aspekte zu berücksichtigen gilt. So kann der medizinische Befund ausschlaggebend sein, wenn es darum geht, sich zwischen einer schonenden, möglicherweise zeitintensiven Rettung und einer schnellen »Crashrettung« zu entscheiden. Eine »Crashrettung« ist immer dann zu favorisieren, wenn die zu rettende Person an ihrem aktuellen Aufenthaltsort einer massiven Bedrohung (Gefahrstoffe, Brand, Trümmerschatten usw.) ausgesetzt ist oder ihr medizinischer Zustand eine sofortige Behandlung erfordert, die am aktuellen Ort oder in der aktuellen Lage (des Körpers) nicht durchgeführt werden kann.

Um beiden Aspekten gerecht werden zu können, bedarf es einer engen Abstimmung zwischen dem Einsatzleiter der Feuerwehr und dem Notarzt. Während der

Bild 223 ***Der Notarzt wartet die Sicherung des Lkws ab. Nach Freigabe durch den Einsatzleiter wird er seine Arbeit aufnehmen. Die weitere Vorgehensweise wird dann zwischen ihm und dem Einsatzleiter abgestimmt.***



Einsatzleiter der Feuerwehr in Bezug auf die Gefahrenlage und die technischen Maßnahmen das Sagen hat, entscheidet der Notarzt in medizinischen Fragen. Obwohl die Frage der Einsatzleitung nicht in allen Landesgesetzen eindeutig geklärt ist, kommt es in der Regel zu keinen Problemen, da als gemeinsames Ziel die Rettung des Menschen steht.

Der Eigenschutz der Helfer genießt auch bei der Technischen Hilfeleistung oberste Priorität. Die Verantwortung hierfür trägt in der Regel der Einsatzleiter der Feuerwehr. Mit Blick auf die Schutzausrüstung des Rettungsdienstes kann es dabei zu schwierigen Situationen kommen. Obwohl sich die Situation diesbezüglich in den vergangenen Jahren wesentlich verbessert hat, kommt es gelegentlich vor, dass Helfer des Rettungsdienstes oder Notärzte ohne geeignete Schutzkleidung an Einsatzstellen erscheinen. Ein besonderes Augenmerk sollte dem Schuhwerk gewidmet sein. Sofern die Schutzkleidung des Rettungsdienstes nicht geeignet ist, ein sicheres Vorgehen zum Patienten zu ermöglichen, muss wie bei einem Brandeinsatz der Patient durch die Feuerwehr aus dem Gefahrenbereich gerettet und dem Rettungsdienst zugeführt werden.

#### 7.3.1.1 Zugang schaffen

Eine häufige Form der Hilfeleistung, deren Bedeutung mit Blick auf den demografischen Wandel und dem Trend zu Singlehaushalten tendenziell noch zunehmen wird, besteht darin, dem Rettungsdienst Zugang zu Wohnungen zu verschaffen, in denen hilflose Personen vermutet werden. Sofern die Wohnung trotz mehrmaligem Klingeln, Klopfen und Rufen nicht geöffnet wird, kann die Feuerwehr unter Bezugnahme auf das Feuerwehrgesetz zur Menschenrettung gewaltsam in die Wohnung eindringen. Grundsätzlich stehen hierzu mit der Wohnungstür und den Fenstern mehrere Wege zur Auswahl. Im Zuge der Erkundung sind beide Wege zu prüfen. In zeitkritischen Fällen, bei denen mit einer akuten Notlage in der Wohnung zu rechnen ist, ist die Wahl des optimalen Angriffswegs primär unter dem Aspekt der Schnelligkeit zu treffen. In Fällen, bei denen aufgrund einer langen Vorlaufzeit von mehreren Tagen oder Wochen eine akute Notlage kaum zu erwarten ist, sollte der Aspekt der Schadenminimierung berücksichtigt werden. Da Türen meist besser gegen unbefugten Zutritt gesichert sind, ist der Zugang über ein Fenster oft schneller möglich. Dieser Weg führt in vielen Fällen auch zu deutlich geringeren Sachschäden.

Bei Verkehrsunfällen können sich Türen derart verkeilt haben, dass Personen eingeschlossen sind und technische Hilfe erforderlich ist, um dem Rettungsdienst Zugang zu den Patienten zu schaffen. Auch bei diesem vermeintlich banalen Einsatzauftrag sind natürlich die Grundsätze der technischen Rettung bei Verkehrsunfällen anzuwenden. So sind die notwendigen Maßnahmen zur Absicherung gegen den fließenden Verkehr, zur Sicherstellung des Brandschutzes sowie zur Stabilisierung des Fahrzeugs vor Beginn der Maßnahmen zur eigentlichen Befreiung der Person zu ergreifen. Das Öffnen der Tür erfolgt dann in der Regel unter Verwendung des hydraulischen Spreizgeräts.

Zugänge können auch geschaffen werden, indem Leitern oder Gerüste gestellt, Hindernisse oder Trümmer beseitigt werden (Bild 224).

Nachdem der Zugang geschaffen wurde, wird in der Regel zunächst der Rettungsdienst tätig, um den Patienten zu untersuchen und stabilisierende Maßnahmen zu ergreifen. Inwieweit anschließend weitere technische Maßnahmen erforderlich sind, um die Person zu befreien oder aus dem Pkw zu retten, ist zu prüfen bzw. mit dem Notarzt abzusprechen.

Bild 224 ***Bei dieser Lage müssen zunächst einige Bäume gefällt werden, um Zugang und Flächen für die weiteren Maßnahmen zu schaffen.***



### 7.3.1.2 Rettung aus schwer zugänglichen Räumen

Zu dieser Art der Technischen Hilfeleistung gehören unter anderem Einsätze, bei denen der Rettungsdienst Probleme hat, den Patienten seinem Zustand entsprechend zum Rettungswagen transportieren zu können. Grund hierfür können die räumlichen Verhältnisse, die gesundheitliche Verfassung oder auch die Masse des Patienten sein. Als Transportweg kommt alternativ der Treppenraum oder ein Fenster in Betracht. Die unterschiedlichen Möglichkeiten sind dem Notarzt zu erörtern und von diesem unter medizinischen Aspekten zu bewerten.

Soll der Transport über den Treppenraum erfolgen, können neben der normalen Krankentrage auch die Schleifkorbtrage oder das Bergungstuch zum Einsatz kommen. Insbesondere bei schwergewichtigen Personen macht es unter Umständen Sinn, einen Gerätesatz Absturzsicherung einzusetzen, um den Trägern die Arbeit zu erleichtern, Verletzungen vorzubeugen und ein Abgleiten der Trage zu verhindern. Das Sicherungsseil wird dabei nach Möglichkeit durch das Treppenauge geführt.

Wesentlich einfacher und sicherer ist häufig der Transport über das Fenster. Hierzu kommt im Regelfall die Drehleiter oder ein anderes Hubrettungsgerät mit Krankentragehalterung zum Einsatz. Bei schwergewichtigen Personen ist dabei die Belastungsgrenze der Drehleiter bzw. der Krankentragehalterung zu berücksichtigen. Alternativ kann die Person auch in eine Schleifkorbtrage gebettet werden, die an der Drehleiter angehängt wird. Während des Transports wird die Person in jedem Fall betreut und bei Bedarf auch im Rahmen der Möglichkeiten versorgt.

Sofern die Belastungsgrenze der Drehleiter überschritten ist, kann auch ein Kran zum Einsatz kommen. Dabei sind allerdings die Bestimmungen für den Personentransport zu berücksichtigen. Abweichungen hiervon können in Betracht gezogen werden, wenn eine akut lebensbedrohliche Lage dies notwendig erscheinen lässt. Zu beachten sind natürlich auch die Belastungsgrenzen der verwendeten Anschlagmittel und der Trage.

Eine Rettung aus schwer zugänglichen Räumen kommt aber auch nach Unfällen in Betracht, bei denen eine Person aus einem Behälter, Kanal, einer Grube o. Ä. oder aber auch von einem Gerüst, einem Baum usw. gerettet werden muss. Zur Rettung kommen dabei die bereits erwähnten Rettungsmöglichkeiten über Drehleiter und Kran in Betracht.

Personen, die aus der Höhe gerettet werden müssen, sind bei Bedarf zunächst gegen die Gefahr des Absturzes zu sichern. Gleiches gilt natürlich auch für die Einsatzkräfte, die in der Regel mit einem Gerätesatz Absturzsicherung zu sichern sind, sofern eine Absturzgefahr gegeben ist. Die Gefahr des Absturzes kann dabei nicht nur an Kanten, sondern auch bei nicht ausreichend tragfähigem Untergrund gegeben sein. Bei komplexen Lagen sind speziell ausgebildete Höhenretter anzufordern, um unnötige Risiken auszuschließen.

In schwer zugänglichem Gelände kann die Feuerwehr mit ihren schweren Fahrzeugen häufig nicht nah genug an den Einsatzort heranfahren, sodass mit tragbaren Gerätschaften gearbeitet werden muss. Hier ist insbesondere die Steckleiter zu nennen, die sowohl zu einem Bock aufgestellt und als Festpunkt für ein Abseilgerät als auch als Leiterhebel eingesetzt werden kann.

Die Gefahr durch Atemgifte ist bei Rettungen aus der Tiefe grundsätzlich in Betracht zu ziehen, da sich in Schächten, Gruben und Behältern Atemgifte angereichert haben können. Diese Vorsicht ist insbesondere dann angebracht, wenn die Unfallursache nicht erkennbar ist und die Anwesenheit von giftigen Gasen nicht ausgeschlossen werden kann. Sofern die Gefahr nicht auszuschließen ist, ist bei diesen Einsätzen unbedingt umluftunabhängiger Atemschutz zu tragen. Wie bei

Bild 225 ***Die Steckleiter bietet in unwegsamen Gelände diverse Anwendungsmöglichkeiten, um Menschen aus Höhen und Tiefen zu retten. In diesem Fall wird sie als Bockleiter eingesetzt. Die in den Schacht einsteigende Einsatzkraft ist mit umluftunabhängigem Atemschutz gegen die Wirkung von Atemgiften und Sauerstoffmangel geschützt.***



Bränden gilt es in solchen Fällen, die verunfallte Person schnellstmöglich aus dem Gefahrenbereich zu retten und erst außerhalb der Gefahrenstelle notfallmedizinisch zu betreuen.

Bei Einstiegen in enge Räumlichkeiten erlaubt die FwDV 7 »Atemschutz« das Vorgehen eines einzelnen Geräteträgers. Für Notfälle muss ein Atemschutzgeräteträger außerhalb des Gefahrenbereichs vorgehalten werden.

Muss die Person durch ein enges Loch (Kanalöffnung, Domdeckel usw.), so bietet sich die Rettung mit einer Bandschlinge als schnellste Möglichkeit an. Dabei wird die verunfallte Person mit den Füßen voraus gerettet. Ein Vorteil dieser Methode ist, dass die bewusstlose Person automatisch eine gestreckte Körperhaltung einnimmt, mit der sie sich optimal durch enge Öffnungen befördern lässt.

Personen, die einer beruflichen Tätigkeit in einem Kanal oder Behälter nachgehen, tragen häufig eine spezielle Kleidung, in die ein Rettungsgurt mit Schlaufe eingearbeitet ist. Damit können diese Personen leichter aus dem Schacht gerettet werden.

Bei der Rettung von verschütteten Personen ist die Gefahr nachrutschender Erdmassen zu berücksichtigen. Je nach Lage ist eine Sicherung der Baugrube vor Beginn der Rettungsarbeiten erforderlich. Hierzu können neben Dielen und Rüsthölzern auch Schachtringe, hydraulische Rettungszylinder und Baustützen zum Einsatz kommen.

#### 7.3.1.3 Beseitigung von Kräften, die schädigend wirken oder die Bewegungsfreiheit einschränken

In Folge von Unfällen können Personen unter Lasten oder in Maschinen, Fahrzeugen usw. eingeklemmt sein. In diesen Fällen wirken Kräfte auf die Personen ein, die Verletzungen und Schmerzen erzeugen oder die Atmung behindern können. Gleichzeitig wird die Bewegungsfreiheit der Personen so eingeschränkt, dass sie ohne technische Mittel nicht aus dieser Lage befreit werden können.

Die Maßnahmen der Technischen Hilfeleistung zielen in diesen Fällen zunächst darauf ab, die Person gegen die Wirkung der Kräfte zu schützen (Phase 1) und sie im weiteren Verlauf aus ihrer Lage zu befreien (Phase 2). Während der Maßnahmen, die häufig im unmittelbaren Umfeld der verunfallten Person verrichtet werden müssen, ist diese gegen mögliche Gefahren durch umherfliegende Splitter usw. zu schützen. Von großer Bedeutung ist auch die Betreuung der Person.

Die Feuerwehren verfügen über eine Vielzahl von Werkzeugen, mit denen Druck- oder Zugkräfte ausgeübt werden können. Hierzu gehören u. a. Brechstangen, hydraulische Rettungsgeräte, pneumatische Hebekissen, Seilwinden und Kräne. Darüber hinaus werden Geräte mitgeführt, die Kräfte aufnehmen können und zum Absichern zum Einsatz kommen. Zu nennen sind hier Seile, Rüsthölzer, Stufenkeile, Schachtringe und Stützen.

Bei der Prüfung der unterschiedlichen Möglichkeiten ist unter anderem die Frage zu klären, ob die gewünschte Wirkung durch Zug- oder Druckkräfte erreicht werden soll. Während mit Seilwinden und Kränen Zugkräfte ausgeübt werden, arbeiten beispielsweise hydraulische Rettungszylinder und Hebekissen mit Druckkräften. Die Auswahl der Werkzeuge muss sich primär an der angestrebten Wirkung, möglichen Nebenwirkungen und Risiken orientieren. Die Bilder 226 bis 230 zeigen exemplarisch einige Beispiele.

**Bild 226** ***Der hydraulische Rettungszylinder nimmt mit seiner Druckkraft einen Teil der Schwerkraft auf, sodass das Führerhaus entlastet wird. Nun können Maßnahmen zur Rettung des Fahrers durchgeführt werden, ohne dass das Führerhaus nachrutscht. Die Druckpunkte an beiden Seiten des Zylinders (gelbe Kreise) müssen für die Aufnahme der wirkenden Kräfte geeignet sein. Der Zylinder ist mit Spanngurten gegen Wegrutschen gesichert.***

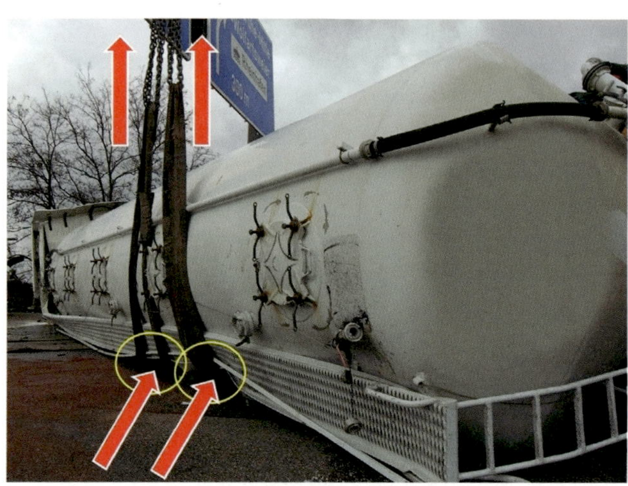

Bild 227 *Mit Kränen einer privaten Bergungsfirma wird der umgestürzte Lkw nach Abschluss der Rettungsmaßnahmen aufgerichtet. Die Tragfähigkeit der Bänder und Anschlagmittel muss für die auftretenden Zugkräfte ausgelegt sein. Zu prüfen sind (in diesem Fall durch die verantwortliche Bergungsfirma oder den Havarie-Kommissar) auch die Punkte des Silozuges, an denen die Druckkräfte der Bänder wirken. Vielzahl und Breite der verwendeten Bänder sorgen für eine Verteilung der Kraft auf eine größere Fläche und damit für eine Reduzierung der wirkenden Kraft (Druck pro Fläche).*

Bild 228 *Das Führerhaus wird mit einem Rettungszylinder auseinandergedrückt. Die Lastaufnahmepunkte halten den Kräften stand, sodass es zu dem gewünschten Effekt kommt.*

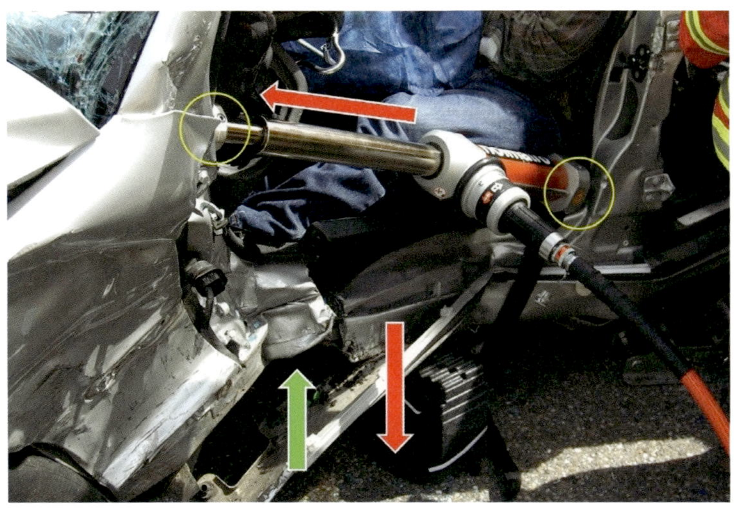

Bild 229 *Das Vorderteil des Pkws soll nach vorne gedrückt werden. Hierzu wird mit dem hydraulischen Schneidgerät der Seitenschweller durchtrennt. Der Stufenkeil hält den hinteren Teil des Wagens, in dem der Verletzte sitzt, in Position und verhindert, dass dieser Teil des Fahrzeugs mit nach vorne kippt. Im Ergebnis bekommt der verunfallte Fahrer mehr Beinfreiheit.*

Bild 230 *Mit zwei Seilwinden wird ein Kranwagen von einem Baum weggezogen, um den eingeklemmten Fahrer zu befreien. Zwei lose Rollen kommen zum Einsatz, um die verfügbaren Kräfte besser nutzen zu können (Arbeit = Kraft x Weg).*

### 7.3.2 Tierrettung

Die Befreiung von Tieren aus lebensbedrohlichen Zwangslagen gehört in der Regel ebenfalls zu den Pflichtaufgaben nach den Feuerwehrgesetzen der Länder. Nicht immer ist jedoch klar ersichtlich, ob sich das Tier tatsächlich in einer lebensbedrohlichen Zwangslage befindet. Insofern muss sich der Einsatzleiter zunächst die Frage nach der Zuständigkeit der Feuerwehr stellen. Da der Bevölkerung die Rechtslage im Detail oft nicht bewusst ist, ist eine Verweigerung der Rettungsmaßnahme nur schwer vermittelbar. Da Tiere in unserer Gesellschaft ein sehr hohes Ansehen genießen, dient eine Maßnahme zur Rettung eines Tieres in der Regel dem Image der Feuerwehr. Der Einsatzleiter ist sicherlich in den meisten Fällen gut beraten, das jeweilige Feuerwehrgesetz sehr wohlwollend auszulegen.

Vom Grundsatz ist eine Tierrettung mit einer Menschenrettung vergleichbar, weswegen die Überlegungen zur Übertragung von Kräften, zu denkbaren Szenarien und Möglichkeiten praktisch identisch sind. Der wesentliche Unterschied ist allerdings auch bei der Technischen Hilfeleistung im Stellenwert des Lebens eines Tieres in Relation zum Leben eines Menschen zu sehen. Diese Relation bedingt zwangsläufig, dass eine Gefährdung von Einsatzkräften oder anderen Menschen zur Rettung eines Tieres keinesfalls in Kauf genommen werden darf.

Zu bedenken ist zudem, dass von Tieren unkalkulierbare Aktionen ausgehen können, die zu einer Gefährdung der Einsatzkräfte führen können. Möglicherweise hindert nur die augenblickliche Lage das Tier daran, auszutreten, zuzubeißen oder in sonstiger Weise anzugreifen oder wegzulaufen. Wie bei Brandeinsätzen, gibt es auch bei Einsätzen zur Technischen Hilfeleistung die Option der gezielten Tötung eines Tieres durch entsprechend qualifizierte Fachkräfte.

### 7.3.3 Maßnahmen zum Erhalt von Sachwerten

Technische Hilfeleistungen, die nur dem Erhalt von Sachwerten dienen, stellen in der Regel keine Pflichtaufgabe im Sinne der Feuerwehrgesetze der Länder dar. Sie sind in der Regel – wenn überhaupt – kostenpflichtig als Kann-Aufgabe zu erbringen. Hierüber ist der Besitzer der Sache im Vorfeld der Maßnahme zu informieren. Er hat dann das Recht, dass Problem ohne Zutun der Feuerwehr zu lösen und sich nach einer kostengünstigeren Alternative umzusehen. Ist der Besitzer der Sache nicht erreichbar, kann die Feuerwehr tätig werden, wenn davon auszugehen ist, dass die Maßnahmen im Interesse des Besitzers liegen (Geschäftsführung ohne Auftrag).

Zur Abwehr einer Gefahr kann die Feuerwehr tätig werden, ohne dass der kostenpflichtige Zustandsstörer zugestimmt hat. Ein solcher Fall kann gegeben sein, wenn ein Baum eine Fahrbahn blockiert und der Baumbesitzer nicht erreichbar, nicht gewillt oder in der Lage ist, den Baum zu entfernen.

Eine Ausnahme von der Regel ist gegeben, wenn die Technische Hilfeleistung im Rahmen eines öffentlichen Notstandes durchgeführt wird. In solchen Fällen erfolgt sie als kostenfreie Pflichtaufgabe. Allerdings wird der öffentliche Notstand normalerweise erst im Nachgang durch den Gemeinderat festgestellt, weswegen es Sinn macht, den potenziellen Kostenträger auf seine etwaige Kostenpflicht hinzuweisen.

**Anmerkung:**

**Der öffentliche Notstand wird beispielsweise im Feuerwehrgesetz Baden-Württemberg wie folgt definiert:**

***»Ein öffentlicher Notstand ist ein durch ein Naturereignis, einen Unglücksfall oder dergleichen verursachtes Ereignis, das zu einer gegenwärtigen oder unmittelbar bevorstehenden Gefahr für das Leben und die Gesundheit von Menschen und Tieren oder für andere wesentliche Rechtsgüter führt, von dem die Allgemeinheit, also eine unbestimmte und nicht bestimmbare Anzahl von Personen, unmittelbar betroffen ist und bei dem der Eintritt der Gefahr oder des Schadens nur durch außergewöhnliche Sofortmaßnahmen beseitigt oder verhindert werden kann.«***

Mit Blick auf die Wertigkeit darf eine Gefährdung von Menschenleben zum Erhalt von Sachwerten nicht hingenommen werden. Der Grundsatz der Verhältnismäßigkeit ist in Bezug auf den Aufwand (Kann-Aufgabe!) und andere Sachwerte zu berücksichtigen.

## 7.4 Möglichkeiten bei Gefahrguteinsätzen

Zur Bewältigung von Gefahrguteinsätzen werden häufig spezielle Schutzkleidung und Geräte benötigt. Ebenso ist eine Zusatzausbildung erforderlich. Aber auch mit den üblichen Mitteln einer Löschgruppe oder eines Löschzuges ergeben sich einige Möglichkeiten, um bei Gefahrguteinsätzen bei vertretbarem Risiko zu Teilerfolgen zu kommen.

Bei Gefahrguteinsätzen ist die FwDV 500 »Einheiten im ABC-Einsatz« anzuwenden. Diese erlaubt innerhalb des Gefahrenbereichs Maßnahmen ohne entsprechende Schutzausrüstung in nur sehr begrenztem Umfang. Ohne diese Schutzausrüstung beschränken sich die Möglichkeiten der Feuerwehr auf Maßnahmen, die vereinfacht in der »GAMS-Regel« beschrieben sind:

- **G**efahr erkennen,
- **A**bsichern und Absperren,
- **M**enschen retten,
- **S**pezialkräfte nachfordern.

### 7.4.1 Menschenrettung

Die Vorgehensweise zur Menschenrettung ist vergleichbar mit der Vorgehensweise im Brandeinsatz. Aufgrund der vorhandenen Gefahren und der faktisch nicht vorhandenen Schutzmöglichkeit der Einsatzkräfte des Rettungsdienstes, müssen bedrohte und verletzte Menschen von der Feuerwehr aus dem Gefahrenbereich gebracht werden und können erst außerhalb des Gefahrenbereichs vom Rettungsdienst behandelt werden. Auch eine Erstversorgung durch die Einsatzkräfte der Feuerwehr innerhalb des Gefahrenbereichs macht in der Regel keinen Sinn, da die zu rettenden Personen primär so schnell wie möglich aus dem Wirkungsbereich des Gefahrstoffes gebracht werden müssen.

Die Einsatzkräfte der Feuerwehr müssen innerhalb des Gefahrenbereichs auch im Zuge einer Menschenrettung Atemschutz tragen. Ausnahmen hiervon sind nur möglich, wenn aufgrund der Lage oder des austretenden Gefahrstoffs eine Gefährdung für die Einsatzkräfte sicher ausgeschlossen werden kann. Dies ist in vielen Fällen gegeben, z. B. wenn Mineralölprodukte (Kraftstoff, Heizöl, Motoröl usw.) im Freien austreten.

Sofern im Zuge der Menschenrettung ein direkter Kontakt mit dem Gefahrstoff nicht auszuschließen und von einer damit verbundenen Gefährdung der Einsatzkräfte auszugehen ist, müssen geeignete Schutzanzüge getragen werden. Sind diese vor Ort nicht verfügbar, ist von einer Rettung der Menschen in diesem Bereich abzusehen.

Abweichend zum Brandeinsatz ist bei Einsätzen mit chemischen, biologischen und radioaktiven Gefahrstoffen die Möglichkeit einer Kontamination der Verletzten zu berücksichtigen. Im Einzelfall ist zu beurteilen, wie unter Beachtung des Grundsatzes der Verhältnismäßigkeit mit dieser Gefahr umzugehen ist. Sofern es der Zustand des Verletzten erlaubt, ist grundsätzlich eine Dekontamination anzustreben, um eine Gefährdung des rettungsdienstlichen Personals zu vermeiden und einer Schadstoffverschleppung vorzubeugen. Umgekehrt kann eine Behandlung auch ohne oder mit vereinfachter Dekontamination Sinn machen, wenn der Zustand des Patienten dies erfordert und das Gefährdungspotenzial des Gefahrstoffs hinreichend gering ist, sodass von einer nennenswerten Gefährdung der Helfer nicht auszugehen ist.

Bild 231 ***Durch die eindeutige Kennzeichnung mit Flatterband wird ein unbeabsichtigtes Betreten des Gefahrenbereichs durch ungeschützte Einsatzkräfte und Passanten verhindert.***



Verallgemeinert gilt auch bei Gefahrstoffeinsätzen, dass der Eigenschutz oberste Priorität hat und das Ziel darin besteht, möglichst viele Menschen zu retten bzw. vor Schaden zu bewahren.

Neben der aktiven Rettung von Personen aus dem Gefahrenbereich müssen auch Maßnahmen ergriffen werden, die Menschen daran hindern, den Gefahrenbereich zu betreten und sich auf diese Weise der Gefahr auszusetzen. Auch die Evakuierung des Gefahrenbereichs stellt eine Maßnahme zur Menschenrettung in Form des In-Sicherheit-bringens dar. Zu nennen ist auch die Möglichkeit der Warnung der Bevölkerung, die mit Sirenen, über Rundfunk, mit Warn-Apps per Smartphone oder über soziale Medien erfolgen kann.

### 7.4.2 Gefahrenbeseitigung, Umweltschutz

Für Einheiten ohne Schutzkleidung, Spezialgeräte und spezielle Ausbildung sind die Möglichkeiten zur Gefahrenabwehr bei Gefahrgutfreisetzungen zum Schutz der

Umwelt sehr eingeschränkt. Bis auf wenige Ausnahmen ist ein Arbeiten für diese Einheiten im Umkreis von 50 Meter um die eigentliche Einsatzstelle herum weitgehend ausgeschlossen. Ausnahmen sind möglich, wenn es sich bei den freigesetzten Gefahrstoffen um Kraftstoffe, Motoröl usw. handelt. Grundsätzlich gibt es bei Gefahrguteinsätzen folgende Möglichkeiten:

### Abdichten des Behälters

Zum Abdichten des Behälters stehen der Feuerwehr neben Keilen auch Dichtkissen zur Verfügung. Kleinere Lecks können auch mit einer speziellen Masse abgedichtet werden. Der Austritt von Flüssiggas kann unter Umständen durch Vereisen des Lecks unterbunden werden.

Bild 232 ***Der Tank wurde provisorisch mit einem Holzkeil abgedichtet. Damit konnte der Ausfluss zwar nicht gänzlich gestoppt, die austretende Menge aber zumindest reduziert werden. Der weiterhin auslaufende Kraftstoff wird in einem provisorischen Becken aufgefangen.***

### Abpumpen des Mediums

Zum Ab- und Umpumpen des Mediums sind spezielle Pumpen erforderlich, welche die notwendige Resistenz für den jeweiligen Gefahrstoff aufweisen. Bei brennbaren Medien sind darüber hinaus Maßnahmen zum Schutz gegen eine elektrostatische Aufladung (Erdung) zu ergreifen.

Bild 233 ***Während der auslaufende Kraftstoff aufgefangen wird, wird parallel mit dem Abpumpen des Tankinhalts begonnen.***

### Auffangen des austretenden Mediums

Ein auslaufendes Medium kann häufig mit Planen, Eimern oder Wannen (Schuttmulden) aufgefangen werden. Undichte Fässer können in Überfässer verbracht werden.

Bild 234 *Ein undichtes Fass wurde in ein Überfass verbracht, sodass das auslaufende Produkt aufgefangen wird. Auf diese Weise kann die Gefahrstofffreisetzung in die Umwelt unterbunden werden.*

### Verhinderung der weiteren Ausbreitung durch Eindeichen (bei Flüssigkeiten) oder Niederschlagen (bei Gasen und Dämpfen)

Das Eindeichen kann behelfsmäßig mit Erdreich, aber auch mit geeignetem Bindemittel erfolgen. Bei oxidierenden Gefahrstoffen dürfen keine organischen Substanzen verwendet werden, da es zu ungewollten Reaktionen kommen kann. Auch mit Wasser gefüllte Feuerwehrschläuche eignen sich unter Umständen, um eine Barriere zu errichten. Zum Abdichten von Kanaleinläufen können Kanaldichtkissen (Gully-Ei) zum Einsatz kommen.

Gasförmige Gefahrstoffe können unter Umständen mit Wasser niedergeschlagen werden. Dies gilt insbesondere für gut wasserlösliche Gase wie Chlorwasserstoffgas (HCl) und Ammoniak ($NH_3$). Zum Niederschlagen der Gase und Dämpfe bieten sich neben Strahlrohren, Wenderohren und Wasserwerfern auch Hydroschilder an.

Bild 235 ***Das auslaufende Gefahrgut (Kraftstoff oder Motoröl) wird mit einem Wall aus Bindemittel an einer weiteren Ausbreitung gehindert.***



### Aufnahme des ausgetretenen Mediums

Mit den bereits erwähnten Pumpen kann das Medium auch direkt aus dem undichten Behältnis abgepumpt werden. Hierzu eignen sich unter Umständen auch Saugfahrzeuge, die bei großen Feuerwehren vorgehalten werden oder über Spezialfirmen geordert werden können.

### Gezielte Einleitung in den Abwasserkanal nach Absprache mit dem Betreiber der Kläranlage

Moderne Kläranlagen sind durchaus in der Lage, bestimmte Gefahrstoffe in begrenzter Menge zu verarbeiten. Saure und alkalische Abwässer können in der Regel problemlos neutralisiert werden. Darüber hinaus verfügen Kläranlagen häufig über Rückhaltebecken, in denen verunreinigtes Wasser zwischengelagert werden kann. Die vorherige Abstimmung mit dem Betreiber der Kläranlage ist jedoch unerlässlich. Unbedingt zu klären ist auch, ob der Kanal tatsächlich an die Kläranlage angeschlossen ist.

Bei aggressiven Medien kann es sinnvoll sein, den Kanal mit viel Wasser zu spülen, um lange Standzeiten und hierdurch bedingte Schäden an den Rohrleitungen zu vermeiden. Auch derartige Maßnahmen müssen mit dem Betreiber der Kläranlage abgestimmt sein.

### Gezielte Herbeiführung einer chemischen Reaktion zur Beseitigung der Gefahr

Durch chemische Reaktionen können gefährliche Stoffe entstehen. Umgekehrt können durch chemische Reaktionen gefährliche Stoffe aber auch in weniger gefährliche Stoffe umgewandelt werden. Von dieser Möglichkeit kann die Feuerwehr grundsätzlich Gebrauch machen. Allerdings beschränkt sich die Möglichkeit aus unterschiedlichen Gründen auf wenige Ausnahmefälle. Nicht alles, was sich im Labormaßstab und unter kontrollierten Bedingungen in der Industrie machen lässt, ist auch im Einsatzfall umsetzbar. Um von dieser Möglichkeit Gebrauch zu machen, sollten Fachleute zu Rate gezogen werden, welche die Lage unter chemischen Aspekten ganzheitlich abschätzen können. Versuche, Säuren und Laugen vor Ort zu neutralisieren, sind fast immer zum Scheitern verurteilt.

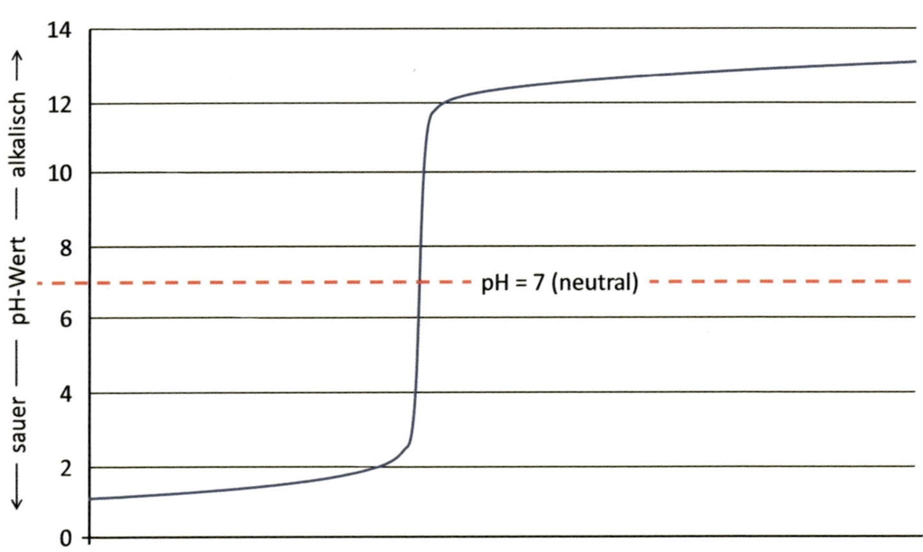


Bild 236 ***Der Verlauf der Kurve zeigt die Schwierigkeit, einen neutralen pH-Wert einzustellen. Während die Kurve bei Zugabe eines alkalischen Neutralisationsmittels zunächst kaum ansteigt, steigt sie bei Zugabe geringer Mengen rasant vom sauren Bereich (pH 2) in den alkalischen Bereich (pH 12).***

**Anmerkung:**

Zur Bewältigung von Gefahrguteinsätzen stehen spezielle Einheiten und Informationssysteme zur Verfügung. Hier ist insbesondere das Transport-Unfall-Informations- und Hilfeleistungssystem der chemischen Industrie (TUIS) zu nennen, welches Hilfe in drei Stufen anbietet:

- telefonische Beratung,
- Beratung vor Ort,
- Hilfe vor Ort mit Spezialgeräten einer Werkfeuerwehr.

Daneben bietet sich die Einbindung einer Analytischen Task Force (ATF) an, wenn es gilt Gefahrstoffe aufzuspüren und zu identifizieren.

### 7.4.3 Messen

Bei einer Freisetzung von Gefahrstoffen, sei es bei Unfällen oder Bränden, hat der Schutz der Bevölkerung einen sehr hohen Stellenwert. Daher gebieten sich in aller Regel Messungen im Umfeld der Einsatzstelle. Diese Messungen sind bei entsprechend dimensionierten Ereignissen auch dann empfehlenswert, wenn unter normalen Umständen keine Gefährdung zu erwarten ist. Erfahrungsgemäß ist bei derartigen Lagen immer mit entsprechenden Fragen der Medien und der Politik zu rechnen. Um sich dabei keine Blöße geben zu müssen, benötigt man Messergebnisse, auf die man verweisen kann.

Es empfiehlt sich in vielen Fällen, einen eigenen Einsatzabschnitt zu bilden und spezialisierte Einheiten für die Messungen einzusetzen.

Bei Bränden ist zu berücksichtigen, dass die Schadstoffe durch die Thermik zunächst nach oben getragen werden und fernab der Einsatzstelle dann wieder in Bodennähe gelangen. Mit fortschreitenden Löscharbeiten lässt die Thermik nach, sodass sich der Auftreffpunkt der Schadstoffwolke in der Regel in Richtung Brandstelle bewegt. Dadurch kann sich auch die Gefährdungslage fortlaufend ändern und irgendwann auch für die Einsatzkräfte im Umfeld relevant werden.

## 7.5 Welche Möglichkeit ist demnach die beste?

Nachdem die unterschiedlichen Möglichkeiten betrachtet und bewertet wurden, gilt es nun, die vermeintlich beste Lösung zu definieren.

Die beste Möglichkeit zeichnet sich dadurch aus, dass sie, bezogen auf die vorliegenden Erkenntnisse zur Lage, die definierten Prioritäten und die eigenen Möglichkeiten, den größtmöglichen Zielerreichungsgrad erwarten lässt.

Sind mehrere Gefahren abzuwehren, muss die Entscheidungsfindung unter Berücksichtigung der Gesamtlage erfolgen. Entscheidend für den Einsatzerfolg ist, dass die Möglichkeiten zur Bewältigung der einzelnen Gefahren unter Beachtung der festgelegten Prioritäten bewertet werden. In der Summe sollte sich die vermeintlich beste Möglichkeit zur Bewältigung der Lage in ihrer Gesamtheit ergeben.

Die Formulierung »vermeintlich beste Lösung« lässt schon erkennen, dass es nicht unbedingt darum geht, die mit Sicherheit beste Lösung zu finden. Der Einsatzleiter ist in zeitkritischen Lagen gezwungen, unter Abwägung der Vor- und Nachteile zu einer fundierten Entscheidung zu kommen und dabei auch eine gewisse Unsicherheit in Kauf zu nehmen. In vielen Lagen ist es besser, innerhalb einer vertretbaren Zeit zu

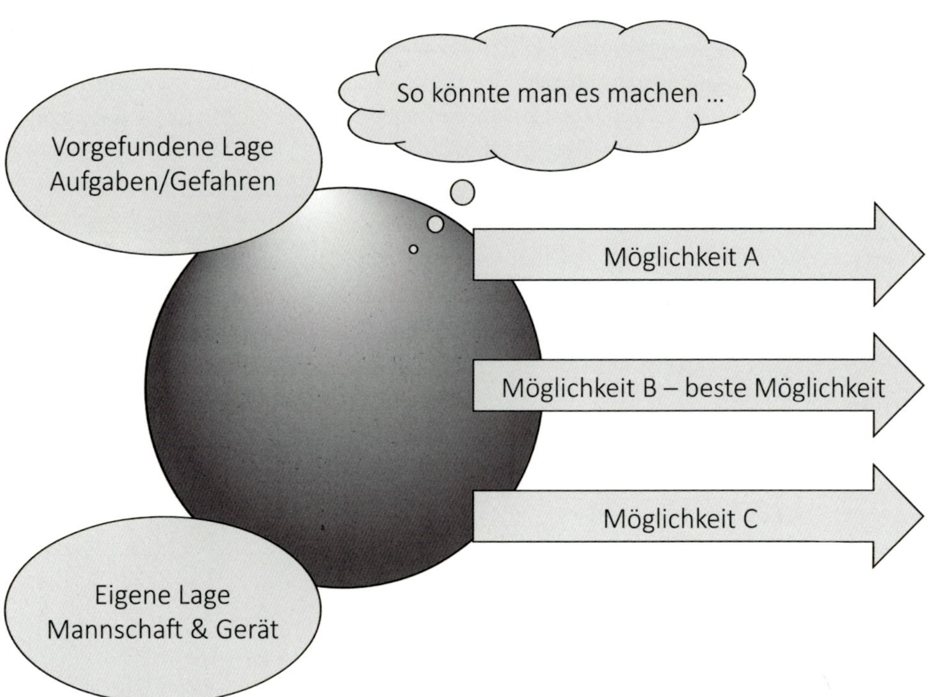


**Bild 237** ***Unter Berücksichtigung der eigenen Lage ergeben sich zur Bewältigung der Gefahrenlage mehrere Möglichkeiten. Die vermeintlich beste Möglichkeit gilt es zu finden.***

einer geeigneten Lösung zu kommen, anstatt weitere Zeit zu investieren, um die eine, wirklich optimale Lösung zu finden.

Eine fundierte Entscheidung bedingt, dass sie sich auf die zuvor gewonnenen Erkenntnisse stützt und in sich plausibel ist. Die Entscheidung muss sich als logische Folge der bisher gewonnenen Erkenntnisse sowie der angestellten Überlegungen ergeben und auch nachvollziehbar sein.

# 8 Der Entschluss

Im bisherigen Verlauf des Führungsvorgangs wurden Informationen gesammelt und bewertet. Verschiedene Möglichkeiten der Gefahrenabwehr wurden betrachtet und die vermeintlich beste Möglichkeit zur Bewältigung der Gesamtlage definiert.

In dem jetzt zu fassenden Entschluss gilt es, die Sache auf den Punkt zu bringen und das Konzept in klare Worte zu fassen. In dieser Phase legt die Führungskraft fest, welche Ziele angestrebt und welche grundsätzliche Strategie (Angriff, Verteidigung, Aufgabe) gefahren werden sollen. Sie entscheidet, welche Gefahren im nächsten Schritt abgewehrt werden sollen und legt die hierzu zu wählenden Mittel und Wege fest. Insofern erfolgt im Entschluss auch die konkrete Zuordnung der zu erledigenden Aufgaben an die aktuell verfügbaren Kräfte.

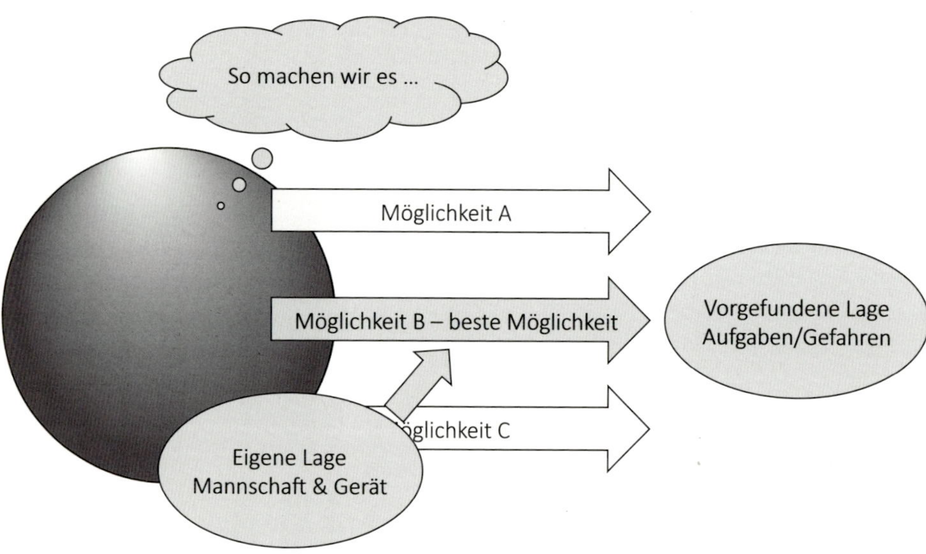


Bild 238 ***Die Führungskraft legt im Entschluss die nachfolgenden Schritte zur Umsetzung der vermeintlich besten Möglichkeit konkret fest.***

Die Verteilung der Aufgaben erfolgt immer bezogen auf die unmittelbar untergeordnete Führungs- oder Arbeitsebene. Während ein Gruppenführer einzelne Trupps zur Bewältigung der Aufgaben bestimmt, verteilt ein Zugführer die Aufgaben an die ihm unterstellten taktischen Einheiten.

**Beispiele:**

Ein Gruppenführer kann sich entschließen, den Angriffstrupp unter Atemschutz über den Treppenraum zur Brandbekämpfung (Schutz von Sachwerten) in die brennende Wohnung im 2. OG vorgehen zu lassen. Er beschließt darüber hinaus, dass der Wassertrupp den Sicherheitstrupp stellen und der Schlauchtrupp den Angriffstrupp beim Aufbau der Angriffsleitung unterstützen soll. Der Melder soll die völlig verstörte Wohnungsinhaberin bis zum Eintreffen des Rettungsdienstes betreuen.

Ein Zugführer kann sich entschließen, dem 1. Löschfahrzeug die Bekämpfung des Brandes (Schutz der Sachwerte) zu übertragen. Er kann sich entschließen, dem Führer des 1. Löschfahrzeugs zu diesem Zweck zusätzlich den Angriffstrupp des 2. Löschfahrzeugs zu unterstellen. Er kann sich entschließen, dem 2. Löschfahrzeug die Sicherstellung der Löschwasserversorgung sowie die Betreuung der verstörten Wohnungsinhaberin zu übertragen. Er entschließt sich zudem, den Fahrzeugführer der Drehleiter anzuweisen, die Anleiterbereitschaft herzustellen und damit den im Innenangriff vorgehenden Trupp abzusichern.

Sofern die verfügbaren Kräfte zur Bewältigung der Lage nicht ausreichen, ist es auch Teil des Entschlusses, festzulegen, welche zusätzlichen Kräfte nachgefordert werden sollen.

# 9 Der Befehl

Die Führungskraft kann und soll die anstehenden Arbeiten nicht selbst erledigen, sondern vielmehr die ihr unterstellten Kräfte anweisen, in ihrem Sinne tätig zu werden. Hierzu erteilt sie einen oder mehrere Befehle und schließt damit den Führungsvorgang ab. Eine Führungskraft, die nicht befiehlt, sondern die Erledigung der Aufgaben selbst übernimmt, führt nicht.

Führung ist »die Einflussnahme auf die Entscheidungen und das Verhalten anderer Menschen mit dem Zweck, mittels steuerndem und richtungsweisendem Einwirken vorgegebene und aufgabenbezogene Ziele zu verwirklichen.« Mit dem Befehl teilt die Führungskraft ihrer Einheit die von ihr getroffene Entscheidung mit und versetzt die Einheit damit in die Lage, in ihrem Sinne an der Umsetzung ihres Plans, ihres Konzepts mitzuwirken. Sie wirkt mit dem Befehl steuernd und richtungsweisend auf die ihr unterstellten Einheiten ein. Ein klarer Befehl sorgt dafür, dass die Einheiten zielgerichtet vorgehen und dazu beitragen können, die vorgegebenen und aufgabenbezogenen Ziele zu verwirklichen.

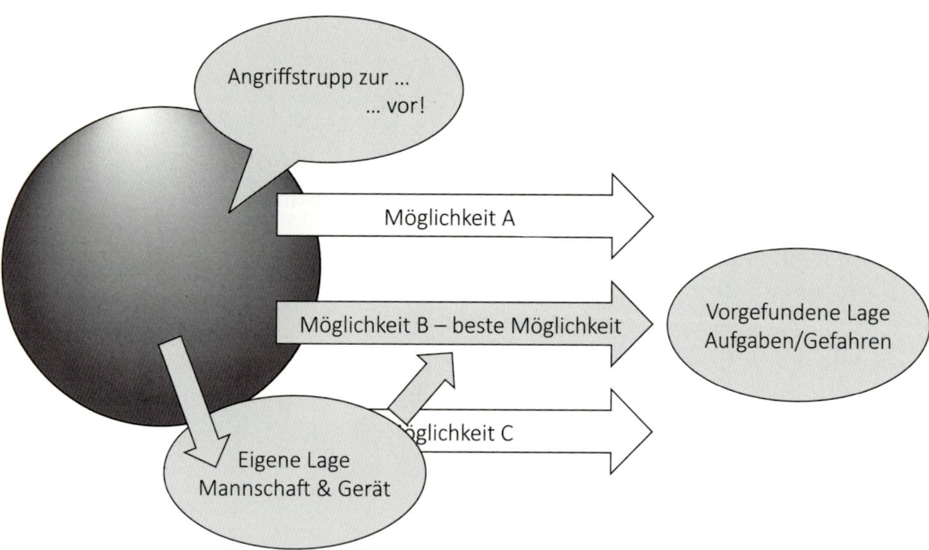


Bild 239 ***Mit dem Befehl wirkt die Führungskraft richtungsweisend auf die ihr unterstellten Kräfte ein.***

Der Befehl soll möglichst kurzgehalten sein. Damit er trotzdem alle wesentlichen Elemente enthält und zugleich leicht verständlich ist, ist seine Struktur in der FwDV 100 vorgegeben:

| | |
|---|---|
| **Einheit** | Angriffstrupp, LF 1, Zug XY |
| **Auftrag** | zur Menschenrettung<br>zur Brandbekämpfung<br>zur Absicherung der Unfallstelle |
| **Mittel** | unter Atemschutz mit 1. Rohr<br>mit hydraulischem Rettungsgerät |
| **Ziel** | in die Brandwohnung im 2. OG<br>zum roten Pkw |
| **Weg** | über den Treppenraum<br>über die Steckleiter |

Mit dem Befehl soll die Mannschaft eine Anweisung erhalten, die es ihr möglich macht, im Sinne der Führungskraft zu arbeiten und deren Konzept umzusetzen. Hierzu ist der Befehl klar zu formulieren. Widersprüchliche Aussagen haben zu unterbleiben, da sie den Befehlsempfänger überfordern und ihn zu einer Entscheidung nötigen, die von der Führungskraft zu treffen war. Ein bekanntes Beispiel eines prinzipiell falschen Befehls stellt die Kombination der Aufträge »Menschenrettung« und »Brandbekämpfung« in einem Befehl an einen einzigen Trupp dar. Dem Trupp wird damit die Möglichkeit genommen, die konkrete Absicht des Einheitsführers zu erkennen und in dessen Sinne zu arbeiten. Es obliegt der Führungskraft, ob der Trupp

- eine Menschenrettung durchführen und hierzu bei Bedarf auch den Brand bekämpfen soll (Menschenrettung durch Brandbekämpfung) oder
- eine Brandbekämpfung im Sinne eines Erhaltens von Sachwerten durchführen soll, ohne sich um möglicherweise bedrohte Personen zu kümmern.

In bestimmten Lagen macht es Sinn, der unterstellten Einheit in kurzen Worten die Lage darzustellen und auch die eigene Zielvorstellung kurz und prägnant zu erläutern, bevor der eigentliche Befehl gegeben wird. Diese kurze Lageeinweisung erleichtert es den Mitgliedern der Einheit, die angestrebten Ziele zu erkennen und die beabsichtigte Vorgehensweise zu verstehen. Dies macht insbesondere Sinn, wenn Befehle gegeben werden, die ohne Erläuterung nicht nachvollziehbar sind oder im

Bild 240 ***Mit dem Befehl weist die Führungskraft den ihr unterstellten Einsatzkräften in einer klar strukturierten Form eine Aufgabe zu.***

Rahmen der Auftragstaktik von den Befehlsempfängern interpretiert werden müssen. Die kurze Lageeinführung macht ebenfalls Sinn, wenn bei komplexen, undurchsichtigen Lagen mehrere Einheiten aufeinander abgestimmt tätig werden sollen und sich das Ziel nur erreichen lässt, wenn jede Einheit sich präzise an die Anweisung hält und dabei ihre Rolle im Gesamtkonzept der Führungskraft wahrnimmt. Die Bedeutung der kurzen Lageeinweisung nimmt in dem Maße zu, wie den unterstellten Einheiten Spielräume zugestanden werden.

# 10 Die Lagemeldung

Die Lagemeldung dient der Information der Leitstelle beziehungsweise bei größeren Lagen der jeweils übergeordneten Führungsebene. Lagemeldungen sind bei wichtigen Änderungen der Lage abzusetzen. Auch wichtige Entscheidungen können Anlass für eine Lagemeldung sein. Dabei kann es Sinn machen, auch Hinweise auf die Umstände, die zu der jeweiligen Entscheidung geführt haben, mit anzugeben (»laut Aussage der Polizei …«, »der Notarzt hat den Tod festgestellt«).

Gute Lagemeldungen ermöglichen es den Disponenten in der Leitstelle, der übergeordneten Führungsebene, Führungskräften im rückwärtigen Bereich und nachrückenden Kräften, sich ein Bild von der Lage zu machen. Sie werden damit in die Lage versetzt, in der Lage zu leben und sich gegebenenfalls konstruktiv einzubringen. Lagemeldungen an die Leitstelle werden zudem mit Datum und Uhrzeit aufgezeichnet und ermöglichen so die Dokumentation des Einsatzverlaufs.

Damit eine Lagemeldung einem Einsatz zugeordnet werden kann, beginnt sie mit der Angabe des Einsatzortes. Anschließend folgen die Beschreibung der aktuellen Lage sowie die Nennung der eingeleiteten Maßnahmen in kurzer, prägnanter Form. Eine Lagemeldung könnte wie folgt formuliert werden: »*Lagemeldung von xy-Straße – Wohnungsbrand im 2. OG eines viergeschossigen Wohnhauses – eine Person mit Rauchgasintoxikation an Rettungsdienst übergeben, eine weitere Person wird vermisst – zwei Trupps unter PA mit zwei Rohren zur Menschenrettung im Einsatz.*«

Die Lagemeldung kann mit einer Nachforderung verbunden werden. Diese schließt sich üblicherweise an die eigentliche Lagemeldung an, kann dieser aus Zeitgründen aber auch vorangestellt werden. Die Nachforderung ist präzise und konkret zu fassen. Pauschale Nachforderungen wie »alle verfügbaren Notärzte zur Einsatzstelle« sind ungeeignet, da die Interpretation der Formulierung »alle verfügbaren« sehr unterschiedlich ausfallen kann.

Kommt es im Nachgang zu einem Einsatz zu einer juristischen Prüfung der Vorgänge, so werden die Aufzeichnungen der Leitstelle eine wichtige Rolle spielen. Insofern ist die Dokumentation anhand von Lagemeldungen auch zur Absicherung der eigenen Position von großer Bedeutung. Gleiches gilt für die gemachten bzw. unterlassenen Nachforderungen. Die Aufzeichnungen können den Einsatzleiter aber auch belasten. Lagemeldungen sind deswegen mit der gebotenen Vorsicht zu tätigen. Wurde beispielsweise die Lagemeldung »Feuer aus« abgesetzt, ist bei einem Wiederaufflammen des Brandes die Fehleinschätzung des Einsatzleiters eindeutig dokumentiert.

# 11 Die Kontrolle

Nach der Befehlsgabe und der etwaig abgesetzten Lagemeldung schließt sich der nächste Durchlauf des Führungsvorgangs nahtlos an. Die Führungskraft ist nun gefordert, die Erkundung fortzusetzen. Die Erkundung dient auch bei diesem Durchlauf dem Ziel, an Informationen zu gelangen. Die zusätzlichen Informationen können gewonnen werden, indem

- Bereiche erkundet werden, auf deren Erkundung in den vorangegangenen Umläufen verzichtet wurde.
- die Erkundung in bereits erkundeten Bereichen weiter vertieft wird.
- etwaige Lageänderungen beobachtet werden.

Teil der fortgesetzten Erkundung ist zudem die Kontrolle. Die Führungskraft hat dabei zu kontrollieren, ob

- die erteilten Befehle wie vorgesehen und unter Beachtung der Vorschriften ausgeführt werden.
- die Sicherheit der Einsatzkräfte gewährleistet ist.
- die angeordneten Maßnahmen wirksam und ausreichend sind, um das angestrebte Ziel zu erreichen.

Die Kontrolle ist notwendig, da es zu bewussten oder unbewussten Abweichungen von den im Befehl gemachten Vorgaben kommen kann. Diese Abweichungen gilt es zu erkennen und zu korrigieren. Ebenso kann es sein, dass sich das im Kopf der Führungskraft entwickelte Konzept in der Realität nicht umsetzen lässt oder nicht die erwartete Wirkung erzielt. Da diese Mängel Risiken für die Einsatzkräfte nach sich ziehen und den Einsatzerfolg gefährden können, ist die Kontrolle einer der wichtigsten Teile des Führungsvorgangs.

Im weiteren Verlauf des Führungsvorgangs folgt dann wieder die Phase der Einsatzplanung. Sofern die Kontrolle eine Abweichung von den angedachten Maßnahmen hat erkennen lassen, ist zu prüfen, inwieweit die Abweichung toleriert werden kann. In der Regel empfiehlt es sich, nur bei gravierenden und/oder sicherheitsrelevanten Abweichungen einzugreifen, um die Mannschaft nicht unnötig zu verwirren. Bei weniger gravierenden Abweichungen kann es ausreichen, diese in der Einsatznachbesprechung in der Gruppe oder mit den betroffenen Einzelpersonen zu thematisieren. Insbesondere sicherheitsrelevante Abweichungen bedürfen jedoch einer unverzüglichen Korrektur, die in einem weiteren Durchlauf des Regelkreises geplant und veranlasst werden muss.

Die fortgesetzte Erkundung kann des Weiteren genutzt werden, um den Einsatz von noch verfügbarem Potenzial zu planen und auf diese Weise die Kräfte in einer zweiten Welle gezielt zum Einsatz zu bringen. Sofern alle verfügbaren Kräfte bereits eingesetzt sind, können Planungen für bereits absehbare Aufgaben in Angriff genommen werden, um sofort reagieren zu können, wenn Kräfte sich nach erledigter Aufgabe wieder frei melden oder Verstärkungskräfte eintreffen.

# Literaturhinweise


Chemikaliengesetz (ChemG) in der Fassung der Bekanntmachung vom 28. August 2013 (BGBl. I S. 3498, 3991), das durch Artikel 4 Absatz 97 des Gesetzes vom 18. Juli 2016 (BGBl. I S. 1666) geändert worden ist.

DIN 14011 »Begriffe aus dem Feuerwehrwesen«, Ausgabe 2018-01.

DIN VDE 0132 »Brandbekämpfung und technische Hilfeleistung im Bereich elektrischer Anlagen«, Ausgabe 2018-07.

DIN VDE 0105-100 »Betrieb von elektrischen Anlagen – Teil 100: Allgemeine Festlegungen«, Ausgabe 2015-10.

Feuerwehr-Dienstvorschrift (FwDV) 3 »Einheiten im Lösch- und Hilfeleistungseinsatz«.

Feuerwehr-Dienstvorschrift (FwDV) 7 »Atemschutz«.

Feuerwehr-Dienstvorschrift (FwDV) 10 »Die tragbaren Leitern«.

Feuerwehr-Dienstvorschrift (FwDV) 100 »Führung und Leitung im Einsatz – Führungssystem«.

Feuerwehr-Dienstvorschrift (FwDV) 500 »Einheiten im ABC-Einsatz«.

Gefahrgutverordnung Straße, Eisenbahn und Binnenschifffahrt (GGVSEB) in der Fassung der Bekanntmachung vom 30. März 2015 (BGBl. I S. 366), die durch Artikel 6 des Gesetzes vom 26. Juli 2016 (BGBl. I S. 1843) geändert worden ist.

Knorr, Karl-Heinz: Die Gefahren der Einsatzstelle, 9., erweiterte und überarbeitete Auflage, W. Kohlhammer GmbH, Stuttgart, 2018.

Musterbauordnung (MBO) in der Fassung vom November 2002, zuletzt geändert durch Beschluss der Bauministerkonferenz vom 21. September 2012.

Pulm, Markus: Falsche Taktik – Große Schäden, 9. Auflage, W. Kohlhammer Verlag, Stuttgart, 2020.

Redaktion BRANDSchutz/Deutsche Feuerwehr-Zeitung (Hrsg.): Das Feuerwehr-Lehrbuch, Grundlagen – Technik – Einsatz, 7., überarbeitete Auflage, W. Kohlhammer Verlag, Stuttgart, 2022.